Apfelbäume in Hülle und Fülle, die globale Enzyklopädie

Apfelbäume, diese anmutigen Bäume, die unsere Obstgärten und Gärten schmücken, sind viel mehr als nur Lieferant köstlicher Früchte. Sie verkörpern einen kulturellen, historischen und botanischen Reichtum von ungeahnter Tiefe. In „Apfelbäume in Hülle und Fülle, die globale Enzyklopädie" schlagen wir vor, dieses faszinierende Universum zu erkunden, indem wir einen umfassenden Überblick über einen der beliebtesten Obstbäume der Welt bieten.

Seit Jahrtausenden begleitet der Apfelbaum die Menschheit, vom Garten Eden bis zu modernen Obstgärten. Als Symbol für Wissen, Gesundheit und Fülle hat es Mythen, Legenden und wissenschaftliche Entdeckungen inspiriert. Jede Apfelsorte erzählt eine einzigartige Geschichte, jeder Obstgarten ist ein Spiegelbild der Leidenschaft und des Know-hows vergangener und heutiger Generationen.

Diese Arbeit soll sowohl eine Feier als auch eine Quelle praktischen Wissens sein. Wir besprechen die Vielfalt der Apfelbaumsorten, von den ältesten bis zu den jüngsten, ihren Anbau und ihre Pflege sowie ihren Platz in unserer Ernährung und Kultur. Von der Pfropftechnik bis zu den Erntemethoden, einschließlich der ernährungsphysiologischen Vorteile von Äpfeln, wird jeder Aspekt mit Sorgfalt und Leidenschaft behandelt.

Beim Durchsuchen dieser Seiten erfahren Sie, wie Sie Ihre eigenen Apfelbäume anbauen, für Ihr Klima geeignete Sorten auswählen, Krankheiten vorbeugen und behandeln und diese wunderbaren Früchte sogar in Ihre tägliche Küche integrieren können. Ganz gleich, ob Sie ein Hobbygärtner, ein erfahrener Gärtner oder einfach nur ein Apfelliebhaber sind: „Pommiers à reichliche" soll Ihre Fragen beantworten und Ihre Leidenschaft wecken.

Ich hoffe, diese Enzyklopädie wird Sie inspirieren. Bereiten Sie sich darauf vor, in eine Welt voller Aromen, Wissen und Entdeckungen einzutauchen. Willkommen in der reichhaltigen Welt der Apfelbäume.

1. Geschichte und Ursprung der Apfelbäume
2. Symbolik und Mythologie der Apfelbäume
3. Vielfalt der Apfelbaumsorten
4. Anatomie des Apfelbaums
5. Wählen Sie den idealen Apfelbaum für Ihren Garten
6. Bereiten Sie den Boden für die Pflanzung vor
7. Techniken zum Pflanzen von Apfelbäumen
8. Pflege und Pflege junger Apfelbäume
9. Apfelbäume beschneiden und erziehen
10. Pfropfen: Techniken und Tipps
11. Düngung und Ernährung von Apfelbäumen
12. Bewässerung und Wassermanagement
13. Schutz vor Krankheiten
14. Schädlingsbekämpfung
15. Apfelbäume und Bestäuber
16. Apfelbaumsorten für kaltes Klima
17. Apfelbaumsorten für gemäßigte Klimazonen
18. Apfelbaumsorten für warme Klimazonen
19. Zwergapfelbäume und Spaliere
20. Wilde und uralte Apfelbäume
21. Apfelbäume und Artenvielfalt
22. Äpfel ernten und konservieren

23. Kulinarische Verwendung von Äpfeln

24. Mostäpfel: Sorten und Rezepte

25. Backäpfel: Beste Auswahl

26. Kauäpfel: Das Wesentliche

27. Apfelmarmelade und Gelee

28. Getrocknete Äpfel und andere konservierte Äpfel

29. Apfelbäume im biologischen Anbau

30. Apfelbäume in der biodynamischen Kultur

31. Apfelbäume und Agroforstwirtschaft

32. Apfelbäume und Permakultur

33. Topfapfelbäume und Balkon

34. Apfelbäume für kleine Gärten

35. Die Kunst des Obstgartens: Layout und Design

36. Renovieren Sie einen alten Obstgarten

37. Apfelbäume und Klima: Anpassung und Widerstandsfähigkeit

38. Apfelbäume und Klimawandel

39. Fortgeschrittene Schnitttechniken

40. Fortgeschrittene Pfropftechniken

41. Innovationen im Apfelanbau

42. Apfelbäume auf der ganzen Welt

43. Apfelbäume und lokale Traditionen

44. Der Platz der Apfelbäume in Kunst und Literatur

45. Apfelbäume und Bildung: Workshops und Aktivitäten

46: Erstellen Sie einen pädagogischen Obstgarten

47. Apfelbäume und lokale Wirtschaft

48. Apfelbäume und ländlicher Tourismus

49. Apfelbäume und Gastronomie

50. Ernährungsvorteile von Äpfeln

51. Apfelbäume und Gesundheit

52. Apfelbäume im öffentlichen Raum

53. Apfelbäume und Stadtplanung

54. Apfelbäume und Stadtökologie

55. Apfelbäume und Gemeinschaften

56. Apfelbäume und traditionelle Praktiken

57. Apfelbäume und technologische Innovationen

58. Apfelbäume und Gesetzgebung

59. Ressourcen und Referenzen zu Apfelbäumen

60. Die Zukunft der Apfelbäume

61. Die Entwicklung der Apfelbäume im Laufe der Zeit

62. Die großen Apfelbaumforscher

63. Apfelbäume und alte Zivilisationen

64. Apfelbäume in Ritualen und Zeremonien

65. Genetische Vielfalt von Apfelbäumen

66. Auswahl und Hybridisierung von Apfelbäumen

67. Die Pioniere des Apfelanbaus

68. Apfelbäume und landwirtschaftliche Traditionen

69. Die Domestizierung des Apfelbaums

70. Wilde Apfelbäume und ihre ökologische Rolle

71. Apfelbäume und einheimische Nutzpflanzen

72. Erhaltung der angestammten Sorten

73. Die Wissenschaft des Apfelbaums: Biologie und Genetik

74. Die Entwicklung der Anbautechniken

75. Die großen historischen Obstgärten

76. Apfelbäume und Kulturerbe

77. Auswirkungen von Apfelbäumen auf Ökosysteme

78. Das geheime Leben der Apfelbäume

79. Der Lebenszyklus eines Apfelbaums

80. Stecklinge auswählen und vorbereiten

81. Die Grundlagen der Apfelbaumaussaat

82. Verschiedene Vermehrungsmethoden

83. Planen und pflanzen Sie einen Obstgarten

84. Das Wachstum und die Entwicklung von Apfelbäumen

85. Der jährliche Pflegeplan

86: Techniken zum Beschneiden von Obstgärten

87. Apfelbäume beschneiden und umformen

88. Transplantate und vegetative Vermehrung

89. Organische und mineralische Düngung

90. Apfelbäume und Kohlenstoffbindung

91. Blattkrankheiten vorbeugen und behandeln

92. Integrierter Schädlingsmanagement

93. Natürliche Raubtiere und biologische Kontrolle

94. Die verschiedenen Apfelfamilien

95. Erbstücke und moderne Sorten

96. Die Auswahl von Apfelbäumen für den Eigenverbrauch

97. Der Apple-Markt: Produktion und Vertrieb

98. Ernte- und Nacherntetechniken

99. Langzeitlagerung und -konservierung

100. Apfelbäume in der Kochkunst

101. Rezepte für Apfelwein und andere Getränke

102. Äpfel in der Konditorei und Konditorei

103. Äpfel in der herzhaften Küche

104. Apfelbäume und Apfelfeste

105. Apfelbäume und Apfelweinmühle: Tradition und Moderne

106. Apfelbäume und lokale Legenden

107. Apfelbäume und Umwelterziehung

108. Erstellen Sie einen Apfelgarten in Schulen

109. Apfelbäume und essbare Landschaften

110. Apfelbäume im Landschaftsbau

111. Botanische Gärten und Apfelbäume

112. Die Bedeutung von Apfelbäumen im Agrotourismus

113. Apfelbäume vor dem Klimawandel schützen

114. Resiliente Auswahltechniken

115. Reproduktion von Apfelbäumen im Labor

116. Apfelbäume und agronomische Innovationen

117. Die Herausforderungen eines nachhaltigen Apfelanbaus

118. Apfelbäume und städtische Ökosysteme

119. Die Zukunft der Apfelbäume: Perspektiven und Innovationen

120. Die Blütenbiologie von Apfelbäumen

121. Bestäubungsprozess in Apfelbäumen

122. Fruchtbildung: Von der Knospe zum Apfel

123: Die verschiedenen Farben und Texturen von Äpfeln

124. Die chemische Zusammensetzung von Äpfeln

125. Pflanzengesundheitliche Studien an Apfelbäumen

126. Pilzkrankheiten von Apfelbäumen

127. Bakterielle Infektionen von Apfelbäumen

128. Apfelbaum-Schädlingsbekämpfung

129. Viren, die Apfelbäume befallen

130. Herausforderungen des kommerziellen Apfelanbaus

131. Die Apple-Industrie: Trends und Innovationen

132. Fair-Trade-Techniken für Äpfel

133. Bio-Zertifizierung von Apfelplantagen

134. Apfelbäume und Agrarpolitik

135. Apfelplantagen und landwirtschaftliche Genossenschaften

136. Apfelbäume und nachhaltige Entwicklung

137. Apfelbäume in Entwicklungsländern

138. Apfelbäume und Lebensmittelsicherheit

139. Apfelbäume in der regenerativen Landwirtschaft

140. Mechanisierung des Apfelanbaus

141. Einsatz von Drohnen und Technologie in Obstgärten

142. Apfelbäume und erneuerbare Energien

143. Apfelbäume in der Kunst und Landschaftsarchitektur

144. Apfelbäume in Gemeinschaftsgärten

145. Apfelbäume und nachhaltige Stadtplanung

146. Der Einfluss von Apfelbäumen auf die lokale Tierwelt

147. Fallstudien: Obstgärten auf der ganzen Welt

148. Die Rolle von Apfelbäumen in der Agrarökologie

149. Apfelbäume und Naturschutzrichtlinien

150. Verlassene Apfelbäume sanieren

151: Apfelbäume und städtischer Gartenbau

152. Apfelbäume und Schulbildung

153. Apfelbäume in Literatur und Poesie

154. Apfelbäume in der bildenden Kunst

155. Apfelbäume und Kochkunst

156. Apfelbäume und traditionelle Medizin

157. Medizinische Eigenschaften von Äpfeln

158. Apfelbäume und gesunde Lebensmittel

159. Die Rolle von Apfelbäumen in der Ernährung

160. Apfelbäume und ausgewogene Ernährung

161. Äpfel in der Krankheitsprävention

162. Apfelbäume und medizinische Forschung

163. Die ökologischen Auswirkungen von Apfelplantagen

164. Wiederaufforstung mit Apfelbäumen

165. Apfelbäume und Klimawandel: Fallstudien

166. Die Anpassung von Apfelbäumen an neue Klimazonen

167. Wassermanagement in Apfelplantagen

168. Die Zukunft der Apfelbäume in Trockengebieten

169. Apfelbäume und Begleitarten

170. Die Assoziation von Apfelbäumen mit anderen Nutzpflanzen

171. Die Erhaltung alter Apfelbaumsorten

172. Apfelbäume und Populärkultur

173. Apfelbäume auf Messen und Märkten

174. Apfelbäume und traditionelle Feste

175. Apfelbäume und lokale Produkte

176. Vermarktung von Äpfeln: Strategien und Herausforderungen

177. Apfelbäume und Verarbeitungstechniken

178. Apfelbäume und die Fruchtsaftindustrie

179. Apfelbäume und Essigherstellung

180. Apfelbäume und die Herstellung von Kompott und Püree

181. Apfelbäume und innovative Produkte

182. Apfelbäume und Bezirksgericht

183. Apfelbäume und Ernährungsautonomie

184. Apfelbäume und lokales Kunsthandwerk

185. Apfelbäume und regionales Erbe

186. Apfelbäume und kulturelle Identität

187. Apfelbäume und gastronomischer Tourismus

188. Apfelbäume in Sinneserlebnissen

189. Apfelbäume und Wohlbefinden

190. Apfelbäume und Familienlandwirtschaft

191. Die Weitergabe des Apfelbaumwissens

192. Apfelbäume und digitale Innovationen

193. Apfelbäume und die Food Blockchain

194. Rückverfolgbarkeit von Apple-Produkten

195. Apfelbäume und Online-Handelsplattformen

196. Apfelbäume und Marketingstrategien

197. Apfelbäume und digitale Influencer

198. Die Rolle von Apfelbäumen im ökologischen Wandel

199. Fazit: Die glänzende Zukunft der Apfelbäume

Kapitel 1: Geschichte und Ursprünge der Apfelbäume

Apfelbäume, symbolträchtige Mitglieder der Familie der Rosaceae, haben eine reiche und komplexe Geschichte, die sich über Jahrtausende erstreckt. Ihre Reise von den wilden Wäldern Zentralasiens zu den geordneten Obstgärten moderner Zivilisationen ist eine faszinierende Geschichte von Anpassung, Domestizierung und kultureller Verbreitung.

Wilde Ursprünge

Die Vorfahren der heimischen Apfelbäume (Malus Domestica) stammen aus dem Tian Shan-Gebirge, einem Gebirge an der Grenze zwischen Kasachstan, Kirgisistan und China. Hier gedeiht noch heute Malus sieversii, eine wilde Apfelbaumart. Genetische Studien haben gezeigt, dass Malus sieversii der Hauptvorfahre der meisten modernen Apfelsorten ist. Diese wilden Apfelwälder unterschieden sich wahrscheinlich stark von den heutigen Obstplantagen, mit enormer genetischer Vielfalt und Äpfeln in allen Größen und Farben.

Domestizierung

Die Domestizierung von Apfelbäumen begann vermutlich vor etwa 4.000 bis 10.000 Jahren, zeitgleich mit der Entwicklung der Landwirtschaft. Die ersten sesshaften Zivilisationen begannen, die ertragreichsten Apfelbäume und diejenigen auszuwählen, die die leckersten Früchte hervorbrachten. Diese frühen Züchtungsbemühungen legten den Grundstein für die Sortenvielfalt, die wir heute kennen.

Handelswege, insbesondere die Seidenstraße, spielten eine entscheidende Rolle bei der Verbreitung von Apfelbäumen. Karawanen transportierten Apfelkerne und Setzlinge durch Asien, den Nahen Osten und schließlich nach Europa. Jede Region passte die Anbaupraktiken an ihr Klima und ihre spezifischen Bedürfnisse an und schuf so eine Vielzahl lokaler Sorten.

Apfelbäume in Europa

Die Griechen und Römer trugen wesentlich zur Verbreitung des Apfelbaums in Europa bei. Vor allem die Römer waren sachkundige Bauern, die sich mit der Veredelung und Züchtung von Obstbäumen beschäftigten. Sie legten im ganzen Reich Obstgärten an und sorgten so für die Verbreitung der besten Apfelbaumsorten.

Im Mittelalter wurden Klöster zu Zentren der landwirtschaftlichen Erhaltung und Innovation. Mönche kultivierten Obstgärten und verbesserten die Pfropf- und Schnitttechniken. Sie dokumentierten auch Wissen über verschiedene Apfelsorten und deren medizinische und kulinarische Verwendung.

Weltweite Verbreitung

Mit der europäischen Erkundung und Kolonisierung wurden Apfelbäume in die Neue Welt eingeführt. Bereits im 17. Jahrhundert pflanzten europäische Siedler in Nordamerika Apfelbäume. Eine der berühmtesten Persönlichkeiten dieser Zeit war Johnny Appleseed (John Chapman), der durch die Anlage von Baumschulen Apfelbäume in weiten Teilen der Vereinigten Staaten einführte.

Im Laufe der Jahrhunderte sind durch Züchtung und Hybridisierung Tausende von Apfelsorten entstanden. Jede Sorte, angepasst an spezifische klimatische Bedingungen und Böden sowie lokale Geschmackspräferenzen, repräsentiert ein einzigartiges Kapitel in dieser globalen Geschichte.

Die Geschichte der Apfelbäume ist ein lebendiges Zeugnis der Koevolution zwischen Mensch und Natur. Von den wilden Bergen Zentralasiens bis zu den sorgfältigen Obstgärten in allen Teilen der Welt haben Apfelbäume die Zeit und Kontinente durchquert und sich an die menschlichen Zivilisationen angepasst und weiterentwickelt. Auch heute noch symbolisieren sie den Reichtum unseres landwirtschaftlichen und kulturellen Erbes und erinnern an die Bedeutung von Vielfalt und Erhaltung in einer sich ständig verändernden Welt.

Kapitel 2: Symbolik und Mythologie der Apfelbäume

Apfelbäume nehmen über ihre entscheidende Rolle in der menschlichen Ernährung hinaus einen besonderen Platz in der kollektiven Vorstellung ein. Seit der Antike sind diese Obstbäume von Symbolik und Mythologie umgeben und repräsentieren unterschiedliche Konzepte wie Wissen, Unsterblichkeit, Liebe und Versuchung. Schauen wir uns die verschiedenen kulturellen und mythologischen Bedeutungen an, die im Laufe der Geschichte und Zivilisationen mit Apfelbäumen verbunden sind.

Apfelbäume in der griechisch-römischen Mythologie

In der griechischen Mythologie wurden Äpfel oft mit Göttern und Helden in Verbindung gebracht. Einer der berühmtesten Mythen ist der der goldenen Äpfel aus dem Garten der Hesperiden. Dieser mythische Garten, bewacht von Nymphen und einem Drachen, enthielt goldene Äpfel, die Unsterblichkeit verliehen. Herakles (Herkules) musste zwölf Aufgaben erfüllen, von denen eine darin bestand, diese goldenen Äpfel zu stehlen, was den Zugang zur Unsterblichkeit und das Erreichen göttlicher Heldentaten symbolisierte.

In der römischen Mythologie wachte Pomona, die Göttin der Früchte und Obstgärten, über Obstbäume, darunter auch Apfelbäume. Sie wurde oft mit einem Apfel in der Hand dargestellt, der Fruchtbarkeit und Fülle symbolisierte.

Der Apfel in der Bibel und jüdisch-christlichen Traditionen

In der jüdisch-christlichen Tradition wird der Apfelbaum oft als der Baum der Erkenntnis von Gut und Böse im Garten Eden identifiziert. Obwohl der ursprüngliche Bibeltext die Art der Frucht nicht spezifiziert, ist der Apfel zum herkömmlichen Symbol für diese verbotene Frucht geworden. Der von der Schlange veranlasste Verzehr des Apfels durch Eva führte zum Sündenfall des Menschen und symbolisierte Versuchung, Sünde und verbotenes Wissen.

Diese Interpretation hatte einen nachhaltigen Einfluss auf die westliche Kunst und Literatur, wo der Apfel oft die Versuchung und die Dualität der menschlichen Natur darstellt.

Apfelbäume und keltische Symbolik

Für die Kelten waren Apfelbäume heilig und symbolisierten Unsterblichkeit und Wissen. Der Apfelbaum war einer der wichtigen Bäume im keltischen kosmischen Baum und symbolisierte die Verbindung zwischen der Welt der Sterblichen und der anderen Welt. In keltischen Legenden wurden magische Äpfel und Obstgärten oft mit der mythischen Insel Avalon in Verbindung gebracht, einem Paradies, in dem man Unsterblichkeit erlangen konnte.

Apfelbäume und nordische Symbolik

Auch in der nordischen Mythologie spielen Äpfel eine wichtige Rolle. Idunn, die Göttin der ewigen Jugend, bewahrte magische Äpfel auf, die den Göttern ihre Unsterblichkeit versicherten. Als Loki, der Gott der List, Idunn austrickste und ihn mit seinen Äpfeln von Asgard wegbrachte, begannen die Götter zu altern. Dieser Mythos symbolisiert die Bedeutung von Äpfeln als Quelle des Lebens und der ewigen Jugend.

Apfelbäume in populären und literarischen Traditionen

Auch in Märchen und Volkssagen nehmen Äpfel einen prominenten Platz ein. So spielt beispielsweise in „Schneewittchen" der Brüder Grimm ein vergifteter Apfel eine zentrale Rolle in der Handlung, der sowohl trügerische Schönheit als auch verborgene Gefahr symbolisiert.

In der Literatur werden Äpfel häufig als Symbol für verschiedene Themen verwendet. In John Miltons „Paradise Lost" ist der Apfel eine kraftvolle Metapher für Versuchung und den Sündenfall des Menschen. In James Joyces „Ulysses" steht der Apfel für Verlangen und Wissen.

Die moderne Symbolik der Apfelbäume

Auch heute noch sind Apfelbäume in verschiedenen Kulturen kraftvolle Symbole. Bei Festen und Feiern repräsentieren sie oft Liebe und Fülle. In einigen asiatischen Kulturen ist das Schenken von Äpfeln ein Zeichen von Frieden und Wohlstand.

Im Gartenbau und in der Permakultur ist der Apfelbaum zu einem Symbol für Nachhaltigkeit und Widerstandsfähigkeit geworden. In Gemeinschaftsobstgärten und städtischen Gärten wird der Apfelbaum oft als Symbol der Verbundenheit mit der Natur und der lokalen Lebensmittelproduktion verwendet.

Die Symbolik und Mythologie der Apfelbäume offenbaren die Tiefe der menschlichen Beziehung zu diesem Obstbaum. Von Unsterblichkeit und Wissen in alten Mythen bis hin zu Versuchung und Sünde in jüdisch-christlichen Traditionen waren Apfelbäume in verschiedenen Kulturen allgegenwärtige Symbole. Sie repräsentieren weiterhin wesentliche Werte wie Fruchtbarkeit, Fülle und Widerstandsfähigkeit und veranschaulichen die anhaltende Bedeutung von Apfelbäumen in der kollektiven Vorstellung und der menschlichen Kultur.

Kapitel 3: Vielfalt der Apfelbaumsorten

Apfelbäume (Malus Domestica) sind lebendige Zeugen der Geschichte der menschlichen Landwirtschaft und verkörpern eine außergewöhnliche Vielfalt, die Jahrtausende der Selektion, Kultivierung und Anpassung widerspiegelt. Heutzutage gibt es Tausende von Apfelsorten, jede mit unterschiedlichen Eigenschaften, die für unterschiedliche Verwendungszwecke, Geschmäcker und Klimazonen geeignet sind. Betrachten wir gemeinsam den Reichtum dieser Vielfalt, ihre Ursprünge, ihre Bedeutung für Kultur und Landwirtschaft sowie die Herausforderungen und Chancen, die mit ihrer Erhaltung verbunden sind.

Ursprünge der Apple-Vielfalt

Die Vielfalt der Apfelsorten hat ihre Wurzeln in den wilden Wäldern von Malus sieversii, dem wilden Vorfahren des heimischen Apfelbaums, der noch immer im Tian Shan-Gebirge in Zentralasien wächst. Der Austausch von Samen und Pflanzen über Handelsrouten, insbesondere die Seidenstraße, ermöglichte die Verbreitung und Diversifizierung von Apfelbäumen in verschiedenen Regionen der Welt.

Die Domestizierung von Apfelbäumen begann vor mehreren tausend Jahren, als Bauern Bäume auswählten, die die schmackhaftesten, größten oder widerstandsfähigsten Früchte hervorbrachten. Diese ersten Selektionen waren von entscheidender Bedeutung für die Entwicklung lokaler Sorten, die an die klimatischen Bedingungen und spezifischen Geschmacksvorlieben angepasst waren.

Kulinarische Vielfalt und vielfältige Einsatzmöglichkeiten

Äpfel zeichnen sich durch ihre kulinarische Vielseitigkeit aus. Einige Sorten wie „Golden Delicious" oder „Fuji" eignen sich aufgrund ihres süßen Geschmacks und ihrer knusprigen Konsistenz ideal zum Frischverzehr. Andere, wie „Granny Smith", eignen sich mit ihrer ausgeprägten Säure hervorragend zum Kochen und Backen.

Apfelweinsorten wie „Dabinett" und „Kingston Black" werden aufgrund ihres ausgewogenen Zucker-, Säure- und Tanningehalts speziell für die Apfelweinproduktion angebaut. Diese Sorten eignen sich oft nicht für den Frischverzehr, eignen sich aber hervorragend für die Fermentation.

Äpfel, die zum Trocknen oder Entsaften bestimmt sind, erfordern ebenfalls bestimmte Eigenschaften. Beispielsweise wird „Braeburn" für seinen geschmackvollen, ausgewogenen Saft geschätzt, während Sorten wie „Empire" oder „Rome Beauty" oft wegen ihrer Fähigkeit verwendet werden, ihre Form und ihren Geschmack nach dem Trocknen beizubehalten.

Kulturelle und landwirtschaftliche Bedeutung

Die Vielfalt der Apfelbaumsorten ist nicht nur ein landwirtschaftlicher Wert, sondern auch ein wichtiges kulturelles Element. Jede Region hat oft ihre eigenen lokalen Sorten, die von Generationen von Gärtnern und Bauern angebaut und erhalten werden. Diese lokalen Sorten, wie „Calville Blanc" in Frankreich oder „Egremont Russet" in England, sind Zeugen der landwirtschaftlichen und kulinarischen Geschichte ihrer Region.

In der Landwirtschaft ist diese Vielfalt entscheidend für die Widerstandsfähigkeit von Obstgärten gegenüber Krankheiten, Schädlingen und klimatischen Schwankungen. Sorten, die gegen bestimmte Krankheiten resistent sind, wie zum Beispiel die schorfresistente Sorte „Liberty", sind der Schlüssel zur Reduzierung des Pestizideinsatzes und zur Förderung nachhaltiger landwirtschaftlicher Praktiken.

Herausforderungen und Erhalt der Vielfalt

Trotz dieses Reichtums wird die Vielfalt der Apfelbaumsorten durch die Homogenisierung der Landwirtschaft und kommerzielle Präferenzen für einige wenige standardisierte Sorten bedroht. Die Konzentration auf eine begrenzte Anzahl von Sorten kann die Anfälligkeit von Obstgärten für Krankheitsausbrüche und Klimawandel erhöhen.

Erhaltungsbemühungen sind daher unerlässlich. Eine entscheidende Rolle spielen Keimplasmabanken, Obstbaumsammlungen und Initiativen zur Erhaltung heimischer Sorten. Erhaltungsprogramme, wie sie beispielsweise von Institutionen wie der National Fruit Collection im Vereinigten Königreich oder dem INRAE Genetic Resources Centre in Frankreich durchgeführt werden, zielen darauf ab, diese genetische Vielfalt für zukünftige Generationen zu bewahren.

Die Vielfalt der Apfelsorten ist ein landwirtschaftlicher und kultureller Schatz, das Ergebnis jahrtausendelanger Selektion und Anpassung durch den Menschen. Es bietet nicht nur eine Fülle an Aromen und kulinarischen Einsatzmöglichkeiten, sondern auch eine wesentliche Widerstandsfähigkeit für eine nachhaltige Landwirtschaft. Die Erhaltung dieser Vielfalt ist angesichts der heutigen Herausforderungen von entscheidender Bedeutung und stellt sicher, dass Apfelbäume die Menschheit auch in den kommenden Jahrhunderten ernähren und inspirieren.

Kapitel 4: Anatomie des Apfelbaums

Der Apfelbaum (Malus Domestica), ein Mitglied der Familie der Rosaceae, ist ein weltweit verbreiteter Obstbaum. Seine komplexe Struktur und verschiedene Teile spielen eine entscheidende Rolle für seine Entwicklung, Reproduktion und Produktivität. Schauen wir uns hier die Anatomie des Apfelbaums an, indem wir seine Hauptbestandteile detailliert beschreiben: Wurzeln, Stamm, Zweige, Blätter, Blüten und Früchte.

Wurzeln

Die Wurzeln des Apfelbaums bilden das Fundament des Baumes und sorgen für die Verankerung und Aufnahme von Nährstoffen und Wasser aus dem Boden. Sie werden in zwei Haupttypen unterteilt: Pfahlwurzeln und Seitenwurzeln. Pfahlwurzeln reichen tief in den Boden, während Seitenwurzeln horizontal verlaufen und ein dichtes Netzwerk bilden, das die Ressourcenaufnahme maximiert.

Die Wurzeln des Apfelbaums werden auch mit Mykorrhizen in Verbindung gebracht, symbiotischen Pilzen, die die Absorptionsfläche der Wurzeln vergrößern und die Aufnahme essentieller Nährstoffe, insbesondere Phosphor, verbessern.

Stamm

Der Stamm ist die zentrale und wichtigste Stützstruktur des Apfelbaums. Es transportiert Wasser und Nährstoffe durch das Xylem von den Wurzeln zu den Zweigen und Blättern und leitet die Produkte der Photosynthese von den Blättern über das Phloem zum Rest des Baumes.

Die Rinde des Stammes schützt das innere Gewebe vor Verletzungen, Krankheiten und klimatischen Schwankungen. Mit der Zeit wird der Stamm dicker und entwickelt zusätzliche

Schichten aus Holz und Kambium, einem meristematischen Gewebe, das für das Durchmesserwachstum des Baumes verantwortlich ist.

Geäst

Die Äste des Apfelbaums entspringen dem Stamm und teilen sich in kleinere Strukturen, sogenannte Zweige. Sie unterstützen Blätter, Blüten und Früchte und spielen eine entscheidende Rolle bei der Photosynthese und Fortpflanzung. Die Anordnung der Zweige, oft auch Gerüst genannt, beeinflusst die Form des Baumes und seine Fähigkeit, Früchte zu tragen.

Ältere Zweige, sogenannte Zimmermannszweige, tragen das Gewicht der fruchttragenden Zweige und Früchte. Das Beschneiden von Zweigen ist eine gängige Praxis, um das Fruchtwachstum zu stimulieren, die Lichtdurchlässigkeit zu verbessern und Krankheiten vorzubeugen.

Blätter

Die Blätter des Apfelbaums sind flache, dünne Gebilde, meist oval mit gezackten Rändern. Sie sind die Hauptstandorte der Photosynthese, dem Prozess, bei dem Pflanzen Sonnenlicht in chemische Energie umwandeln.

Jedes Blatt besteht aus einer Blattspreite, einem Blattstiel (dem Stiel, der das Blatt mit dem Zweig verbindet) und manchmal Nebenblättern (kleinen blattförmigen Strukturen an der Basis des Blattstiels). Stomata, winzige Poren auf Blattoberflächen, regulieren den Gasaustausch und die Transpiration und spielen eine entscheidende Rolle beim Wasser- und Nährstoffmanagement.

Blumen

Die Blüten des Apfelbaums sind für die Fortpflanzung des Baumes unerlässlich. Sie sind typischerweise in Blütenständen, sogenannten Doldentrauben, gruppiert, wobei jede Dolde mehrere Blüten enthält. Eine typische Apfelblüte hat fünf Blütenblätter, zahlreiche Staubblätter (die pollenproduzierenden Strukturen) und einen zentralen Stempel, der aus mehreren Fruchtblättern besteht.

Für die Fruchtbildung ist die Bestäubung notwendig, die häufig durch Insekten wie Bienen erfolgt. Der Pollen muss von den Staubblättern auf den Stempel übertragen werden, wo er die Eizellen befruchtet und so zur Entwicklung von Samen und Früchten führt.

Die Früchte

Die Frucht des Apfelbaums, umgangssprachlich Apfel genannt, ist ein Beispiel für eine fleischige Frucht. Es entwickelt sich nach der Befruchtung aus dem Fruchtknoten der Blüte. Der Apfel besteht aus mehreren Schichten: dem Epikarp (der Außenhaut), dem Mesokarp (dem saftigen Fruchtfleisch) und dem Endokarp (der Innenwand, die die Samen umgibt).

Äpfel enthalten im Allgemeinen fünf sternförmig angeordnete Fruchtblätter, in denen sich jeweils ein oder mehrere Samen befinden. Die Vielfalt der Apfelsorten entsteht durch Selektion und Hybridisierung, wobei jede Sorte spezifische Eigenschaften in Bezug auf Größe, Farbe, Geschmack und Textur aufweist.

Die Anatomie des Apfelbaums weist eine bemerkenswerte Komplexität auf, wobei jeder Teil des Baums eine wesentliche Rolle für sein Wachstum, seine Fortpflanzung und sein Überleben spielt. Von tiefen Wurzeln bis hin zu wohlschmeckenden Früchten, Zweigen und Blättern trägt jede Komponente zur Vitalität des Baumes und seiner Fähigkeit, Äpfel zu produzieren, bei. Das Verständnis dieser Anatomie ist für Landwirte, Gärtner und Forscher von entscheidender Bedeutung, die danach streben, den Anbau von Apfelbäumen zu optimieren und ihre Vielfalt für zukünftige Generationen zu bewahren.

Kapitel 5: Den idealen Apfelbaum für Ihren Garten auswählen

Das Pflanzen eines Apfelbaums in Ihrem Garten ist eine lohnende Entscheidung, die leckere Früchte hervorbringen, Ihren Raum verschönern und zum lokalen Ökosystem beitragen kann. Die Auswahl des idealen Apfelbaums erfordert jedoch sorgfältige Überlegungen, um sicherzustellen, dass der Baum gedeiht und reichlich produziert. Schauen wir uns die Schlüsselfaktoren an, die Sie bei der Auswahl des idealen Apfelbaums für Ihren Garten berücksichtigen sollten.

Klimatische Faktoren

Apfelbäume sind relativ widerstandsfähig, ihre klimatischen Ansprüche variieren jedoch je nach Sorte. Es ist wichtig, eine Sorte zu wählen, die zu Ihrer Winterhärtezone passt. Winterhärtezonen definieren die Mindesttemperaturen, denen Pflanzen standhalten können. Beispielsweise sind Sorten wie „Honeycrisp" und „McIntosh" gut an kältere Klimazonen angepasst, während „Gala" und „Fuji" in wärmeren Klimazonen besser gedeihen.

Bodenart

Apfelbäume bevorzugen gut durchlässige, fruchtbare Böden mit einem leicht sauren bis neutralen pH-Wert (zwischen 6,0 und 7,0). Vor dem Pflanzen empfiehlt es sich, den Boden auf seinen pH-Wert und seine Zusammensetzung zu testen. Die Zugabe von Kompost oder organischem Material kann die Bodenfruchtbarkeit und Entwässerung verbessern. Wenn der Boden lehmig oder schlecht entwässert ist, sollten Sie die Pflanzung auf Hügeln oder Hochbeeten in Betracht ziehen.

Raum und Größe

Die Größe Ihres Gartens bestimmt die Art des Apfelbaums, den Sie pflanzen können. Apfelbäume gibt es in vielen Formen und Größen, darunter:

Zwergapfelbäume: Sie erreichen im Allgemeinen eine Höhe zwischen 2 und 3 Metern und eignen sich gut für kleine Gärten oder Kübelbepflanzungen.

Halbzwerg-Apfelbäume: Sie erreichen eine Höhe von etwa 3 bis 4,5 Metern und bieten einen guten Kompromiss zwischen Größe und Fruchtproduktion.

Standard-Apfelbäume: Sie können eine Höhe von 6 bis 9 Metern erreichen und benötigen mehr Platz, produzieren aber oft mehr Früchte.

Bestäubung

Die Bestäubung ist für die Obstproduktion von entscheidender Bedeutung. Die meisten Apfelbäume sind selbststeril, was bedeutet, dass sie eine andere Apfelsorte in der Nähe benötigen, um eine Fremdbestäubung zu gewährleisten. Das Pflanzen von mindestens zwei kompatiblen Sorten in Ihrem Garten oder in der Nähe sorgt für eine bessere Fruchtproduktion. Sorten wie „Golden Delicious" können als universelle Bestäuber für viele andere Sorten dienen.

Kulturziele

Ihre Wachstumsziele beeinflussen auch die Wahl des Apfelbaums. Wenn Sie Äpfel zum Frischverzehr wünschen, sind Sorten wie „Fuji", „Gala" oder „Honeycrisp" aufgrund ihres Geschmacks und ihrer knackigen Textur ideal. Zum Kochen und Backen werden Sorten wie „Granny Smith" oder „Braeburn" aufgrund ihrer Säure und ihrer Fähigkeit, beim Kochen ihre Form zu behalten, bevorzugt.

Für die Apfelweinproduktion werden spezielle Sorten wie „Dabinett" und „Kingston Black" angebaut, da sie ein einzigartiges Gleichgewicht aus Zucker, Säure und Tanninen aufweisen, das für die Herstellung von hochwertigem Apfelwein unerlässlich ist.

Krankheitsresistenz

Einige Apfelbaumsorten sind krankheitsresistenter als andere. Apfelschorf, Falscher Mehltau und Feuerbrand sind häufige Krankheiten, die Apfelbäume befallen können. Die Wahl krankheitsresistenter Sorten wie „Liberty", „Enterprise" oder „Redfree" kann die Notwendigkeit chemischer Eingriffe verringern und die Obstgartenverwaltung erleichtern.

Wartung und Größe

Apfelbäume müssen regelmäßig beschnitten werden, um ihre Gesundheit und Produktivität zu erhalten. Einige Sorten erfordern möglicherweise mehr Pflege als andere. Zwerg- und Halbzwerg-Apfelbäume sind aufgrund ihrer geringeren Größe oft einfacher zu beschneiden und zu ernten. Schnell wachsende Sorten müssen möglicherweise häufiger beschnitten werden, um ihre Form zu kontrollieren und eine bessere Fruchtbildung zu fördern.

Bei der Auswahl des idealen Apfelbaums für Ihren Garten müssen mehrere Faktoren berücksichtigt werden, darunter Klima, Bodenart, verfügbarer Platz, Bestäubungsbedarf, Wachstumsziele, Krankheitsresistenz und Pflanzenanforderungen. Wenn Sie sich die Zeit nehmen, diese Dinge zu bedenken, können Sie eine Sorte auswählen, die in Ihrem Garten gedeiht und Ihnen viele Jahre lang köstliche Früchte liefert. Ob Sie frische Äpfel genießen, Kuchen backen oder Apfelwein herstellen möchten, es gibt einen Apfelbaum, der zu Ihren Bedürfnissen und Ihrer Umgebung passt.

Kapitel 6: Bereiten Sie den Boden für die Pflanzung vor

Die richtige Bodenvorbereitung ist ein wesentlicher Faktor für den Erfolg der Pflanzung von Obstbäumen, einschließlich Apfelbäumen. Ein gut vorbereiteter Boden bietet eine Umgebung, die das Wurzelwachstum, die Nährstoffaufnahme und die allgemeine Gesundheit des Baumes begünstigt. In diesem Kapitel werden wir die wichtigsten Schritte zur Vorbereitung des Bodens vor dem Pflanzen eines Apfelbaums untersuchen.

Bodenanalyse

Bevor mit den Vorbereitungen begonnen wird, empfiehlt es sich, eine gründliche Bodenanalyse durchzuführen. Dies hilft bei der Bestimmung des pH-Werts, der Textur, des Nährstoffgehalts und des Entwässerungsniveaus des Bodens. Ein Bodentest kann mit Testkits durchgeführt werden, die in Gartencentern erhältlich sind, oder indem eine Bodenprobe an ein Testlabor geschickt wird. Diese Informationen sind entscheidend für die Auswahl der notwendigen Ergänzungen und die Gewährleistung einer optimalen Umgebung für das Wachstum des Apfelbaums.

Reinigung und Standortvorbereitung

Vor dem Pflanzen ist es wichtig, die Pflanzstelle zu reinigen. Entfernen Sie Unkraut, Pflanzenreste und Steine, die das Wurzelwachstum des Apfelbaums behindern könnten. Stellen Sie außerdem sicher, dass der Standort gut entwässert ist, um Wasserstau zu vermeiden, der zu Wurzelkrankheiten führen kann.

Bodenverbesserungen

Abhängig von den Ergebnissen der Bodenanalyse können Anpassungen erforderlich sein, um Ungleichgewichte zu korrigieren und die Bodenstruktur zu verbessern. Wenn der pH-Wert des Bodens beispielsweise zu sauer oder zu alkalisch ist, können Zusätze wie Kalk oder Schwefel verwendet werden, um den pH-Wert auf optimale Werte für das Wachstum von Apfelbäumen einzustellen.

Um die Bodenfruchtbarkeit zu verbessern, kann die Zugabe von organischem Material wie Kompost, zersetztem Mist oder organischen Düngemitteln wichtige Nährstoffe liefern, die für das Wurzelwachstum und die Baumentwicklung benötigt werden. Organische Zusatzstoffe tragen auch zur Verbesserung der Bodenstruktur bei, fördern eine bessere Wasserretention und bieten einen günstigen Lebensraum für nützliche Bodenorganismen.

Vorbereiten des Pflanzlochs

Achten Sie beim Pflanzen des Apfelbaums darauf, ein Loch in der richtigen Größe zu graben. Das Loch sollte doppelt so breit sein wie der Wurzelballen des Baumes und tief genug, um die Wurzeln aufzunehmen, ohne sie zu verbiegen oder zu verdichten. Stellen Sie sicher, dass die Ränder des Lochs gut entdichtet sind, um das Wurzelwachstum zu erleichtern und die Bildung von Lufteinschlüssen zu verhindern.

Gründung und Pflanzung

Sobald das Loch vorbereitet und der Boden angepasst ist, ist es Zeit, den Apfelbaum zu pflanzen. Setzen Sie den Baum in das Loch und achten Sie darauf, dass der Kragen (der Bereich, in dem die Wurzeln auf den Stamm treffen) auf gleicher Höhe mit dem Boden ist. Füllen Sie das Loch mit der bearbeiteten Erde und achten Sie darauf, die Erde um die Wurzeln herum zu verdichten, um Lufteinschlüsse zu vermeiden.

Bewässerung und Wartung

Gießen Sie den Baum nach dem Pflanzen gründlich, um die Wurzelbildung im Boden zu unterstützen. Achten Sie darauf, im ersten Wachstumsjahr regelmäßig zu gießen, um die Wurzelentwicklung zu fördern und die Gesundheit des Baumes zu gewährleisten.

Eine sorgfältige Bodenvorbereitung vor dem Pflanzen eines Apfelbaums ist ein entscheidender Schritt, um den langfristigen Erfolg des Baumes sicherzustellen. Indem Sie den Boden testen, den Standort säubern, notwendige Änderungen vornehmen und den Baum richtig pflanzen, können Sie eine optimale Umgebung für das Wurzelwachstum und die allgemeine Gesundheit des Apfelbaums schaffen. Bei richtiger Pflege kann Ihr Apfelbaum noch viele Jahre lang gedeihen und Sie mit einer Fülle köstlicher Äpfel belohnen.

Kapitel 7: Apfelpflanztechniken

Einen Apfelbaum zu pflanzen ist eine lohnende Aufgabe, die ein wenig Vorbereitung und Pflege erfordert. Um das gesunde Wachstum und die langfristige Produktivität des Baumes sicherzustellen, sind die richtigen Pflanztechniken unerlässlich. Schauen wir uns sieben Schlüsseltechniken für das erfolgreiche Pflanzen von Apfelbäumen an.

1. Den richtigen Zeitpunkt wählen

Der ideale Zeitpunkt zum Pflanzen eines Apfelbaums ist oft der Herbst oder das frühe Frühjahr, wenn der Baum noch ruht. In Gebieten mit strengen Wintern ist es jedoch möglicherweise am besten, im Frühjahr zu pflanzen, um Frostschäden zu vermeiden. Vermeiden Sie das Pflanzen bei starkem Frost oder extremer Hitze.

2. Standortauswahl

Wählen Sie für Ihren Apfelbaum einen sonnigen Standort mit guter Drainage. Stellen Sie sicher, dass genügend Platz zum Wachsen vorhanden ist. Berücksichtigen Sie dabei die ausgewachsene Größe und den erforderlichen Abstand zwischen den Bäumen, wenn Sie mehrere Bäume pflanzen. Vermeiden Sie Bereiche, in denen Wasser stagnieren kann, da dies zu Problemen mit Wurzelfäule führen kann.

3. Bodenvorbereitung

Bereiten Sie den Boden vor, indem Sie die Fläche jäten und den Boden auf einer Fläche lockern, die größer als der Wurzelballen des Baumes ist. Fügen Sie Kompost oder gut verrotteten Mist hinzu, um die Bodenfruchtbarkeit zu verbessern. Vermeiden Sie die Zugabe zu vieler stickstoffreicher Zusatzstoffe, da dies zu übermäßigem Laubwachstum auf Kosten der Fruchtproduktion führen kann.

4. Das Loch graben

Graben Sie ein Loch, das doppelt so breit ist wie der Wurzelballen des Baumes und tief genug, um die Wurzeln aufzunehmen, ohne sie zu verbiegen. Die Baumkrone (der Bereich, in dem die Wurzeln auf den Stamm treffen) sollte nach dem Pflanzen des Baumes auf gleicher Höhe mit dem Boden sein. Stellen Sie sicher, dass die Ränder des Lochs gut entdichtet sind, um das Wurzelwachstum zu erleichtern.

5. Den Baum pflanzen

Setzen Sie den Baum in das Loch und füllen Sie es mit der bearbeiteten Erde. Stellen Sie sicher, dass der Baum gerade steht und die Wurzeln gleichmäßig im Loch verteilt sind. Packen Sie die Erde leicht um die Wurzeln herum an, um Lufteinschlüsse zu vermeiden, und gießen Sie sie gründlich, um die Wurzeln im Boden zu etablieren.

6. Baumschutz

Schützen Sie den Baum vor Tierschäden, Unkraut und Krankheiten, indem Sie einen Pfahl zur Stützung anbringen, organischen Mulch verwenden, um Unkraut zu ersticken, und eine Behandlung zur Vorbeugung von Krankheiten und Schädlingen anwenden.

7. Regelmäßige Wartung

Sobald der Baum gepflanzt ist, achten Sie darauf, ihn im ersten Jahr regelmäßig zu gießen, um die Wurzelentwicklung zu fördern. Beschneiden Sie den Baum jährlich, um eine gute Struktur und reichliche Fruchtbildung zu fördern. Sorgen Sie für eine ausgewogene Ernährung mit Düngemitteln, die auf die spezifischen Bedürfnisse des Apfelbaums abgestimmt sind.

Das Pflanzen eines Apfelbaums erfordert also ein wenig Vorbereitung und Pflege, aber die Belohnung ist es wert. Indem Sie diese sieben Pflanztechniken befolgen, können Sie eine Umgebung schaffen, die das gesunde Wachstum Ihres Apfelbaums begünstigt und Sie viele Jahre lang köstliche Äpfel genießen können.

Kapitel 8: Pflege und Pflege junger Apfelbäume

Die ersten Lebensjahre eines Apfelbaums sind entscheidend für die Schaffung einer soliden Grundlage, die seine Gesundheit und Produktivität während seines gesamten Lebens bestimmt. Die richtige Pflege und Wartung in dieser Zeit kann den Unterschied zwischen einem kräftigen, fruchttragenden Apfelbaum und einem, der ums Überleben kämpft, ausmachen. Schauen wir uns die wichtigsten Praktiken zur Pflege und Erhaltung junger Apfelbäume an, um ihr optimales Wachstum sicherzustellen.

Bewässerung

Junge Apfelbäume müssen regelmäßig gegossen werden, um die Wurzelentwicklung zu fördern und die Feuchtigkeitsversorgung sicherzustellen, insbesondere in Trockenperioden. Achten Sie im ersten Jahr nach der Pflanzung darauf, den Baum ein- bis zweimal pro Woche gründlich zu gießen, damit genügend Wasser in den Wurzelbereich eindringt. Reduzieren Sie die Bewässerungshäufigkeit schrittweise, während der Baum reift, abhängig von den Wetterbedingungen und der Bodenbeschaffenheit.

Mulchen

Das Auftragen einer Schicht Bio-Mulch um die Basis des jungen Apfelbaums bietet viele Vorteile. Mulch trägt dazu bei, die Bodenfeuchtigkeit zu bewahren, konkurrierende Unkräuter zu unterdrücken und eine gleichmäßigere Bodentemperatur aufrechtzuerhalten. Lassen Sie unbedingt einen Abstand zwischen Mulch und Baumstamm, um Rindenfäule vorzubeugen.

Größe

Ein regelmäßiger Schnitt junger Apfelbäume ist wichtig, um eine stabile Struktur, eine gute Luftzirkulation und eine reiche Fruchtbildung zu fördern. Konzentrieren Sie sich in den ersten Wachstumsjahren darauf, eine starke Baumstruktur zu bilden, indem Sie beschädigte, fehlgeleitete oder sich kreuzende Äste entfernen. Wählen Sie einen leichten und sorgfältigen Schnitt, um das Wachstum des Baumes nicht zu beeinträchtigen.

Düngung

Junge Apfelbäume profitieren von einer ausgewogenen Ernährung, um ihr kräftiges Wachstum zu unterstützen. Mischen Sie vor dem Pflanzen Kompost oder gut verrotteten Mist in den Boden, um ihn mit wichtigen Nährstoffen zu versorgen. In den ersten Wachstumsjahren können Sie auch einmal im Jahr im zeitigen Frühjahr einen ausgewogenen Dünger speziell für Obstbäume ausbringen.

Schutz vor Schädlingen und Krankheiten

Junge Apfelbäume sind oft anfällig für Schädlingsbefall und Krankheiten. Untersuchen Sie den Baum regelmäßig auf Anzeichen von Befall oder Krankheit, wie deformierte Blätter, Blattflecken oder ungewöhnliches Wachstum. Verwenden Sie nach Möglichkeit biologische Kontrollmethoden und wenden Sie bei Bedarf vorbeugende Behandlungen an, um den Baum vor Schäden zu schützen.

Schutz vor physischem Schaden

Schützen Sie den jungen Apfelbaum vor physischen Schäden durch Mäher, chemische Unkrautvernichter und Tiere. Bringen Sie Rindenschutz um die Basis des Baumes an, um Schäden durch Nagetiere zu verhindern, und verwenden Sie Pfähle, um den Baum zu stützen und ihn vor Windschäden zu schützen.

Überwachung und Anpassung

Überwachen Sie abschließend sorgfältig das Wachstum und die Entwicklung Ihres jungen Apfelbaums und passen Sie Ihre Pflegepraktiken entsprechend an. Beobachten Sie Anzeichen von Stress wie Blattwelke, Gelbfärbung oder vorzeitigen Blattabfall und passen Sie die Bewässerungs-, Dünge- und Schädlingsbekämpfungsmaßnahmen entsprechend an.

Daher ist die richtige Pflege und Pflege junger Apfelbäume unerlässlich, um eine solide Grundlage zu schaffen, die langfristig ein gesundes Wachstum und eine reichliche Fruchtproduktion fördert. Durch ausreichende Bewässerung, schützendes Mulchen, sorgfältigen Schnitt, ausgewogene Düngung und Schutz vor Schädlingen und Krankheiten können Sie dazu beitragen, dass Ihr junger Apfelbaum in Ihrem Garten gedeiht und gedeiht.

Kapitel 9: Apfelbäume beschneiden und erziehen

Das Beschneiden und Trainieren von Apfelbäumen ist eine wesentliche Maßnahme, um ihre Gesundheit, ihr ästhetisches Aussehen und ihre Produktivität sicherzustellen. Durch die Manipulation des Wachstums des Baumes können Gärtner dessen Struktur, Kraft und Fähigkeit, hochwertige Früchte zu produzieren, beeinflussen. Werfen wir einen Blick auf die Bedeutung des Beschneidens und Trainierens von Apfelbäumen und auf die Schlüsseltechniken für deren erfolgreiche Umsetzung.

Größe und Trainingsziele

Das Beschneiden und Trainieren von Apfelbäumen verfolgt mehrere wesentliche Ziele:

Stimulieren Sie das Wachstum: Durch das Entfernen abgestorbener, kranker oder beschädigter Äste fördert das Beschneiden das Wachstum von neuem, gesundem Gewebe.

Fördern Sie die Fruchtbildung: Durch das Ausdünnen der Blätter, um eine bessere Durchdringung des Sonnenlichts zu ermöglichen und die Belüftung zu fördern, kann der Schnitt die Fruchtproduktion steigern.

Kontrollieren Sie die Baumgröße: Durch die Anpassung des Astwachstums hilft das Beschneiden dabei, den Baum auf einer überschaubaren Größe für Ernte und Pflege zu halten.

Verbessern Sie die Struktur des Baumes: Durch die Schaffung eines soliden Gerüsts und die Eliminierung konkurrierender Äste trägt das Beschneiden zur Bildung eines ausgewogenen und ästhetisch ansprechenden Baumes bei.

Schnitttechniken

Die Schnitttechniken für Apfelbäume variieren je nach Alter des Baumes, seiner Wachstumsart und seinen Wachstumszielen. Hier sind einige häufig verwendete Schnitttechniken:

Formationsschnitt: Dieser Schnitt wird an jungen Bäumen durchgeführt, um ein solides und ausgewogenes Gerüst zu schaffen. Konkurrierende Äste werden entfernt, um ein dominantes vertikales Wachstum und eine gut verteilte Seitenverzweigung zu fördern.

Obstschnitt: Dieser Schnitt wird an ausgewachsenen Bäumen durchgeführt, um die Fruchtproduktion zu fördern. Abgestorbene, kranke oder beschädigte Äste werden entfernt und innere Äste werden ausgedünnt, um eine bessere Durchdringung von Licht und Luft zu ermöglichen.

Erneuerungsschnitt: Dieser Schnitt wird an alten Bäumen durchgeführt, um deren Wachstum und Produktivität wiederzubeleben. Alte, unproduktive Zweige werden entfernt, um das Wachstum kräftiger neuer Zweige zu fördern.

Wann sollten Apfelbäume beschnitten werden?

Der Schnitt von Apfelbäumen erfolgt üblicherweise während der Ruhephase des Baumes, also im Winter, wenn der Baum seine Blätter verloren hat. Allerdings kann während der

Vegetationsperiode auch ein leichter Rückschnitt vorgenommen werden, um unmittelbare Probleme zu beheben oder ein bestimmtes Wachstum zu fördern.

Schnittwerkzeuge

Für einen effektiven Schnitt ist die Verwendung der richtigen Werkzeuge unerlässlich. Handschneider eignen sich ideal zum Beschneiden von Ästen mit kleinem Durchmesser, während Astscheren mit langem Griff für dickere Äste geeignet sind. Astsägen werden für Äste mit größerem Durchmesser verwendet, während Leitern und Gerüste erforderlich sein können, um hohe Äste zu erreichen.

Das Beschneiden und Trainieren von Apfelbäumen ist eine wesentliche Maßnahme, um ein gesundes Wachstum, eine reiche Fruchtbildung und ein ästhetisches Erscheinungsbild des Baumes zu fördern. Indem Gärtner die Ziele des Beschneidens verstehen, die richtigen Techniken anwenden und den empfohlenen Beschneidungsplan befolgen, können sie dazu beitragen, dass ihre Apfelbäume Jahr für Jahr gedeihen und köstliche Früchte produzieren. Ob für einen Hausgarten oder einen kommerziellen Obstgarten, das Beschneiden und Trainieren von Apfelbäumen ist eine wertvolle Fähigkeit für jeden Obstgartenbau-Enthusiasten oder Profi.

Kapitel 10: Apfelbäume veredeln: Techniken und Tipps

Das Pfropfen von Apfelbäumen ist eine uralte Praxis, bei der wünschenswerte Eigenschaften verschiedener Sorten kombiniert werden, um Bäume zu erzeugen, die robuster und krankheitsresistenter sind und eine bessere Fruchtqualität bieten. Diese Technik wird häufig von Hobbygärtnern und professionellen Obstgärtnern verwendet, um vielfältige und produktive Obstgärten anzulegen. Sehen wir uns die verschiedenen Techniken zum Pfropfen von Apfelbäumen sowie einige Tipps für den erfolgreichen Abschluss dieser heiklen Operation an.

Pfropftechniken

Spaltveredelung: Die Spaltveredelung ist eine der gebräuchlichsten Veredelungstechniken für Apfelbäume. Dabei wird am Wurzelstock ein schlitzförmiger Einschnitt vorgenommen, in den ein Steckling der zu veredelnden Sorte eingeführt wird. Diese Methode wird häufig zum Pfropfen von Apfelbaumsorten verwendet, deren Stammdurchmesser kompatibel ist.

Kammveredelung: Die Kammveredelung ist eine heiklere Technik, bei der ein kleiner T-förmiger Schild in die Rinde des Wurzelstocks geschnitten wird. Anschließend wird eine ruhende Knospe der zu veredelnden Sorte unter die Knospe gesteckt und mit Pfropfband fixiert. Diese Methode wird normalerweise während der Vegetationsperiode angewendet, wenn sich die Rinde leicht ablöst.

Ansatzveredelung: Ansatzveredelung ist eine Methode, mit der Apfelzweige auf einen bereits etablierten Baum aufgepfropft werden. Dabei wird ein kreisförmiger Einschnitt in die Rinde des Wurzelstockastes vorgenommen und ein Steckling der zu veredelnden Sorte eingesetzt. Sobald der Steckling Wurzeln gebildet hat, wird er vom Mutterbaum abgeschnitten und wird zu einem neuen veredelten Baum.

Tipps für eine erfolgreiche Veredelung

Wählen Sie gesunde Sprossen: Wählen Sie Sprossen von gesunden, kräftigen Bäumen. Vermeiden Sie Transplantate von erkrankten oder geschwächten Ästen, da diese möglicherweise nicht einwachsen.

Passende Durchmesser: Stellen Sie sicher, dass der Durchmesser des Sprosses mit dem Durchmesser des Wurzelstocks übereinstimmt, um eine perfekte Passform zu erzielen. Eine präzise Übereinstimmung fördert eine schnellere und stärkere Verbindung zwischen Spross und Wurzelstock.

Verwenden Sie gute Pfropfausrüstung: Verwenden Sie scharfe, saubere Pfropfwerkzeuge, um saubere, präzise Schnitte auszuführen. Dadurch wird das Risiko einer Schädigung der Rinde verringert und eine schnelle Heilung gefördert.

Schützen Sie das Transplantat: Schützen Sie das Transplantat vor Witterungseinflüssen, Krankheiten und Schädlingen, indem Sie den veredelten Bereich mit Pfropfband oder Pfropfton umwickeln. Dies trägt auch dazu bei, ein feuchtes Milieu aufrechtzuerhalten, das die Heilung begünstigt.

Beobachten und pflegen: Überwachen Sie das Transplantat regelmäßig auf Anzeichen von Abstoßung oder Krankheit. Sorgen Sie für die richtige Pflege, einschließlich regelmäßiger Bewässerung und Schutz vor Schädlingen, um das Wachstum und die Entwicklung des veredelten Baumes zu fördern.

Das Pfropfen von Apfelbäumen ist eine wertvolle Technik zur Schaffung vielfältiger und produktiver Obstbäume. Durch die Anwendung geeigneter Pfropftechniken und die Befolgung einiger einfacher Tipps können Gärtner erfolgreich Apfelbäume veredeln und sich an einer Fülle köstlicher Früchte erfreuen. Ob zur genetischen Verbesserung, zum Erhalt alter Sorten oder zur Schaffung neuer Geschmackskombinationen: Die Veredelung bietet vielfältige Möglichkeiten, Obst- und Obstgärten zu bereichern.

Kapitel 11: Düngung und Ernährung von Apfelbäumen

Die richtige Düngung von Apfelbäumen ist unerlässlich, um ein kräftiges Wachstum, reichliche Fruchtbildung und hochwertige Früchte zu gewährleisten. Durch die Versorgung von Bäumen mit den notwendigen Nährstoffen in der richtigen Menge und zum richtigen Zeitpunkt können Gärtner ihre langfristige Gesundheit und Produktivität fördern. Lassen Sie uns gemeinsam die Bedeutung der Düngung und Ernährung von Apfelbäumen sowie die empfohlenen Praktiken zur Gewährleistung ihres Wohlbefindens erforschen .

Der Nährstoffbedarf von Apfelbäumen

Wie alle Pflanzen benötigen Apfelbäume eine Reihe von Nährstoffen, um ihr Wachstum und ihre Entwicklung zu unterstützen. Die wichtigsten Nährstoffe für Apfelbäume sind:

Stickstoff (N): Fördert das Wachstum von Blättern und Stängeln.

Phosphor (P): Stimuliert die Wurzel- und Fruchtentwicklung.

Kalium (K): Stärkt die Widerstandskraft gegen Krankheiten und Umweltstress.

Calcium (Ca): Trägt zur Bildung von Zellwänden und zur Regulierung des Wasserhaushalts bei.

Magnesium (Mg): Unverzichtbar für die Bildung von Chlorophyll und die Photosynthese.

Zusätzlich zu diesen Makronährstoffen benötigen Apfelbäume auch Mikronährstoffe wie Eisen, Zink, Mangan und Kupfer für bestimmte Funktionen wie die Photosynthese, die Regulierung von Wachstumshormonen und die Enzymbildung.

Techniken zur Düngung von Apfelbäumen

Bodentest: Vor dem Ausbringen von Dünger wird empfohlen, den Boden testen zu lassen, um seinen Nährstoffgehalt und seinen pH-Wert zu bestimmen. Dadurch kann die Düngemittelgabe an die spezifischen Bedürfnisse des Baumes und des Bodens angepasst werden.

Ausgewogener Dünger: Verwenden Sie einen ausgewogenen Dünger, der speziell für Obstbäume entwickelt wurde und ausgewogene Anteile an Stickstoff, Phosphor und Kalium sowie essentiellen Mikronährstoffen enthält.

Frühlingsdüngung: Tragen Sie den Großteil des Düngers im zeitigen Frühjahr, kurz vor dem Knospenaufbruch, auf, um ein kräftiges Blatt- und Knospenwachstum zu unterstützen.

Herbstdüngung: Eine Düngung im Herbst kann dazu beitragen, die Nährstoffreserven des Baumes als Vorbereitung auf die folgende Vegetationsperiode zu erhöhen.

Blattdüngung: Zusätzlich zur Bodendüngung können durch die Anwendung von Blattdünger Nährstoffe schnell direkt an die Blätter abgegeben werden, wo sie sofort aufgenommen werden können.

Techniken zur Nährstoffkonservierung

Neben der Düngung gibt es verschiedene Techniken zur Nährstoffkonservierung, die dazu beitragen können, die Nutzung der verfügbaren Ressourcen zu optimieren:

Bio-Mulch: Das Auftragen einer Schicht Bio-Mulch um die Basis des Baumes trägt dazu bei, die Bodenfeuchtigkeit zu bewahren und bei der Zersetzung organische Nährstoffe bereitzustellen.

Kompostierung: Die Zugabe von regelmäßigem Kompost zur Basis des Baumes sorgt für eine kontinuierliche Quelle organischer Nährstoffe und verbessert die Bodenstruktur.

Fruchtwechsel: Der Fruchtwechsel im Obstgarten kann dazu beitragen, die Nährstoffverarmung des Bodens durch rotierende Kulturpflanzenfamilien zu reduzieren.

Die richtige Düngung und Ernährung von Apfelbäumen ist unerlässlich, um ihre langfristige Gesundheit, Vitalität und Produktivität sicherzustellen. Durch das Verständnis der Nährstoffbedürfnisse von Bäumen, die Anwendung guter Düngepraktiken und die Anwendung von Techniken zur Nährstoffkonservierung können Gärtner ein robustes Wachstum und eine reiche Fruchtbildung der Apfelbäume in ihrem Obstgarten fördern. Bei richtiger Pflege können Apfelbäume Jahr für Jahr eine zuverlässige Quelle köstlicher Äpfel sein und die Gärten und Obstgärten vieler begeisterter Züchter bereichern.

Kapitel 12: Bewässerung und Wassermanagement in Apfelplantagen

Eine wirksame Bewässerung und ein ordnungsgemäßes Wassermanagement sind wesentliche Elemente, um das gesunde Wachstum und die Produktivität von Apfelplantagen sicherzustellen. Angesichts des Klimawandels und der Wetterschwankungen wird es immer wichtiger, nachhaltige Bewässerungspraktiken umzusetzen, um eine ausreichende

Wasserversorgung sicherzustellen und gleichzeitig Verluste und Verschwendung zu minimieren. Werfen wir einen Blick auf die Bedeutung der Bewässerung und des Wassermanagements in Apfelplantagen sowie auf Best Practices für eine effiziente und verantwortungsvolle Nutzung der Wasserressourcen.

Bedeutung der Bewässerung

Apfelbäume benötigen ausreichend Wasser, um ihr Wachstum, die Wurzelentwicklung und die Fruchtproduktion zu unterstützen. Besonders wichtig ist die Bewässerung in Gebieten mit unzureichenden oder unregelmäßigen Niederschlägen oder in Zeiten anhaltender Dürre. Durch die richtige Bewässerung können Landwirte eine konstante Wasserversorgung der Bäume sicherstellen und so deren Gesundheit und Produktivität fördern.

Bewässerungsmethoden

Tropfbewässerung: Bei dieser Bewässerungsmethode wird Wasser über perforierte Rohre oder Tropfer direkt an die Wurzeln von Bäumen geleitet. Es ermöglicht eine präzise Wasserverteilung, reduziert Verdunstungsverluste und fördert eine effiziente Wassernutzung.

Sprinklerbewässerung: Bei der Sprinklerbewässerung wird mithilfe automatischer Sprinklersysteme oder Zapfen Wasser auf das Laub und den Boden rund um die Bäume gesprüht. Obwohl diese Methode anfälliger für Verdunstungsverluste ist, wird sie häufig in größeren Obstgärten für eine gleichmäßige Abdeckung eingesetzt.

Vergrabene Tropfbewässerung: Eine Variante der Tropfbewässerung. Bei dieser Methode werden Bewässerungsrohre unter der Bodenoberfläche vergraben, wodurch die Wurzeln direkt mit Feuchtigkeit versorgt und gleichzeitig Verdunstungsverluste reduziert werden.

Wasserverwaltung

Zu einem effektiven Wassermanagement in Apfelplantagen gehört neben den Bewässerungsmethoden auch die Berücksichtigung folgender Faktoren:

Überwachung der Bodenfeuchtigkeit: Es ist wichtig, die Bodenfeuchtigkeit regelmäßig zu überwachen, um sicherzustellen, dass die Bäume ausreichend Wasser erhalten, ohne dass die Gefahr einer Über- oder Unterbewässerung besteht.

Einsatz von Sensoren und Technologien: Bodenfeuchtigkeitssensoren und intelligente Bewässerungssysteme können zur Optimierung des Wasserverbrauchs beitragen, indem sie Echtzeitdaten über den Wasserbedarf der Bäume liefern und die Bewässerungsdurchflussraten automatisch anpassen.

Wassersparmaßnahmen: Die Einführung von Wassersparmaßnahmen wie Mulchen, Regenwassernutzung und Abflussmanagement kann dazu beitragen, die Abhängigkeit von Bewässerung zu verringern und Wasserressourcen zu schonen.

Effiziente Bewässerung und verantwortungsvolles Wassermanagement sind entscheidend für die Gesundheit und Produktivität von Apfelplantagen. Durch den Einsatz geeigneter Bewässerungsmethoden, die sorgfältige Überwachung der Bodenfeuchtigkeit und die Einführung wassersparender Maßnahmen können Landwirte die Nutzung der Wasserressourcen optimieren und gleichzeitig den Ertrag und die Fruchtqualität maximieren. Durch die Verpflichtung zu einem nachhaltigen Wassermanagement können Apfelbauern dazu beitragen, lokale Ökosysteme zu erhalten und die langfristige Nachhaltigkeit ihrer Farmen sicherzustellen.

Kapitel 13: Schutz vor Apfelkrankheiten: Strategien und Praktiken

Der Schutz vor Krankheiten ist ein entscheidender Aspekt der Bewirtschaftung von Apfelplantagen. Pilz-, Bakterien- und Viruserkrankungen können erhebliche Schäden an Bäumen verursachen und deren Gesundheit, Produktivität und Fruchtqualität beeinträchtigen. Um optimale Erträge und langfristige Nachhaltigkeit zu gewährleisten, ist die Einführung wirksamer Präventions- und Kontrollstrategien unerlässlich. Werfen wir einen Blick auf die Bedeutung des Schutzes vor Apfelbaumkrankheiten sowie auf Best Practices zur Minimierung von Risiken und zum Schutz der Baumgesundheit.

Bedeutung des Krankheitsschutzes

Apfelbaumkrankheiten können schwerwiegende Schäden verursachen, einschließlich Entlaubung, Fruchtfäule, Astverformung und sogar zum Absterben des Baumes. Zusätzlich zu den direkten wirtschaftlichen Verlusten können Krankheiten auch die Widerstandsfähigkeit von Bäumen gegenüber Umweltbelastungen schwächen und sie anfälliger für den Angriff anderer Krankheitserreger machen. Daher ist der Schutz vor Krankheiten für die Erhaltung der Gesundheit und Produktivität von Apfelplantagen von entscheidender Bedeutung.

Schutzstrategien

Fruchtfolge: Fruchtfolge kann dazu beitragen, die Ausbreitung von Krankheiten zu verringern, indem sie die Ansammlung von Krankheitserregern im Boden verhindert. Durch den Wechsel von Apfelkulturen mit anderen Pflanzen können Landwirte den Lebenszyklus von Krankheiten unterbrechen und deren Prävalenz verringern.

Auswahl resistenter Sorten: Die Auswahl krankheitsresistenter Apfelsorten kann die Anfälligkeit der Bäume für Infektionen verringern. Viele moderne Sorten werden aufgrund ihrer Resistenz gegen bestimmte Krankheiten wie Schorf, Blattfleckenkrankheit und Fruchtfäule gezüchtet.

Kulturpflege: Richtige Praktiken zur Kulturpflege, wie regelmäßiges Beschneiden, Entfernen fauler oder infizierter Früchte und Entfernen von Pflanzenresten, können dazu beitragen, die Ausbreitung von Krankheiten im Obstgarten zu reduzieren.

Fungizide und vorbeugende Behandlung: Die regelmäßige Anwendung von Fungiziden und anderen Pflanzenschutzmitteln kann dazu beitragen, Infektionen vorzubeugen und die Ausbreitung von Krankheiten zu kontrollieren. Um die besten Ergebnisse zu erzielen, ist es wichtig, die Empfehlungen des Herstellers zu befolgen und Behandlungen vorbeugend anzuwenden.

Überwachung und Intervention

Eine regelmäßige Überwachung der Obstanlagen ist unerlässlich, um Anzeichen einer Krankheit schnell zu erkennen und entsprechende Interventionsmaßnahmen zu ergreifen. Häufige Symptome, auf die Sie achten sollten, sind Blattflecken, abnormales Wachstum, Blattverfärbung und Fruchtfäule. Durch schnelle Maßnahmen zur Isolierung und Behandlung infizierter Bäume können Landwirte die Ausbreitung von Krankheiten begrenzen und die Gesundheit des restlichen Obstgartens schützen.

Der Schutz vor Krankheiten ist ein wesentlicher Bestandteil der Bewirtschaftung von Apfelplantagen. Durch die Einführung von Präventionsstrategien wie Fruchtwechsel, Auswahl resistenter Sorten, Kulturpflege und Anwendung vorbeugender Behandlungen können Landwirte das Infektionsrisiko verringern und die Gesundheit und Produktivität ihrer Bäume schützen. Durch regelmäßige Überwachung und schnelles Eingreifen ist es möglich, Krankheitsschäden zu minimieren und Jahr für Jahr gesunde, blühende Obstgärten zu erhalten.

Kapitel 14: Schädlingsbekämpfung in Apfelplantagen: Strategien und Praktiken

Die Schädlingsbekämpfung ist ein wesentlicher Aspekt der Bewirtschaftung von Apfelplantagen. Schädlinge wie Insekten, Milben und Nagetiere können erhebliche Schäden an Bäumen verursachen und deren Gesundheit, Wachstum und Produktivität beeinträchtigen. Um optimale Erträge zu gewährleisten und die Fruchtqualität zu bewahren, ist die Einführung wirksamer Präventions- und Kontrollstrategien von entscheidender Bedeutung. Lassen Sie uns die Bedeutung der Schädlingsbekämpfung in Apfelplantagen sowie bewährte Methoden zur Minimierung von Risiken und zum Schutz der Baumgesundheit zeigen.

Bedeutung der Schädlingsbekämpfung

Apfelbaumschädlinge können eine Reihe von Problemen verursachen, darunter Blattsterben, Fruchtverformung, Zweigfäule und sogar das Absterben des Baumes. Zusätzlich zu den direkten wirtschaftlichen Verlusten können Schädlinge auch die Widerstandsfähigkeit von Bäumen gegen Krankheiten schwächen und sie anfälliger für Umweltbelastungen machen. Daher ist die Schädlingsbekämpfung für die Erhaltung der Gesundheit und Produktivität von Apfelplantagen unerlässlich.

Kontrollstrategien

Regelmäßige Überwachung: Eine regelmäßige Überwachung von Obstgärten ist von entscheidender Bedeutung, um das Vorhandensein von Schädlingen schnell zu erkennen und das Ausmaß möglicher Schäden einzuschätzen. Züchter sollten Blätter, Zweige und Früchte sorgfältig auf Anzeichen eines Befalls untersuchen.

Kulturelle Praktiken: Kulturelle Praktiken wie regelmäßiges Beschneiden, Jäten und Entfernen von Pflanzenresten können dazu beitragen, günstige Lebensräume für Schädlinge zu verringern und ihre Ausbreitung im Obstgarten zu begrenzen.

Einsatz von Fallen und Ködern: Der Einsatz von Fallen und Ködern kann dazu beitragen, Schädlinge anzulocken und zu fangen und so deren Population und Auswirkungen auf Bäume zu reduzieren.

Nutzung natürlicher Feinde: Die Förderung der Anwesenheit natürlicher Feinde wie Raubinsekten, Parasiten und Vögel kann dazu beitragen, Schädlingspopulationen auf umweltfreundliche und nachhaltige Weise zu bekämpfen.

Anwendung selektiver Pestizide: Bei Bedarf kann der Einsatz selektiver Pestizide eingesetzt werden, um Schädlinge gezielt zu bekämpfen und gleichzeitig die Auswirkungen auf die Umwelt und die menschliche Gesundheit zu minimieren.

Überwachung und Intervention

Eine regelmäßige Überwachung der Obstgärten ist unerlässlich, um das Vorhandensein von Schädlingen schnell zu erkennen und entsprechende Gegenmaßnahmen zu ergreifen. Häufige Anzeichen eines Befalls sind beschädigte Blätter, abnormales Wachstum, deformierte Früchte und Fressspuren auf der Rinde. Durch schnelle Maßnahmen zur Isolierung und Behandlung befallener Bäume können Landwirte Schädlingsschäden begrenzen und die Gesundheit des restlichen Obstgartens schützen.

Die Schädlingsbekämpfung ist ein wesentlicher Bestandteil der Apfelgartenbewirtschaftung. Durch die Einführung von Präventionsstrategien wie regelmäßige Überwachung, Kulturpraktiken, Verwendung von Fallen und Ködern, Förderung natürlicher Feinde und selektiver Einsatz von Pestiziden können Landwirte das Risiko eines Befalls verringern und die Gesundheit und Produktivität ihrer Bäume schützen. Durch sorgfältige Überwachung und schnelles Eingreifen ist es möglich, Schädlingsschäden zu minimieren und Jahr für Jahr gesunde, blühende Obstgärten zu erhalten.

Kapitel 15: Apfelbäume und Bestäuber: Eine lebenswichtige Beziehung

Die Beziehung zwischen Apfelbäumen und Bestäubern ist wichtig, um eine reichliche Fruchtbildung und eine qualitativ hochwertige Obstproduktion sicherzustellen. Bestäuber wie Bienen, Hummeln, Schmetterlinge und andere Insekten spielen eine entscheidende Rolle im Fortpflanzungsprozess von Apfelbäumen, indem sie Pollen von männlichen auf weibliche Blüten übertragen. Werfen wir einen Blick auf die Bedeutung von Bestäubern für Apfelbäume, die Bedrohungen, denen sie ausgesetzt sind, und Möglichkeiten, ihre Präsenz in Obstgärten zu fördern.

Die Bedeutung von Bestäubern für Apfelbäume

Apfelbäume sind zwittrige Blütenpflanzen, die in ihren Blüten sowohl männliche als auch weibliche Fortpflanzungsorgane produzieren. Damit weibliche Blüten bestäubt werden und Früchte produzieren, muss der Pollen männlicher Blüten effizient übertragen werden. Hier kommen Bestäuber ins Spiel. Vor allem Bienen sind besonders wirksame Bestäuber für Apfelbäume, aber auch andere Insekten spielen in diesem Prozess eine wichtige Rolle.

Bedrohungen für Bestäuber

Leider sind Bestäuberpopulationen vielen Bedrohungen ausgesetzt, darunter Lebensraumverlust, Pestizideinsatz, Umweltverschmutzung, Krankheiten und Parasiten. Insbesondere der Rückgang der Populationen von Haus- und Wildbienen gibt Anlass zu großer

Sorge, da er schwerwiegende Auswirkungen auf die Bestäubung von Nutzpflanzen, einschließlich Apfelbäumen, haben kann.

Förderung der Anwesenheit von Bestäubern in Obstgärten

Um die Anwesenheit von Bestäubern in Apfelplantagen zu fördern, ist es von entscheidender Bedeutung, landwirtschaftliche Bewirtschaftungspraktiken anzuwenden, die umweltfreundlich und für bestäubende Insekten günstig sind. Hier sind einige Schritte, die unternommen werden können:

Schaffen Sie Schutzgebiete: Schaffen Sie Schutzgebiete mit einheimischer Vegetation und Wildblumen, um den Bestäubern Lebensraum und Nahrungsquelle zu bieten.

Reduzieren Sie den Einsatz von Pestiziden: Begrenzen Sie den Einsatz chemischer Pestizide und bevorzugen Sie biologische Bekämpfungsmethoden und schonendere Alternativen, um die Risiken für Bestäuber zu verringern.

Pflanzen Sie Begleitkulturen: Pflanzen Sie bestäubungsattraktive Begleitkulturen rund um Apfelplantagen, um eine zusätzliche Nahrungs- und Schutzquelle zu bieten.

Installieren Sie Bienenstöcke: Fördern Sie die Installation von Bienenstöcken in Obstgärten, um eine lokale Population von Honigbienen zu versorgen, die bei der Bestäubung helfen.

Bestäuber spielen eine wichtige Rolle bei der Bestäubung von Apfelbäumen und der Fruchtproduktion. Der Schutz und die Förderung der Anwesenheit von Bestäubern in Obstgärten sind von entscheidender Bedeutung, um optimale Erträge und die langfristige Nachhaltigkeit des Apfelanbaus sicherzustellen. Durch die Einführung umweltbewusster Bewirtschaftungspraktiken, die Reduzierung des Pestizideinsatzes und die Bereitstellung bestäuberfreundlicher Lebensräume können Landwirte dazu beitragen, diese wertvolle

Beziehung zwischen Apfelbäumen und Bestäubern zu bewahren und so eine reichhaltige und qualitativ hochwertige Obstproduktion für kommende Generationen sicherzustellen.

Kapitel 16: An kaltes Klima angepasste Apfelbaumsorten: Kluge Wahl für reiche Ernten

Kaltes Klima stellt Apfelbauern oft vor besondere Herausforderungen. Niedrige Temperaturen, Spätfröste und kurze Vegetationsperioden können die Auswahl an Apfelbaumsorten, die unter diesen Bedingungen gedeihen, einschränken. Durch die Auswahl und Entwicklung von an das kalte Klima angepassten Sorten ist es nun jedoch möglich, auch in den kühlsten Regionen erfolgreich Apfelbäume anzubauen. Lassen Sie uns analysieren, wie wichtig es ist, Apfelbaumsorten auszuwählen, die für kaltes Klima geeignet sind, und einige der besten Optionen, die den Erzeugern zur Verfügung stehen.

Die Bedeutung der Auswahl angepasster Sorten

Apfelbäume sind anpassungsfähige Pflanzen, aber nicht alle Sorten sind hinsichtlich der Kältetoleranz und der Fähigkeit, in kühlen Klimazonen zu gedeihen, gleich. Um den Erfolg des Apfelbaumanbaus in kalten Regionen sicherzustellen, ist die Auswahl von Sorten, die speziell auf ihre Kältehärte und Anpassungsfähigkeit an die örtlichen klimatischen Bedingungen gezüchtet wurden, von entscheidender Bedeutung. Diese Sorten sind besser gerüstet, um strenge Winter zu überstehen, Spätfrösten standzuhalten und unter weniger milden klimatischen Bedingungen hochwertige Früchte zu produzieren.

Beste Apfelsorten für kaltes Klima

Honeycrisp: Diese beliebte Sorte wird wegen ihrer großen, knackigen und saftigen Früchte sowie ihrer guten Kälteresistenz geschätzt. Honeycrisp ist gut an kaltes Klima angepasst und bietet auch nach Frostperioden einen hervorragenden Geschmack.

Haralson: Haralson stammt aus Minnesota und ist bekannt für seine Widerstandsfähigkeit gegenüber extremer Kälte und seine Fähigkeit, unter rauen klimatischen Bedingungen hochwertige Früchte zu produzieren. Seine Äpfel sind säuerlich und saftig, ideal zum Kochen und zur Herstellung von Apfelwein.

Zestar!: Diese frühe Sorte wird wegen ihrer Winterhärte und ihrer Fähigkeit, auch in kühlen Klimazonen schnell zu reifen, geschätzt. Seine Äpfel sind knackig und süß, mit einem leicht säuerlichen Geschmack.

Frostbite: Wie der Name schon sagt, wurde Frostbite speziell für seine Kältetoleranz gezüchtet. Diese Sorte produziert mittelgroße bis große Äpfel mit süßem, festem Fruchtfleisch, perfekt zum Frischverzehr oder zum Kochen.

State Fair: Die an kaltes Klima angepasste Sorte State Fair produziert mittelgroße bis große Äpfel mit saftigem, süßem Fruchtfleisch. Es ist resistent gegen Krankheiten und verträgt strenge Winter gut.

Die Auswahl von Apfelbaumsorten, die an kaltes Klima angepasst sind, ist entscheidend für die Sicherstellung reichlicher und hochwertiger Ernten in kühlen Regionen. Sorten, die aufgrund ihrer Winterhärte, ihrer Toleranz gegenüber Spätfrösten und ihrer Fähigkeit, unter rauen klimatischen Bedingungen zu gedeihen, gezüchtet wurden, bieten Landwirten die Möglichkeit, auch in den härtesten Klimazonen erfolgreich Apfelbäume anzubauen. Mit einer klugen Sortenauswahl und richtigen Anbaupraktiken können Landwirte köstliche Äpfel genießen und gleichzeitig die Herausforderungen des kalten Klimas meistern.

Kapitel 17: Ideale Apfelsorten für gemäßigte Klimazonen: Eine große Auswahl für Gärtner

Gemäßigtes Klima bietet ideale Bedingungen für den Anbau von Apfelbäumen. Mit ausgeprägten Jahreszeiten, milden Wintern und gemäßigten Sommern ermöglichen diese Regionen, dass Apfelbäume gedeihen und köstliche und reichliche Früchte hervorbringen. Da es jedoch so viele verfügbare Sorten gibt, kann es für Gärtner schwierig sein, die beste Option für ihren Obstgarten auszuwählen. Schauen wir uns einige der Apfelbaumsorten an, die am besten für gemäßigtes Klima geeignet sind und eine Vielfalt an Geschmacksrichtungen, Texturen und Erntezeiten bieten.

Frühe Erntesorten

Early Red One: Diese frühe Sorte produziert leuchtend rote Äpfel mit festem, saftigem Fruchtfleisch. Ideal für den Frischverzehr, kann ab Beginn des Sommers geerntet werden und verleiht den ersten Ernten einen Hauch von Farbe und Geschmack.

Gala: Gala-Äpfel werden wegen ihrer Süße und Knusprigkeit geschätzt, was sie zu einer beliebten Wahl für Frischverzehr und Obstsalate macht. Normalerweise sind sie im Spätsommer zur Ernte bereit und sorgen für eine reiche erste Ernte.

Sorten der Späternte

Jonagold: Diese Hybridsorte produziert mittelgroße bis große Äpfel mit festem, knackigem Fruchtfleisch und einer ausgewogenen Kombination aus Zucker und Säure. Jonagold-Äpfel können normalerweise im Spätherbst geerntet werden, was sie zu einer idealen Wahl für Kuchen und Desserts macht.

Fuji: Fuji-Äpfel sind für ihren süßen Geschmack und ihre knackige Konsistenz bekannt und eignen sich daher perfekt für den Frischverzehr und die Langzeitlagerung. Sie werden normalerweise im Spätherbst geerntet und sorgen so für eine reiche Ernte in den Wintermonaten.

Vielseitige Sorten

Golden Delicious: Golden Delicious-Äpfel werden für ihre subtile Süße und ihr saftiges Fruchtfleisch geschätzt, was sie vielseitig zum Frischverzehr, Backen und zur Herstellung von Apfelwein macht. Sie werden typischerweise im Spätherbst geerntet und liefern eine Fülle von Früchten für vielfältige Verwendungszwecke.

Granny Smith: Mit ihrem knackigen Fruchtfleisch und ihrem säuerlichen Geschmack eignen sich Granny-Smith-Äpfel perfekt für Kuchen, Desserts und Salate. Sie werden in der Regel im

Spätherbst geerntet und bieten Gärtnern, die die Vegetationsperiode verlängern möchten, eine späte Ernte.

Gärtner in gemäßigten Klimazonen haben das Glück, aus einer großen Auswahl an Apfelbaumsorten wählen zu können, die ihren Wachstumsbedingungen entsprechen. Ob frühe Ernte, späte Ernte oder vielseitig, es gibt Sorten für jeden Geschmack und Bedarf. Mit sorgfältiger Planung und richtiger Pflege können sich Gärtner während der gesamten Vegetationsperiode über eine Fülle köstlicher Äpfel freuen und ihre Gärten und Tische mit den Früchten ihrer Arbeit bereichern.

Kapitel 18: Apfelsorten, die für warme Klimazonen geeignet sind: Saftige Früchte in der prallen Sonne anbauen

In Gebieten mit warmem Klima kann der Anbau von Apfelbäumen aufgrund der hohen Temperaturen und der längeren Sonneneinstrahlung besondere Herausforderungen darstellen. Mit der Auswahl geeigneter Sorten ist es jedoch durchaus möglich, auch unter diesen Bedingungen erfolgreich Apfelbäume anzubauen. Schauen wir uns einige der Apfelbaumsorten an, die sich am besten für warme Klimazonen eignen und eine Kombination aus Hitzebeständigkeit, Fruchtqualität und zuverlässigen Erträgen bieten.

Hitzebeständige Sorten

Anna: Die Sorte Anna ist bekannt für ihre Hitzetoleranz und ihre Fähigkeit, auch in heißen Klimazonen hochwertige Früchte zu produzieren. Seine Äpfel sind süß und saftig, mit rot gestreifter Schale auf gelbem Grund. Sie können früh in der Saison geerntet werden, was sie zur idealen Wahl für Gebiete mit langen, heißen Sommern macht.

Dorsett Golden: Der Dorsett Golden stammt aus den warmen Regionen Floridas und ist gut an heißes, feuchtes Klima angepasst. Die Äpfel haben eine goldgelbe Farbe und ein süßes, knackiges Fruchtfleisch. Diese Sorte ist außerdem selbstbestäubend, was bedeutet, dass sie keinen weiteren Baum zur Bestäubung benötigt, was sie zu einer praktischen Wahl für kleine Gärten macht.

Sorten der Späternte

Cripps Pink (Pink Lady): Die Sorte Cripps Pink, auch bekannt als Pink Lady, wird wegen ihrer Hitzebeständigkeit und ihrer Fähigkeit, auch in heißen Klimazonen hochwertige Früchte zu produzieren, geschätzt. Die Äpfel haben eine leuchtend rosa Farbe mit festem, knackigem Fruchtfleisch und bieten einen einzigartigen süßen und säuerlichen Geschmack. Normalerweise sind sie im Spätherbst erntereif, was eine späte Ernte zur Verlängerung der Vegetationsperiode ermöglicht.

Granny Smith: Obwohl die Sorte Granny Smith traditionell in kühleren Klimazonen angebaut wird, kann sie bei richtiger Bewässerung und Schutz vor der heißen Sonne auch in warmen Klimazonen gedeihen. Seine säuerlichen grünen Äpfel eignen sich ideal für Kuchen, Desserts und Salate und sorgen in Regionen mit langen Sommern für eine späte Ernte.

An Dürre angepasste Sorten

Arkansas Black: Die Sorte Arkansas Black wird wegen ihrer Trockenheitsresistenz und ihrer Fähigkeit, auch bei niedriger Luftfeuchtigkeit Früchte zu produzieren, geschätzt. Die Äpfel haben eine dunkelrote bis schwarze Farbe mit festem, knackigem Fruchtfleisch und einem reichen, süßen Geschmack. Normalerweise können sie im Spätherbst geerntet werden, was sie zu einer nachhaltigen Wahl für Gebiete mit heißen, trockenen Sommern macht.

Golden Delicious: Obwohl die Sorte Golden Delicious in Dürreperioden etwas Bewässerung erfordert, ist sie recht hitzetolerant und kann in warmen Klimazonen hochwertige Früchte produzieren. Die Äpfel haben eine goldgelbe Farbe mit süßem und saftigem Fruchtfleisch, ideal zum Frischverzehr und zum Kochen.

Der Anbau von Apfelbäumen in warmen Klimazonen ist mit der Auswahl an Sorten, die an Hitze und Trockenheit angepasst sind, sehr gut möglich. Hitzetolerante, früh oder spät erntende und an Trockenheit angepasste Sorten bieten Gärtnern eine Reihe von Möglichkeiten, in der heißen

Sonne saftige Früchte zu produzieren. Mit der richtigen Pflege und einem effizienten Wassermanagement können Landwirte selbst in den heißesten Regionen eine Fülle köstlicher Äpfel genießen und ihren Gärten und Tischen einen Hauch von Frische verleihen.

Kapitel 19: Züchten von Zwergapfelbäumen und Spalieren: Maximierung von Platz und Schönheit in Gärten

Zwergapfelbäume und Spalierbäume bieten Gärtnern eine innovative und ästhetische Möglichkeit, Obstbäume auch auf kleinstem Raum zu züchten. Ob auf einem Balkon, in einem kleinen Garten oder entlang einer Mauer – diese Anbautechniken maximieren die Raumnutzung und schaffen gleichzeitig attraktive Dekorationselemente. Lassen Sie uns die Vorteile und Techniken für den Anbau von Zwergapfelbäumen und Spalierbäumen sowie die für diese Anbaumethoden am besten geeigneten Sorten durchgehen.

Die Vorteile von Zwergapfelbäumen und Spalieren

Platzmaximierung: Zwergapfelbäume und Spaliere ermöglichen es Gärtnern, Obstbäume selbst auf engstem Raum, wie Terrassen, Terrassen und kleinen Stadtgärten, zu züchten. Aufgrund ihrer geringen Größe und kompakten Form eignen sie sich ideal für den Anbau in Behältern oder entlang von Wänden.

Einfache Pflege: Aufgrund ihrer geringen Größe und kontrollierten Form sind Zwergapfelbäume und Spalierbäume einfacher zu pflegen als herkömmliche Obstbäume. Beschneiden und Ernten sind leichter zugänglich, sodass Gärtner ihre Bäume effektiver pflegen können.

Ästhetik: Zwergapfelbäume und Spaliere verleihen jedem Garten oder Außenbereich eine dekorative Note. Ihre elegante Form und ihr üppiges Blattwerk können als attraktiver Blickfang oder natürliche Barriere dienen und der Umgebung Schönheit und visuelles Interesse verleihen.

Anbautechniken für Zwergapfelbäume

Zwergapfelbäume sind Sorten, die speziell aufgrund ihrer geringen Größe gezüchtet wurden und sich daher ideal für den Anbau in Kübeln oder kleinen Räumen eignen. Hier sind einige Anbautechniken für Zwergapfelbäume:

Anbau in Behältern: Pflanzen Sie Zwergapfelbäume in entsprechend große Behälter, die mit hochwertiger Blumenerde gefüllt sind. Stellen Sie sicher, dass die Behälter über Drainagelöcher verfügen und stellen Sie sie an einem sonnigen Ort auf.

Regelmäßiger Schnitt: Beschneiden Sie Zwergapfelbäume regelmäßig, um ihre kompakte Form zu erhalten und die Fruchtproduktion zu fördern. Entfernen Sie abgestorbene oder beschädigte Äste und begrenzen Sie übermäßiges Wachstum, um die Bäume auf einer überschaubaren Größe zu halten.

Spalieranbautechniken

Spaliere sind Obstbäume, die mithilfe spezieller Schnitt- und Erziehungstechniken dazu erzogen werden, entlang einer Stütze wie einer Mauer oder einem Zaun zu wachsen. Hier sind einige Anbautechniken für Spaliere:

Horizontale Äste trainieren: Beschneiden Sie die Äste junger Bäume, um sie dazu zu ermutigen, horizontal entlang der Stütze zu wachsen. Binden Sie sie regelmäßig an Gitter oder spannen Sie Drähte, um sie an Ort und Stelle zu halten.

Regelmäßiger Schnitt: Beschneiden Sie Spalierzweige regelmäßig, um ihre Form und Struktur zu erhalten. Entfernen Sie unerwünschtes Wachstum und beschneiden Sie Seitenzweige, um die Fruchtproduktion entlang des Hauptstamms zu fördern.

Empfohlene Sorten

Für Zwergapfelbäume eignen sich besonders Sorten wie „Pixie Crunch", „Gala", „Ballerina" und „Pinkabelle". Bei Spalieren können Sorten wie „Fuji", „Granny Smith", „Golden Delicious" und „Red Delicious" erfolgreich entlang der Stützen erzogen werden.

Zwergapfelbäume und Spalierbäume bieten Gärtnern eine praktische und ästhetische Möglichkeit, Obstbäume auch auf kleinstem Raum zu züchten. Ihre geringe Größe, Wartungsfreundlichkeit und Schönheit machen sie zu einer attraktiven Wahl für städtische Gärten, Terrassen und Decks. Durch die Auswahl geeigneter Sorten und den Einsatz der richtigen Anbautechniken können sich Gärtner an einer Fülle köstlicher Äpfel erfreuen und gleichzeitig ihrer Außenumgebung einen Hauch von Grün und Schönheit verleihen.

Kapitel 20: Entdecken Sie wilde und uralte Apfelbäume: Eine Reise durch Geschichte und Artenvielfalt

Wilde und uralte Apfelbäume, die oft zugunsten ihrer domestizierten Verwandten vernachlässigt werden, bergen dennoch einen unglaublichen Reichtum an Geschichte, Artenvielfalt und genetischem Potenzial. Diese Bäume, die sich in natürlichen, wilden Lebensräumen entwickelt haben, bieten einen faszinierenden Einblick in die Herkunft und Vielfalt moderner Apfelbäume. In diesem Kapitel tauchen wir in die Welt der wilden und alten Apfelbäume ein und erforschen ihre Geschichte, ökologische Bedeutung und ihr Potenzial für die Zukunft des Apfelanbaus.

Geschichte und Herkunft

Wildapfelbäume, auch Europäische Wildapfelbäume (Malus sylvestris) genannt, sind die Vorfahren der heimischen Apfelbäume, wie wir sie heute kennen. Diese in den Bergregionen Zentralasiens und des Nahen Ostens beheimateten Bäume wurden vor Tausenden von Jahren von den alten Bewohnern dieser Regionen domestiziert. Die ersten Spuren des Apfelanbaus reichen bis in die Antike zurück, mit Hinweisen in alten Texten und archäologischen Beweisen für Apfelsamen, die Jahrtausende zurückreichen.

Ökologische Bedeutung

Wilde Apfelbäume spielen in natürlichen Ökosystemen eine entscheidende Rolle als Nahrungsquelle und Schutz für viele Wildtierarten. Ihre Blüten liefern Nektar für Bienen und andere bestäubende Insekten, während ihre Früchte eine wichtige Nahrungsquelle für Vögel, Säugetiere und sogar Insekten sind. Als einheimische Art tragen Wildapfelbäume auch zur genetischen Vielfalt von Ökosystemen bei und machen sie widerstandsfähiger gegen Umweltveränderungen und Krankheiten.

Genetisches Potenzial

Neben ihrer ökologischen Bedeutung sind Wild- und Altapfelbäume auch aufgrund ihres genetischen Potenzials wertvoll. Ihre genetische Vielfalt bietet Forschern und Züchtern ein breites Spektrum wünschenswerter Eigenschaften wie Krankheitsresistenz, Toleranz gegenüber rauen Umweltbedingungen und Fruchtqualität. Durch selektive Kreuzung und kontrollierte Züchtungstechniken ist es möglich, diese Merkmale in heimische Apfelsorten zu integrieren und so Sorten zu schaffen, die robuster und für die heutigen Herausforderungen im Apfelanbau geeignet sind.

Konservierung und Bewahrung

Der Schutz wilder und angestammter Apfelbäume ist von entscheidender Bedeutung, um die genetische Vielfalt dieser wertvollen Art zu bewahren. Auf der ganzen Welt laufen Naturschutzinitiativen, um wilde Apfelpopulationen zu identifizieren, zu schützen und wiederherzustellen, die durch Lebensraumverlust, Abholzung und andere Umweltbelastungen bedroht sind. Diese Bemühungen zielen darauf ab, sicherzustellen, dass zukünftige Generationen Zugang zu dieser reichen Quelle der Artenvielfalt und ihrem Potenzial für Landwirtschaft und Forschung haben.

Wilde und uralte Apfelbäume sind weit mehr als nur Bäume in der Naturlandschaft. Ihre faszinierende Geschichte, ökologische Bedeutung und ihr genetisches Potenzial machen sie zu Schätzen der globalen Artenvielfalt. Durch die Erhaltung und Bewahrung dieser wertvollen genetischen Ressourcen tragen wir dazu bei, eine nachhaltige Zukunft für den Apfelanbau und die natürlichen Ökosysteme zu gewährleisten, in denen diese bemerkenswerten Bäume seit Jahrtausenden gedeihen.

Kapitel 21: Apfelbäume und Artenvielfalt: Der ökologische Zusammenhang

Apfelbäume und Artenvielfalt stehen in einer komplexen und tiefen Beziehung, die für die Gesundheit der Ökosysteme und die Nachhaltigkeit der Landwirtschaft von entscheidender Bedeutung ist. Als symbolträchtige Obstart spielen Apfelbäume eine zentrale Rolle bei der Förderung der Artenvielfalt, sowohl in natürlichen Lebensräumen als auch in kultivierten Agrarökosystemen. Entdecken wir hier die Bedeutung von Apfelbäumen für die Artenvielfalt, die Bedrohungen für diese Beziehung und die Möglichkeiten, sie für zukünftige Generationen zu bewahren.

Biodiversität in natürlichen Lebensräumen

In ihren natürlichen Lebensräumen wie Wäldern, Wiesen und Berggebieten tragen wilde Apfelbäume zur Artenvielfalt bei, indem sie einer Vielzahl von Tier- und Pflanzenarten Nahrung und Schutz bieten. Ihre Blüten locken Bestäuber wie Bienen und Schmetterlinge an, während ihre Früchte als Nahrungsquelle für Vögel, Säugetiere und Insekten dienen. Als einheimische Art sind wilde Apfelbäume ein integraler Bestandteil dieser Ökosysteme und tragen zu ihrer Stabilität und Widerstandsfähigkeit gegenüber Umweltveränderungen bei.

Biodiversität in Agrarökosystemen

Auch in kultivierten Agrarökosystemen können Apfelplantagen die Artenvielfalt fördern, wenn sie nachhaltig und ökologisch bewirtschaftet werden. Die Vielfalt an Apfelsorten, Anbaupraktiken und damit verbundenen Lebensräumen wie Hecken, Pufferzonen und Blumenwiesen kann Lebensräume und Ressourcen für eine Vielzahl von Arten bieten, darunter Bestäuber, Nützlinge, Nützlinge und Bodenorganismen. Durch die Förderung eines ganzheitlichen Ansatzes bei der landwirtschaftlichen Bewirtschaftung können Erzeuger Agrarökosysteme mit einer reichen Artenvielfalt schaffen, die sowohl der Nahrungsmittelproduktion als auch dem Naturschutz zugute kommen.

Bedrohungen für die Biodiversität des Apfels

Trotz ihrer Bedeutung für die Artenvielfalt sind Apfelbäume und ihre Lebensräume vielen Bedrohungen ausgesetzt, darunter Lebensraumverlust, Abholzung, Klimawandel, Krankheiten und Schädlinge. Die Umwandlung von Wildland in Agrar- und Stadtflächen führt zum Verlust des Lebensraums für wilde Apfelbäume und andere Arten, während Krankheiten wie Schorf und Feuerbrand die Gesundheit der Kulturapfelbäume gefährden. Auch eine übermäßige Abhängigkeit von einer kleinen Anzahl kommerzieller Sorten kann die genetische Vielfalt verringern und die Anfälligkeit für Krankheiten und Schädlinge erhöhen.

Erhaltung der Artenvielfalt von Apfelbäumen

Um die Biodiversität des Apfels zu erhalten, ist es wichtig, Maßnahmen zum Schutz der verbleibenden natürlichen Lebensräume zu ergreifen, nachhaltige landwirtschaftliche Praktiken zu fördern und die Erhaltung alter und lokaler Apfelsorten zu fördern. Dies kann die Schaffung von Naturschutzgebieten, die Einrichtung biologischer Korridore, die Förderung der genetischen Vielfalt in Obstgärten und die Unterstützung von Forschungs- und Naturschutzinitiativen umfassen. Indem wir das Bewusstsein schärfen und lokale Gemeinschaften, Regierungen und Umweltorganisationen mobilisieren, können wir zusammenarbeiten, um die Artenvielfalt des Apfels zu bewahren und eine nachhaltige Zukunft für diese symbolträchtigen Bäume und die von ihnen unterstützten Ökosysteme sicherzustellen.

Apfelbäume und Artenvielfalt sind eng miteinander verbunden und spielen eine entscheidende Rolle bei der Förderung der Gesundheit natürlicher Ökosysteme und kultivierter Agrarökosysteme. Indem wir die Bedeutung dieser Beziehung erkennen und Maßnahmen zu ihrer Erhaltung ergreifen, können wir dazu beitragen, das Überleben der Apfelbäume und der Vielfalt der von ihnen abhängigen Lebensformen zu sichern. Indem wir zusammenarbeiten, um natürliche Lebensräume zu schützen, nachhaltige landwirtschaftliche Praktiken zu fördern und die genetische Vielfalt von Apfelbäumen zu bewahren, können wir diesen symbolträchtigen Bäumen und der sie umgebenden Artenvielfalt eine erfolgreiche Zukunft sichern.

Kapitel 22: Äpfel ernten und lagern: Die Herbstfrische für die kommenden Monate bewahren

Das Ernten und Lagern von Äpfeln ist ein wesentlicher Aspekt beim Anbau dieser köstlichen und vielseitigen Früchte. Von der Auswahl der Früchte bei optimaler Reife bis hin zu ihrer Langzeitlagerung spielt jeder Schritt eine entscheidende Rolle bei der Erhaltung ihrer Frische, ihres Geschmacks und ihrer Nährwertqualität. In diesem Kapitel untersuchen wir die besten

Vorgehensweisen für die Ernte und Lagerung von Äpfeln, um die Versorgung mit saftigen Früchten für die kommenden Monate sicherzustellen.

Die Apfelernte

Die Apfelernte muss zum richtigen Zeitpunkt erfolgen, um eine optimale Fruchtqualität zu gewährleisten. Zu den Zeichen der Reife gehören eine leuchtende Farbe, ein fester Griff, ein süßer Duft und eine leichte Ablösung vom Baum. Bei der Ernte ist es wichtig, sorgfältig mit den Äpfeln umzugehen, um Druckstellen und Beschädigungen zu vermeiden.

Konservierungsmethoden

Nach der Ernte müssen Äpfel richtig gelagert werden, um ihre Haltbarkeit zu verlängern. Hier sind einige gängige Methoden zur Konservierung von Äpfeln:

Kühllagerung: Äpfel können bei einer Temperatur von 0 bis 4 °C an einem kühlen, dunklen Ort, wie einem Keller oder einem Kühlschrank, gelagert werden. Die Kälte verlangsamt den Reifeprozess und bewahrt die Frische der Früchte über mehrere Monate.

Individuelle Verpackung: Wickeln Sie jeden Apfel in Zeitungs- oder Kraftpapier ein, um zu verhindern, dass er sich berührt und aneinander reibt. Dies verringert die Fäulnisgefahr und verlängert die Haltbarkeit.

Lagerung in kontrollierter Atmosphäre: Große Erzeuger und professionelle Lagerbetriebe können Kammern mit kontrollierter Atmosphäre nutzen, um Temperatur, Luftfeuchtigkeit und Sauerstoffgehalt zu regulieren, was die Haltbarkeit von Äpfeln verlängert.

Apfelsorten zum Aufbewahren

Manche Apfelsorten halten sich besser als andere. Äpfel mit festem, dichtem Fruchtfleisch wie Granny Smith, Fuji, Gala und Honeycrisp eignen sich im Allgemeinen gut für die Langzeitlagerung, da sie dem Welken und Verfall widerstehen.

Tipps für eine erfolgreiche Konservierung

Regelmäßige Inspektion: Überprüfen Sie regelmäßig den Zustand der gelagerten Äpfel und entfernen Sie sofort diejenigen, die Anzeichen von Verfall aufweisen, um die Ausbreitung von Fäulnis zu verhindern.

Halten Sie sie trocken: Vermeiden Sie feuchte oder schlecht belüftete Bereiche, da Feuchtigkeit das Wachstum von Schimmel und Bakterien fördern kann.

Verwenden Sie geeignete Behälter: Lagern Sie Äpfel in Körben, Kisten oder Netzbeuteln, die eine ausreichende Luftzirkulation ermöglichen und sie gleichzeitig vor Stößen und Beschädigungen schützen.

Die Ernte und Lagerung von Äpfeln sind entscheidende Schritte, um das ganze Jahr über diese köstlichen Früchte genießen zu können. Durch ordnungsgemäße Erntepraktiken und geeignete Lagerungsmethoden können Gärtner und Verbraucher die Frische und Qualität der Äpfel über Monate hinweg bewahren und den Geschmack des Herbstes auch mitten im Winter genießen. Bei sorgfältiger Pflege und Planung können Äpfel das ganze Jahr über eine köstliche und nahrhafte Quelle sein.

Kapitel 23: Die kulinarische Kunst des Apfels: Ein Fest der Aromen und Kreativität

Äpfel sind mehr als nur eine Frucht; Sie sind eine wahre kulinarische Ikone, eine vielseitige Zutat, die in einer Vielzahl süßer und herzhafter Gerichte verwendet werden kann, von der Vorspeise bis zum Dessert. Ihre natürliche Süße, knusprige Textur und Geschmacksvielfalt machen sie zu einer Grundzutat in Küchen auf der ganzen Welt. Schauen wir uns gemeinsam die kulinarische Verwendung von Äpfeln an, von Klassikern bis hin zu zeitgenössischen Innovationen, und heben wir den Reichtum und die Vielfalt dieser bescheidenen Frucht hervor.

Äpfel in Vorspeisen

Äpfel können vielen Vorspeisen, egal ob Salaten, Vorspeisen oder Fleischgerichten, einen Hauch von Frische und Süße verleihen. Hier sind einige kreative Ideen für die Verwendung von Äpfeln in Vorspeisen:

Waldorfsalat: Ein klassischer Salat aus knackigen Äpfeln, Sellerie, Walnüssen und Rosinen, alles überzogen mit Mayonnaise und Joghurt-Dressing. Eine Explosion von Texturen und Aromen!

Apfel-Ziegenkäse-Bruschetta: Geröstete Baguettescheiben garniert mit cremigem Ziegenkäse, Apfelwürfeln, Honig und frischem Thymian. Eine perfekte Verbindung zwischen süß und herzhaft.

Äpfel in Hauptgerichten

Äpfel können auch verwendet werden, um Hauptgerichten, egal ob Fleisch-, Geflügel- oder vegetarische Gerichte, Süße und Komplexität zu verleihen. Hier einige inspirierende Beispiele:

Schweinefleisch mit Apfel und Senf: Zarte, goldbraune Schweinefilets, serviert mit Senf und Apfelsauce, dazu Kartoffelpüree oder Reis. Ein perfektes Wohlfühlgericht für kühle Herbstabende.

Hühnchen-Curry mit Äpfeln: Ein duftendes Curry aus Kokosnuss, Ingwer und Gewürzen, mit perfekt zubereiteten zarten Hühnchenstücken und Äpfeln. Serviert mit Basmatireis oder Naan ist es ein Genuss für die Geschmacksnerven.

Äpfel in Desserts

Äpfel sind vielleicht vor allem für ihre Verwendung in Desserts bekannt, wo ihre natürliche Süße in einer endlosen Vielfalt an süßen Kreationen zur Geltung kommt. Hier einige Beispiele für klassische und kreative Desserts:

Apfelkuchen: Ein klassischer Kuchen mit einer knusprigen Kruste und einer großzügigen Füllung aus weichen Apfelscheiben, bestreut mit Zimt und Zucker. Serviert mit einer Kugel Vanilleeis ist es ein purer Genuss.

Apfel-Zimt-Crumble: Gewürfelte Äpfel, gemischt mit braunem Zucker und Zimt, garniert mit einer knusprigen Mischung aus Mehl, Butter und Haferflocken. Gebacken, bis die Oberfläche goldbraun und knusprig ist, ist dieser Streusel perfekt für einen gemütlichen Herbstabend.

Die kulinarische Verwendung von Äpfeln ist ebenso vielfältig wie köstlich und bietet Köchen und Feinschmeckern eine Fülle kreativer Möglichkeiten. Ob in Vorspeisen, Hauptgerichten, Desserts oder auch Getränken – Äpfel verleihen den unterschiedlichsten Gerichten einen Hauch von Frische, Süße und Komplexität. Mit ihrer endlosen Vielseitigkeit und ihrem unwiderstehlichen Geschmack werden Äpfel weiterhin eine Inspirationsquelle für Köche auf der ganzen Welt sein, die Geschmacksknospen erfreuen und die Sinne mit jedem Bissen wecken.

Kapitel 24: Mostäpfel: Eine Erkundung von Aromen und Traditionen

Mostäpfel nehmen in der Welt des Trinkens einen besonderen Platz ein, denn sie bieten eine vielfältige Geschmackspalette und eine traditionsreiche Geschichte. Von Obstplantagen bis hin zu handwerklichen Apfelweinherstellern werden diese einzigartigen Äpfel sorgfältig aufgrund ihrer Säure, ihres Zuckergehalts und ihrer komplexen Aromen ausgewählt, wodurch ein Getränk entsteht, das seit Jahrhunderten genossen wird. In diesem Kapitel tauchen wir in die Welt der Mostäpfel ein, erkunden die beliebtesten Sorten und stellen einige Rezepte vor, um ihre köstlichen Eigenschaften voll auszunutzen.

Mostapfelsorten

Apfelweinäpfel werden aufgrund ihrer spezifischen Eigenschaften ausgewählt, die zur Qualität und Komplexität des hergestellten Apfelweins beitragen. Hier sind einige der am häufigsten verwendeten Sorten bei der Apfelweinherstellung:

Bittersüß: Diese Äpfel zeichnen sich durch ihren geringen Säuregehalt und hohen Zuckergehalt aus, was dem Apfelwein einen reichen, vollmundigen Geschmack verleiht. Sorten wie Dabinett, Kingston Black und Yarlington Mill werden oft wegen ihrer Fähigkeit verwendet, dem Apfelwein Tiefe und Komplexität zu verleihen.

Bittersharp (bitter und säuerlich): Diese Äpfel kombinieren einen hohen Säuregehalt mit einem moderaten Zuckergehalt und verleihen dem Apfelwein ein Gleichgewicht aus knackiger Säure und subtiler Süße. Sorten wie Michelin, Ellis Bitter und Foxwhelp verleihen dem Apfelwein eine ausgeprägte Geschmacksintensität.

Scharf: Äpfel dieser Kategorie zeichnen sich vor allem durch ihre ausgeprägte Säure aus, die dem Apfelwein eine lebendige und spritzige Frische verleiht. Sorten wie Tremlett's Bitter, Bramley und Brown Snout werden oft verwendet, um dem Apfelwein Schärfe und Lebendigkeit zu verleihen.

Süß: Obwohl weniger häufig verwendet, können süße Äpfel in kleinen Mengen hinzugefügt werden, um Apfelwein zu süßen und sein Geschmacksprofil auszugleichen. Sorten wie Sweet Coppin, Sweet Alford und Sweet Blenheim verleihen dem Apfelwein eine natürliche Süße und angenehme Rundheit.

Apfelwein-Rezepte

Neben dem Genuss von rohem Apfelwein können Apfelweinäpfel auch in einer Vielzahl kulinarischer Rezepte verwendet werden und einer Reihe von Gerichten eine Tiefe des Geschmacks und einen Hauch von Eleganz verleihen. Hier sind einige Ideen für die Verwendung von Mostäpfeln in Ihrer Küche:

Apfelwein-Apfelsauce: Apfelscheiben mit Apfelwein, Zucker, Zimt und Zitronensaft köcheln lassen, bis sie weich sind und eine dicke Sauce entsteht. Servieren Sie diese köstlich süße und würzige Sauce zu Schweinebraten oder Hühnchen.

Apfelwein-Tarte Tatin: Bereiten Sie eine raffinierte Version der berühmten Tarte Tatin zu, indem Sie die traditionellen Äpfel durch in Butter und Zucker karamellisierte Apfelweinäpfel ersetzen. Servieren Sie diese Torte warm mit einer Kugel Vanilleeis für ein unwiderstehliches Dessert.

Apfelwein-Apfel-Chutney: Mischen Sie gewürfelte Apfelweinäpfel mit Zwiebeln, Rosinen, Apfelessig, Zucker und Gewürzen zu einem köstlich süßen und würzigen Chutney. Dieses vielseitige Gewürz passt perfekt zu Käse-, Fleisch- oder vegetarischen Gerichten.

Apfelweinäpfel sind mehr als nur eine Zutat für die Herstellung von Apfelwein; Sie sind eine endlose Quelle kulinarischer Inspiration und bieten eine Reihe reichhaltiger und komplexer Aromen, die es zu entdecken gilt. Ob in einem Glas Apfelwein oder in einem kreativen Kochrezept, Apfelweinäpfel verleihen jedem Gericht einen Hauch von Raffinesse und Authentizität. Durch die Entdeckung der verschiedenen Mostäpfelsorten und das Experimentieren mit innovativen Rezepten können Kochbegeisterte die ganze Schönheit und Vielfalt dieser bescheidenen Frucht und die Traditionen, die sie umgeben, entdecken.

Kapitel 25: Äpfel kochen: Auswahl, Verwendung und Know-how

Kochäpfel sind mit ihrer festen Konsistenz und dem perfekten Gleichgewicht zwischen Süße und Säure unverzichtbare Zutaten in vielen süßen und herzhaften Rezepten. Ganz gleich, ob Sie einen goldenen Apfelkuchen, einen würzigen Glühwein oder ein duftendes Fruchtkompott zubereiten, die Auswahl der richtigen Apfelsorte zum Backen ist für köstliche Ergebnisse von entscheidender Bedeutung. Lassen Sie uns die besten Kochäpfel, ihre kulinarische Verwendung und einige Tipps für die erfolgreiche Auswahl und Zubereitung erkunden.

Die besten Sorten Kochäpfel

Granny Smith: Mit ihrer hellen Säure und Festigkeit eignen sich Granny-Smith-Äpfel perfekt für Apfelkuchen, Kompotte und Saucen. Ihr Fruchtfleisch bleibt beim Kochen fest und eignet sich daher ideal für Rezepte, bei denen eine knusprige Textur gewünscht wird.

Golden Delicious: Golden Delicious-Äpfel bieten eine natürliche Süße und einen subtilen Geschmack, der gut zu gebackenen Desserts wie Chips und Bratäpfeln passt. Ihr zartes Fruchtfleisch wird beim Kochen köstlich zart.

Jonagold: Diese vielseitige Sorte bietet die perfekte Balance aus Süße und Säure und ist somit die ideale Wahl für eine Vielzahl von Backgerichten, darunter Torten, Kuchen, Muffins und Kompott.

Braeburn: Braeburn-Äpfel werden wegen ihres komplexen Geschmacks und ihrer festen Konsistenz geliebt, die beim Kochen gut hält. Sie eignen sich perfekt für Kuchen, Chips und Bratäpfel.

Kulinarische Verwendung von Kochäpfeln

Backäpfel lassen sich in unzähligen süßen und herzhaften Rezepten verwenden. Hier sind einige Ideen, wie Sie ihren köstlichen Geschmack und ihre Textur nutzen können:

Apfelkuchen: Backäpfel sind die Hauptzutat eines klassischen Apfelkuchens, wo sie mit Zucker, Zimt und einer knusprigen, goldenen Tortenkruste kombiniert werden.

Apfelmus: Kochäpfel mit etwas Zucker, Zitronensaft und Gewürzen zu einem duftenden Apfelmus kochen, der perfekt zu Schweinebraten, Pfannkuchen oder Joghurt passt.

Bratäpfel: Bestreuen Sie die Backäpfel mit braunem Zucker, Zimt und Butter und backen Sie sie dann, bis sie zart und goldbraun sind, um ein wohliges und köstliches Dessert zu erhalten.

Tipps zur Auswahl und Zubereitung von Backäpfeln

Wählen Sie feste Äpfel: Achten Sie auf feste, unbeschädigte Äpfel, die beim Kochen ihre Konsistenz behalten.

Schälen oder nicht: Je nach Rezept können Sie die Äpfel vor dem Kochen schälen oder sie mit der Schale belassen, um eine rustikalere Konsistenz zu erhalten.

Gleichmäßig schneiden: Für ein gleichmäßiges Garen schneiden Sie Äpfel in gleich große Stücke, bevor Sie sie in Ihren Rezepten verwenden.

Backäpfel sind vielseitige und köstliche Zutaten, die einer Vielzahl süßer und herzhafter Gerichte einen Hauch von Süße und Geschmack verleihen. Durch die Auswahl der richtigen Sorten und deren sorgfältige Zubereitung können Sie Desserts und Backgerichte kreieren, die Ihren Gaumen erfreuen und Ihr Herz erwärmen. Ob hausgemachter Apfelkuchen, Kompott aus frischen Früchten oder herzhafte Bratäpfel – Backäpfel dürfen in keiner kreativen und einladenden Küche fehlen.

Kapitel 26: Kauäpfel: Symbol für Frische und Genuss

Kauäpfel sind mit ihrer knackigen Konsistenz, natürlichen Süße und vielfältigen Geschmacksrichtungen viel mehr als nur ein Snack. Sie sind für Millionen Menschen auf der ganzen Welt ein Symbol für Frische, Gesundheit und Geschmacksgenuss. Ob für eine kurze Pause am Arbeitsplatz, als Energiesnack nach der Schule oder als leichtes Dessert nach dem Abendessen, Kauäpfel sind ein unverzichtbares Lebensmittel im Alltag. Schauen wir uns die Bedeutung von Kauäpfeln, ihre beliebtesten Sorten und die Gründe an, warum sie weiterhin einen besonderen Platz in unseren Essgewohnheiten einnehmen.

Die wesentlichen Sorten kaubarer Äpfel

Gala: Mit ihrem knackigen, saftigen Fruchtfleisch werden Gala-Äpfel wegen ihrer dezenten Süße und ihrem blumigen Aroma geschätzt. Ihre leuchtend rote und gelbe Haut verleiht jedem Bissen einen leuchtenden Farbtupfer.

Fuji: Fuji-Äpfel bieten eine unwiderstehliche Kombination aus Weichheit und Knusprigkeit, mit einem leicht süßlichen Geschmack und fester Textur. An ihrer rot-gelb gestreiften Haut sind sie leicht zu erkennen.

Honeycrisp: Honeycrisp-Äpfel sind bekannt für ihre knackige, saftige Konsistenz und bieten die perfekte Balance aus Süße und Säure mit köstlichen Honignoten. Ihre rote und gelbe Haut ist oft mit weißen Flecken gesprenkelt.

Pink Lady: Pink Lady-Äpfel sind an ihrer leuchtend rosa Schale und ihrem knackigen Fruchtfleisch zu erkennen und bieten eine säuerliche, erfrischende Süße mit einer festen, saftigen Textur, die sie perfekt für den Snack unterwegs macht.

Warum Kauäpfel unverzichtbar sind

Ernährung und Gesundheit: Kauäpfel sind von Natur aus reich an Ballaststoffen, Vitaminen und Antioxidantien, was sie zu einem nahrhaften und gesundheitsfördernden Snack macht. Sie helfen, das Sättigungsgefühl aufrechtzuerhalten, den Blutzuckerspiegel zu regulieren und eine gesunde Verdauung zu fördern.

Praktikabilität und Vielseitigkeit: Kauäpfel sind praktisch zum Mitnehmen und können roh verzehrt werden, ohne dass eine Zubereitung erforderlich ist. Sie sind vielseitig einsetzbar und können in eine Vielzahl von Rezepten integriert werden, von Salaten bis hin zu Desserts.

Genuss und Zufriedenheit: In einen frischen, knackigen Apfel zu beißen ist ein angenehmes Sinneserlebnis, das ein Gefühl von Frische und Zufriedenheit vermittelt. Die Vielfalt an Geschmacksrichtungen und Texturen von Kauäpfeln bietet bei jedem Bissen ein einzigartiges Geschmackserlebnis.

Tipps, wie Sie Kauäpfel optimal nutzen können

Wählen Sie frische Äpfel: Achten Sie auf feste Äpfel, ohne Druckstellen oder Dellen, mit glatter, glänzender Schale.

Gekühlt lagern: Kaubare Äpfel im Kühlschrank aufbewahren, damit sie länger frisch und knackig bleiben.

Vor dem Zerkleinern waschen: Kauäpfel vor dem Verzehr unter kaltem Wasser waschen, um Schmutz und Pestizidrückstände zu entfernen.

Kauäpfel sind mehr als nur ein Snack; Sie sind ein Symbol für Frische, Gesundheit und Geschmacksgenuss. Mit ihrer knackigen Konsistenz, natürlichen Süße und Geschmacksvielfalt nehmen Kauäpfel nach wie vor einen besonderen Platz in unseren Essgewohnheiten und in unserer Esskultur ein. Ob für einen schnellen Snack, eine erfrischende Pause oder ein leichtes Dessert, Kauäpfel sorgen bei jedem Bissen für ein sättigendes und köstliches Geschmackserlebnis.

Kapitel 27: Die Magie von Apfelmarmelade und -gelee: Eine Süße, die es zu bewahren gilt

Apfelmarmelade und -gelee verkörpern den Inbegriff fruchtiger Süße und fangen den Geschmack und das Aroma frischer Äpfel in einer köstlichen süßen Mischung ein. Ob auf einer Toastscheibe zum Frühstück, als Beilage zu einer Käseplatte oder als Geheimzutat in einem Backrezept, Apfelmarmelade und Gelee verleihen jeder Mahlzeit einen Hauch von Magie. Lassen Sie uns in die Geheimnisse der Herstellung von Apfelmarmeladen und -gelees, ihre kulinarischen Verwendungsmöglichkeiten und ihre Bedeutung in unserem kulinarischen Erbe eintauchen.

Apfelmarmelade und Gelee zubereiten

Die Herstellung von Apfelmarmelade und -gelee ist ein Prozess, der Geduld, Präzision und Liebe zu kulinarischen Traditionen erfordert. Hier finden Sie eine Übersicht über die wichtigsten Schritte:

Zubereitung der Äpfel: Wählen Sie zunächst reife, frische Äpfel aus, schälen Sie sie, entkernen Sie sie und schneiden Sie sie in Stücke. Mehrere Apfelsorten können gemischt werden, um komplexe, ausgewogene Aromen zu erzeugen.

Äpfel kochen: Die Apfelstücke werden bei schwacher Hitze in einem Topf mit Zucker, Zitronensaft und eventuell Gewürzen wie Zimt oder Nelken gekocht. Das Kochen erfolgt langsam und gleichmäßig, sodass die Äpfel ihren natürlichen Saft abgeben und zu einem köstlichen Kompott eindicken können.

Einmachen: Sobald die Marmelade oder das Gelee die gewünschte Konsistenz erreicht hat, wird sie in sterilisierte Gläser abgefüllt und luftdicht verschlossen. Anschließend werden die Gläser zur weiteren Sterilisation in ein Wasserbad gestellt, um eine lange Haltbarkeit zu gewährleisten.

Kulinarische Verwendung von Apfelmarmelade und Gelees

Apfelmarmeladen und -gelees verleihen einer Vielzahl süßer und herzhafter Gerichte einen Hauch von Süße und Geschmack. Hier sind einige kreative Möglichkeiten, sie beim Kochen zu verwenden:

Auf Toast: Für ein schnelles und leckeres Frühstück Apfelmarmelade auf Toast verteilen.

In Gebäck: Verwenden Sie Apfelgelee als Füllung für Kuchen, Kekse und Muffins für eine fruchtige und süße Note.

Mit Käse: Begleiten Sie eine Käseplatte mit Apfelmarmelade für die perfekte Kombination aus süß und herzhaft.

Historische und kulturelle Bedeutung

Apfelmarmeladen und -gelees haben in vielen Kulturen auf der ganzen Welt eine lange Geschichte und werden oft mit Familientraditionen und saisonalen Festen in Verbindung gebracht. Die Herstellung von Marmelade und Gelee von Hand ist eine Kunst, die von Generation zu Generation weitergegeben wird und eine Möglichkeit ist, den Geschmack und die Fülle der Apfelernte über Monate hinweg zu bewahren.

Äpfel in Marmelade und Gelee sind ein Fest des Geschmacks und der Tradition und fangen die Essenz frischer Äpfel in einem süßen und köstlichen Genuss ein. Ob für einen schnellen Snack, ein elegantes Dessert oder ein selbstgemachtes Geschenk, Apfelmarmelade und -gelee sind eine köstliche Art, die Apfelsaison das ganze Jahr über zu genießen. Mit ihrer kulinarischen Vielseitigkeit und ihrem kulturellen Erbe werden Apfelmarmeladen und -gelees auch in kommenden Generationen den Gaumen erfreuen und die Herzen erwärmen.

Kapitel 28: Die Magie getrockneter Äpfel und anderer konservierter Äpfel: Ein Hauch von Sonnenschein zu allen Jahreszeiten

Getrocknete Äpfel und andere Konserven bieten eine köstliche Möglichkeit, die Apfelsaison weit über den Höhepunkt im Sommer hinaus zu verlängern und die Süße und den Geschmack der Früchte in einer Form einzufangen, die das ganze Jahr über genossen werden kann. Ob in Form von getrockneten Apfelspalten für einen gesunden Snack, als Apfelmus als Beilage zu Gerichten oder in Form von Konserven, um Ihren Desserts einen Hauch von Süße zu verleihen – getrocknete Äpfel und andere Konserven sind eine Fundgrube an Geschmack und Nährstoffen. Entdecken Sie die Wunder getrockneter und anderer konservierter Äpfel, ihre gesundheitlichen Vorteile und ihre vielseitigen Einsatzmöglichkeiten in der Küche.

Zubereitung von getrockneten Äpfeln und anderen konservierten Äpfeln

Die Zubereitung von getrockneten Äpfeln und anderen Konfitüren ist ein Prozess, der Geduld, Sorgfalt und Liebe zu kulinarischen Traditionen erfordert. Hier finden Sie eine Übersicht über die wichtigsten Methoden zur Konservierung von Äpfeln:

Trocknen von Äpfeln: Äpfel werden in dünne Scheiben geschnitten und auf Dörrtabletts gelegt. Anschließend werden sie bei niedriger Temperatur langsam getrocknet, bis sie eine feste, zähe Konsistenz erreichen.

Apfelmus: Äpfel werden geschält, entkernt und in Stücke geschnitten, dann bei schwacher Hitze mit Zucker, Zitronensaft und optional Gewürzen gekocht, bis sie weich und eingedickt sind.

Äpfel in Dosen: Äpfel werden mit Zucker und Zitronensaft gekocht und dann in sterilisierten Gläsern abgefüllt. Anschließend werden die Gläser hermetisch verschlossen und sterilisiert, um eine lange Haltbarkeit zu gewährleisten.

Gesundheitliche Vorteile von getrockneten und anderen konservierten Äpfeln

Getrocknete Äpfel und andere Konfitüren sind nicht nur köstlich, sondern bieten auch eine Vielzahl gesundheitsfördernder Vorteile. Getrocknete Äpfel und andere Konserven sind reich an Ballaststoffen, Vitaminen und Antioxidantien und können dazu beitragen, die Verdauungsgesundheit zu erhalten, den Blutzucker zu regulieren und das Immunsystem zu stärken.

Vielseitig einsetzbar in der Küche

Getrocknete Äpfel und andere Konserven können beim Kochen vielfältig verwendet werden. Hier sind einige Ideen, wie Sie sie in Ihre Rezepte integrieren können:

Gesunder Snack: Getrocknete Äpfel sind ein gesunder und praktischer Snack, den Sie überall hin mitnehmen können.

Müsli-Topping: Fügen Sie getrocknete Äpfel zu Ihrem Müsli oder Müsli hinzu, um ihm eine süße und fruchtige Note zu verleihen.

Backzutat: Verwenden Sie getrocknete Äpfel oder Apfelmus als Zutat in Kuchen, Muffins oder Torten für einen natürlichen, süßen Geschmack.

Getrocknete Äpfel und andere Konserven bieten das ganze Jahr über eine köstliche und nahrhafte Möglichkeit, Äpfel zu genießen. Ob als schneller Snack, als süße Variante eines Rezepts oder als selbstgemachtes Geschenk – getrocknete Äpfel und andere Konfitüren sind eine vielseitige und köstliche Möglichkeit, den Geschmack des Sommers zu jeder Jahreszeit zu genießen. Mit ihrer weichen Konsistenz und ihrem konzentrierten Geschmack sind getrocknete Äpfel und andere Konfitüren eine Schatzkammer an Geschmack und Nährstoffen, die es zu entdecken und zu genießen gilt.

Kapitel 29: Biologischer Anbau von Apfelbäumen: Die Erde ernähren, um die Menschen zu ernähren

Der ökologische Anbau von Apfelbäumen verkörpert einen Ansatz, der die Umwelt und die Gesundheit respektiert und nachhaltige landwirtschaftliche Praktiken fördert, die die Artenvielfalt bewahren, Ökosysteme schützen und gesunde und nahrhafte Lebensmittel liefern. Diese Anbaumethode legt Wert auf den Einsatz natürlicher Techniken zur Förderung gesunder Böden, Pflanzen und Gemeinschaften und minimiert gleichzeitig den Einsatz von Pestiziden, chemischen Düngemitteln und anderen synthetischen Inputs. Werfen wir einen Blick auf die Prinzipien und Vorteile des Bio-Apfelanbaus und seine entscheidende Rolle beim Aufbau einer nachhaltigen und ethischen Ernährungszukunft.

Die Prinzipien des biologischen Apfelanbaus

Schutz der Biodiversität: Der biologische Anbau von Apfelbäumen fördert die Biodiversität, indem er die Präsenz einer Vielzahl von Pflanzen- und Tierarten in Obstgärten fördert. Hecken,

Wildblumen und Lebensräume für nützliche Insekten werden häufig integriert, um die Gesundheit des Ökosystems zu unterstützen.

Bodengesundheit: Ökologische Praktiken betonen die Gesundheit des Bodens, indem sie organische Stoffe fördern, natürliche Düngemittel wie Kompost und Mist verwenden und eine Fruchtfolge praktizieren, um Nährstoffmangel zu vermeiden.

Natürliche Schädlingsbekämpfung: Anstatt auf chemische Pestizide zu setzen, werden beim ökologischen Apfelanbau biologische Bekämpfungsmethoden wie die Einführung nützlicher Insekten, Fruchtwechsel und der Einsatz von Fallen zur Schädlingsbekämpfung eingesetzt.

Respekt vor natürlichen Ressourcen: Biologische Praktiken minimieren den Einsatz nicht erneuerbarer Ressourcen wie fossiler Brennstoffe und Wasser, fördern nachhaltige Wassermanagementtechniken und bevorzugen erneuerbare Energien.

Die Vorteile biologisch angebauter Apfelbäume

Gesunde und nahrhafte Lebensmittel: Äpfel aus biologischem Anbau sind frei von Pestizidrückständen und enthalten oft einen höheren Anteil an Nährstoffen, Vitaminen und Antioxidantien, was sie zu einer gesünderen Wahl für Verbraucher macht.

Umweltschutz: Durch die Reduzierung des Einsatzes von Pestiziden und chemischen Düngemitteln trägt der biologische Anbau von Apfelbäumen zur Erhaltung der Luft-, Wasser- und Bodenqualität sowie zum Schutz natürlicher Ökosysteme und Artenvielfalt bei.

Unterstützung lokaler Landwirte: Der ökologische Landbau kommt oft kleinen Familienbetrieben und lokalen Landwirten zugute, indem er ihnen faire Preise für ihre Produkte bietet und nachhaltige landwirtschaftliche Praktiken fördert.

Reduzierung der Auswirkungen auf den Klimawandel: Durch den Einsatz umweltfreundlicher landwirtschaftlicher Methoden trägt der ökologische Anbau von Apfelbäumen zur Reduzierung der Treibhausgasemissionen und zum Kampf gegen den Klimawandel bei.

Der biologische Apfelanbau stellt einen ganzheitlichen und respektvollen Ansatz in der Landwirtschaft dar, der die Gesundheit des Landes, der Pflanzen, Tiere und Gemeinschaften fördert. Mit einem Schwerpunkt auf Biodiversität, Bodengesundheit und natürlichem Schädlingsmanagement bietet der biologische Apfelanbau eine nachhaltige und ethische Lösung, um den Ernährungs- und Umweltherausforderungen des 21. Jahrhunderts zu begegnen. Durch die Auswahl von Produkten aus dem ökologischen Landbau können wir umweltfreundlichere landwirtschaftliche Praktiken unterstützen und zum Aufbau einer gesünderen, gerechteren und nachhaltigeren Ernährungszukunft für alle beitragen.

Kapitel 30: Apfelbäume im biodynamischen Anbau: Harmonie zwischen Erde, Pflanzen und Sternen

Der biodynamische Apfelanbau geht über den traditionellen ökologischen Landbau hinaus und berücksichtigt die Prinzipien der Nachhaltigkeit, des ökologischen Gleichgewichts und der kosmischen Harmonie. Basierend auf den Lehren Rudolf Steiners zu Beginn des 20. Jahrhunderts betrachtet die Biodynamik den Bauernhof als einen lebendigen Organismus, der mit den Kräften der Natur und kosmischen Rhythmen verbunden ist. Lassen Sie uns in die Prinzipien und Praktiken des biodynamischen Apfelanbaus eintauchen und seine Ursprünge, Methoden und Ergebnisse erkunden.

Die Grundlagen des biodynamischen Apfelanbaus

Die Einheit des Bauernhofs: Biodynamik betrachtet den Bauernhof als ganzheitliches Ökosystem, in dem jedes Element – von Pflanzen über Tiere bis hin zu Boden und Wasser – miteinander verbunden und voneinander abhängig ist.

Biodynamische Präparate: Biodynamik nutzt spezielle Präparate wie Hornmistkompost und Quarzkieselsäure, um die Bodenfruchtbarkeit zu stimulieren und die Pflanzenvitalität zu stärken.

Der Mondkalender: Der biodynamische Anbau folgt einem Mondkalender zur Planung der landwirtschaftlichen Arbeit und berücksichtigt dabei Mond- und Planetenzyklen für die Aussaat, den Anbau und die Ernte von Äpfeln.

Ganzheitliche Praktiken: Neben landwirtschaftlichen Praktiken umfasst die Biodynamik auch spirituelle und kulturelle Elemente wie Meditation, Musik und saisonale Feste, um den Geist und die Seele von Landwirten und Verbrauchern zu nähren.

Die Vorteile des biodynamischen Apfelbaumanbaus

Fruchtqualität: Biodynamisch angebaute Äpfel sind aufgrund der verbesserten Boden- und Pflanzengesundheit für ihre hervorragende Qualität, ihren intensiven Geschmack und ihren Nährstoffreichtum bekannt.

Umweltverträglichkeit: Durch die Förderung der Artenvielfalt, der Bodengesundheit und der Erhaltung natürlicher Ressourcen trägt der biodynamische Anbau von Apfelbäumen zum Erhalt von Ökosystemen und zum Kampf gegen den Klimawandel bei.

Landwirtschaftliche Widerstandsfähigkeit: Biodynamische Praktiken stärken die Widerstandsfähigkeit von Obstgärten gegenüber Krankheiten und Schädlingen und fördern eine ausgewogene Biodiversität und die allgemeine Gesundheit des Ökosystems.

Spirituelle Verbindung: Biodynamics lädt Landwirte und Verbraucher ein, sich wieder mit dem Land, den Jahreszeiten und natürlichen Kreisläufen zu verbinden und so eine tiefe und bedeutungsvolle Verbindung zu ihrer Nahrung und Umwelt herzustellen.

Der biodynamische Apfelanbau stellt einen ganzheitlichen und ökologischen Ansatz in der Landwirtschaft dar, der die Gesundheit von Land, Pflanzen und Gemeinschaften fördert. Durch die Integration der Prinzipien der Nachhaltigkeit, der kosmischen Harmonie und des Respekts vor dem Leben bietet die Biodynamik eine inspirierende und transformative Vision der Landwirtschaft für das 21. Jahrhundert. Durch die Auswahl biodynamisch angebauter Äpfel unterstützen wir landwirtschaftliche Praktiken, die Körper und Geist nähren und gleichzeitig dazu beitragen, unseren Planeten für zukünftige Generationen zu bewahren.

Kapitel 31: Apfelbäume und Agroforstwirtschaft: Eine Allianz für eine nachhaltige Zukunft

Die Agroforstwirtschaft, oft als Symbiose zwischen Land- und Forstwirtschaft bezeichnet, bietet einen innovativen und nachhaltigen Ansatz für den Apfelanbau und integriert Obstbäume in diversifizierte Agroforstsysteme. Diese uralte Praxis nutzt die vielfältigen Vorteile von Bäumen, um die landwirtschaftliche Produktivität zu verbessern, den Boden zu schützen, das Klima zu regulieren und die Artenvielfalt zu fördern. Betrachten wir die Prinzipien, Vorteile und Anwendungen der Agroforstwirtschaft im Apfelanbau sowie ihre entscheidende Rolle beim Aufbau einer nachhaltigen und widerstandsfähigen Lebensmittelzukunft.

Die Prinzipien der Agroforstwirtschaft

Anbaudiversifizierung: Die Agroforstwirtschaft fördert die Anbaudiversifizierung durch die Integration von Obstbäumen in gemischte landwirtschaftliche Systeme, in denen Apfelbäume mit anderen Nutzpflanzen, von Hülsenfrüchten bis hin zu Getreide, koexistieren.

Bodenschutz: Obstbäume tragen dazu bei, Böden vor Erosion und Fruchtbarkeitsverlust zu schützen, indem sie die Bodenstruktur stabilisieren und den Regenwasserabfluss reduzieren.

Klima und Mikroklima: Obstbäume helfen, das lokale Klima zu regulieren, indem sie Schatten spenden, die Temperaturen senken und die Luftzirkulation fördern, wodurch ein für das Pflanzenwachstum günstiges Mikroklima entsteht.

Biodiversität: Agroforstsysteme erhöhen die Biodiversität, indem sie Lebensräume für eine Vielzahl von Pflanzen- und Tierarten bieten, was die Bestäubung, die biologische Schädlingsbekämpfung und die allgemeine Gesundheit des Ökosystems fördert.

Die Vorteile der Agroforstwirtschaft für Apfelbäume

Erhöhte Produktivität: Durch die Integration von Apfelbäumen in diversifizierte Agroforstsysteme kann die Gesamtproduktivität von Obstgärten durch eine effizientere Nutzung von Raum, Nährstoffen und Wasser gesteigert werden.

Widerstandsfähigkeit gegenüber dem Klimawandel: Agroforstsysteme sind dank der Vielfalt der Nutzpflanzen und des Schutzes durch Bäume widerstandsfähiger gegen extreme Wetterbedingungen wie Dürren und Stürme.

Verbesserte Fruchtqualität: Apfelbäume, die in agroforstwirtschaftlichen Umgebungen wachsen, profitieren dank eines natürlichen Gleichgewichts von Nährstoffen, Wasser und Licht oft von einer verbesserten Fruchtqualität.

Umweltverträglichkeit: Die Agroforstwirtschaft trägt durch die Förderung umweltfreundlicher landwirtschaftlicher Praktiken zur Erhaltung natürlicher Ressourcen, zur Reduzierung von Treibhausgasemissionen und zur Erhaltung der Artenvielfalt bei.

Praktische Anwendungen der Agroforstwirtschaft im Apfelanbau

Baumalleen: Integrieren Sie Obstbaumalleen zwischen Apfelbaumreihen, um Schatten zu spenden, die Artenvielfalt zu fördern und zusätzliche Früchte zu liefern.

Lebende Hecken: Pflanzen Sie lebende Hecken rund um Obstgärten, die als Windschutz, Lebensraum für nützliche Insekten und Nahrungsquelle für Wildtiere dienen.

Intensive Agroforstwirtschaft: Nutzen Sie intensive Agroforstsysteme, bei denen Apfelbäume mit einer Vielzahl ergänzender Nutzpflanzen wie Hülsenfrüchte, Kräuter und Gemüse verpflanzt werden, um die Produktivität und Nutzpflanzenvielfalt zu maximieren.

Die Agroforstwirtschaft bietet einen innovativen und nachhaltigen Ansatz für den Anbau von Apfelbäumen und integriert Obstbäume in vielfältige landwirtschaftliche Systeme, die Produktivität, Widerstandsfähigkeit und ökologische Nachhaltigkeit fördern. Durch die Kombination der Vorteile von Bäumen für Boden, Klima und Artenvielfalt mit den Anforderungen des Obstbaus stellt die Agroforstwirtschaft ein vielversprechendes Modell für die Zukunft der Landwirtschaft dar. Durch die Einführung agroforstwirtschaftlicher Praktiken im Apfelanbau können wir widerstandsfähigere, gerechtere und umweltfreundlichere Lebensmittelsysteme für zukünftige Generationen schaffen.

Kapitel 32: Apfelbäume und Permakultur

Permakultur, ein ökologisches Designsystem, das die Prinzipien der Nachhaltigkeit und der natürlichen Regeneration integriert, bietet einen innovativen und harmonischen Ansatz für den Anbau von Apfelbäumen. Durch die Kombination traditioneller Techniken mit modernen Ökosystemmanagementkonzepten schafft Permakultur widerstandsfähige, produktive und ökologisch ausgewogene Apfelplantagen.

Die Prinzipien der Permakultur

Permakultur basiert auf drei ethischen Prinzipien: Sorge für die Erde, Fürsorge für Menschen und gerechte Verteilung der Ressourcen. Diese Grundsätze leiten die Gestaltung und Bewirtschaftung landwirtschaftlicher Systeme, einschließlich Apfelplantagen. Durch den Fokus auf die Beobachtung der Natur und den sinnvollen Umgang mit Ressourcen zielt die Permakultur darauf ab, negative Umweltauswirkungen zu minimieren und gleichzeitig die Artenvielfalt und Produktivität zu maximieren.

Auswahl an Apfelbaumsorten

In einem Permakultur-Obstgarten ist die Auswahl der Apfelbaumsorten entscheidend. Lokale und krankheitsresistente Sorten werden aufgrund ihrer Anpassung an das spezifische Klima und die Bedingungen der Region bevorzugt. Auch die genetische Vielfalt wird gefördert, da sie die Anfälligkeit für Parasiten und Krankheiten verringert. Auch das Pflanzen mehrerer Apfelbaumsorten kann die Erntezeit verlängern und die Fremdbestäubung verbessern.

Pflanz- und Nutzpflanzenverband

Apfelbäume profitieren stark von der Zunftpflanzung, einem Schlüsselkonzept der Permakultur. Eine Gilde ist eine Gruppe von Pflanzen, die sich gegenseitig unterstützen, indem sie Nährstoffe liefern, die Bodenstruktur verbessern oder Schädlinge abwehren. Beispielsweise können stickstoffbindende Pflanzen wie Klee oder Hülsenfrüchte rund um Apfelbäume gepflanzt werden, um den Boden mit Stickstoff anzureichern. Bodendecker wie Beinwell oder Erdbeeren können dazu beitragen, die Bodenfeuchtigkeit zu bewahren und die Konkurrenz durch Unkraut zu verringern.

Wasserverwaltung

Ein effektives Wassermanagement ist in der Permakultur unerlässlich. Techniken wie Mulden, mit organischem Material gefüllte Gräben, die Regenwasser auffangen und speichern, können zur natürlichen Bewässerung von Apfelplantagen eingesetzt werden. Um Bäume herum wird auch organischer Mulch ausgebracht, um die Feuchtigkeit zu bewahren, die Bodenfruchtbarkeit zu verbessern und die Verdunstung zu reduzieren.

Bodenfruchtbarkeit und Kompostierung

Die Erhaltung der Bodenfruchtbarkeit ist ein weiterer grundlegender Aspekt der Permakultur. Durch Kompostierung und die Verwendung organischer Materialien wie Mist, Laub und Ernterückstände wird der Boden bereichert und seine Struktur verbessert. Um Apfelbäume herum können oberirdische Kompostierungstechniken wie die Lasagne-Kompostierung eingesetzt werden, um eine konstante Nährstoffversorgung zu gewährleisten.

Schädlings- und Krankheitsbekämpfung

Permakultur fördert integrierte Methoden zur Schädlings- und Krankheitsbekämpfung. Durch die Förderung der Artenvielfalt schaffen wir ein natürliches Gleichgewicht, das zur Bekämpfung von Schädlingspopulationen beiträgt. Natürliche Fressfeinde wie Marienkäfer und Vögel spielen eine entscheidende Rolle bei der Bekämpfung von Insektenschädlingen. Darüber hinaus können Abwehrpflanzen wie Knoblauch und Lavendel rund um Apfelbäume angebaut werden, um Schädlinge abzuwehren.

Äpfel ernten und verwenden

Permakultur fördert die vielseitige Nutzung von Äpfeln und Apfelnebenprodukten. Äpfel können nicht nur frisch gegessen werden, sondern auch zu Apfelwein, Essig, Marmelade und anderen Lebensmitteln verarbeitet werden. Schnittreste und abgestorbene Blätter können kompostiert oder als Mulch verwendet werden, wodurch der Nährstoffkreislauf geschlossen und Abfall minimiert wird.

Resilienz und Anpassung

Permakultur-Apfelplantagen sind so konzipiert, dass sie klimatischen Gefahren und Umweltveränderungen standhalten. Durch die Diversifizierung der Nutzpflanzen und den Einsatz nachhaltiger landwirtschaftlicher Praktiken verringern wir die Abhängigkeit von externen Inputs und stärken die Fähigkeit der Systeme, sich an Störungen anzupassen. Apfelbäume, die nach den Prinzipien der Permakultur wachsen, profitieren von einer gesunden, ausgewogenen Umgebung, die ein kräftiges Wachstum und eine fruchtbare Produktion begünstigt.

In ein Permakultursystem integrierte Apfelbäume stellen eine perfekte Symbiose zwischen Tradition und Innovation dar. Durch die Achtung ökologischer Grundsätze und die Förderung von Vielfalt und Nachhaltigkeit bieten Permakultur-Apfelplantagen nicht nur eine reichliche Produktion gesunder Früchte, sondern auch ein landwirtschaftliches Bewirtschaftungsmodell, das die Natur und zukünftige Generationen respektiert.

Kapitel 33: Topfapfelbäume und Balkon

Der Anbau von Apfelbäumen in Töpfen auf einem Balkon ist eine innovative und charmante Möglichkeit, frisches Obst und die Schönheit von Obstbäumen auch in einer städtischen Umgebung zu genießen. Diese Praxis verbindet die Freuden der Gartenarbeit mit der Zweckmäßigkeit kleiner Räume und sorgt gleichzeitig für eine schmackhafte und gesunde Ernte.

Auswahl der Apfelbaumsorten

Die Auswahl der Sorten ist entscheidend für den Erfolg der Apfelbaumkultur im Topf. Zwerg- und Halbzwergsorten eignen sich aufgrund ihrer kompakten Größe und des weniger ausgedehnten Wurzelsystems besonders für diese Anbaumethode. Beliebte Sorten sind „Golden Delicious", „Red Delicious" und „Granny Smith". Diese Sorten produzieren aromatische Früchte und sind robust genug, um in Töpfen zu gedeihen.

Auswahl an Containern

Auch die Wahl der Gefäße ist für die Gesundheit und das Wachstum von Apfelbäumen von entscheidender Bedeutung. Die Töpfe sollten groß genug sein, damit sich Wurzeln entwickeln können. Empfehlenswert ist ein Topf mit mindestens 45 bis 60 cm Durchmesser und Tiefe. Töpfe aus Terrakotta, Holz oder dickem Kunststoff sind eine gute Wahl, da sie eine ausreichende Wärmedämmung und Haltbarkeit bieten. Stellen Sie sicher, dass der Topf über Drainagelöcher verfügt, um Wasseransammlungen und Wurzelfäule zu verhindern.

Substrat und Änderungen

Das Substrat für den Apfelbaumanbau in Töpfen muss gut durchlässig und nährstoffreich sein. Ideal ist eine Mischung aus hochwertiger Blumenerde, Kompost und grobem Sand. Diese Mischung ermöglicht eine gute Entwässerung und liefert gleichzeitig die für das Baumwachstum notwendigen Nährstoffe. Auch die Zugabe von organischen Düngemitteln wie kompostiertem Mist oder Kompostpellets kann die Bodenfruchtbarkeit verbessern.

Bepflanzung und Pflege

Beim Pflanzen ist es wichtig, den Baum so zu positionieren, dass die Krone, die Verbindung zwischen Wurzeln und Stamm, leicht über dem Boden liegt, um feuchtigkeitsbedingte Krankheiten zu vermeiden. Nach dem Pflanzen reichlich gießen, um die Wurzeln zu stärken.

Topfapfelbäume müssen regelmäßig gegossen werden, insbesondere in heißen, trockenen Perioden. Es ist wichtig, den Untergrund feucht, aber nicht durchnässt zu halten. Am besten ist eine tiefe Bewässerung, um die Ausbreitung und Stärkung der Wurzeln zu fördern.

Größe und Formation

Das Beschneiden ist ein wichtiger Schritt, um die kompakte Form von Topfapfelbäumen zu erhalten und eine reichliche Fruchtbildung zu fördern. Der Übungsschnitt sollte im späten Winter oder frühen Frühling erfolgen, bevor die Knospen aufplatzen. Dabei geht es darum, abgestorbene, kranke oder gekreuzte Äste zu entfernen und eine offene Struktur zu fördern, die eine gute Luftzirkulation und ausreichende Lichteinstrahlung ermöglicht.

Bestäubung und Fruchtbildung

Die Bestäubung ist ein Schlüsselfaktor für eine gute Apfelernte. Einige Apfelbaumarten erfordern eine Fremdbestäubung, was bedeutet, dass sie einen anderen Apfelbaum in der Nähe benötigen, um Früchte zu produzieren. Wenn der Platz begrenzt ist, können selbstfruchtbare Sorten wie „Golden Delicious" eine Lösung sein. Alternativ können Sie Blumen auch manuell bestäuben, indem Sie den Pollen mit einem Pinsel von einer Blüte auf eine andere übertragen.

Schädlings- und Krankheitsmanagement

Topfapfelbäume können anfällig für Schädlinge und Krankheiten wie Blattläuse, Milben und Apfelschorf sein. Regelmäßige Überwachung und schnelles Eingreifen sind für die Gesunderhaltung der Bäume unerlässlich. Biologische Bekämpfungsmethoden wie die Einführung von Marienkäfern zur Bekämpfung von Blattläusen oder die Verwendung insektizider Seifenlösungen können wirksam sein. Auch das Beschneiden infizierter Äste und das Entfernen abgefallener Blätter kann dazu beitragen, die Ausbreitung von Krankheiten zu verhindern.

Ernte und Verwendung

Die Ernte von im Topf angebauten Äpfeln ist eine lohnende Erfahrung. Äpfel sollten gepflückt werden, wenn sie vollreif und essfertig sind. Sie können sie frisch genießen, zur Zubereitung von Kuchen, Kompott oder Säften verwenden oder für den späteren Verzehr aufbewahren. Die Freude, die eigenen Früchte zu ernten, die sorgfältig auf Ihrem Balkon angebaut wurden, verleiht diesem urbanen Gartenerlebnis eine zusätzliche Dimension.

Apfelbäume in Töpfen und auf dem Balkon stellen eine wunderbare Möglichkeit dar, die Natur dem Stadtleben näher zu bringen. Durch sorgfältige Auswahl der Sorten, Behälter und geeigneter Anbaupraktiken ist es möglich, einen kleinen, produktiven und ästhetisch ansprechenden städtischen Obstgarten anzulegen. So können Sie nicht nur frisches Obst aus der Region genießen, sondern auch die beruhigenden und therapeutischen Vorteile der Gartenarbeit im Freien genießen, selbst auf kleinem Raum.

Kapitel 34: Apfelbäume für kleine Gärten

Der Anbau von Apfelbäumen in kleinen Gärten ist eine lohnende Praxis, die es Ihnen ermöglicht, frische, schmackhafte Früchte zu genießen, ohne viel Platz zu benötigen. Mit den richtigen Sorten, Anbautechniken und Pflege können auch Stadtgärtner die Freuden selbst angebauter Äpfel genießen.

Auswahl angepasster Sorten

Für kleine Gärten ist die Auswahl der Apfelbaumsorten von entscheidender Bedeutung. Besonders geeignet sind Zwerg- und Halbzwerg-Apfelbäume, da sie weniger Platz benötigen und einfacher zu pflegen sind. Sorten wie „Dwarf Gala", „Dwarf Honeycrisp" und „Dwarf Fuji" bieten einen kompakten Wuchs und produzieren gleichzeitig köstliche Früchte. Spalierapfelbäume, die so erzogen werden, dass sie flach an einer Wand oder einem Zaun wachsen, sind ebenfalls eine gute Option, um den vertikalen Raum zu maximieren.

Bepflanzung und Abstand

Das Pflanzen von Apfelbäumen in kleinen Gärten muss sorgfältig geplant werden, um die Raumnutzung zu optimieren. Zwergapfelbäume können in einem Abstand von 1,5 bis 2 Metern voneinander gepflanzt werden, während Halbzwergbäume einen etwas größeren Abstand benötigen, etwa 3 bis 4 Meter. Je nach Ausführung des Spaliers und der verwendeten Unterlage können Spalierapfelbäume noch dichter gepflanzt werden.

Boden und Fruchtbarkeit

Apfelbäume gedeihen in gut durchlässigen Böden, die reich an organischer Substanz sind. Vor der Pflanzung empfiehlt es sich, den Boden mit Kompost oder gut verrottetem Mist zu verbessern. Ein leicht saurer bis neutraler Boden-pH-Wert zwischen 6,0 und 7,0 ist ideal für das Wachstum von Apfelbäumen. Bodentests können dabei helfen, festzustellen, welche Anpassungen erforderlich sind, um eine optimale Wachstumsumgebung zu schaffen.

Wartung und Größe

Damit Apfelbäume in kleinen Gärten kompakt und produktiv bleiben, ist ein regelmäßiger Schnitt von entscheidender Bedeutung. Der Übungsschnitt sollte im Winter vor dem Austrieb der Knospen erfolgen, um den Baum zu strukturieren und ein ausgewogenes Wachstum zu fördern. Durch den Erhaltungsschnitt das ganze Jahr über werden abgestorbene, kranke oder verkreuzte Äste entfernt und die Fruchtbildung gefördert.

Mit speziellen Schnitttechniken wie dem Becherschnitt oder dem Spalierschnitt können Sie die Form und Größe von Bäumen kontrollieren. Durch den Kelchschnitt entsteht eine offene Struktur, die die Luftzirkulation und das Eindringen von Licht fördert, während das Spalier die Nutzung des vertikalen Raums maximiert und die Baumpflege erleichtert.

Bewässerung und Düngung

Gerade in Trockenperioden ist eine regelmäßige und ausreichende Bewässerung für die Gesundheit von Apfelbäumen unerlässlich. Junge Bäume müssen häufig gegossen werden, um ein starkes Wurzelsystem aufzubauen, während alte Bäume von einer gründlichen Bewässerung einmal pro Woche profitieren. Die Verwendung von organischem Mulch um Bäume herum hilft, die Bodenfeuchtigkeit zu bewahren und Unkraut zu unterdrücken.

Die Düngung von Apfelbäumen in kleinen Gärten sollte sorgfältig erfolgen, um überschüssige Nährstoffe zu vermeiden. Im Frühjahr und Sommer empfiehlt sich eine ausgewogene Versorgung mit Stickstoff, Phosphor und Kalium. Auch organische Düngemittel wie Kompost oder gut verrotteter Mist können zur Verbesserung der Bodenfruchtbarkeit auf natürliche und nachhaltige Weise eingesetzt werden.

Bestäubung und Fruchtbildung

Die Bestäubung ist ein wichtiger Aspekt beim Anbau von Apfelbäumen. Viele Apfelbaumarten erfordern eine Fremdbestäubung, um Früchte zu tragen. Das Pflanzen mehrerer kompatibler Sorten in der Nähe kann die Bestäubung verbessern und den Ertrag steigern. Bienen und andere Bestäuber spielen in diesem Prozess eine wichtige Rolle. Daher kann die Schaffung einer bestäubungsfreundlichen Umgebung mit attraktiven Blumen und Pflanzen die Obstproduktion erheblich fördern.

Schädlings- und Krankheitsmanagement

Apfelbäume in kleinen Gärten können anfällig für Schädlinge und Krankheiten sein. Regelmäßige Überwachung und frühzeitiges Eingreifen sind für die Gesunderhaltung der Bäume unerlässlich. Biologische Gartenbaupraktiken, wie der Einsatz natürlicher Raubtiere und insektizider Seifenlösungen, können zur Schädlingsbekämpfung beitragen. Fruchtwechsel und das Beschneiden erkrankter Baumteile sind wirksame Maßnahmen zur Vorbeugung von Krankheiten.

Ernte und Verwendung

Die Apfelernte in einem kleinen Garten ist eine lohnende Erfahrung. Äpfel sollten im reifen Zustand geerntet werden, je nach Sorte normalerweise im Spätsommer oder Herbst. Die Früchte können frisch verzehrt, zur Zubereitung von Kuchen, Kompott, Säften verwendet oder zur späteren Verwendung konserviert werden. Äpfel, die richtig gepflegt und im reifen Zustand geerntet werden, bieten einen außergewöhnlichen Geschmack und die unvergleichliche Befriedigung, selbst angebaute Früchte zu essen.

Durch den Anbau von Apfelbäumen in kleinen Gärten können Sie auch in einer städtischen Umgebung eine produktive und ästhetische Grünfläche schaffen. Mit der richtigen

Sortenauswahl, geeigneten Pflanz- und Pflegetechniken und sorgfältiger Beachtung der Bodenfruchtbarkeit und Schädlingsbekämpfung ist es möglich, die Freuden frischer, aromatischer Äpfel direkt in Ihrem Garten zu genießen und gleichzeitig zur Artenvielfalt und Schönheit Ihrer Umwelt beizutragen.

Kapitel 35: Die Kunst des Obstgartens: Layout und Design

Die Entwicklung eines Obstgartens ist eine Kunst, die Ästhetik, Funktionalität und Nachhaltigkeit vereint. Beim Anlegen eines Obstgartens geht es nicht nur darum, Obstbäume zu pflanzen, sondern auch um die Gestaltung eines harmonischen Raums, der die Produktion optimiert und gleichzeitig die Umwelt und die Bedürfnisse des Gärtners respektiert.

Den idealen Standort wählen

Die Standortwahl ist entscheidend für den Erfolg eines Obstgartens. Obstbäume benötigen im Allgemeinen einen sonnigen Standort mit mindestens sechs bis acht Stunden Sonnenlicht pro Tag. Ein gut durchlässiger Boden ist außerdem wichtig, um stehendes Wasser zu vermeiden, das Wurzelfäule verursachen kann. Es wird empfohlen, Bodentests durchzuführen, um den pH-Wert und die Zusammensetzung des Bodens zu bestimmen und dann die notwendigen Änderungen vorzunehmen, um eine Umgebung zu schaffen, die das Wachstum der Bäume begünstigt.

Sortenauswahl und Diversität

Die Auswahl der Obstbaumsorten sollte anhand des Klimas, der Bodenart und des verfügbaren Platzes erfolgen. Die Integration einer Arten- und Sortenvielfalt ermöglicht nicht nur eine Verteilung der Ernte über einen längeren Zeitraum, sondern verbessert auch die Bestäubung und verringert das Risiko von Krankheiten und Schädlingen. Der Anbau von Sorten, die gegen lokale Krankheiten resistent sind und an bestimmte klimatische Bedingungen angepasst sind, kann die Erfolgsaussichten erheblich erhöhen.

Planung und Abstand

Eine sorgfältig geplante Anordnung ist unerlässlich, um die Raumnutzung zu optimieren und eine gute Luftzirkulation zwischen den Bäumen sicherzustellen. Der richtige Abstand zwischen den Bäumen variiert je nach Art und Sorte. Beispielsweise können Zwergapfelbäume in einem Abstand von 2 bis 3 Metern gepflanzt werden, während Standardsorten einen Abstand von 5 bis 8 Metern erfordern. Die Berücksichtigung der erwachsenen Größe von Bäumen trägt dazu bei, eine Überbevölkerung zu verhindern und die Pflege zu erleichtern.

Pflanztechniken

Das Pflanzen von Obstbäumen muss sorgfältig erfolgen, um deren Etablierung und Wachstum sicherzustellen. Das Graben eines Lochs, das doppelt so breit und tief ist wie der Wurzelballen, erleichtert die Wurzelbildung. Durch die Zugabe von Kompost oder gut verrottetem Mist auf den Boden des Lochs wird der Boden angereichert und mit den notwendigen Nährstoffen versorgt. Achten Sie beim Pflanzen darauf, dass die Krone des Baumes, dort wo der Stamm auf die Wurzeln trifft, auf Bodenhöhe liegt, um Krankheiten vorzubeugen.

Ökologisches Design und Permakultur

Die Einbeziehung der Prinzipien der Permakultur in die Gestaltung eines Obstgartens kann dessen Nachhaltigkeit und Widerstandsfähigkeit verbessern. Pflanzenzünfte, in denen komplementäre Arten zusammen gepflanzt werden, fördern die Artenvielfalt und die Gesundheit von Obstbäumen. Beispielsweise kann das Pflanzen von Kräutern, Gemüse und Blumen rund um Bäume Bestäuber anlocken, Schädlinge abwehren und die Bodenfruchtbarkeit verbessern. Für ein effizientes Wassermanagement können Biomulden und Regenwassersammelsysteme integriert werden.

Wasserverwaltung

Bewässerung ist ein Schlüsselelement der Obstgartenbewirtschaftung. Durch die Installation von Tropfbewässerungssystemen wird Wasser direkt zu den Wurzeln geleitet, wodurch Abfall und Wasserstress für Bäume reduziert werden. Das Mulchen rund um Bäume hilft, die Bodenfeuchtigkeit zu bewahren, die Temperatur zu regulieren und Unkraut zu unterdrücken. Es ist wichtig, den Wasserbedarf der Bäume regelmäßig zu überwachen, insbesondere in Dürreperioden.

Größe und Formation

Um die Gesundheit und Produktivität von Obstbäumen zu erhalten, ist ein regelmäßiger Schnitt unerlässlich. Der in den ersten Jahren durchgeführte Schulungsschnitt trägt dazu bei, eine solide und gut belüftete Struktur zu entwickeln. Der jährlich durchgeführte Wartungsschnitt entfernt abgestorbene, kranke oder verkreuzte Äste und fördert so eine bessere Luftzirkulation und den Zugang zu Licht. Mit speziellen Techniken wie dem Kelch- oder Spalierschnitt können Bäume nach ästhetischen Vorlieben und Platzverhältnissen geformt werden.

Schutz vor Schädlingen und Krankheiten

Der Schutz von Obstbäumen vor Schädlingen und Krankheiten ist entscheidend für ihre Langlebigkeit und Produktivität. Integrierte Schädlingsbekämpfungspraktiken, die biologische, kulturelle und mechanische Methoden kombinieren, können implementiert werden, um den Einsatz von Chemikalien zu minimieren. Die Förderung der Anwesenheit natürlicher Feinde wie Vögel und nützlicher Insekten sowie der Anbau krankheitsresistenter Sorten sind wirksame Strategien zur Erhaltung eines gesunden Obstgartens.

Ernte und Verwendung

Die Obsternte ist der Höhepunkt der Pflege eines Obstgartens. Jede Obstbaumsorte hat eine bestimmte Erntezeit und es ist wichtig, die Früchte im reifen Zustand zu ernten, um ihren optimalen Geschmack zu genießen. Die Früchte können frisch verzehrt, zu Marmeladen, Säften oder Konserven verarbeitet oder zur späteren Verwendung aufbewahrt werden. Durch die maximale Nutzung der geernteten Früchte können Sie den Aufwand für den Anbau des Obstgartens steigern.

Ästhetik und Wohlbefinden

Ein gut gestalteter Obstgarten ist nicht nur produktiv, sondern auch ästhetisch ansprechend. Die Anordnung der Bäume, die Integration von Begleitpflanzen und die Verwendung natürlicher Materialien schaffen einen angenehmen und harmonischen Raum. Ein Obstgarten kann zu einem Ort der Entspannung und Besinnung werden, der einen ruhigen Zufluchtsort und eine direkte Verbindung zur Natur bietet. Obstbäume, die im Frühling blühen und im Sommer mit Früchten beladen sind, verleihen dem Raum saisonale Schönheit und besonderen Charme.

Die Kunst der Gestaltung und Gestaltung von Obstgärten kombiniert Wissenschaft und Kreativität, um ein produktives und nachhaltiges Ökosystem zu schaffen. Unter Berücksichtigung praktischer, ökologischer und ästhetischer Aspekte ist es möglich, selbst einen kleinen Garten in einen blühenden und bezaubernden Obstgarten zu verwandeln, in dem Obstbäume gedeihen und über Jahre hinweg reiche Ernten einbringen.

Kapitel 36: Renovierung eines alten Obstgartens

Die Renovierung eines alten Obstgartens ist ein lohnendes Unterfangen, das es Ihnen ermöglicht, einem oft vernachlässigten Raum neues Leben einzuhauchen und sich an den Früchten von Bäumen zu erfreuen, die eine Geschichte haben. Diese Aufgabe erfordert methodisches Vorgehen, Geduld und ein Verständnis für die Bedürfnisse von Obstbäumen. Hier finden Sie einige Schritte und Tipps, wie Sie einen alten Obstgarten in einen produktiven und gesunden Raum verwandeln.

Erste Einschätzung

Der erste Schritt besteht darin, den aktuellen Zustand der Obstanlage zu beurteilen. Es ist wichtig zu erkennen, welche Bäume noch gesund sind, welche einer intensiven Pflege bedürfen und welche nicht mehr zu reparieren sind. Untersuchen Sie jeden Baum auf Anzeichen von Krankheiten, Schädlingen, physischen Schäden oder Umweltstress. Diese erste Bewertung hilft dabei, Prioritäten und notwendige Maßnahmen für jeden Baum zu bestimmen.

Reinigen und Räumen

Die Reinigung des Obstgartens ist ein entscheidender Schritt. Entfernen Sie abgestorbene Äste, umgestürzte Bäume, Unkraut und Schutt, die den Raum verstopfen. Dies macht den Obstgarten nicht nur zugänglicher, sondern reduziert auch die Lebensräume von Schädlingen und fördert die Luftzirkulation und Lichtdurchdringung. Ein freier Raum erleichtert auch die zukünftige Baumkontrolle und -pflege.

Rehabilitationsgröße

Der Sanierungsschnitt ist eine wesentliche Technik zur Verjüngung alter Obstbäume. Dabei werden abgestorbene, kranke oder beschädigte Äste entfernt und die Krone ausgedünnt, um die Licht- und Luftzirkulation zu verbessern. Bei sehr vernachlässigten Bäumen kann ein starker Rückschnitt erforderlich sein, dieser sollte jedoch schrittweise über mehrere Saisons hinweg erfolgen, um eine übermäßige Belastung der Bäume zu vermeiden.

Bodenpflege

Ein gesunder Boden ist für das Wachstum von Obstbäumen von grundlegender Bedeutung. Ein wichtiger Schritt ist die Untersuchung des Bodens zur Bestimmung seines pH-Werts, seiner Zusammensetzung und seines Nährstoffgehalts. Durch die Verbesserung des Bodens mit Kompost, gut verrottetem Mist und anderen organischen Zusatzstoffen können Bäume revitalisiert und ihr Wachstum angeregt werden. Das Mulchen um Bäume herum hilft, Feuchtigkeit zu bewahren, die Bodentemperatur zu regulieren und Unkraut zu unterdrücken.

Schädlings- und Krankheitsmanagement

Alte Obstgärten können ein Nährboden für Schädlinge und Krankheiten sein. Durch die Umsetzung integrierter Schädlingsbekämpfungspraktiken können Populationen auf ökologische Weise kontrolliert werden. Der Einsatz von Pheromonfallen, die Einführung natürlicher Feinde und die Anwendung biologischer Behandlungen sind wirksame Methoden. Regelmäßige Inspektionen der Bäume und die Behandlung auftretender Probleme tragen dazu bei, die Gesundheit des Obstgartens zu erhalten.

Düngung und Bewässerung

Regelmäßige Düngung ist unerlässlich, um Bäume mit den Nährstoffen zu versorgen, die sie für Wachstum und Fruchtbildung benötigen. Verwenden Sie im zeitigen Frühjahr und während der gesamten Vegetationsperiode organische Düngemittel, die reich an Stickstoff, Phosphor und Kalium sind. Insbesondere in Trockenperioden muss die Bewässerung an die Bedürfnisse der Bäume angepasst werden. Durch die Installation eines Tropfbewässerungssystems kann eine gleichmäßige Wasserversorgung sichergestellt und Wasserstress vermieden werden.

Verjüngung durch das Transplantat

Bei einigen alten Bäumen kann die Veredelung eine wirksame Methode zur Verjüngung des Obstgartens sein. Beim Pfropfen wird eine neue Sorte oder Sorte in einen vorhandenen Baum eingefügt, um dessen Produktivität zu verbessern oder gewünschte Eigenschaften einzuführen. Diese Technik ermöglicht es auch, die genetischen Eigenschaften alter Bäume zu bewahren und gleichzeitig ihre Vitalität zu erneuern.

Bäume neu pflanzen

In manchen Fällen kann es erforderlich sein, Bäume neu zu pflanzen, um nicht mehr reparierbare Bäume zu ersetzen. Es ist von entscheidender Bedeutung, Sorten auszuwählen, die an das spezifische Klima, den Boden und die Bedingungen des Obstgartens angepasst sind. Neu gepflanzte Bäume sollten im richtigen Abstand gepflanzt werden, um eine Überfüllung zu vermeiden und ein gesundes Wachstum zu ermöglichen. Die richtige Pflege junger Bäume, einschließlich Bewässerung, Düngung und Schutz vor Schädlingen, ist für ihre Etablierung von entscheidender Bedeutung.

Integration der Biodiversität

Die Integration von Begleitpflanzen und die Förderung der Artenvielfalt im Obstgarten können die allgemeine Gesundheit des Ökosystems verbessern. Das Pflanzen von Kräutern, Blumen und Gemüse rund um Obstbäume lockt Bestäuber und natürliche Schädlingsfeinde an. Die Schaffung von Lebensräumen für Vögel, Nützlinge und andere Arten kann dazu beitragen, das ökologische Gleichgewicht aufrechtzuerhalten und den Bedarf an chemischen Pestiziden zu verringern.

Kontinuierliche Überwachung und Wartung

Die Renovierung eines alten Obstgartens ist ein langfristiges Projekt, das regelmäßige Überwachung und Wartung erfordert. Wenn Sie die Bäume jede Saison auf Anzeichen von Stress, Krankheiten oder Schädlingen untersuchen, können Sie schnell eingreifen und die Gesundheit des Obstgartens erhalten. Erhaltungsschnitt, Düngung, Bewässerung und Schädlingsbekämpfung sollten in ein laufendes Managementprogramm integriert werden.

Die Erneuerung eines alten Obstgartens erfordert Zeit, Mühe und Wissen, aber die Belohnung ist es wert. Wir erwecken nicht nur alte und oft historische Bäume wieder zum Leben, sondern schaffen auch einen produktiven und ökologischen Raum. Mit einem methodischen und umweltfreundlichen Ansatz ist es möglich, einen alten Obstgarten in eine Oase der Artenvielfalt und des Fruchtgenusses zu verwandeln, der für kommende Generationen reiche und schmackhafte Ernten liefert.

Kapitel 37: Apfelbäume und Klima: Anpassung und Widerstandsfähigkeit

Der Apfelbaum, ein symbolträchtiger Obstbaum, steht aufgrund des Klimawandels vor immer größeren Herausforderungen. Für Gärtner, Landwirte und Forscher ist es von entscheidender Bedeutung zu verstehen, wie sich diese Bäume an unterschiedliche Umweltbedingungen anpassen und ihre Widerstandsfähigkeit entwickeln. Diese Untersuchung von Apfelbäumen und Klima beleuchtet die Strategien und Praktiken für den erfolgreichen Anbau dieser Bäume trotz Klimaschwankungen.

Die Klimabedürfnisse von Apfelbäumen verstehen

Apfelbäume gedeihen im Allgemeinen in gemäßigten Klimazonen mit kalten Wintern und mäßig warmen Sommern. Sie benötigen eine winterliche Ruhephase, die durch kalte Temperaturen gekennzeichnet ist, um eine optimale Blüte und Fruchtbildung zu gewährleisten. Die Anzahl der Kältestunden (unter 7°C) ist ein entscheidender Faktor für die Unterbrechung der Ruhephase. Apfelbaumsorten haben unterschiedliche Anforderungen an die kalten Stunden, was ihre Anpassung an verschiedene Klimazonen beeinflusst.

Auswirkungen des Klimawandels

Der Klimawandel verändert die für das Wachstum von Apfelbäumen notwendigen Bedingungen auf verschiedene Weise. Mildere Winter reduzieren die Anzahl der kalten Stunden, verzögern die Blüte und beeinträchtigen die Fruchtbildung. Hitzewellen im Sommer können Wassermangel verursachen, Blätter verbrennen und die Fruchtqualität beeinträchtigen. Extreme Wetterereignisse wie Stürme und Spätfröste können Bäume und Nutzpflanzen schädigen.

Auswahl angepasster Sorten

Die Auswahl von Apfelbaumsorten, die an die lokalen klimatischen Bedingungen angepasst sind, ist eine Schlüsselstrategie zur Verbesserung ihrer Widerstandsfähigkeit. Sorten mit geringem Kältebedarf eignen sich eher für Regionen, in denen die Winter milder geworden sind. Hitze- und trockenheitstolerante Sorten, wie einige alte Apfelsorten, vertragen heiße, trockene Sommer besser. Der Anbau verschiedener Sorten trägt außerdem dazu bei, Risiken zu streuen und auch bei ungünstigen klimatischen Bedingungen eine sichere Produktion zu gewährleisten.

Adaptive Managementpraktiken

Die Einführung adaptiver Bewirtschaftungspraktiken trägt dazu bei, die Auswirkungen des Klimawandels auf Apfelbäume abzumildern. Regelmäßige Bewässerung, insbesondere in Dürreperioden, ist wichtig, um die Bodenfeuchtigkeit aufrechtzuerhalten und Wasserstress vorzubeugen. Die Verwendung von Bio-Mulch um Bäume herum hilft, Feuchtigkeit zu bewahren, die Bodentemperatur zu regulieren und die Bodenstruktur zu verbessern. Der richtige Baumschnitt fördert eine bessere Luftzirkulation und verringert das Krankheitsrisiko.

Schutz vor Klimaextremen

Der Schutz von Apfelbäumen vor klimatischen Extremen erfordert besondere Maßnahmen. Mit Schutznetzen können Bäume vor Hagelschlag geschützt werden. Wintersegel und Unterstände können helfen, Schäden durch Spätfröste vorzubeugen. In hitzewellengefährdeten Gebieten können temporäre Beschattungssysteme installiert werden, um die direkte Sonneneinstrahlung zu reduzieren und Verbrennungen von Blättern und Früchten vorzubeugen.

Agroforstwirtschaft und Mikroklima

Durch die Integration von Apfelbäumen in Agroforstsysteme werden Mikroklimata geschaffen, die ihr Wachstum begünstigen. Das Pflanzen von schattenspendenden Bäumen oder Windschutzhecken rund um den Obstgarten schützt Apfelbäume vor starkem Wind und extremen Temperaturen. Zwischenfruchtanbau, etwa mit Hülsenfrüchten, verbessert die Bodenfruchtbarkeit und Wasserspeicherung und verringert gleichzeitig die Erosion. Diese agrarökologischen Praktiken stärken die Widerstandsfähigkeit von Apfelbäumen, indem sie eine stabilere und vielfältigere Umgebung schaffen.

Forschung und Innovation

Kontinuierliche Forschung spielt eine entscheidende Rolle bei der Verbesserung der Anpassung und Widerstandsfähigkeit von Apfelbäumen an den Klimawandel. Sortenauswahlprogramme entwickeln Sorten, die besser an neue klimatische Bedingungen angepasst sind. Fortschrittliche

Technologien wie Präzisionsbewässerungs- und Klimaüberwachungssysteme ermöglichen eine effizientere und reaktionsfähigere Obstgartenbewirtschaftung. Kooperationen zwischen Forschern, Landwirten und Institutionen ermöglichen den Wissensaustausch und die Förderung innovativer Praktiken.

Beteiligung der Gemeinschaft und Wissensaustausch

Die Beteiligung der Gemeinschaft und der Wissensaustausch sind für die Stärkung der Widerstandsfähigkeit von Apfelplantagen von entscheidender Bedeutung. Netzwerke von Gärtnern und Landwirten ermöglichen den Austausch von Erfahrungen, Techniken und Ressourcen, um sich besser an veränderte klimatische Bedingungen anzupassen. Schulungen und Workshops zu adaptivem Management, Sortenauswahl und agrarökologischen Praktiken bieten praktische Werkzeuge zur Verbesserung der Widerstandsfähigkeit von Obstgärten.

Angesichts zunehmender klimatischer Herausforderungen zeigen Apfelbäume eine bemerkenswerte Anpassungsfähigkeit und Widerstandsfähigkeit. Durch eine Kombination aus Sortenauswahl, adaptiven Bewirtschaftungspraktiken, Schutz vor Klimaextremen und landwirtschaftlichen Innovationen ist es möglich, diese ikonischen Bäume unter sich ändernden Klimabedingungen zu züchten. Durch einen proaktiven und kooperativen Ansatz können Gärtner und Landwirte auch in einer sich verändernden Welt weiterhin die Vorzüge und Vorteile von Apfelbäumen genießen.

Kapitel 38: Apfelbäume und Klimawandel

Der Klimawandel stellt für viele landwirtschaftliche Nutzpflanzen, darunter auch Apfelbäume, eine große Herausforderung dar. Diese Obstbäume, die zum Gedeihen bestimmte klimatische Bedingungen benötigen, sind besonders anfällig für Temperaturschwankungen, unregelmäßige Regenfälle und extreme Wetterereignisse. Für Apfelbauern ist es entscheidend, diese Herausforderungen zu verstehen und darauf zu reagieren, um gesunde und reiche Ernten sicherzustellen.

Auswirkungen von Temperaturschwankungen

Apfelbäume benötigen eine Periode kalten Winterwetters, um in den Ruhezustand zu gelangen und sich auf die Frühlingsblüte vorzubereiten. Der Klimawandel, insbesondere mildere Winter, verringert die Zahl der kalten Stunden und stört diesen natürlichen Kreislauf. Ohne ausreichende Kälte können Apfelbäume unregelmäßig oder gar nicht blühen, was die Fruchtproduktion beeinträchtigt.

Ein früher Frühling, verursacht durch die globale Erwärmung, kann auch dazu führen, dass Apfelbäume früher blühen. Dadurch steigt die Gefahr, dass Spätfröste die empfindlichen Blüten schädigen und zu Ernteausfällen führen. Darüber hinaus können heißere und längere Sommer zu Hitzestress bei den Bäumen führen und deren Wachstum und Fruchtqualität beeinträchtigen.

Niederschlagsunregelmäßigkeiten

Für ein optimales Wachstum sind Apfelbäume auf eine regelmäßige Wasserversorgung angewiesen. Der Klimawandel führt häufig zu länger anhaltenden Dürreperioden, gefolgt von starken Niederschlägen. Diese unregelmäßigen Bedingungen können zu Wasserstress, Pilzkrankheiten und strukturellen Schäden an Bäumen führen.

In Dürreperioden können Apfelbäume unter Austrocknung leiden, was zu einer Verringerung der Fruchtgröße und -qualität führt. Bewässerungssysteme sind dann unerlässlich, um den Mangel an natürlichen Niederschlägen auszugleichen. Umgekehrt kann übermäßiger Niederschlag zu einer Sättigung des Bodens führen, wodurch die Fähigkeit der Wurzeln, den notwendigen Sauerstoff aufzunehmen, verringert wird und das Krankheitsrisiko steigt.

Extreme Wetterereignisse

Auch extreme Wetterereignisse wie Stürme, Hagel und Hitzewellen stellen eine erhebliche Bedrohung für Apfelbäume dar. Stürme können Äste abbrechen und Früchte beschädigen, während Hagel Äpfel beschädigen und sie für den Verkauf unbrauchbar machen kann. Längere Hitzewellen können nicht nur zu Hitzestress führen, sondern auch die Reifung von Früchten beschleunigen und so deren Qualität und Haltbarkeit verringern.

Anpassung durch Sortenauswahl

Um diesen klimatischen Herausforderungen zu begegnen, spielt die Sortenauswahl eine Schlüsselrolle. Apfelbaumsorten mit geringem Kältebedarf eignen sich besser für Regionen, in denen die Winter milder werden. Ebenso vertragen hitze- und dürretolerante Sorten extreme Sommerbedingungen besser. Forscher und Züchter arbeiten ständig daran, Sorten zu entwickeln und auszuwählen, die neuen klimatischen Bedingungen standhalten.

Management- und Bewässerungspraktiken

Adaptive Bewirtschaftungspraktiken, wie der Einsatz von Tropfbewässerungssystemen, sorgen für eine effiziente und regelmäßige Wasserversorgung und reduzieren so den Wasserstress. Das Mulchen rund um Apfelbäume trägt dazu bei, die Bodenfeuchtigkeit zu bewahren und die Temperatur zu regulieren. Regelmäßiges Beschneiden der Bäume verbessert die Luftzirkulation und verringert so das Risiko von Krankheiten und Sturmschäden.

Schutz vor Frost und Sturm

Der Schutz von Apfelbäumen vor Spätfrösten ist in einem sich ändernden Klima von entscheidender Bedeutung. Der Einsatz von Wintersegeln und Heizsystemen in Obstgärten kann helfen, Frostschäden vorzubeugen. Zum Schutz vor Stürmen können Hagelnetze und Windschutzhecken Bäume und Früchte physisch schützen.

Innovationen und Technologien

Die Integration fortschrittlicher Technologien wie Klimasensoren und automatisierte Bewässerungssysteme ermöglicht eine präzisere und reaktionsfähigere Obstgartenbewirtschaftung. Diese Tools liefern Echtzeitdaten über die Klimabedingungen und den Wasserbedarf von Apfelbäumen und ermöglichen es den Erzeugern, fundierte Entscheidungen zu treffen und ihre Bewirtschaftungspraktiken schnell anzupassen.

Zusammenarbeit und Wissensaustausch

Angesichts der Herausforderungen des Klimawandels ist die Zusammenarbeit zwischen Forschern, Landwirten und Institutionen unerlässlich. Netzwerke zum Wissensaustausch und

Schulungen zu nachhaltigen Managementpraktiken ermöglichen die Verbreitung von Innovationen und Best Practices. Landwirte können voneinander lernen und bewährte Strategien anwenden, um die Widerstandsfähigkeit ihrer Obstgärten zu verbessern.

Obwohl Apfelbäume anfällig für die Auswirkungen des Klimawandels sind, können sie sich durch kluge Bewirtschaftungspraktiken, Sortenauswahl und technologische Innovation anpassen. Durch das Verständnis der Klimaauswirkungen und die Umsetzung von Anpassungsstrategien können Landwirte weiterhin reichliche, qualitativ hochwertige Ernten produzieren und so die Nachhaltigkeit dieser wertvollen Kulturpflanze sicherstellen.

Kapitel 39: Fortgeschrittene Schnitttechniken

Das Beschneiden ist eine wesentliche Gartenbaupraxis, die die Gesundheit, Produktivität und Ästhetik von Obstbäumen und Sträuchern beeinflusst. Fortgeschrittene Schnitttechniken optimieren diese Aspekte durch ausgefeilte und durchdachte Methoden. Diese Techniken gehen über grundlegende Schnittpraktiken hinaus und werden häufig von Profis eingesetzt, um den Ertrag zu maximieren, die Pflanzenlebensdauer zu verlängern und präzise Formen zu schaffen.

Trainingsgröße

Der Trainingsschnitt konzentriert sich auf die Entwicklung einer starken, ausgewogenen Struktur in den ersten Wachstumsjahren des Baumes. Diese Technik ist für junge Bäume von entscheidender Bedeutung, da sie die Form und Richtung des zukünftigen Wachstums festlegt. Das Training beginnt oft mit der Auswahl weit auseinander liegender Hauptzweige, die einen weiten Winkel mit dem Stamm bilden. Dadurch entsteht ein offenes Blätterdach, das die Licht- und Luftdurchdringung maximiert und so das Krankheitsrisiko verringert.

Größenverjüngung

Der Verjüngungsschnitt dient der Revitalisierung alternder Bäume und Sträucher. Dabei werden abgestorbene, kranke oder schwache Äste entfernt, um das Wachstum neuer, kräftiger Triebe anzuregen. Diese Technik ist besonders nützlich für Obstbäume, deren Produktion zurückgegangen ist. Ein Verjüngungsschnitt erfordert möglicherweise eine starke Reduzierung der Höhe und Breite des Baumes, fördert aber ein gesundes, produktives neues Wachstum.

Ausdünnende Größe

Bei der Durchforstung werden bestimmte Äste entfernt, um die Luftzirkulation und die Lichtdurchdringung durch das Blätterdach zu verbessern. Diese Technik reduziert auch das Gesamtgewicht der Zweige und verringert so die Bruchgefahr bei Sturm oder unter dem Gewicht der Früchte. Bei Obstbäumen und Ziersträuchern wird häufig eine Ausdünnung eingesetzt, um die Fruchtqualität zu erhöhen und Pilzkrankheiten vorzubeugen.

Verkleinerungsgröße

Der Reduktionsschnitt wird verwendet, um die Gesamtgröße und -form eines Baumes oder Strauchs zu kontrollieren. Es wird häufig für Bäume verwendet, die zu nahe an Gebäuden oder Stromleitungen wachsen. Diese Technik erfordert ein sorgfältiges Beschneiden, um die Größe zu reduzieren, ohne den Baum zu beschädigen. Es ist wichtig, die natürliche Struktur des Baumes zu respektieren und Schnitte an den Seitenzweigen vorzunehmen, um ein natürliches und ausgewogenes Aussehen zu erhalten.

Größe in Grün

Der Grünschnitt oder Sommerschnitt erfolgt während der Vegetationsperiode. Diese Technik ist besonders wirksam bei der Kontrolle übermäßigen Wachstums und der Förderung der Fruchtbildung. Durch das Entfernen unerwünschter Triebe und das Ausdünnen der sich entwickelnden Früchte trägt der Grünschnitt dazu bei, die Ressourcen des Baumes auf die verbleibenden Früchte zu konzentrieren und so deren Größe und Qualität zu verbessern. Grüner Schnitt trägt außerdem dazu bei, die Form des Baumes zu erhalten und übermäßige Beschattung zu verhindern.

Gitterschnitt

Der Übungsschnitt ist eine hochentwickelte Technik, mit der Obstbäume an einer Wand oder einem Spalier trainiert werden. Dies maximiert die Nutzung des vertikalen Raums und ist ideal für kleine Gärten oder städtische Obstgärten. Geschulte Bäume werden so beschnitten, dass sie bestimmten Formen folgen, beispielsweise Spalieren, Kordons oder Fächern. Diese Methode erfordert einen regelmäßigen und präzisen Schnitt, um die gewünschte Form und Struktur zu erhalten.

Körbchengrösse

Der Kelchschnitt wird häufig bei Obstbäumen wie Apfel- und Birnbäumen angewendet. Bei dieser Technik wird der Baum beschnitten, um eine Kelch- oder Vasenform mit einem offenen Blätterdach in der Mitte zu erhalten. Dies ermöglicht eine bessere Lichtdurchdringung und einen einfacheren Zugang zum Ernten und Beschneiden. Die Körbchengröße fördert außerdem eine gute Belüftung und verringert so das Risiko von Pilzerkrankungen.

Auswahlgröße

Beim selektiven Beschneiden handelt es sich um eine fortschrittliche Technik, bei der Zweige anhand ihrer Position, Ausrichtung und ihres Fruchtpotenzials ausgewählt und beschnitten werden. Diese Methode wird häufig in kommerziellen Obstgärten eingesetzt, um den Fruchtertrag und die Fruchtqualität zu maximieren. Durch die sorgfältige Auswahl fruchttragender Zweige und das Entfernen unproduktiver Zweige trägt der Selektionsschnitt dazu bei, die Ressourcen des Baumes auf die produktivsten Teile zu konzentrieren.

Kopf Größe

Der Spitzenschnitt oder Kopfschnitt ist eine umstrittene Technik, bei der die Spitze des Baumes abgeschnitten wird, um seine Höhe zu begrenzen. Während diese Methode zur Kontrolle der Baumgröße in städtischen Umgebungen notwendig sein kann, kann sie auch die Struktur des Baums schwächen und ihn anfälliger für Krankheiten und Schäden machen. Bei der Verwendung sollte der Kopfschnitt sorgfältig durchgeführt und bewährte Verfahren befolgt werden, um negative Auswirkungen zu minimieren.

Pflanzenspezifische Schnitttechniken

Jeder Pflanzentyp hat seine eigenen Schnittbedürfnisse. Beispielsweise unterscheiden sich die Schnitttechniken für Rosensträucher von denen für Weinreben oder Beerensträucher. Das Verständnis der spezifischen Anforderungen jeder Kultur trägt zur Optimierung der

Pflanzengesundheit und -produktivität bei. Beispielsweise konzentriert sich das Beschneiden von Weinreben auf die Förderung des Wachstums neuer Früchte, während das Beschneiden von Rosenbüschen darauf abzielt, eine üppige, anhaltende Blüte zu fördern.

Innovationen und Schnittwerkzeuge

Technologische Fortschritte haben auch die Schnitttechniken verbessert. Moderne Gartenscheren wie elektrische Gartenscheren und leichte Astsägen erleichtern die Arbeit von Gärtnern und Baumpflegern. Mit Kameras und Sensoren ausgestattete Drohnen können zur Überwachung des Baumzustands und zur Identifizierung von Ästen eingesetzt werden, die beschnitten werden müssen. Durch den Einsatz von Obstgartenverwaltungssoftware können Schnittvorgänge effizienter geplant und überwacht werden.

Fortschrittliche Schnitttechniken sind für die Maximierung der Gesundheit, Produktivität und Ästhetik von Obstbäumen und Sträuchern unerlässlich. Durch die Beherrschung dieser anspruchsvollen Methoden können Gärtner und Obstgärtner produktive und optisch ansprechende Landschaften schaffen und gleichzeitig die Langlebigkeit und Vitalität ihrer Pflanzen gewährleisten.

Kapitel 40: Fortgeschrittene Pfropftechniken

Das Pfropfen ist eine alte und hochentwickelte gärtnerische Praxis, die die gewünschten Eigenschaften verschiedener Pflanzen in einem vereint. Durch die Kombination eines robusten Wurzelstocks mit einem Spross mit wünschenswerten Eigenschaften können wir Pflanzen schaffen, die von den besten Eigenschaften beider Komponenten profitieren. Fortgeschrittene Transplantationstechniken gehen über grundlegende Methoden hinaus und bieten Möglichkeiten zur Verbesserung der Produktivität, Krankheitsresistenz und Anpassungsfähigkeit an verschiedene Umgebungen.

Split-Pfropfung

Die Spaltveredelung ist eine häufig verwendete Methode zur Verjüngung alter Bäume oder zum Sortenwechsel. Bei dieser Technik wird ein Schlitz in den Wurzelstock gebohrt und ein in

Keilform geschnittener Spross eingesetzt. Besonders effektiv ist diese Methode im Frühjahr, wenn der Saft zu zirkulieren beginnt und das Gewebe des Baumes empfänglicher für die Veredelung ist. Die geteilte Veredelung bietet eine hohe Erfolgswahrscheinlichkeit und trägt dazu bei, eine starke Verbindung zwischen Wurzelstock und Spross herzustellen.

Wappenveredelung

Knospenveredelung oder T-Veredelung ist eine Technik, bei der eine ruhende Knospe unter die Rinde des Wurzelstocks eingeführt wird. Diese Methode wird häufig bei Obstbäumen und Rosensträuchern angewendet. Der Wurzelstock wird T-förmig eingeschnitten und die Knospe mit einem kleinen Stück Rinde in den Einschnitt eingeführt. Die Knospenveredelung ist ideal während der aktiven Vegetationsperiode, wenn sich die Rinde leicht vom Holz löst. Diese Methode ermöglicht eine große Flexibilität und ist relativ einfach durchzuführen.

Kronentransplantation

Bei großen Bäumen kommt die Kronenveredelung zum Einsatz, bei der mehrere Triebe rund um den Wurzelstock eingesetzt werden. Diese Technik wird oft verwendet, um die Sorte eines ausgewachsenen Baumes völlig zu verändern. Der Wurzelstock wird horizontal abgeschnitten und mehrere Triebe werden unter die freigelegte Rinde gesteckt. Durch die Kronenveredelung wird ein Baum verjüngt, während sein etablierter Stamm und seine Wurzeln erhalten bleiben, was die Produktion neuer Früchte beschleunigen kann.

Pfropfen durch Ansatz

Bei der Ansatzveredelung werden zwei lebende Pflanzen zusammengepfropft, ohne sie vollständig von ihren Wurzeln abzutrennen, bis die Veredelung erfolgt ist. Diese Technik eignet sich für Pflanzen, die mit anderen Methoden schwer zu veredeln sind. Die Stängel der beiden Pflanzen werden so abgeschnitten, dass sie zusammenpassen, und zusammengebunden, bis sie verschmelzen. Sobald das Transplantat etabliert ist, kann eine der Pflanzen unterhalb des Transplantats abgeschnitten werden. Diese Methode gewährleistet eine hohe Erfolgsquote, da beide Teile bis zur Verschmelzung von ihren Wurzeln angetrieben bleiben.

Brückentransplantation

Die Brückenveredelung ist eine Sanierungstechnik zur Rettung von Bäumen, deren Rinde durch Nagetiere oder Frost beschädigt wurde. Bei dieser Methode werden Abschnitte junger Zweige veredelt, um eine „Brücke" über den beschädigten Bereich zu schaffen und so die Saftzirkulation wiederherzustellen. Unter- und oberhalb der beschädigten Stelle werden Zweige eingesetzt, die Verbindungen schaffen, die es dem Baum ermöglichen, trotz der Beschädigung weiter zu wachsen. Die Brückenveredelung ist für das Überleben verletzter Bäume von entscheidender Bedeutung und stellt ihre Vitalität und Gesundheit wieder her.

Seitliche Transplantation

Bei der Seitenveredelung wird ein Spross in einen seitlichen Schnitt des Wurzelstocks eingesetzt, was oft bei einstämmigen Bäumen und Sträuchern verwendet wird. Diese Technik ist nützlich, wenn der Wurzelstock für andere Pfropfmethoden zu groß ist. Der Spross wird keilförmig geschnitten und in einen Seitenschnitt am Wurzelstock eingesetzt. Diese Methode ermöglicht eine gute Integration und sorgt für eine feste Verbindung, was das harmonische Wachstum von Spross und Wurzelstock begünstigt.

Winkelschlitztransplantation

Die abgewinkelte Spaltveredelung ist eine Variante der geteilten Veredelung, bei der der Schnitt in einem Winkel erfolgt, um einen maximalen Kontakt zwischen Spross und Wurzelstock zu ermöglichen. Diese Technik ist besonders effektiv bei größeren Trieben und kleineren Wurzelstöcken und sorgt für eine bessere Stabilität und eine bessere Erfolgsquote. Das Transplantat wird keilförmig geschnitten und in einen abgewinkelten Schlitz eingeführt und dann fest gebunden, um eine Gewebefusion sicherzustellen.

Kopulation

Die Spleißveredelung wird üblicherweise für Kletterpflanzen und Weinreben verwendet. Bei dieser Technik werden die Enden des Wurzelstocks und des Sprosses schräg abgeschnitten und so zusammengefügt, dass die Kambien ausgerichtet sind. Anschließend werden Spross und Wurzelstock mit Pfropfband oder Wachs zusammengebunden, um eine schnelle Verschmelzung zu gewährleisten. Die Spleißveredelung ist einfach durchzuführen und bietet eine gute Erfolgsquote für schnell wachsende Pflanzen.

Pfropfen durch Luftschichtung

Luftschichtung ist eine Vermehrungsmethode, bei der ein Teil der Pflanze dazu angeregt wird, Wurzeln zu bilden, während er noch an der Mutterpflanze haftet. Diese Technik wird häufig bei Gehölzen angewendet, die sich nur schwer pfropfen oder abstecken lassen. Ein Abschnitt des Stängels wird eingeschnitten und mit feuchtem Moos umgeben und dann in Plastik eingewickelt, um die Feuchtigkeit zu speichern. Sobald sich Wurzeln gebildet haben, kann die neue Pflanze von der Mutterpflanze abgeschnitten und verpflanzt werden. Diese Methode gewährleistet eine effiziente und schnelle Vermehrung schwieriger Pflanzen.

Fortschrittliche Pfropftechniken bieten vielfältige Möglichkeiten zur Verbesserung und Diversifizierung von Gartenbaukulturen. Durch die Beherrschung dieser Methoden können Gärtner und Obstgärtner Pflanzen schaffen, die robuster, produktiver und an Umweltherausforderungen angepasst sind, und gleichzeitig die Kunst und Wissenschaft des Pfropfens fortführen.

Kapitel 41: Innovationen im Apfelanbau

Der Apple-Anbau hat sich dank technologischer und wissenschaftlicher Innovationen erheblich weiterentwickelt. Diese Fortschritte haben die Produktivität, Krankheitsresistenz und Fruchtqualität verbessert und gleichzeitig den Anbau nachhaltiger und umweltfreundlicher gemacht. Hier finden Sie einen Überblick über die wichtigsten Innovationen, die den Apfelanbau heute verändern.

Krankheitsresistente Sorten

Die Schaffung neuer krankheitsresistenter Apfelsorten ist einer der wichtigsten Fortschritte. Apfelbäume sind oft anfällig für Krankheiten wie Schorf, Feuerbrand und Mehltau. Dank genetischer Züchtungstechniken und Biotechnologie wurden resistente Sorten entwickelt. Diese Sorten erfordern weniger chemische Behandlungen, wodurch sich die Umweltbelastung und die Produktionskosten verringern. Beispielsweise sind Sorten wie „Liberty" und „Enterprise" für ihre natürliche Schorfresistenz bekannt.

Anbausysteme mit hoher Dichte

Anbausysteme mit hoher Dichte ermöglichen eine Maximierung der Produktion auf einer reduzierten Fläche. Durch die Verwendung von Zwerg- und Halbzwergunterlagen können Apfelbäume näher beieinander gepflanzt werden, was die Pflege und Ernte erleichtert und den Ertrag pro Hektar erhöht. Diese Systeme profitieren auch von der Verwendung von Spalieren und Stützstrukturen, wodurch die Lichteinwirkung optimiert und die Fruchtqualität verbessert wird. In diesen Systemen werden üblicherweise Spalier- und Vertikalspalierausbildungen eingesetzt, um eine kompakte und produktive Struktur aufrechtzuerhalten.

Präzisionsbewässerung und -düngung

Präzisionsbewässerung und -düngung sind Technologien, die Apfelbäume genau dann mit dem versorgen, was sie brauchen, wenn sie es brauchen. Bodensensoren und Tropfbewässerungssysteme ermöglichen ein präzises Wassermanagement, wodurch Abfall reduziert und die Bewässerungseffizienz verbessert wird. Darüber hinaus bringen Präzisionsdüngungssysteme Nährstoffe auf der Grundlage spezifischer Pflanzenbedürfnisse aus, wodurch der Düngemittelverbrauch minimiert und eine Boden- und Wasserverschmutzung verhindert wird.

Einsatz von Drohnen und Sensoren

Drohnen und Sensoren spielen bei der Bewirtschaftung von Apfelplantagen eine immer wichtigere Rolle. Mit multispektralen Kameras und Sensoren ausgestattete Drohnen können die Baumgesundheit überwachen, frühe Anzeichen von Krankheiten oder Wasserknappheit erkennen und Obstgärten für eine optimierte Bewirtschaftung kartieren. Bodensensoren messen Variablen wie Bodenfeuchtigkeit, Temperatur und Baumwachstum und liefern Echtzeitdaten, um fundierte Entscheidungen zu Bewässerung, Düngung und Pflanzenschutz zu treffen.

Fortgeschrittene Pfropftechniken

Das Pfropfen bleibt eine wesentliche Technik zur Vermehrung von Apfelbäumen, aber Innovationen bei den Pfropfmethoden haben die Erfolgsquote und Qualität der Pfropfungen verbessert. Techniken wie Spalt-, Knospen- und Ansatzveredelung wurden perfektioniert, um eine bessere Kompatibilität zwischen Spross und Wurzelstock zu gewährleisten. Moderne

Unterlagen bieten eine erhöhte Krankheitsresistenz, eine bessere Anpassung an unterschiedliche Böden und eine einfachere Bewirtschaftung der Baumgröße, was für Anbausysteme mit hoher Dichte von entscheidender Bedeutung ist.

Biologische Schädlingsbekämpfung

Die biologische Schädlingsbekämpfung ist eine umweltfreundliche Alternative zu chemischen Pestiziden. Bei dieser Methode werden natürliche Schädlingsfeinde wie Raubinsekten, Nematoden und entomopathogene Pilze genutzt, um die Schädlingspopulationen zu reduzieren. Beispielsweise ist der Einsatz von Schlupfwespen zur Bekämpfung von Apfelwicklern eine gängige Praxis. Diese organischen Ansätze reduzieren die Umweltbelastung und Pestizidrückstände in Früchten und sorgen gleichzeitig für eine wirksame Schädlingsbekämpfung.

Markergestützte Auswahl (MAS)

Markergestützte Züchtung (MAS) ist eine Spitzentechnologie, die den Prozess der Entwicklung neuer Apfelsorten beschleunigt. Durch die Verwendung genetischer Marker zur Identifizierung gewünschter Merkmale wie Krankheitsresistenz, Fruchtqualität und Stresstoleranz können Züchter schneller und genauer verbesserte Sorten schaffen. Diese Methode reduziert auch die Notwendigkeit langwieriger Feldtests und macht den Auswahlprozess effizienter.

Konservierende Landwirtschaft

Die konservierende Landwirtschaft umfasst Praktiken, die die Bodengesundheit erhalten und verbessern und gleichzeitig die Produktivität von Apfelbäumen steigern. Techniken wie Direktsaat, Mulchen und Fruchtwechsel tragen dazu bei, die Bodenstruktur zu erhalten, die organische Substanz zu erhöhen und die Erosion zu reduzieren. Diese Praktiken unterstützen die Artenvielfalt des Bodens und verbessern die Widerstandsfähigkeit von Obstgärten gegenüber extremen klimatischen Bedingungen. Der Einsatz von Zwischenfrüchten beispielsweise schützt den Boden vor Erosion, verbessert die Wasserspeicherung und schafft so eine stabilere Umgebung für Apfelbäume.

Genauigkeit beim Beschneiden und Management von Baumkronen

Das Beschneiden und Bewirtschaften des Blätterdachs ist ein entscheidender Aspekt des Apfelanbaus und beeinflusst die Produktivität und Fruchtqualität. Innovationen bei Schnittwerkzeugen wie elektrische Gartenscheren und mobile Schnittplattformen haben diese Aufgaben präziser und weniger mühsam gemacht. Fortgeschrittene Schnitttechniken wie Grünschnitt und Verjüngungsschnitt tragen dazu bei, das Baumwachstum effizienter zu steuern, indem sie eine bessere Belüftung und eine gleichmäßige Lichteinwirkung fördern.

Innovationen im Apfelanbau haben diese traditionelle Praxis in eine präzise und hochproduktive Wissenschaft verwandelt. Durch die Integration von technologischem Fortschritt, nachhaltigen Anbaumethoden und innovativen Bewirtschaftungstechniken können Obstgärtner hochwertige Äpfel produzieren und gleichzeitig die Umweltbelastung reduzieren und die Wirtschaftlichkeit ihrer Obstgärten verbessern.

Kapitel 42: Apfelbäume auf der ganzen Welt

Apfelbäume gehören zu den am weitesten verbreiteten und beliebtesten Obstbäumen weltweit. Ihre Geschichte und Kultur reicht Jahrtausende zurück und sie nehmen in vielen Kulturen und Traditionen einen herausragenden Platz ein. Von Asien über Europa bis nach Amerika haben Apfelbäume jeden Kontinent erobert und verzaubern die Menschen immer noch mit ihrer Schönheit und ihren köstlichen Früchten.

Ursprünge in Zentralasien

Die Ursprünge des Apfelbaums reichen bis nach Zentralasien zurück, wo es noch heute wilde Populationen von Apfelbäumen gibt. Genetische Untersuchungen legen nahe, dass Kasachstan der Geburtsort der kultivierten Apfelbäume ist, wo sie vor Tausenden von Jahren domestiziert wurden. Die ersten kultivierten Apfelbäume waren wahrscheinlich Wildsorten, die wegen ihrer größeren, aromatischeren Früchte gezüchtet wurden. Von dort aus wurden Apfelbäume durch menschliche Migration und Handel in andere Teile der Welt eingeführt.

Expansion in Europa

Apfelbäume wurden vor Jahrtausenden wahrscheinlich von den Römern und Griechen nach Europa eingeführt. Sie wurden in der griechischen und römischen Mythologie als Symbole für Schönheit, Fruchtbarkeit und Unsterblichkeit verehrt. Apfelbäume wurden häufig in mittelalterlichen Klostergärten angebaut, wo Mönche neue Sorten und Anbautechniken entwickelten. Im Laufe der Zeit breiteten sich Apfelbäume in ganz Europa aus und wurden zu einem wesentlichen Bestandteil der europäischen Landwirtschaft und Kultur.

Kolonisierung Amerikas

Die ersten europäischen Siedler brachten im 16. Jahrhundert Apfelbäume nach Nordamerika. Apfelbäume wurden oft entlang der Migrationsrouten gepflanzt, um Reisenden eine Nahrungsquelle zu bieten. Im 17. Jahrhundert wurden in den amerikanischen Kolonien die ersten kommerziellen Obstgärten angelegt, in denen Äpfel für den lokalen Verbrauch und den Export nach Europa produziert wurden. Apfelbäume sind zu einem Symbol der amerikanischen Identität geworden, und in den Vereinigten Staaten wurden ikonische Sorten wie der McIntosh-Apfel entwickelt.

Sortenvielfalt

Durch den Anbau von Apfelbäumen ist weltweit eine beeindruckende Sortenvielfalt entstanden. Tausende Sorten wurden aufgrund ihrer unterschiedlichen Eigenschaften wie Farbe, Geschmack, Textur und Krankheitsresistenz entwickelt. Jede Region hat ihre eigenen ikonischen Sorten, die an ihr Klima und ihre Wachstumsbedingungen angepasst sind. Alte Sorten wie Pippin, Cox Orange oder Granny Smith stehen neben neueren Sorten, die durch Kreuzung und genetische Selektion entstanden sind.

Kulturelle und symbolische Bedeutung

Apfelbäume nehmen in vielen Kulturen und Traditionen auf der ganzen Welt einen wichtigen Platz ein. Sie werden oft mit Symbolen für Fruchtbarkeit, Wohlstand und Langlebigkeit in Verbindung gebracht. Äpfel werden bei religiösen Zeremonien, Festen und Ritualen verwendet und sind oft in Kunst, Literatur und Musik vertreten. Apfelplantagen sind auch Orte der Begegnung und der Geselligkeit, wo Menschen zusammenkommen, um Obst zu pflücken, zu picknicken und die Jahreszeiten zu feiern.

Anpassung an klimatische Bedingungen

Apfelbäume sind anpassungsfähige Bäume, die in den unterschiedlichsten Klimazonen und Böden wachsen können. Sie werden in so unterschiedlichen Regionen wie den gemäßigten Regionen Europas und Nordamerikas, den Subtropen Asiens und Afrikas und sogar Berg- und Wüstenregionen angebaut. Züchter und Gärtner haben an spezifische klimatische Bedingungen angepasste Sorten entwickelt, die einen erfolgreichen Anbau in unterschiedlichen Umgebungen ermöglichen.

Herausforderungen der modernen Kultur

Trotz ihrer Anpassungsfähigkeit stehen Apfelbäume in der modernen Welt vor immer größeren Herausforderungen. Klimawandel, Abholzung, Umweltverschmutzung, Krankheiten und Schädlinge bedrohen die Gesundheit von Apfelplantagen auf der ganzen Welt. Um die genetische Vielfalt der Apfelbäume zu schützen und ihr langfristiges Überleben zu sichern, sind neue Erhaltungs- und Konservierungsbemühungen erforderlich.

Apfelbäume sind mehr als nur eine Nahrungsquelle; Sie sind Symbole unserer Geschichte, unserer Kultur und unserer Verbindung zur Natur. Ihre Präsenz auf der ganzen Welt zeugt von ihrer Bedeutung und ihrem Einfluss auf unser Leben seit Jahrtausenden, und ihre Zukunft hängt von unserem Engagement ab, sie für zukünftige Generationen zu bewahren und zu schützen.

Apfelbäume sind mehr als nur Obstbäume; Sie sind tief in den lokalen Traditionen und Kulturen auf der ganzen Welt verwurzelt. Seit Jahrhunderten spielen diese Bäume eine zentrale Rolle in religiösen Praktiken, Festen, gesellschaftlichen Bräuchen und sogar im Volksglauben. Ihre allgegenwärtige Präsenz in ländlichen und städtischen Landschaften macht sie zu lebendigen Zeugen der Geschichte und Identität lokaler Gemeinschaften.

Symbole für Fruchtbarkeit und Wohlstand

In vielen Kulturen werden Apfelbäume mit Symbolen für Fruchtbarkeit und Wohlstand in Verbindung gebracht. Ihre Fähigkeit, eine Fülle an geschmacks- und nährstoffreichen Früchten zu produzieren, wird oft als Zeichen von Fruchtbarkeit und Wohlbefinden interpretiert. In manchen Regionen pflanzen Frischvermählte bei ihrer Hochzeit einen Apfelbaum und symbolisieren damit ihren Wunsch nach einem fruchtbaren und erfüllten Eheleben.

Feiern und Feste

Apfelbäume stehen auch im Mittelpunkt vieler Feierlichkeiten und Festivals auf der ganzen Welt. In vielen europäischen Kulturen wird die Apfelernte mit traditionellen Festen gefeiert, bei denen Menschen zusammenkommen, um Früchte zu pflücken, zu tanzen, zu singen und Apfelspezialitäten zu genießen. Diese Feste sind eine Gelegenheit, die gemeinschaftlichen Bindungen zu stärken und jahrhundertealte Traditionen aufrechtzuerhalten.

Religiöse und spirituelle Praktiken

In bestimmten religiösen Traditionen haben Apfelbäume eine besondere symbolische Bedeutung. Manchmal werden sie mit Gottheiten oder mythologischen Figuren in Verbindung gebracht und es werden besondere Rituale durchgeführt, um ihre Anwesenheit zu ehren. Im Christentum beispielsweise wird der Apfelbaum oft mit dem Garten Eden und der Versuchung Adams und Evas in Verbindung gebracht. In anderen Traditionen werden Apfelbäume als Symbol für Fruchtbarkeit und Regeneration verehrt.

Kulturerbe und Erbe

Apfelplantagen sind ein integraler Bestandteil des kulturellen Erbes und des Erbes der lokalen Gemeinschaften. Ihre Präsenz in der Landschaft spiegelt oft traditionelle landwirtschaftliche Praktiken und alte Lebensweisen wider. In einigen Gebieten gelten Apfelplantagen als historische Stätten und sind als solche geschützt. Ihre Erhaltung ist daher von entscheidender Bedeutung, um das kollektive Gedächtnis und die kulturelle Identität der lokalen Bevölkerung zu bewahren.

Einfluss auf Kunst und Literatur

Apfelbäume haben im Laufe der Jahrhunderte auch viele Künstler und Schriftsteller inspiriert. Ihre auffallende Schönheit der Blüte, die Fülle an bunten Früchten und ihr saisonaler Lebenszyklus wurden in Gemälden, Gedichten, Geschichten und Liedern auf der ganzen Welt dargestellt. Apfelbäume werden in der Literatur oft als Metapher verwendet, um Themen wie Wachstum, Transformation und Erneuerung hervorzurufen.

Konservierung und Inwertsetzung

Angesichts der Herausforderungen der Globalisierung, Urbanisierung und Umweltveränderungen ist die Erhaltung der Apfelplantagen und der damit verbundenen Traditionen für viele lokale Gemeinschaften zu einer Priorität geworden. Es werden Erhaltungs- und Aufwertungsinitiativen umgesetzt, um dieses wertvolle Kulturerbe zu schützen und seine Weitergabe an zukünftige Generationen sicherzustellen. Um ihr langfristiges Überleben zu sichern, ist es wichtig, das öffentliche Bewusstsein für die Bedeutung von Apfelbäumen in der lokalen Tradition zu schärfen.

Apfelbäume spielen daher weiterhin eine wichtige Rolle in lokalen Traditionen auf der ganzen Welt und zeugen von ihrer kulturellen Bedeutung und tiefen Verbindung zur Geschichte und Identität menschlicher Gemeinschaften. Sie symbolisieren Fruchtbarkeit, Wohlstand, Geselligkeit und Schönheit, und ihre Anwesenheit bereichert weiterhin unser Leben und nährt unsere kollektive Vorstellungskraft.

Kapitel 44: Der Platz der Apfelbäume in Kunst und Literatur

Apfelbäume haben in Kunst und Literatur schon immer einen herausragenden Platz eingenommen, ihr Bild symbolisiert oft viel mehr als nur ihre Präsenz in der Landschaft. Ihre majestätische Silhouette, zarten Blumen und farbenfrohen Früchte haben im Laufe der Jahrhunderte Künstler und Schriftsteller inspiriert und einen Hintergrund voller Bedeutung und Metaphern geschaffen.

Symbole des Lebens und der Erneuerung

In vielen Kulturen werden Apfelbäume mit Symbolen des Lebens und der Erneuerung in Verbindung gebracht. Ihre Frühlingsblüten werden oft als Zeichen der Hoffnung und Erneuerung angesehen und markieren den Beginn einer neuen Saison des Wachstums und des Wohlstands. Künstler hielten diese vergängliche Schönheit in Gemälden und Zeichnungen fest, während Schriftsteller sie in Worten voller Poesie und Lyrik beschrieben.

Thema Versuchung und Sünde

Der Apfelbaum wird auch mit Themen wie Versuchung und Sünde in Verbindung gebracht, insbesondere in der biblischen Tradition. Dem Genesis-Bericht zufolge wurde die verbotene Frucht, die Adam und Eva aßen, oft als Apfel dargestellt, obwohl die Bibel dies nicht ausdrücklich spezifiziert. Diese Geschichte hat zahlreiche künstlerische und literarische Interpretationen inspiriert und die Konzepte von Verlangen, Ungehorsam und Konsequenzen erforscht.

Vergängliche Schönheit und Zerbrechlichkeit des Lebens

Apfelblüten werden oft als Symbol für die vergängliche Schönheit und Zerbrechlichkeit des Lebens verwendet. Ihre kurze Blüte erinnert den Betrachter an die Vergänglichkeit der Zeit und daran, wie wichtig es ist, jeden Moment zu genießen. Künstler haben diese vergängliche Schönheit in Werken dargestellt, die die Essenz des gegenwärtigen Augenblicks einfangen, während Schriftsteller sie in Gedichten und Geschichten voller Nostalgie und Reflexion erkundet haben.

Metapher für Wachstum und Veränderung

Apfelbäume werden mit ihrem saisonalen Lebenszyklus oft als Metapher für Wachstum und Veränderung verwendet. Ihre Blätter, die im Herbst fallen, und ihre Knospen, die im Frühling blühen, symbolisieren die Zyklen des Lebens und die Übergänge, die unser Dasein kennzeichnen. Künstler und Schriftsteller haben diese Metapher genutzt, um Vorstellungen über Reife, den Lauf der Zeit und die Suche nach dem Sinn des Lebens auszudrücken.

Kulturerbe und lokale Identität

Schließlich sind Apfelbäume ein integraler Bestandteil des kulturellen Erbes und der lokalen Identität vieler Gemeinden auf der ganzen Welt. Ihre Obstgärten sind Symbole für Ländlichkeit und Tradition und werden oft bei lokalen Festen und Veranstaltungen gefeiert. Lokale Künstler und Schriftsteller nutzen diesen kulturellen Reichtum, um Werke zu schaffen, die die Bedeutung von Apfelbäumen im täglichen Leben und in der kollektiven Vorstellung ihrer Gemeinschaft widerspiegeln.

Daher nehmen Apfelbäume in Kunst und Literatur einen tiefen und bedeutsamen Platz ein und zeugen von ihrer kulturellen und symbolischen Bedeutung im Laufe der Jahrhunderte. Ihr Bild inspiriert und verzaubert weiterhin Künstler und Schriftsteller auf der ganzen Welt und bietet eine unerschöpfliche Inspirationsquelle für die Erforschung der universellen Themen Leben, Tod und menschliche Natur.

Kapitel 45: Apfelbäume und Bildung: Workshops und Aktivitäten

Apfelbäume bieten eine außergewöhnliche Gelegenheit, Outdoor-Lernen und Umwelterziehung in Bildungsprogramme zu integrieren. Ihre Präsenz in Obstgärten und Schulgärten ermöglicht die Organisation vielfältiger Workshops und anregender Aktivitäten, die das Bildungserlebnis der Schüler bereichern und ihre Verbindung zur Natur fördern.

Bepflanzung und Pflege von Obstgärten

Das Pflanzen und Pflegen von Apfelplantagen sind praktische Aktivitäten, die es den Schülern ermöglichen, Garten- und Landwirtschaftsfähigkeiten zu entwickeln. Durch die Teilnahme an der Auswahl von Apfelbaumsorten, der Bodenvorbereitung und dem Pflanzen von Bäumen erlernen die Schüler die Grundlagen des Gartenbaus und tragen gleichzeitig zur Schaffung einer nachhaltigen und produktiven Grünfläche in ihrer Schule oder Gemeinde bei.

Lebenszyklusbeobachtung

Die Beobachtung des Lebenszyklus von Apfelbäumen ist eine faszinierende Aktivität, die es den Schülern ermöglicht, die verschiedenen Wachstums- und Entwicklungsstadien von Obstbäumen zu verstehen. Durch die Beobachtung der Knospen, die im Frühling blühen, der Blüten, die sich im Sommer in Früchte verwandeln, und der Blätter, die im Herbst ihre Farbe ändern, erlangen die Schüler ein tiefgreifendes Verständnis der biologischen Prozesse, die das Leben von Apfelbäumen bestimmen.

Studium der Bestäubung

Das Studium der Apfelbestäubung ist eine spannende Bildungsaktivität, die es den Schülern ermöglicht, die Interaktionen zwischen Pflanzen und Bestäubern zu erkunden. Durch die Beobachtung von Bienen und anderen Insekten in Aktion erfahren die Schüler, wie Apfelblüten bestäubt werden und wie dies zur Fruchtproduktion beiträgt. Diese Aktivität regt die Schüler auch dazu an, über die Bedeutung der Artenvielfalt und den Schutz von Bestäubern nachzudenken.

Obsternte und -verarbeitung

Obsternte und -verarbeitung sind praktische Aktivitäten, die es den Schülern ermöglichen, die letzten Phasen des Apfelbaumlebenszyklus zu erleben. Indem sie reife Früchte von Hand pflücken und sie in köstliche Snacks wie Kompott oder Fruchtsäfte verwandeln, entwickeln die Schüler eine spürbare Verbindung zum Essen und lernen die Bedeutung einer gesunden, ausgewogenen Ernährung kennen.

Umweltbewusstsein

Apfelbaumaktivitäten bieten eine großartige Gelegenheit, wichtige Umweltthemen wie die Erhaltung natürlicher Ressourcen und Nachhaltigkeit anzugehen. Durch die Diskussion umweltfreundlicher landwirtschaftlicher Praktiken wie Agroforstwirtschaft und Permakultur entwickeln die Schüler ein gesteigertes Bewusstsein für die Umweltherausforderungen unseres Planeten und die Maßnahmen, die sie zu deren Lösung ergreifen können.

Förderung von Gesundheit und Wohlbefinden

Schließlich ermutigen Aktivitäten rund um Apfelbäume die Schüler zu gesunden Lebensgewohnheiten, indem sie die Bedeutung des Verzehrs frischer, regionaler Lebensmittel hervorheben. Durch das Kennenlernen der ernährungsphysiologischen Vorteile von Äpfeln und die Teilnahme an Obsternte- und -verarbeitungsaktivitäten werden die Schüler dazu ermutigt, eine gesunde Lebensmittelauswahl zu treffen, die zu ihrem allgemeinen Wohlbefinden beiträgt.

Apfelbäume bieten eine Vielzahl von Möglichkeiten zum Lernen im Freien und zur Umwelterziehung, die die Bildungserfahrung der Schüler bereichern und ihre Verbindung zur Natur fördern. Diese praktischen Aktivitäten ermutigen die Schüler, Fähigkeiten im Gartenbau und in der Landwirtschaft zu entwickeln, die biologischen Prozesse zu erforschen, die das Pflanzenleben steuern, und kritisch über die Umweltherausforderungen nachzudenken, vor denen unser Planet steht. Durch die Integration von Apfelbäumen in Bildungsprogramme können Schulen eine wichtige Rolle bei der Förderung eines gesunden, nachhaltigen und umweltfreundlichen Lebensstils für künftige Generationen spielen.

Kapitel 46: Einen pädagogischen Obstgarten anlegen

Lehrgärten stellen eine fantastische Gelegenheit dar, praktisches Lernen mit Umwelterziehung zu verbinden und den Schülern ein intensives Erlebnis mitten in der Natur zu bieten. Diese lebendigen Grünflächen sind nicht nur Nahrungsquellen, sondern auch leistungsstarke Bildungsinstrumente, die das Verständnis für Ökologie fördern, Lebenskompetenzen erlernen und die Verbindungen zur Gemeinschaft stärken.

Auswahl an Obstbäumen

Der erste Schritt bei der Anlage eines Lehrobstgartens ist die Auswahl geeigneter Obstbäume. Für ein reichhaltiges und abwechslungsreiches Lernerlebnis ist es wichtig, Sorten zu wählen, die im lokalen Klima gedeihen und eine Vielfalt an Früchten bieten. Die Schüler können an dieser Auswahl teilnehmen, indem sie etwas über die verschiedenen Arten lernen und die Anforderungen jedes Baumes verstehen.

Landvorbereitung

Sobald die Bäume ausgewählt sind, muss das Land für die Pflanzung vorbereitet werden. Dieser Schritt umfasst häufig die Vorbereitung des Bodens, die Anlage von Hochbeeten oder die Installation eines Bewässerungssystems. Die Schüler können sich an diesen Aktivitäten beteiligen, indem sie etwas über den Boden- und Wasserbedarf von Bäumen lernen und dabei helfen, eine Umgebung zu schaffen, die das Pflanzenwachstum begünstigt.

Bepflanzung und Pflege

Das Pflanzen von Bäumen ist eine praktische Lernmöglichkeit, bei der die Schüler ihr Wissen im Umgang mit Pflanzen üben und sicherstellen können, dass sie sich gut etablieren. Sobald die Bäume aufgestellt sind, können sich die Schüler auch an der täglichen Pflege des Obstgartens beteiligen und die Bäume nach Bedarf gießen, beschneiden und beschneiden.

Beobachtung und Lernen

Der Lehrgarten bietet vielfältige Beobachtungs- und Lernmöglichkeiten. Die Schüler können den Lebenszyklus von Obstbäumen von der Blüte bis zur Fruchtbildung beobachten und mehr über die biologischen Prozesse erfahren, die diese Transformationen steuern. Diese praktische Erfahrung ermöglicht es ihnen, die im Unterricht behandelten theoretischen Konzepte besser zu verstehen und eine tiefere Verbindung zur Natur zu entwickeln.

Umweltbewusstsein

Die Schaffung eines pädagogischen Obstgartens ist auch eine Gelegenheit, wichtige Umweltthemen wie Artenvielfalt, Erhaltung natürlicher Ressourcen und Nachhaltigkeit anzugehen. Die Studierenden können die Herausforderungen diskutieren, vor denen lokale Ökosysteme stehen, und mögliche Lösungen für deren Schutz und Erhalt erkunden.

Engagement für die Gemeinschaft

Schließlich bieten pädagogische Obstgärten die Möglichkeit, die Bindungen zur Gemeinschaft zu stärken, indem Schüler, Lehrer, Eltern und örtliche Gemeindemitglieder in den Prozess der Anlage und Pflege des Obstgartens einbezogen werden. Baumpflanzveranstaltungen, Gartenworkshops und Obstgartenführungen können Menschen für ein gemeinsames Ziel zusammenbringen und das Zugehörigkeitsgefühl und den Stolz in der Gemeinschaft fördern.

Die Schaffung eines pädagogischen Obstgartens ist viel mehr als nur ein Gartenprojekt. Es ist eine Gelegenheit, Neugier zu wecken, lebenslanges Lernen zu fördern und einen tiefen Respekt für die Natur und die Umwelt zu entwickeln. Indem sie den Schülern praktische, bedeutungsvolle Erfahrungen in ihrer eigenen Schule oder Gemeinde bieten, können Bildungsgärten dazu beitragen, verantwortungsbewusste Bürger zu formen, die sich ihrer Auswirkungen auf die Welt um sie herum bewusst sind.

Kapitel 47: Apfelbäume und lokale Wirtschaft

Apfelbäume sind viel mehr als nur eine landwirtschaftliche Nutzpflanze; Sie sind die Grundlage einer robusten und diversifizierten lokalen Wirtschaft. In vielen Teilen der Welt generiert der Apfelanbau Einkommen, schafft Arbeitsplätze, stimuliert die wirtschaftliche Entwicklung und trägt so zum Wohlergehen der lokalen Gemeinschaften bei.

Einkommensschaffung

Der Apfelanbau ist in vielen Agrarregionen ein wesentlicher Faktor für die Einkommensgenerierung. Apfelplantagen bieten den Landwirten das ganze Jahr über eine stabile Einnahmequelle, sei es durch den Verkauf von frischem Obst, verarbeiteten Produkten wie Apfelsaft oder Apfelwein oder sogar durch Agrartourismus. Diese Diversifizierung der Einkommensquellen trägt dazu bei, die mit der Landwirtschaft verbundenen Risiken zu mindern und die wirtschaftliche Widerstandsfähigkeit der lokalen Gemeinschaften zu stärken.

Schaffung von Arbeitsplätzen

Der Anbau von Apfelbäumen schafft vielfältige Arbeitsplätze in der gesamten Wertschöpfungskette, von der Anlage und Pflege von Obstgärten bis hin zur Ernte, Verarbeitung und Vermarktung der Produkte. Zu den von der Apfelindustrie geschaffenen Arbeitsplätzen zählen Landwirte, Pflücker, Saisonarbeiter, Lebensmittelverarbeitungstechniker, Marktverkäufer und viele mehr. Diese vielfältige Belegschaft trägt dazu bei, die lokale Wirtschaft anzukurbeln und Beschäftigungsmöglichkeiten für ein vielfältiges Spektrum von Menschen zu schaffen.

Wirtschaftliche Diversifizierung

Der Apfelanbau bietet Agrarregionen die Möglichkeit, ihre Wirtschaft zu diversifizieren und ihre Abhängigkeit von volatileren Wirtschaftssektoren zu verringern. Durch Investitionen in die Kernobstproduktion können landwirtschaftliche Gemeinden ihre wirtschaftliche Basis verbreitern, neue Investitionen anziehen und ihre Widerstandsfähigkeit gegenüber externen wirtschaftlichen Schocks stärken.

Tourismusförderung

Apfelplantagen sind oft beliebte Touristenziele und ziehen das ganze Jahr über einheimische und internationale Besucher an. Apfelfeste, Obstgartenführungen, Verkostungen lokaler Produkte und saisonale Veranstaltungen bieten lokalen Landwirten und Produzenten die Möglichkeit, für ihre Produkte zu werben und die lokale Tourismuswirtschaft anzukurbeln.

Insgesamt spielen Apfelbäume eine wesentliche Rolle im Wirtschaftsgefüge landwirtschaftlicher Regionen und tragen zur Einkommensgenerierung, wirtschaftlichen Diversifizierung, Schaffung von Arbeitsplätzen und zur Förderung des lokalen Tourismus bei. Durch Investitionen in den Apfelanbau können Gemeinden ihre lokale Wirtschaft stärken, ihre lokalen Landwirte unterstützen und eine langfristige nachhaltige Entwicklung fördern.

Kapitel 48: Apfelbäume und ländlicher Tourismus

Apfelplantagen sind nicht nur grüne Oasen; Sie sind auch beliebte Reiseziele für Liebhaber des ländlichen Tourismus. Apfelplantagen bieten ein umfassendes Erlebnis in der Welt der Landwirtschaft und der Natur und locken Besucher auf der Suche nach Authentizität, Entspannung und Geschmacksentdeckungen an.

Ökotourismus

Apfelplantagen bieten eine einzigartige Gelegenheit, die Natur zu erkunden und gleichzeitig etwas über die lokale Landwirtschaft und Kultur zu lernen. Besucher können durch Reihen von Apfelbäumen schlendern, im Frühling blühende Blumen bewundern und im Herbst an Aktivitäten zum Apfelpflücken teilnehmen. Dieses Eintauchen in die Natur bietet Besuchern eine willkommene Flucht aus der Hektik des Stadtlebens und die Möglichkeit, wieder mit der Natur in Kontakt zu kommen.

Verkostung lokaler Produkte

Apfelplantagen sind auch Orte zur Verkostung lokaler Produkte und bieten Besuchern die Möglichkeit, eine Vielzahl kulinarischer Köstlichkeiten auf Apfelbasis zu probieren. Von der

Verkostung von Apfelwein und frischem Apfelsaft bis hin zu hausgemachtem Gebäck und handwerklich hergestellten Marmeladen können Besucher den wahren Geschmack frisch geernteter Äpfel erleben und den Reichtum der lokalen Aromen schätzen.

Familienaktivitäten

Apfelplantagen sind ideale Ziele für Familien, die auf der Suche nach Outdoor-Abenteuern sind. Kinder können Spaß daran haben, Äpfel zu pflücken, an Spielen und Bildungsaktivitäten teilzunehmen und die Nutztiere zu treffen, die oft in der Nähe der Obstgärten leben. Diese Familienerlebnisse schaffen bleibende Erinnerungen und stärken die Bindung zwischen den Generationen.

Saisonale Veranstaltungen

In den Apfelplantagen finden das ganze Jahr über oft saisonale Veranstaltungen statt, um Besucher anzulocken. Von Apfelfesten und Bauernmärkten bis hin zu Planwagenfahrten und Freiluftkonzerten bieten diese Veranstaltungen den Besuchern ein umfassendes Erlebnis des ländlichen Lebens und der lokalen Kultur.

Förderung der lokalen Wirtschaft

Apfelplantagen bieten nicht nur ein bereicherndes touristisches Erlebnis, sondern fördern auch die lokale Wirtschaft, indem sie lokale Bauern und Produzenten unterstützen. Durch den Kauf lokaler Produkte und die Teilnahme an landwirtschaftlichen Aktivitäten unterstützen Besucher ländliche Gemeinden und tragen dazu bei, die landwirtschaftlichen und kulturellen Traditionen der Region zu bewahren.

Apfelplantagen sind mehr als nur Bauernhöfe; Sie sind beliebte Reiseziele für Liebhaber des ländlichen Tourismus, die auf der Suche nach authentischen Erlebnissen und Geschmacksentdeckungen sind. Durch das Eintauchen in die Natur, Verkostungen lokaler Produkte, Familienaktivitäten und saisonale Veranstaltungen ziehen Apfelplantagen Besucher aus der ganzen Welt an und tragen zur Förderung der lokalen Wirtschaft und Kultur bei.

Kapitel 49: Apfelbäume und Gastronomie

Apfelbäume stehen seit jeher im Mittelpunkt der Gastronomie und bieten eine Vielzahl kulinarischer Möglichkeiten, die Gaumen auf der ganzen Welt erfreuen. Ihre Vielseitigkeit macht sie zu einem Muss in einer Vielzahl von Gerichten, von der Vorspeise bis zum Dessert.

Inspirationsquelle

Köche finden in Apfelbäumen eine endlose Inspirationsquelle für die Kreation schmackhafter und innovativer Gerichte. Äpfel passen perfekt zu einer Vielzahl von Zutaten und verleihen jedem Bissen einen Hauch von Frische und Süße.

Süße Köstlichkeiten

Beim Backen sind Äpfel unbestrittene Stars. Von Torten über Streusel bis hin zu Kuchen und Donuts sind die Möglichkeiten endlos. Ihre saftige Konsistenz und ihr süßer Geschmack machen sie zur perfekten Zutat für eine Vielzahl köstlicher Desserts.

Saisonale Begleitungen

Auch Äpfel sind ideale Begleiter zu vielen Gerichten und sorgen für einen Hauch von Süße und Säure. Kompotte, Chutneys oder einfach nur geröstete Apfelscheiben verleihen jeder Mahlzeit eine frische und aromatische Note.

Erfrischende Getränke

Schließlich werden Äpfel auch zur Herstellung einer Reihe erfrischender Getränke verwendet, vom prickelnden Apfelwein bis hin zu kreativen Cocktails. Ihr fruchtiger Geschmack und die ausgewogene Säure machen sie zu begehrten Zutaten in der Getränkewelt.

Apfelbäume sind daher nicht nur Obstbäume, sondern wahre gastronomische Schätze, die eine Fülle an Aromen und kulinarischen Möglichkeiten bieten, die den Gaumen erfreuen und Rezeptentwickler auf der ganzen Welt inspirieren.

Kapitel 50: Ernährungsvorteile von Äpfeln

Äpfel sind mehr als nur eine Frucht; Sie sind eine wahre Fundgrube an ernährungsphysiologischen Vorteilen. Äpfel sind reich an Ballaststoffen, Vitaminen und Antioxidantien und ein vielseitiges Lebensmittel, das zu einer gesunden und ausgewogenen Ernährung beiträgt.

Ballaststoffe

Äpfel sind eine ausgezeichnete Quelle für Ballaststoffe, insbesondere für lösliche Ballaststoffe wie Pektin. Ballaststoffe helfen, die Darmpassage zu regulieren, Verstopfung vorzubeugen und eine gesunde Verdauung zu fördern. Sie tragen auch dazu bei, den Cholesterinspiegel im Blut zu senken, indem sie sich an Fette binden und diese aus dem Körper entfernen.

Vitamine und Mineralien

Äpfel sind reich an Vitaminen und Mineralstoffen, die für die Gesundheit wichtig sind. Sie enthalten Vitamin C, ein starkes Antioxidans, das das Immunsystem stärkt und die Zellen vor Schäden durch freie Radikale schützt. Äpfel sind außerdem eine Quelle für B-Vitamine, Kalium, Kalzium und Magnesium, die zu gesunden Knochen, Muskeln und dem Nervensystem beitragen.

Antioxidantien

Äpfel sind reich an Antioxidantien, Verbindungen, die die Zellen vor Schäden durch freie Radikale schützen. Diese Stoffe spielen eine entscheidende Rolle bei der Vorbeugung chronischer Krankheiten wie Herzerkrankungen, Krebs und Diabetes. Zu den in Äpfeln enthaltenen Antioxidantien zählen Flavonoide, Catechine und Phenolsäuren.

Wenig Kalorien

Äpfel sind von Natur aus kalorienarm und daher ein idealer Snack für alle, die auf ihr Gewicht oder ihre Kalorienaufnahme achten. Ein mittelgroßer Apfel enthält etwa 95 Kalorien und ist somit eine sättigende und nahrhafte Option für den Snack zwischendurch.

Auswirkungen auf die Gesundheit

Der regelmäßige Verzehr von Äpfeln ist mit vielen positiven Auswirkungen auf die Gesundheit verbunden. Studien haben gezeigt, dass Menschen, die regelmäßig Äpfel essen, ein geringeres Risiko haben, an bestimmten chronischen Krankheiten wie Herzerkrankungen, Typ-2-Diabetes und bestimmten Krebsarten zu erkranken. Äpfel können auch bei der Gewichtskontrolle und der Verdauungsgesundheit helfen.

Äpfel sind ein vielseitiges und nahrhaftes Lebensmittel, das zahlreiche gesundheitliche Vorteile bietet. Äpfel sind reich an Ballaststoffen, Vitaminen, Mineralien und Antioxidantien und stellen eine wertvolle Ergänzung jeder ausgewogenen Ernährung dar und unterstützen eine optimale langfristige Gesundheit.

Kapitel 51: Apfelbäume und Gesundheit

Apfelbäume sind mehr als nur Obstbäume; Sie sind wertvolle Verbündete für die menschliche Gesundheit. Äpfel, ihre Kultfrucht, sind reich an essentiellen Nährstoffen und bieten viele gesundheitliche Vorteile. Ihr regelmäßiger Verzehr trägt zur Vorbeugung verschiedener Krankheiten und zur Verbesserung des allgemeinen Wohlbefindens bei.

Nährstoffreichtum

Äpfel sind eine ausgezeichnete Quelle für Vitamine und Mineralstoffe. Sie enthalten erhebliche Mengen an Vitamin C, einem starken Antioxidans, das das Immunsystem stärkt und bei der Bekämpfung von Infektionen hilft. Sie liefern außerdem die Vitamine A und B, Kalium, Kalzium und Magnesium, die für das reibungslose Funktionieren des Körpers unerlässlich sind.

Ballaststoffe

Äpfel sind besonders reich an Ballaststoffen, darunter Pektin, ein löslicher Ballaststoff, der hilft, die Verdauung zu regulieren und Verstopfung vorzubeugen. Ballaststoffe spielen auch eine entscheidende Rolle bei der Aufrechterhaltung der Herz-Kreislauf-Gesundheit, indem sie den Cholesterinspiegel im Blut senken und den Blutzuckerspiegel stabilisieren.

Antioxidantien

Äpfel enthalten verschiedene Antioxidantien wie Flavonoide und Polyphenole, die die Zellen vor Schäden durch freie Radikale schützen. Diese Antioxidantien werden mit einem verringerten Risiko für chronische Krankheiten, einschließlich Herzerkrankungen, Krebs und Typ-2-Diabetes, in Verbindung gebracht.

Gewichtsmanagement

Dank ihres geringen Kaloriengehalts und hohen Ballaststoffgehalts sind Äpfel ein idealer Snack für alle, die ihr Gewicht kontrollieren möchten. Ballaststoffe tragen dazu bei, das Sättigungsgefühl zu verlängern, Heißhungerattacken zu reduzieren und die Gesamtkalorienaufnahme zu kontrollieren.

Gesundheit des Verdauungssystems

Die in Äpfeln enthaltenen Ballaststoffe fördern die Gesundheit des Verdauungssystems, indem sie eine ausgewogene Darmflora unterstützen. Der regelmäßige Verzehr von Äpfeln kann helfen, Verdauungsstörungen wie Verstopfung, Blähungen und Darmentzündungen vorzubeugen.

Krankheitsprävention

Äpfel werden mit einem verringerten Risiko für mehrere chronische Krankheiten in Verbindung gebracht. Ihr regelmäßiger Verzehr ist mit einem geringeren Risiko für Herz-Kreislauf-Erkrankungen verbunden, da sie den Cholesterinspiegel senken und die Gesundheit der Blutgefäße verbessern können. Die in Äpfeln enthaltenen Antioxidantien und Ballaststoffe tragen auch zur Vorbeugung von Typ-2-Diabetes und bestimmten Krebsarten bei.

Äpfel, Früchte von Apfelbäumen, sind wahre Nährstoffschätze. Sie sind reich an Vitaminen, Mineralien, Ballaststoffen und Antioxidantien und bieten zahlreiche gesundheitliche Vorteile. Die Aufnahme von Äpfeln in Ihre tägliche Ernährung ist eine einfache und wirksame Möglichkeit, die allgemeine Gesundheit zu unterstützen und verschiedenen Krankheiten vorzubeugen.

Kapitel 52: Apfelbäume im öffentlichen Raum

Die Integration von Apfelbäumen in den öffentlichen Raum verwandelt diese Orte in Oasen des Grüns und des Wohlbefindens für die Gemeinschaft. Ihre Anwesenheit bringt eine Vielzahl von Vorteilen mit sich, von der Verbesserung der Luftqualität bis zur Förderung der Artenvielfalt, nicht zu vergessen die sozialen und pädagogischen Vorteile, die sie bieten.

Verbesserung der städtischen Umwelt

Apfelbäume tragen wesentlich zur Verbesserung der Luftqualität bei, indem sie Kohlendioxid aufnehmen und Sauerstoff abgeben. Sie tragen auch dazu bei, Feinstaub zu filtern und die Luftverschmutzung zu reduzieren, wodurch städtische Räume gesünder und lebenswerter werden. Ihr dichtes Laub spendet Schatten, reduziert die Auswirkungen städtischer Hitzeinseln und schafft ein kühleres Mikroklima.

Förderung der Biodiversität

Durch das Pflanzen von Apfelbäumen im öffentlichen Raum fördern wir die lokale Artenvielfalt. Apfelblüten locken Bestäuber wie Bienen und Schmetterlinge an, die für die Pflanzenvermehrung unerlässlich sind. Die Früchte dienen verschiedenen Vogelarten und Kleinsäugern als Nahrung und tragen so zu einem ausgewogenen und lebendigen Ökosystem bei.

Soziale und pädagogische Vorteile

Apfelbäume in Parks und öffentlichen Gärten werden zu natürlichen Treffpunkten für Gemeinden. Sie schaffen Räume der Entspannung und Geselligkeit, in denen man sich treffen, picknicken oder einfach im Schatten ausruhen kann. Darüber hinaus bieten diese Obstbäume eine einzigartige Lernmöglichkeit für Kinder und Erwachsene. Es können Workshops zu Apfelanbau, Baumschnitt und Ernte abgehalten werden, die Bildung und Umweltbewusstsein fördern.

Engagement für die Gemeinschaft

Auch die Pflege von Apfelbäumen im öffentlichen Raum kann das Engagement der Gemeinschaft fördern. Baumpflanz- und Baumpflegeinitiativen ermutigen die Bewohner, sich aktiv am Leben in ihrer Nachbarschaft zu beteiligen. Diese Gemeinschaftsprojekte stärken die sozialen Bindungen und geben den Teilnehmern ein Gefühl von Stolz und Verantwortung für ihre Umwelt.

Ästhetik und Erbe

Apfelbäume verleihen öffentlichen Räumen eine unbestreitbare ästhetische Dimension. Ihre Blüten im Frühling und ihre farbenfrohen Früchte im Herbst bringen eine saisonale Schönheit mit sich, die die Augen der Passanten erfreut. Darüber hinaus können alte Apfelsorten integriert werden, um das lokale Gartenerbe zu bewahren und zu feiern und so Räume zu schaffen, die eine Geschichte erzählen und das kulturelle Erbe der Region bereichern.

Apfelbäume im öffentlichen Raum bieten eine Vielzahl von Vorteilen, von der Verbesserung der Umwelt über das Engagement der Gemeinschaft bis hin zur ästhetischen Bereicherung. Durch die Integration dieser Obstbäume in städtische Parks und Gärten schaffen Gemeinden gesündere, schönere und vernetztere Umgebungen, würdigen gleichzeitig die Natur und bilden künftige Generationen weiter.

Kapitel 53: Apfelbäume und Stadtplanung

Die Integration von Apfelbäumen in moderne Stadtplanungsprojekte bringt einen unbestreitbaren ästhetischen, ökologischen und sozialen Wert mit sich. Durch das Pflanzen dieser Obstbäume in städtischen Räumen können Städte ihren Bewohnern eine gesündere und angenehmere Umgebung bieten.

Verbesserte Luftqualität

Apfelbäume spielen eine entscheidende Rolle bei der Verbesserung der Luftqualität in städtischen Gebieten. Indem sie Kohlendioxid absorbieren und Sauerstoff abgeben, tragen sie dazu bei, die Luftverschmutzung zu reduzieren. Darüber hinaus fangen ihre Blätter feine Partikel und andere Schadstoffe ein und tragen so zu saubererer Luft für Stadtbewohner bei.

Reduzierung von Wärmeinseln

Städtische Gebiete leiden häufig unter dem Phänomen der Hitzeinsel, bei der die Temperaturen deutlich höher sein können als in umliegenden ländlichen Gebieten. Apfelbäume spenden mit ihrem dichten Laub Schatten und tragen dazu bei, die Temperaturen vor Ort zu senken. Ihre Evapotranspiration trägt auch dazu bei, die Umgebungsluft abzukühlen und so ein angenehmeres Mikroklima zu schaffen.

Förderung der städtischen Biodiversität

Das Pflanzen von Apfelbäumen in städtischen Gebieten fördert die Artenvielfalt, indem es Lebensraum und Nahrungsquelle für verschiedene Arten bietet, darunter Bienen, Schmetterlinge und Vögel. Indem sie die Anwesenheit dieser Bestäuber und anderer Wildtiere unterstützen, tragen Apfelbäume zu einem ausgewogeneren und widerstandsfähigeren städtischen Ökosystem bei.

Engagement und sozialer Zusammenhalt

Apfelbäume in Parks, Gemeinschaftsgärten und öffentlichen Räumen werden zu Brennpunkten für gemeinschaftliches Engagement. Bewohner können im Rahmen von Apfelbaumpflanz- und Pflegeprojekten zusammenkommen, wodurch soziale Bindungen gestärkt und das Gemeinschaftsgefühl gefördert werden. Apfelernten können auch zu gesellschaftlichen Ereignissen werden, bei denen Menschen zu einer gemeinsamen, festlichen Aktivität zusammenkommen.

Bildung und Bewusstsein

Apfelbäume bieten hervorragende Bildungsmöglichkeiten im städtischen Umfeld. Schulen und Gemeindeorganisationen können Workshops zum Obstbaumanbau, zur Artenvielfalt und zur Bedeutung der städtischen Landwirtschaft organisieren. Diese Bildungsaktivitäten tragen dazu bei, das Bewusstsein der Stadtbewohner für die Bedeutung von Natur und Nachhaltigkeit in ihrem täglichen Umfeld zu schärfen.

Ästhetik und Erbe

Apfelbäume verleihen Stadtlandschaften einen erheblichen ästhetischen Wert. Ihre Frühlingsblüten und farbenfrohen Herbstfrüchte sorgen für eine saisonale Schönheit, die öffentliche Räume bereichert. Durch das Pflanzen alter oder lokaler Apfelsorten können Städte auch ihr Gartenerbe bewahren und aufwerten und den Bewohnern gleichzeitig bereichernde visuelle und sensorische Erlebnisse bieten.

Die Integration von Apfelbäumen in die moderne Stadtplanung hat viele Vorteile für Städte und ihre Bewohner. Indem sie die Luftqualität verbessern, Hitzeinseln reduzieren, die Artenvielfalt fördern, den sozialen Zusammenhalt stärken, Bildungsmöglichkeiten bieten und einen ästhetischen Mehrwert schaffen, spielen Apfelbäume eine Schlüsselrolle bei der Schaffung nachhaltigerer und lebenswerterer städtischer Umgebungen.

Kapitel 54: Apfelbäume und Stadtökologie

Die Integration von Apfelbäumen in städtische Umgebungen verwandelt Stadtlandschaften in grünere und ökologischere Räume. Diese Obstbäume spielen eine entscheidende Rolle bei der Förderung von Nachhaltigkeit und Artenvielfalt in städtischen Umgebungen und bieten gleichzeitig spürbare Vorteile für die Bewohner.

Reduzierung der Luftverschmutzung

Apfelbäume tragen zur Reinigung der Stadtluft bei, indem sie Kohlendioxid absorbieren und Sauerstoff produzieren. Sie fangen außerdem feine Partikel und andere Luftschadstoffe auf ihren Blättern ein und verbessern so die Luftqualität. Diese Bäume tragen dazu bei, die negativen Auswirkungen der Umweltverschmutzung auf die Gesundheit der Stadtbewohner zu mildern.

Regenwassermanagement

Apfelbäume spielen eine wichtige Rolle bei der Regenwasserbewirtschaftung in städtischen Gebieten. Ihre Wurzelsysteme absorbieren Regenwasser und verringern so den Abfluss und das Risiko von Überschwemmungen. Darüber hinaus tragen sie zur Wiederauffüllung des Grundwasserspiegels und zur Stabilisierung der Böden bei und tragen so zu einer nachhaltigeren Bewirtschaftung der Wasserressourcen bei.

Förderung der Biodiversität

Das Pflanzen von Apfelbäumen in städtischen Räumen fördert die Artenvielfalt, indem es Lebensraum und Nahrungsquelle für eine Vielzahl von Arten bietet, darunter auch Bestäuber wie Bienen und Schmetterlinge. Diese Obstbäume ziehen auch Vögel und andere Tiere an und schaffen so lebendigere und widerstandsfähigere städtische Ökosysteme.

Verbessertes geistiges und körperliches Wohlbefinden

Das Vorhandensein von Apfelbäumen in Städten wirkt sich positiv auf das geistige und körperliche Wohlbefinden der Bewohner aus. Grünflächen mit Obstbäumen bieten Orte der Entspannung und Erholung, reduzieren Stress und verbessern die Stimmung. Darüber hinaus regen Aktivitäten rund um den Apfelanbau und die Apfelernte zu körperlicher Bewegung und einer gesunden Ernährung an.

Bewusstsein und Bildung

Apfelbäume in städtischen Gebieten sind hervorragende Lehrmittel, um Stadtbewohner über die Bedeutung von Natur und Ökologie aufzuklären. Schulen und Gemeindeorganisationen können Workshops und Aktivitäten rund um das Pflanzen und Pflegen von Apfelbäumen sowie die Ernte der Früchte organisieren. Diese Bildungsinitiativen stärken die Verbindung der Bewohner zu ihrer Umwelt und ermutigen sie, nachhaltige Praktiken anzuwenden.

Ästhetik und Erbe

Apfelbäume verleihen städtischen Umgebungen einen erheblichen ästhetischen Wert. Ihre Blüten im Frühling und farbenfrohen Früchte im Herbst verleihen städtischen Landschaften Schönheit und visuelle Abwechslung. Durch die Anpflanzung lokaler oder traditioneller Sorten können Städte auch ihre Gartenbaugeschichte feiern und den Bewohnern bereichernde Sinneserlebnisse bieten.

Beitrag zur städtischen Landwirtschaft

Apfelbäume sind ein wesentlicher Bestandteil der städtischen Landwirtschaft und ermöglichen den Bewohnern den Anbau und die Ernte frischer Früchte in der Nähe ihres Zuhauses. Diese Praxis fördert die Lebensmittelsicherheit, verringert den mit dem Lebensmitteltransport verbundenen CO_2-Fußabdruck und unterstützt die lokale Wirtschaft. Städtische Obstgärten können auch zu gemeinschaftlichen Treffpunkten werden, die soziale Bindungen stärken und die Zusammenarbeit zwischen Nachbarn fördern.

Apfelbäume spielen eine entscheidende Rolle bei der Schaffung nachhaltiger und widerstandsfähiger städtischer Ökosysteme. Durch die Verbesserung der Luftqualität, die Bewirtschaftung des Regenwassers, die Förderung der Artenvielfalt, die Verbesserung des Wohlbefindens der Bewohner, die Bereitstellung von Bildungsmöglichkeiten, die Schaffung ästhetischer Schönheit und die Unterstützung der städtischen Landwirtschaft tragen diese Obstbäume zu gesünderen und lebenswerteren Städten bei.

Kapitel 55: Apfelbäume und Gemeinschaften

Apfelbäume haben die einzigartige Kraft, Gemeinschaften zu verändern, indem sie soziale, wirtschaftliche und ökologische Vorteile bieten. Durch die Integration dieser Obstbäume in öffentliche und private Räume können Gemeinden gesündere, schönere und vernetztere Umgebungen schaffen.

Stärkung sozialer Bindungen

Apfelbäume in Stadtvierteln und Stadtparks werden zu natürlichen Treffpunkten. Die Bewohner können zusammenkommen, um Äpfel zu pflanzen, zu pflegen und zu ernten, und so Möglichkeiten für Geselligkeit und Zusammenarbeit schaffen. Diese Gemeinschaftsaktivitäten stärken die sozialen Bindungen und fördern das Zugehörigkeits- und Solidaritätsgefühl der Bewohner.

Bildung und Bewusstsein

Apfelbäume bieten wertvolle Bildungsmöglichkeiten. Schulen, Gemeinschaftsgärten und lokale Organisationen können Workshops zu den Themen Apfelanbau, Biodiversität und städtische Landwirtschaft veranstalten. Kinder und Erwachsene lernen die Bedeutung von Pflanzen und Ökologie kennen und entwickeln so ein besseres Verständnis und mehr Respekt für die Natur.

Förderung von Gesundheit und Wohlbefinden

Das Vorhandensein von Apfelbäumen im öffentlichen Raum trägt zur Gesundheit und zum Wohlbefinden der Bewohner bei. Aktivitäten rund um das Pflanzen und Pflegen von Bäumen fördern die körperliche Bewegung, während der Verzehr frischer Äpfel eine gesunde Ernährung fördert. Auch Grünflächen mit Apfelbäumen bieten Orte der Entspannung und Erholung, reduzieren Stress und verbessern die Stimmung der Bewohner.

Ernährungssicherheit und lokale Wirtschaft

Apfelbäume spielen eine wichtige Rolle für die Ernährungssicherheit, indem sie frische, nahrhafte Früchte liefern. Lokale Ernten verringern die Abhängigkeit von importierten Produkten und verringern den CO_2-Fußabdruck des Lebensmitteltransports. Darüber hinaus kann der Verkauf von Äpfeln und Apfelprodukten die lokale Wirtschaft unterstützen und Einnahmemöglichkeiten für Anwohner und kleine Unternehmen schaffen.

Verschönerung der Stadtlandschaft

Apfelbäume verleihen städtischen Umgebungen natürliche Schönheit. Ihre Blüten im Frühling und Früchte im Herbst bringen leuchtende Farben und angenehme Düfte in die Nachbarschaft. Diese verbesserte Ästhetik trägt zum Gemeinschaftsstolz und zur Attraktivität von Wohn- und Gewerbegebieten bei.

Resilienz und Nachhaltigkeit

Apfelbäume tragen zur Widerstandsfähigkeit und Nachhaltigkeit von Gemeinden bei, indem sie die Artenvielfalt fördern und die Luftqualität verbessern. Sie bieten Lebensraum für Bestäuber und andere Arten und unterstützen ausgewogene städtische Ökosysteme. Darüber hinaus tragen Bäume dazu bei, Luftschadstoffe zu filtern und die lokalen Temperaturen zu regulieren, wodurch Städte lebenswerter und widerstandsfähiger gegen den Klimawandel werden.

Innovative Gemeinschaftsinitiativen

Gemeinschaftsapfelbaumprojekte können viele innovative Formen annehmen. Von städtischen Obstgärten bis hin zu Schulbepflanzungsprogrammen können diese Initiativen auf die spezifischen Bedürfnisse und Ziele der Gemeinden zugeschnitten werden. Sie fördern das Engagement der Bürger und die Entwicklung kreativer Lösungen für ökologische und soziale Herausforderungen.

Apfelbäume haben das Potenzial, Gemeinschaften zu verändern, indem sie soziale Verbindungen stärken, Gesundheit und Wohlbefinden fördern, die lokale Wirtschaft unterstützen und städtische Landschaften verschönern. Durch die Integration dieser Obstbäume in öffentliche und private Umgebungen können Gemeinden vernetztere, nachhaltigere und widerstandsfähigere Räume schaffen und gleichzeitig die Natur feiern und künftige Generationen erziehen.

Kapitel 56: Apfelbäume und traditionelle Praktiken

Apfelbäume sind in den traditionellen Bräuchen vieler Kulturen auf der ganzen Welt tief verwurzelt. Ihre Präsenz in Obstgärten und heimischen Gärten zeugt von jahrhundertealtem Know-how, Bräuchen und Überzeugungen, die von Generation zu Generation weitergegeben werden.

Feste und Rituale

In vielen Kulturen spielen Apfelbäume eine zentrale Rolle bei saisonalen Festen und Ritualen. In Europa beispielsweise sind Apfelerntefeste jährliche Veranstaltungen, bei denen Gemeinschaften zusammenkommen, um Früchte zu pflücken, das Ende der Vegetationsperiode zu feiern und festliche Mahlzeiten zu genießen. Diese Zusammenkünfte stärken soziale Bindungen und halten lokale Traditionen aufrecht.

Traditionelle Anbaumethoden

Von Generation zu Generation weitergegebene Apfelanbautechniken spiegeln einen tiefen Respekt vor der Natur und ein tiefes Verständnis der natürlichen Kreisläufe wider. Beschneiden, Pfropfen und Bodenbewirtschaftung sind handwerkliche Praktiken, die oft von Älteren an junge Menschen vermittelt werden, um sicherzustellen, dass traditionelle Methoden erhalten bleiben und an die örtlichen Gegebenheiten angepasst werden.

Medizinische Anwendungen

Historisch gesehen wurden Apfelbäume und ihre Früchte in der traditionellen Medizin verwendet. Äpfel sind reich an Vitaminen und Antioxidantien und werden oft zur Verbesserung der Verdauung und zur Stärkung des Immunsystems empfohlen. Die Blätter und die Rinde von Apfelbäumen wurden auch zur Herstellung von Heilmitteln für verschiedene Krankheiten verwendet, was die Rolle der Bäume in alten Heilpraktiken verdeutlicht.

Symbolik und Mythologie

Apfelbäume spielen in den Mythen und Legenden vieler Kulturen eine herausragende Rolle. In der keltischen Mythologie beispielsweise werden Äpfel oft mit Unsterblichkeit und Weisheit in Verbindung gebracht. In christlichen Traditionen wird der Apfelbaum häufig mit Geschichten über Versuchung und Wissen in Verbindung gebracht. Diese Symbolik unterstreicht die kulturelle Bedeutung von Apfelbäumen und ihren nachhaltigen Einfluss auf die kollektive Vorstellungskraft.

Konservierungstechniken

Traditionelle Methoden zur Konservierung von Äpfeln wie Trocknen, Apfelwein und Marmelade zeugen von einem umfassenden Wissen darüber, wie sich die Lebensdauer von Nutzpflanzen verlängern lässt. Diese Techniken ermöglichen nicht nur den Genuss von Äpfeln das ganze Jahr über, sondern sie verkörpern auch handwerkliches Know-how, das die Früchte in jeder Phase ihrer Verarbeitung veredelt.

Erbe lokaler Sorten

Der Anbau von Apfelbäumen hat zur Auswahl und Erhaltung vieler lokaler Sorten geführt, die jeweils an die spezifischen klimatischen Bedingungen und Geschmackspräferenzen ihrer Herkunftsregion angepasst sind. Diese alten Sorten sind ein lebendiges Erbe, ein Beweis für die genetische Vielfalt und die Bemühungen traditioneller Züchter, robuste und produktive Bäume zu erhalten.

Generationenübergreifende Bildung

Die Weitergabe von Wissen über Apfelbäume und deren Anbau ist oft eine generationsübergreifende Aktivität. Älteste vermitteln jungen Menschen Pflanz-, Pflege- und Erntetechniken sowie Geschichten und Überzeugungen rund um Bäume. Diese generationenübergreifende Bildung stärkt die familiären und gemeinschaftlichen Bindungen und gewährleistet gleichzeitig die Kontinuität traditioneller Praktiken.

Apfelbäume sind viel mehr als Obstbäume; Sie sind lebendige Symbole unseres kulturellen Erbes und unserer Beziehung zur Natur. Traditionelle Praktiken im Zusammenhang mit Apfelbäumen, seien es Anbautechniken, Rituale oder Symboliken, zeugen von tiefem Respekt vor dem Land und den Lebenszyklen. Durch die Bewahrung und Feier dieser Traditionen ehren wir nicht nur unsere Vergangenheit, sondern sorgen auch für eine Zukunft, in der das Wissen unserer Vorfahren weiterhin gedeiht.

Kapitel 57: Apfelbäume und technologische Innovationen

Apfelbäume, symbolträchtige Obstbäume, profitieren heute vom technologischen Fortschritt, der ihren Anbau und ihre Bewirtschaftung verändert. Die Integration neuer Technologien in der Baumzucht ermöglicht es, Erträge zu optimieren, Ressourcen zu schonen und die Fruchtqualität zu gewährleisten.

Drohnenüberwachung

Der Einsatz von Drohnen in Obstgärten ermöglicht eine präzise und regelmäßige Überwachung von Apfelbäumen. Diese mit Multispektralkameras und Sensoren ausgestatteten Geräte erkennen Anzeichen von Wasserknappheit, Krankheiten und Schädlingsbefall. Mit dieser Technologie können Landwirte schnell und präzise eingreifen, Verluste reduzieren und die Baumgesundheit verbessern.

Intelligente Bewässerungssysteme

Intelligente Bewässerungssysteme, gesteuert durch Bodensensoren und Wassermanagementsoftware, optimieren die Wassernutzung in Obstgärten. Durch die Anpassung der Bewässerung an den tatsächlichen Bedarf der Apfelbäume reduzieren diese Systeme den Abfall und stellen sicher, dass die Bäume ausreichend Wasser für ihr Wachstum erhalten.

Klimamodellierung und Erntevorhersage

Fortschrittliche Klimamodelle und Tools zur Erntevorhersage helfen Apfelbauern dabei, die Wetterbedingungen vorherzusagen und ihre Abläufe zu planen. Mithilfe historischer Daten und Echtzeitdaten können diese Technologien Blüte-, Reife- und Erntezeiten vorhersagen und so eine bessere Verwaltung menschlicher und materieller Ressourcen ermöglichen.

Modernisierte Pfropftechniken

Auch die Veredelungstechniken, die für die Vermehrung von Apfelbaumsorten unerlässlich sind, profitieren von technologischen Innovationen. Computergestützte Pfropfwerkzeuge und Gewebekulturlabore beschleunigen den Züchtungsprozess und sorgen für eine bessere Kompatibilität zwischen Wurzelstöcken und Sprossen, wodurch die Erfolgsraten und die Vitalität der Bäume erhöht werden.

Nutzung von Big Data und künstlicher Intelligenz

Die Analyse großer Datenmengen und künstliche Intelligenz bieten wertvolle Erkenntnisse für die Baumzucht. Landwirte können Fruchtwachstums-, Ertrags- und Qualitätsdaten analysieren, um fundierte Entscheidungen zur Obstgartenverwaltung zu treffen. Künstliche Intelligenz kann auch Verbrauchertrends vorhersagen und bei der Anpassung von Marketingstrategien helfen.

Biotechnologie und Krankheitsresistenz

Die Biotechnologie spielt eine entscheidende Rolle bei der Entwicklung von Apfelsorten, die resistent gegen Krankheiten und extreme Wetterbedingungen sind. Durch markergestützte Züchtung und Genombearbeitung können Forscher vorteilhafte Eigenschaften in Apfelbäume einbringen, wodurch der Bedarf an chemischen Behandlungen verringert und die Widerstandsfähigkeit von Obstgärten erhöht wird.

Sensoren und IoT (Internet der Dinge)

In Obstplantagen installierte Sensoren und IoT-Geräte sammeln kontinuierlich Daten über Umweltbedingungen, Baumwachstum und Bodengesundheit. Diese in Echtzeit über Online-Plattformen zugänglichen Informationen ermöglichen es den Erzeugern, ihre Obstplantagen aus der Ferne zu überwachen und zu verwalten und so Abläufe und Ressourcen zu optimieren.

Robotik und Automatisierung

Automatisierung und Robotik revolutionieren die Abläufe in Apfelplantagen. Ernteroboter, Schnittmaschinen und automatische Sprühgeräte reduzieren die Abhängigkeit von Arbeitskräften und steigern die Effizienz. Diese Technologien gewährleisten präzise und gleichmäßige Eingriffe und verbessern so die Produktivität und Qualität der Äpfel.

Erneuerbare Energien und nachhaltige Praktiken

Die Integration erneuerbarer Energien wie Sonne und Wind in Obstgärten unterstützt nachhaltige landwirtschaftliche Praktiken. Solarbetriebene Bewässerungssysteme und Energiespeicheranlagen tragen dazu bei, den CO_2-Fußabdruck landwirtschaftlicher Betriebe zu reduzieren und tragen so zu einer umweltfreundlicheren Apfelproduktion bei.

Technologische Innovationen verändern den Apfelanbau und bieten fortschrittliche Lösungen zur Überwachung, Verwaltung und Optimierung von Obstplantagen. Durch den Einsatz dieser Technologien können Landwirte ihre Erträge steigern, die Auswirkungen auf die Umwelt verringern und qualitativ hochwertiges Obst sicherstellen, während sie gleichzeitig den wachsenden Herausforderungen der modernen Baumzucht gerecht werden.

Kapitel 58: Apfelbäume und Gesetzgebung

Der Anbau von Apfelbäumen unterliegt einer komplexen Gesetzgebung, die darauf abzielt, Lebensmittelsicherheit, Umweltschutz und den Erhalt alter Sorten zu gewährleisten. Diese Gesetze und Vorschriften wirken sich auf die Erzeuger auf verschiedenen Ebenen aus, vom Anbau bis zur Vermarktung der Früchte.

Pflanzenschutzvorschriften

Apfelbäume unterliegen, wie alle landwirtschaftlichen Nutzpflanzen, strengen pflanzengesundheitlichen Vorschriften. Ziel dieser Gesetze ist es, die Ausbreitung von Krankheiten und Schädlingen zu verhindern. Landwirte müssen häufig eine Bescheinigung einholen, dass ihre Obstgärten frei von bestimmten Krankheiten sind. Um die Einhaltung sicherzustellen, werden regelmäßige Kontrollen durchgeführt. Im Falle einer Infektion können pflanzengesundheitliche Behandlungen erforderlich sein.

Lebensmittelqualitäts- und Sicherheitsstandards

Äpfel, die zum Verzehr bestimmt sind, müssen den Qualitäts- und Lebensmittelsicherheitsstandards entsprechen. Diese Standards definieren akzeptable Mengen an Pestizidrückständen sowie die Größe, Farbe und Form der Früchte. Erzeuger müssen häufig strenge Rückverfolgbarkeitsprotokolle befolgen, um sicherzustellen, dass die verkauften Äpfel sicher und von hoher Qualität sind. Aufsichtsbehörden führen regelmäßig Tests durch, um die Konformität von Produkten mit festgelegten Standards zu überprüfen.

Schutz alter Sorten

Die Biodiversitätsgesetzgebung schützt alte Apfelbaumsorten. Diese Sorten sind oft weniger resistent gegen Krankheiten, verfügen aber über einzigartige Geschmackseigenschaften und sind für die genetische Vielfalt von Apfelbäumen von entscheidender Bedeutung. Erhaltungsprogramme und Genbanken werden durch Gesetze unterstützt, die die Erhaltung und Vermehrung dieser Sorten fördern. Erzeuger können von Subventionen für den Anbau dieser historischen Apfelbäume profitieren.

Zertifizierungen und Labels

Qualitätssiegel wie geschützte geografische Angaben (g.g.A.) und kontrollierte Ursprungsbezeichnungen (AOC) bieten Produzenten in bestimmten Regionen Anerkennung und rechtlichen Schutz. Diese Zertifizierungen garantieren, dass Äpfel bestimmte Produktions- und Herkunftskriterien erfüllen. Hersteller müssen strenge Vorgaben befolgen, um diese Etiketten zu erhalten und aufrechtzuerhalten, die ihren Produkten einen erheblichen Mehrwert verleihen.

Gesetze zum Einsatz von Pestiziden

Der Einsatz von Pestiziden ist zum Schutz der menschlichen Gesundheit und der Umwelt streng reguliert. Apfelbauern müssen Gesetze einhalten, die den Einsatz bestimmter Chemikalien einschränken. Für die Anwendung von Pestiziden sind häufig Schulungen und Zertifizierungen erforderlich, und es müssen detaillierte Aufzeichnungen geführt werden. Die Gesetze fördern auch die Einführung alternativer und nachhaltigerer Methoden der Schädlingsbekämpfung.

Subventionen und finanzielle Hilfe

Regierungen bieten Apfelbauern verschiedene Subventionen und finanzielle Unterstützung an, um die Modernisierung von Obstplantagen, die Einführung nachhaltiger Praktiken und den Umgang mit Klimarisiken zu unterstützen. Diese Hilfe ist häufig an die Einhaltung bestimmter Umwelt- und Produktionsstandards geknüpft. Die Gesetzgebung regelt die Verteilung dieser Mittel, um eine gerechte und effiziente Nutzung öffentlicher Ressourcen sicherzustellen.

Import- und Exportbeschränkungen

Der internationale Apfelhandel unterliegt Gesetzen, die Import- und Exportbeschränkungen vorsehen, um die lokalen Märkte zu schützen und die Ausbreitung von Krankheiten zu verhindern. Erzeuger, die ihre Äpfel exportieren möchten, müssen die Vorschriften der Einfuhrländer einhalten, darunter pflanzengesundheitliche Zertifizierungen, Qualitätskontrollen und Zölle.

Schutz der Landarbeiter

Auch für Apfelbauern gelten die Gesetze zum Schutz der Landarbeiter. Diese Gesetze regeln Arbeitsbedingungen, Löhne und Sicherheit am Arbeitsplatz. Produzenten müssen sichere und faire Arbeitsbedingungen für ihre Mitarbeiter gewährleisten und die Vorschriften zum Arbeitsschutz einhalten.

Landnutzung und Planung

Planungs- und Landnutzungsgesetze haben Einfluss darauf, wo und wie Apfelplantagen angelegt werden können. Landwirtschaftliche Schutzgebiete, Bebauungsvorschriften und Baugenehmigungen beeinflussen die Entscheidungen der Landwirte. Umweltgesetze können zusätzliche Beschränkungen vorsehen, um lokale Ökosysteme und Wasserressourcen zu schützen.

Die Gesetze und Vorschriften für den Apfelanbau sollen die Interessen von Produzenten, Verbrauchern und der Umwelt in Einklang bringen. Durch das Verständnis und die Einhaltung dieser Gesetze können Produzenten die Qualität ihrer Produkte verbessern, die Artenvielfalt schützen und zu einer nachhaltigeren Landwirtschaft beitragen.

Kapitel 59: Apple Tree-Ressourcen und Referenzen

Der Apfelanbau ist ein reichhaltiges und vielfältiges Feld, das durch zahlreiche Ressourcen und nützliche Referenzen für Züchter, Hobbygärtner und Forscher unterstützt wird. Diese Werkzeuge decken verschiedene Aspekte des Anbaus ab, vom Pflanzen bis zur Ernte, einschließlich der Krankheits- und Schädlingsbekämpfung.

Bücher und Veröffentlichungen

Fachbücher bieten eine Fülle von Informationen für Apfelbauern. Zu den Nachschlagewerken gehören „The Apple Grower" von Michael Phillips, das sich mit biologischen Techniken für den Anbau von Apfelbäumen befasst, und „Apples: A Field Guide" von Michael Clark, das die verschiedenen Apfelsorten und ihre Eigenschaften beschreibt. Diese Bücher behandeln Themen von der Sortenauswahl über den Schnitt bis zur Schädlingsbekämpfung.

Wissenschaftliche Zeitschriften und Artikel

Wissenschaftliche Zeitschriften veröffentlichen regelmäßig Artikel über die neuesten Forschungsergebnisse im Bereich der Baumzucht. In Veröffentlichungen wie „HortScience" und „Journal of the American Pomological Society" werden Studien zur Apfelgenetik, innovativen Anbaumethoden und neuen Entdeckungen in der Pflanzenpathologie vorgestellt. Diese Artikel sind unverzichtbar für Forscher und Fachleute, die auf dem neuesten Stand der Apfelanbautechnologie bleiben möchten.

Websites und Blogs

Das Internet ist voll von Websites und Blogs, die sich dem Anbau von Apfelbäumen widmen. Websites wie die International Society for Horticultural Science (ISHS) bieten wissenschaftliche und technische Ressourcen, während Blogs wie „Fruit Gardener's Blog" praktische Ratschläge und Erfahrungsberichte bieten. Diese Plattformen ermöglichen es Produzenten, Tipps und Innovationen auszutauschen und Fragen an eine Community von Enthusiasten zu stellen.

Videos und Webinare

Videos und Webinare sind großartige Möglichkeiten, neue Techniken zu erlernen und Echtzeitdemonstrationen zu sehen. YouTube-Kanäle wie „SkillCult" bieten Tutorials zum Pfropfen, Beschneiden und Obstgartenmanagement. Von Institutionen wie dem USDA oder Gartenbauverbänden organisierte Webinare bieten Zugang zu Online-Konferenzen und Schulungen zu spezifischen Themen im Zusammenhang mit Apfelbäumen.

Verbände und Diskussionsgruppen

Der Beitritt zu Vereinen und Diskussionsgruppen ist eine großartige Möglichkeit, mit anderen Apfelbaum-Enthusiasten in Kontakt zu treten. Organisationen wie die North American Fruit Explorers (NAFEX) oder die Royal Horticultural Society (RHS) bieten Ressourcen, Veranstaltungen und Diskussionsforen zum Wissens- und Erfahrungsaustausch. Diese Netzwerke sind für gegenseitige Unterstützung und kontinuierliches Lernen unerlässlich.

Datenbanken und digitale Bibliotheken

Datenbanken und digitale Bibliotheken bieten Zugriff auf zahlreiche Informationen über Apfelbäume. Plattformen wie AGRICOLA oder PubAg hosten Tausende von Forschungsartikeln, technischen Berichten und Regierungspublikationen. Diese Ressourcen sind wertvoll, um detaillierte Informationen und Fallstudien zu verschiedenen Aspekten des Apfelanbaus zu finden.

Forschungseinrichtungen und Universitäten

Viele Forschungseinrichtungen und Universitäten führen Programme zur Erforschung von Apfelbäumen durch. Universitäten wie Cornell und die University of California in Davis verfügen über spezialisierte Abteilungen für Gartenbauwissenschaften, die Forschungsergebnisse veröffentlichen, Kurse anbieten und Gemeinschaftsprojekte mit Züchtern organisieren. Die Ergebnisse dieser Forschung tragen zur Verbesserung der Anbaupraktiken und zur Entwicklung neuer Apfelbaumsorten bei.

Software und mobile Anwendungen

Digitale Technologien wie Software und mobile Anwendungen erleichtern die Obstgartenverwaltung. Apps wie Orchard Manager oder Fruit Tracker helfen Landwirten dabei, Aufgaben zu planen, Wachstumsbedingungen zu verfolgen und Erntebestände zu verwalten. Diese Tools ermöglichen ein effizienteres Management und eine bessere Entscheidungsfindung auf der Grundlage von Echtzeitdaten.

Der Zugang zu diesen verschiedenen Ressourcen und Referenzen ist entscheidend für den Erfolg beim Anbau von Apfelbäumen. Sie ermöglichen es den Erzeugern, über die neuesten

Fortschritte auf dem Laufenden zu bleiben, ihre Anbaupraktiken zu verbessern und die Herausforderungen zu meistern, die durch Krankheiten, Schädlinge und sich ändernde klimatische Bedingungen entstehen.

Kapitel 60: Die Zukunft der Apfelbäume

Die Zukunft der Apfelbäume wird von technologischen Fortschritten, Umweltbedenken und dem Klimawandel geprägt. Die Kombination dieser Elemente ergibt eine sich ständig verändernde Landschaft für den Apfelanbau mit einzigartigen Herausforderungen und Chancen.

Technologische Innovationen

Modernste Technologien revolutionieren die Art und Weise, wie Apfelbäume angebaut und bewirtschaftet werden. Bodensensoren und Drohnen ermöglichen eine präzise Überwachung der Wachstumsbedingungen und helfen Landwirten, die Bewässerung und Düngemittelausbringung zu optimieren. Durch den Einsatz von künstlicher Intelligenz und maschinellem Lernen zur Analyse der Daten dieser Sensoren können Baumbedürfnisse und Krankheitsrisiken vorhergesagt werden, wodurch die Obstgartenbewirtschaftung proaktiver und effizienter wird.

Sorten- und genetische Selektion

Bei der Entwicklung neuer Apfelbaumsorten spielt die Biotechnologie eine entscheidende Rolle. Durch Genombearbeitung können Wissenschaftler Apfelbäume schaffen, die krankheitsresistenter, produktiver und besser an extreme Wetterbedingungen angepasst sind. Gentechnisch veränderte Sorten können eine erhöhte Resistenz gegen Schädlinge und Krankheiten bieten, die Abhängigkeit von Pestiziden verringern und zu einer nachhaltigeren Landwirtschaft beitragen.

Nachhaltigkeit und ökologische Praktiken

Nachhaltigkeit steht im Mittelpunkt moderner landwirtschaftlicher Praktiken. Ökologische und regenerative Anbaumethoden erfreuen sich bei Apfelbauern immer größerer Beliebtheit, da sie die Auswirkungen auf die Umwelt minimieren möchten. Die Agroforstwirtschaft, die Apfelbäume in diversifizierte Agrarsysteme integriert, verbessert die Artenvielfalt und die Bodengesundheit. Auch Wasserschutzmaßnahmen und integrierte Schädlingsbekämpfung sind für eine nachhaltige Produktion unerlässlich.

Anpassung an den Klimawandel

Der Klimawandel stellt den Apfelanbau vor große Herausforderungen. Extreme Temperaturen, unregelmäßige Regenfälle und neue Krankheitsbilder beeinträchtigen Obstgärten. Die Landwirte müssen ihre Praktiken anpassen, um auf diese Veränderungen zu reagieren, indem sie Sorten wählen, die resistenter gegen Hitze und Trockenheit sind, und effizientere Wassermanagementtechniken anwenden. Gewächshäuser und Kunststofftunnel können ein kontrolliertes Mikroklima schaffen, um Apfelbäume vor extremen Wetterbedingungen zu schützen.

Märkte und Konsum

Auch die Vorlieben der Verbraucher beeinflussen die Zukunft der Apfelbäume. Die wachsende Nachfrage nach lokalen, biologischen und nachhaltigen Produkten zwingt die Produzenten dazu, ökologischere Praktiken einzuführen. Verbraucher wünschen sich auch eine größere Vielfalt an Apfelsorten und legen Wert auf Früchte mit einzigartigem Geschmack und besonderer Geschichte. Kurze Vertriebskanäle wie Bauernmärkte und Community Supported Agriculture (CSA)-Systeme stärken die Verbindungen zwischen Produzenten und Verbrauchern.

Bildung und Ausbildung

Die kontinuierliche Schulung der Erzeuger ist für die Zukunft der Apfelbäume von entscheidender Bedeutung. Von Universitäten und Forschungseinrichtungen angebotene Bildungs- und Ausbildungsprogramme spielen eine entscheidende Rolle bei der Verbreitung von Wissen und neuen Techniken. Workshops, Webinare und praktische Demonstrationen helfen Produzenten, über die neuesten Innovationen auf dem Laufenden zu bleiben und ihre Praktiken zu verbessern.

Zusammenarbeit und Partnerschaften

Die Zusammenarbeit zwischen Produzenten, Forschern, Unternehmen und Regierungen ist notwendig, um zukünftige Herausforderungen zu meistern. Öffentlich-private Partnerschaften können die Forschung und Entwicklung neuer Technologien und Sorten finanzieren. Produzentennetzwerke ermöglichen den Austausch von Informationen und bewährten Verfahren und stärken die kollektive Widerstandsfähigkeit gegenüber klimatischen und wirtschaftlichen Herausforderungen.

Apfelbäume haben eine vielversprechende Zukunft durch die Integration fortschrittlicher Technologien, nachhaltiger landwirtschaftlicher Praktiken und kontinuierlicher Anpassung an Umweltveränderungen. Durch die Kombination von Innovation und Respekt vor der Tradition können Erzeuger dafür sorgen, dass die Apfelplantagen auch für zukünftige Generationen gedeihen.

Kapitel 61: Die Entwicklung der Apfelbäume im Laufe der Zeit

Apfelbäume, Mitglieder der Familie Rosaceae und der Gattung Malus, haben eine reiche und faszinierende Geschichte, die Jahrtausende zurückreicht. Ihre Entwicklung im Laufe der Jahrhunderte ist ein Zeugnis der Interaktion zwischen Mensch und Natur, der Anpassung von Pflanzen an unterschiedliche Umgebungen und der kulturellen und wirtschaftlichen Bedeutung von Äpfeln in vielen Gesellschaften auf der ganzen Welt.

Herkunft und Domestizierung

Wilde Apfelbäume, die in Zentralasien beheimatet sind, waren ursprünglich Bäume mit kleinen, bitteren und unappetitlichen Früchten. Ihre Domestizierung durch frühe Landwirte führte zur Auswahl von Sorten mit größeren Früchten und süßerem Fruchtfleisch, die für den menschlichen Verzehr geeignet waren. Die ersten Spuren des Apfelbaumanbaus reichen Jahrtausende zurück und es gibt archäologische Beweise für ihre Präsenz in Europa und Asien seit der Antike.

Verbreitung und Austausch

Im Laufe der Zeit verbreiteten sich domestizierte Apfelbäume durch Handel, menschliche Migration und Erkundung auf der ganzen Welt. Die Römer spielten eine wichtige Rolle bei der Verbreitung von Apfelsorten in ganz Europa, während frühe europäische Siedler Apfelbäume in Nordamerika einführten. Entdeckungsreisen im Laufe der Jahrhunderte trugen auch zur Verbreitung von Apfelbäumen in neue Regionen der Erde bei.

Selektion und Hybridisierung

Die Kunst der Apfelzüchtung und -hybridisierung hat sich im Laufe der Jahrhunderte weiterentwickelt und ermöglicht es Gärtnern, die Eigenschaften bestehender Sorten zu verbessern und neue Sorten zu schaffen, die für unterschiedliche Klimazonen und Verwendungszwecke geeignet sind. Es wurden Tausende Apfelsorten entwickelt, jede mit ihren eigenen Geschmacks-, Textur- und Farbeigenschaften. Durch selektive Kreuzungen konnten zudem Sorten entwickelt werden, die gegen Krankheiten und Schädlinge resistent sind.

Symbolik und Kulturen

Apfelbäume haben in vielen Zivilisationen auf der ganzen Welt eine wichtige symbolische und kulturelle Rolle gespielt. In Mythen und Religionen werden sie oft mit Fruchtbarkeit, Wissen und Versuchung in Verbindung gebracht. Äpfel werden in Kunst, Literatur und Küche gefeiert und symbolisieren sowohl Gesundheit als auch Versuchung. In vielen Kulturen ist die Apfelernte eine festliche Tradition, die das Ende des Sommers und den Beginn des Herbstes markiert.

Anpassung und Resilienz

Apfelbäume mussten sich an eine Vielzahl von Umweltbedingungen anpassen, vom kalten Klima der Arktis bis zum heißen, trockenen Klima der Mittelmeerregionen. Ihre Fähigkeit, in unterschiedlichen Umgebungen zu überleben und zu gedeihen, zeugt von ihrer Widerstandsfähigkeit und genetischen Plastizität. Auch die Apfelanbautechniken wurden weiterentwickelt, um sie an lokale Gegebenheiten und den Klimawandel anzupassen.

Erhaltung und Erbe

Der Erhalt der genetischen Vielfalt von Apfelbäumen ist für ihr langfristiges Überleben von entscheidender Bedeutung. Weltweit werden zahlreiche Naturschutzbemühungen unternommen, um alte und seltene Apfelbaumsorten zu erhalten. Apfelsammlungen werden in botanischen Gärten, Versuchsfarmen und Samenbanken gepflegt und tragen so zur Erhaltung des genetischen und kulturellen Erbes der Apfelbäume bei.

Herausforderungen und Perspektiven

Trotz ihrer jahrtausendealten Geschichte stehen Apfelbäume im 21. Jahrhundert vor neuen Herausforderungen, darunter dem Klimawandel, neu auftretenden Krankheiten und dem Verlust von Lebensräumen. Durch technologische Innovation, die Erhaltung genetischer Ressourcen und internationale Zusammenarbeit gibt es jedoch vielversprechende Zukunftsaussichten für Apfelbäume. Ihre genetische Vielfalt und Anpassungsfähigkeit machen Apfelbäume zu wertvollen Ressourcen für die globale Ernährungssicherheit und den Erhalt der Artenvielfalt.

Kapitel 62: Die großen Apfelbaumforscher

Die Geschichte der Apfelbäume ist eng mit den großen Entdeckern verbunden, die Kontinente durchquerten, neue Gebiete entdeckten und Wissen mit verschiedenen Kulturen austauschten. Diese unerschrockenen Abenteurer trugen dazu bei, Apfelbäume auf der ganzen Welt zu verbreiten und eröffneten neue Möglichkeiten für die Züchtung und den Anbau einzigartiger Apfelsorten.

Marco Polo: Die Seidenstraßen

Marco Polo, ein berühmter venezianischer Entdecker aus dem 13. Jahrhundert, ist für seine Reisen entlang der Seidenstraßen bekannt, die Europa und Asien verbanden. Während seiner Expeditionen entdeckte Polo viele exotische Früchte, darunter Äpfel, die in Zentralasien und China weit verbreitet angebaut wurden. Seine Geschichten weckten das Interesse an diesen wertvollen Früchten in der westlichen Welt und trugen zu ihrer Einführung in Europa bei.

Christoph Kolumbus: Die Entdeckung der neuen Welt

Die Ankunft von Christoph Kolumbus in Amerika im Jahr 1492 markierte den Beginn eines neuen Austauschs von Pflanzenarten zwischen den Kontinenten. Unter den nach Europa eingeführten Pflanzen nahmen Äpfel einen wichtigen Platz ein. Frühe europäische Siedler fanden in Nordamerika wilde Apfelsorten und begannen schnell mit dem Anbau dieser in ihren Kolonien, was zur genetischen Diversifizierung von Apfelbäumen auf der ganzen Welt beitrug.

John Chapman: Amerikas Apple-Pionier

John Chapman, auch bekannt als „Johnny Appleseed", war ein amerikanischer Pionier des frühen 19. Jahrhunderts, der dafür bekannt war, den Apfelanbau in den Grenzgebieten der Vereinigten Staaten zu verbreiten. Chapman bereiste weite Gebiete, säte Apfelsamen und richtete Baumschulen ein, um die nach Westen expandierenden Siedler mit Setzlingen zu versorgen. Seine Arbeit trug dazu bei, Apfelplantagen in ganz Amerika anzulegen.

David Fairchild: Der Pflanzenforscher

David Fairchild, ein amerikanischer Botaniker und Entdecker des frühen 20. Jahrhunderts, spielte eine entscheidende Rolle bei der Einführung vieler exotischer Pflanzen in Nordamerika. Auf seinen Reisen rund um die Welt sammelte Fairchild Tausende von Pflanzenproben, darunter auch Apfelsorten, die er zur Akklimatisierung und für Züchtungsexperimente in die USA mitbrachte. Seine Arbeit trug zur Bereicherung der genetischen Vielfalt der Apfelbäume in Amerika bei.

Ernest Wilson: Der botanische Entdecker

Ernest Wilson, ein britischer Botaniker des frühen 20. Jahrhunderts, ist berühmt für seine Expeditionen nach China, wo er viele Pflanzenarten sammelte, darunter auch Sorten wilder Apfelbäume. Wilson reiste in abgelegene und unerforschte Regionen und trotzte Gefahren und Schwierigkeiten, um seltene botanische Exemplare zurückzubringen. Seine Entdeckungen haben die Wildapfelsammlungen in botanischen Gärten und Forschungseinrichtungen auf der ganzen Welt bereichert.

Ausblick

Die großen Apfelforscher eröffneten neue Grenzen in der Kenntnis und Kultivierung dieser kostbaren Obstbäume. Ihre Reisen ermöglichten die Entdeckung und Auswahl einzigartiger Sorten und trugen zur genetischen Diversifizierung von Apfelbäumen und ihrer Anpassung an verschiedene Klima- und Umweltbedingungen bei. Ihr Erbe inspiriert weiterhin Apfelkonservierungs- und Erhaltungsbemühungen auf der ganzen Welt.

Kapitel 63: Apfelbäume und alte Zivilisationen

Apfelbäume haben in vielen alten Zivilisationen auf der ganzen Welt sowohl kulturell als auch wirtschaftlich eine bedeutende Rolle gespielt. Ihre Präsenz in der Geschichte reicht Jahrtausende zurück und ihre Bedeutung in antiken Gesellschaften zeugt von ihrem symbolischen und praktischen Wert.

Mesopotamien: Die Wiege der Landwirtschaft

Im alten Mesopotamien, dem Geburtsort der Landwirtschaft, wurden Apfelbäume wegen ihrer aromatischen Früchte und kulinarischen Vielseitigkeit angebaut. Die alten Sumerer und Babylonier kannten und schätzten Äpfel, nahmen sie in ihre tägliche Ernährung auf und verwendeten sie auch in religiösen Ritualen und Zeremonien.

Ägypten: Symbole der Fruchtbarkeit und Unsterblichkeit

Im alten Ägypten wurden Äpfel mit Fruchtbarkeit und Unsterblichkeit in Verbindung gebracht. Die Ägypter glaubten, Äpfel seien ein Geschenk der Götter und brachten sie den Gottheiten bei religiösen Zeremonien als Opfer dar. Die Gräber der Pharaonen waren manchmal mit Gemälden geschmückt, die Szenen des Apfelpflückens zeigten und das ewige Leben symbolisierten.

Antikes Griechenland: Mythen und Legenden

Im antiken Griechenland waren Äpfel eng mit Mythologien und Legenden verbunden. Der goldene Apfel, ein Symbol der Zwietracht, spielte eine zentrale Rolle im Mythos vom Apfel der Zwietracht, der den Trojanischen Krieg auslöste. Die Griechen assoziierten Äpfel auch mit Aphrodite, der Göttin der Liebe, Schönheit und Fruchtbarkeit.

Antikes Rom: Luxus und Prestige

In Rom galten Äpfel als Luxus- und Prestigefrucht, die der Elite und üppigen Banketten vorbehalten war. Die Römer bauten Apfelsorten an, die aufgrund ihres Geschmacks und ihrer Konsistenz ausgewählt wurden, und verwendeten sie für eine Vielzahl süßer und herzhafter Gerichte. Auch bei offiziellen Zeremonien und Festen wurden Äpfel als wertvolle Geschenke überreicht.

Altes China: Symbole für Langlebigkeit und Wohlstand

Im alten China wurden Äpfel mit Langlebigkeit und Wohlstand in Verbindung gebracht. Äpfel wurden oft als Hochzeitsgeschenk verschenkt und symbolisierten Fruchtbarkeit und Eheglück. Die Chinesen glaubten auch, dass der Verzehr von Äpfeln Gesundheit, Glück und Erfolg im Leben bringen könne.

Altes Indien: Ayurveda-Medizin

Im alten Indien wurden Äpfel wegen ihrer medizinischen Eigenschaften und ihres Nährwerts geschätzt. Die ayurvedische Medizin empfiehlt Äpfel als natürliches Heilmittel für eine Vielzahl von Beschwerden, darunter Verdauungsstörungen und Herzprobleme. Äpfel wurden auch als Zutat für viele kulinarische Zubereitungen und Erfrischungsgetränke verwendet.

Ausblick

Apfelbäume waren wesentliche Begleiter antiker Zivilisationen und verliehen ihren Kulturen, Glaubensvorstellungen und Traditionen Symbolik und Bedeutung. Ihr Vermächtnis hält bis heute an und zeugt von der zeitlosen Bedeutung von Äpfeln im menschlichen Leben und ihrer tiefen Verbindung zu unserer kollektiven Geschichte.

Kapitel 64: Apfelbäume in Ritualen und Zeremonien

Apfelbäume nehmen in den Ritualen und Zeremonien vieler Kulturen auf der ganzen Welt einen wichtigen Platz ein und symbolisieren Fruchtbarkeit, Wohlstand, ewiges Leben und spirituelle Verbindung mit der Natur. Ihre Präsenz in diesen Kontexten hatte oft eine tiefe und heilige Bedeutung und prägte die religiösen Traditionen und Praktiken der Gemeinschaften.

Opfergaben und Opfer

In vielen alten Kulturen wurden Äpfel Göttern und Geistern als Symbol der Dankbarkeit und Hingabe geopfert. Rituale zum Schenken von Äpfeln wurden oft mit religiösen Zeremonien, saisonalen Festen und Fruchtbarkeitsritualen in Verbindung gebracht. Äpfel wurden manchmal als rituelle Opfergaben verbrannt, wobei sie ihren süßen Duft in die Luft verströmten und die Verbindung zwischen Menschen und Gottheiten symbolisierten.

Übergangsriten

Apfelbäume kamen auch bei Übergangsriten zum Einsatz und markierten wichtige Etappen im individuellen und kollektiven Leben. In vielen Kulturen wurden Hochzeiten unter blühenden Apfelbäumen gefeiert, die Liebe, Fruchtbarkeit und Fülle symbolisierten. Ebenso wurden Tauf- und Konfirmationszeremonien manchmal von Ritualen mit Äpfeln begleitet, die Reinigung und spirituelle Wiedergeburt symbolisierten.

Feiertage und Feste

Äpfel standen oft im Mittelpunkt von Feiertagen und Festen, bei denen Ernten und Jahreszeiten gefeiert wurden. Äpfel wurden bei besonderen Zeremonien gepflückt und dann in einer Vielzahl traditioneller Gerichte und Getränke verwendet. Apfelfeste waren eine Gelegenheit, Gemeinschaften zusammenzubringen, Geschichten und Lieder auszutauschen und den Reichtum der Natur zu feiern.

Medizin und Heilung

In einigen alten medizinischen Traditionen galten Äpfel als wirksame Heilmittel für Körper und Geist. Äpfel wurden in medizinischen Präparaten zur Behandlung einer Vielzahl von Beschwerden verwendet, von Verdauungsstörungen bis hin zu Herzbeschwerden. Bei

Heilungszeremonien wurden manchmal Apfelopferrituale durchgeführt, bei denen die Heilkräfte der Natur angerufen wurden.

Weissagung und Magie

Äpfel wurden manchmal für Wahrsagungs- und Zauberpraktiken verwendet, um Zukunftsvisionen oder Botschaften der Götter zu offenbaren. Die Äpfel wurden in Viertel geschnitten und ins Feuer geworfen und dann anhand ihrer Verbrennung interpretiert. Äpfel wurden auch in Zaubersprüchen und Verzauberungen verwendet, um Liebe, Glück und Schutz anzulocken.

Ausblick

Apfelbäume haben im Laufe der Jahrhunderte eine wesentliche Rolle in den Ritualen und Zeremonien vieler Kulturen gespielt und eine heilige Verbindung zwischen der Menschheit und der Natur geschaffen. Ihre Präsenz in diesen Kontexten zeugt von der Tiefe unserer Beziehung zu Apfelbäumen und davon, wie sie unsere spirituellen, kulturellen und sozialen Erfahrungen bereichert haben.

Kapitel 65: Genetische Vielfalt von Apfelbäumen

Apfelbäume (Malus Domestica) gehören zu den genetisch vielfältigsten Obstbäumen und bieten ein breites Sortenspektrum mit einzigartigen Eigenschaften in Bezug auf Geschmack, Farbe, Textur und Krankheitsresistenz. Diese genetische Vielfalt ist das Ergebnis jahrtausendelanger natürlicher Selektion und Kreuzung durch den Menschen und hat einen unschätzbaren Reichtum an Ressourcen für die Landwirtschaft und den Erhalt der Artenvielfalt geschaffen.

Ursprünge und Evolutionsgeschichte

Apfelbäume sind in Zentralasien beheimatet, wo sie sich aus Wildarten der Gattung Malus entwickelt haben. Im Laufe der Zeit wurden Apfelbäume von Menschen domestiziert, die Sorten aufgrund ihres Geschmacks und ihrer Anpassungsfähigkeit an unterschiedliche

Klimazonen auswählten und kreuzten. Diese Evolutionsgeschichte hat zur Entstehung tausender Apfelsorten auf der ganzen Welt geführt, von denen jede ihre eigenen charakteristischen Merkmale aufweist.

Sorten und Eigenschaften

Die genetische Vielfalt von Apfelbäumen zeigt sich in einer Vielzahl von Merkmalen wie Fruchtgröße und -form, Haut- und Fleischfarbe, Textur, Geschmack, Reifezeit, Widerstandsfähigkeit gegen Krankheiten und Schädlinge sowie Toleranz gegenüber unterschiedlichen Umweltbedingungen. Einige Sorten sind an kaltes Klima angepasst und können Frost standhalten, während andere in heißen, trockenen Regionen gedeihen.

Landwirtschaftliche und wirtschaftliche Bedeutung

Die genetische Vielfalt von Apfelbäumen ist für die Landwirtschaft und die Weltwirtschaft von großer Bedeutung. Es ermöglicht den Erzeugern, Sorten auszuwählen, die an ihre örtlichen Gegebenheiten angepasst sind, was dazu beiträgt, die Erträge zu steigern, die Fruchtqualität zu verbessern und die Abhängigkeit von Pestiziden und Chemikalien zu verringern. Darüber hinaus bietet die Vermarktung verschiedener Apfelsorten den Verbrauchern vielfältige Möglichkeiten, ihren Geschmackspräferenzen gerecht zu werden.

Konservierung und Bewahrung

Die Erhaltung der genetischen Vielfalt von Apfelbäumen ist von wesentlicher Bedeutung, um die Widerstandsfähigkeit dieser Kulturpflanze gegenüber zukünftigen Herausforderungen wie Klimawandel, Krankheiten und Schädlingen sicherzustellen. Genbanken und Sortensammlungen spielen eine entscheidende Rolle bei der Erhaltung der genetischen Vielfalt von Apfelbäumen, indem sie Proben seltener Sorten konservieren und sie Forschern und Züchtern für genetische Verbesserungsprogramme zugänglich machen.

Ausblick

Die genetische Vielfalt von Apfelbäumen ist eine wertvolle Ressource, die weiterhin Forschung, Innovation und Naturschutz in der Landwirtschaft inspiriert. Durch die Wertschätzung und Erhaltung dieser Vielfalt können wir eine nachhaltige Versorgung mit Qualitätsäpfeln sicherstellen und gleichzeitig das einzigartige genetische Erbe dieser ikonischen Obstpflanze bewahren.

Kapitel 66: Auswahl und Hybridisierung von Apfelbäumen

Die Auswahl und Hybridisierung von Apfelbäumen sind wesentliche Prozesse bei der genetischen Verbesserung dieser ikonischen Obstpflanze. Durch diese Techniken entstehen neue Apfelbaumsorten mit verbesserten Eigenschaften wie Krankheitsresistenz, Fruchtqualität, Produktivität und Anpassungsfähigkeit an sich ändernde Umweltbedingungen.

Auswahl

Bei der Auswahl von Apfelbäumen erfolgt die sorgfältige Auswahl der vielversprechendsten Exemplare für die Fortpflanzung anhand von Kriterien wie Geschmack, Textur, Farbe, Krankheitsresistenz und Reifezeit. Züchter untersuchen Obstbäume in Obstgärten sorgfältig und bewerten jedes Merkmal, um die begehrtesten Exemplare zu identifizieren. Anschließend werden die ausgewählten Sorten miteinander gekreuzt, um Hybriden mit den gewünschten Eigenschaften zu erzeugen.

Hybridisierung

Bei der Hybridisierung von Apfelbäumen werden zwei unterschiedliche Sorten gezielt gekreuzt, um ihre vorteilhaften Eigenschaften in neuen Nachkommen zu kombinieren. Dieser Prozess erfordert umfassende Kenntnisse der Apfelbaumgenetik und der kontrollierten Bestäubungstechniken. Um den Zuchtprozess zu kontrollieren und die Erfolgsaussichten zu maximieren, nutzen Züchter häufig Methoden wie Handbestäubung und die Nutzung von Zuchträumen.

Ziele der genetischen Verbesserung

Die Ziele der genetischen Verbesserung von Apfelbäumen variieren je nach den Bedürfnissen der Produzenten, Verbraucher und den örtlichen Umweltbedingungen. Einige Forscher konzentrieren sich auf die Entwicklung von Sorten, die gegen Krankheiten wie Schorf und

Feuerbrand resistent sind, während andere darauf abzielen, den Geschmack, die Textur und die Haltbarkeit von Früchten zu verbessern. Weitere Ziele können die Anpassung an den Klimawandel, die Reduzierung des Pestizideinsatzes und die Steigerung der Erträge sein.

Landwirtschaftliche und wirtschaftliche Bedeutung

Die Züchtung und Hybridisierung von Äpfeln spielt eine entscheidende Rolle in der Landwirtschaft und der Weltwirtschaft, da sie es den Erzeugern ermöglicht, Apfelsorten anzubauen, die auf ihre spezifischen Bedürfnisse zugeschnitten sind. Mit diesen Techniken entwickelte neue Sorten tragen dazu bei, die Erträge zu steigern, die Fruchtqualität zu verbessern und die Abhängigkeit von chemischen Zusätzen zu verringern, was zu einer nachhaltigeren und profitableren Produktion führt.

Ausblick

Apfelzüchtung und -hybridisierung sind dynamische Prozesse, die sich ständig weiterentwickeln, um den Herausforderungen und Chancen der modernen Landwirtschaft gerecht zu werden. Durch die Kombination von Fortschritten in der wissenschaftlichen Forschung mit dem traditionellen Wissen der Züchter können wir weiterhin innovative Apfelsorten entwickeln, die an die Bedürfnisse von Produzenten, Verbrauchern und der Umwelt angepasst sind.

Kapitel 67: Die Pioniere des Apfelanbaus

Die Geschichte des Apfelanbaus ist eng mit den visionären Pionieren verbunden, die im Laufe der Jahrhunderte zu seiner Entwicklung und Ausbreitung beigetragen haben. Diese mutigen Männer und Frauen widmeten ihr Leben dem Anbau, der Züchtung und der Förderung von Apfelbäumen und ebneten so den Weg für eine florierende Obstindustrie und eine Vielfalt an Apfelsorten, die sich auf der ganzen Welt erfreuen.

Johnny Appleseed

Zu den berühmtesten Pionieren des Apfelanbaus gehörte Johnny Appleseed, der mit bürgerlichem Namen John Chapman hieß und eine legendäre Figur der amerikanischen Geschichte war. Im frühen 19. Jahrhundert bereiste Johnny Appleseed die Pionierregionen Nordamerikas, verteilte Apfelsamen und pflanzte unterwegs Obstgärten. Seine Leidenschaft für Apfelbäume und seine Überzeugung, dass jeder Mensch den Geschmack eines Apfels verdient hat, trugen dazu bei, dass sich Apfelplantagen im ganzen Land verbreiteten.

Luther Burbank

Ein weiterer bekannter Pionier des Apfelanbaus war Luther Burbank, ein amerikanischer Gärtner und Pflanzenzüchter des 19. Jahrhunderts. Burbank war berühmt für seine innovativen Züchtungs- und Kreuzungstechniken, die es ihm ermöglichten, viele beliebte Apfelsorten wie Golden Delicious und Burbank zu züchten, die noch heute angebaut werden. Seine Arbeit revolutionierte die Obstindustrie und ebnete den Weg für neue Methoden zur Züchtung und Züchtung von Apfelbäumen.

Marie-Anne Pierrette Paulze

Im 18. Jahrhundert spielte Marie-Anne Pierrette Paulze, Ehefrau des berühmten französischen Chemikers Antoine Lavoisier, eine entscheidende Rolle bei der Entwicklung der Pomologie, der Wissenschaft der Fruchtforschung. Paulze arbeitete mit ihrem Mann zusammen, um viele Apfel- und andere Obstsorten zu dokumentieren und zu klassifizieren. Damit legte sie den Grundstein für die moderne Apfelforschung und trug zur Weiterentwicklung des Gartenbaus bei.

Alte Bauern

Neben diesen historischen Persönlichkeiten spielten auch viele anonyme Bauern und Züchter eine wichtige Rolle im Apfelanbau. Seit Jahrhunderten experimentieren sie mit verschiedenen Apfelbaumsorten und perfektionieren die Anbau-, Pfropf- und Schnitttechniken, um erstklassige Früchte zu produzieren. Ihr Wissen und Know-how wurde von Generation zu Generation weitergegeben und trägt zum Reichtum und zur Vielfalt der Apfelplantagen auf der ganzen Welt bei.

Erbe und Inspiration

Das Erbe der Pioniere des Apfelanbaus lebt in den Obstgärten und Apfelsorten, die sie mitgestaltet haben, weiter. Ihr Engagement, ihr Einfallsreichtum und ihre Leidenschaft haben Generationen von Gärtnern, Forschern und Apfelliebhabern dazu inspiriert, ihre Arbeit fortzusetzen und die Wissenschaft und Kunst des Apfelanbaus weiter voranzutreiben.

Kapitel 68: Apfelbäume und landwirtschaftliche Traditionen

Apfelbäume haben in der landwirtschaftlichen Tradition auf der ganzen Welt schon immer einen wichtigen Platz eingenommen. Ihre Kultur und Pflege sind von Praktiken geprägt, die von Generation zu Generation weitergegeben wurden und das Wissen der Vorfahren und lokale Bräuche im Zusammenhang mit der Landwirtschaft und dem Landleben widerspiegeln. Diese landwirtschaftlichen Traditionen haben dazu beigetragen, Landschaften, Gemeinschaften und Esskulturen zu formen und tiefe Verbindungen zwischen Menschen und Obstbäumen zu schaffen.

Pfropfen und Vermehrung

Das Pfropfen von Äpfeln ist eine der ältesten und am weitesten verbreiteten landwirtschaftlichen Traditionen im Zusammenhang mit dem Apfelanbau. Bei dieser Technik wird ein Zweig eines ausgewählten Apfelbaums entnommen und auf einen Wurzelstock gepfropft, wodurch die gewünschten Eigenschaften der Sorte erhalten bleiben und gleichzeitig ein kräftiges Wachstum und eine Anpassung an die örtlichen Bedingungen gewährleistet werden. Die Veredelung geht oft mit Ritualen und Glaubenssätzen einher, die die tiefe Verbindung zwischen Mensch und Natur widerspiegeln.

Größe und Wartung

Das Beschneiden von Apfelbäumen ist eine weitere jahrhundertealte Tradition. Landwirte wenden spezielle Schnitttechniken an, um das Baumwachstum zu kontrollieren, die Fruchtbildung zu fördern und die Baumgesundheit zu erhalten. Diese Praktiken werden von Generation zu Generation weitergegeben, oft begleitet von regionalen Sprichwörtern und Redewendungen, die den Landwirten bei ihrer Saisonarbeit als Leitfaden dienen.

Partys und Feiern

Apfelbäume werden oft das ganze Jahr über mit Festen und Feiern in Verbindung gebracht, die verschiedene Phasen des landwirtschaftlichen Zyklus markieren. Übergangsriten wie das Blühen der Apfelbäume im Frühling, die Obsternte im Herbst und die Herstellung von Apfelwein sind Gelegenheiten, die Fruchtbarkeit der Erde und die Großzügigkeit der Natur zu feiern. Diese Feste werden oft von Tänzen, Liedern und symbolischen Ritualen begleitet, die die Bindungen zwischen Gemeinschaften und Obstbäumen stärken.

Weitergabe von Wissen

Die Vermittlung von Wissen und Fähigkeiten im Zusammenhang mit dem Anbau von Apfelbäumen ist ein wesentlicher Bestandteil der landwirtschaftlichen Traditionen. Ehemalige Landwirte geben ihre Erfahrung und ihr Know-how an zukünftige Generationen weiter und sorgen so für die Nachhaltigkeit traditioneller landwirtschaftlicher Praktiken. Diese mündliche Wissensvermittlung wird häufig durch praktische Demonstrationen auf dem Feld ergänzt, sodass junge Landwirte durch praktisches Handeln und Beobachten lernen können.

Kulturelle Resonanz

Mit Apfelbäumen verbundene landwirtschaftliche Traditionen haben eine tiefe kulturelle Resonanz, nähren lokale und regionale Identitäten und stärken die Verbindungen zwischen Gemeinschaften und ihrer natürlichen Umgebung. Diese überlieferten Praktiken beeinflussen weiterhin die Lebensstile, Werte und Überzeugungen der ländlichen Bevölkerung auf der ganzen Welt und zeugen vom Reichtum und der Vielfalt des landwirtschaftlichen Erbes der Welt.

Kapitel 69: Die Domestizierung des Apfelbaums

Die Domestizierung des Apfelbaums ist eine faszinierende Geschichte, die mehrere Jahrtausende zurückreicht. Der in Zentralasien heimische Wildapfelbaum Malus sieversii war einer der ersten Obstbäume, die vom Menschen kultiviert wurden. Diese lange Geschichte der Koevolution zwischen Mensch und Apfelbaum hat zur Entstehung Tausender Apfelsorten geführt, von denen jede ihre eigenen einzigartigen Eigenschaften aufweist.

Ursprünge der Domestizierung

Die ersten Spuren der Domestizierung von Apfelbäumen reichen mehr als 4.000 Jahre nach Zentralasien zurück, wo die alten Menschen begannen, wilde Apfelsorten wegen ihres Geschmacks und ihrer Anpassungsfähigkeit anzubauen und zu züchten. Diese frühen Züchter beobachteten wilde Bäume, sammelten ihre Früchte und pflanzten Samen, um in kontrollierten Gebieten neue Obstbäume zu schaffen. Im Laufe der Zeit führten diese Praktiken zur Züchtung und Vermehrung domestizierter Apfelsorten.

Verbreitung und Anpassung

Im Laufe der Jahrhunderte hat sich der Apfelbaumanbau auf der ganzen Welt verbreitet und sich an die unterschiedlichen Klima- und Umweltbedingungen verschiedener Regionen angepasst. Auch Anbau- und Züchtungstechniken haben sich weiterentwickelt, wobei die lokalen Gemeinschaften Apfelsorten entwickeln, die auf ihre spezifischen Bedürfnisse zugeschnitten sind. Diese genetische Vielfalt der Apfelbäume hat eine entscheidende Rolle für die Widerstandsfähigkeit der Kulturpflanze gegenüber Krankheiten, Schädlingen und Klimawandel gespielt.

Kulturelle und kulinarische Auswirkungen

Die Domestizierung des Apfelbaums hatte tiefgreifende Auswirkungen auf Kulturen auf der ganzen Welt und beeinflusste nicht nur die Landwirtschaft, sondern auch die Küche, Medizin und Populärkultur. Äpfel sind in vielen Regionen zu einem Grundnahrungsmittel geworden und werden zur Zubereitung verschiedener Gerichte, Getränke und Desserts verwendet. Apfelsorten haben in vielen Kulturen auch eine symbolische Bedeutung erlangt, die mit Festen, Zeremonien und religiösen Traditionen verbunden ist.

Konservierung und Bewahrung

Auch heute noch ist die Domestizierung von Äpfeln ein dynamischer Prozess mit fortlaufenden Bemühungen, die genetische Vielfalt der Apfelbäume zu bewahren und ihre nachhaltige Nutzung zu fördern. Um alte und seltene Apfelsorten zu schützen und ihr Überleben für künftige Generationen zu sichern, werden Genbanken und Naturschutzprogramme eingerichtet. Die Domestizierung von Äpfeln ist weiterhin ein Bereich der Forschung und

Erforschung, wobei neue Sorten und Techniken entstehen, um den Herausforderungen der modernen Welt gerecht zu werden.

Kapitel 70. Wilde Apfelbäume und ihre ökologische Rolle

Wilde Apfelbäume oder Malus sieversii sind die Vorfahren der heute bekannten Kultursorten. Diese in den Bergen Kasachstans beheimateten wilden Obstbäume haben eine entscheidende Rolle in den lokalen Ökosystemen gespielt und zur Artenvielfalt vieler Regionen beigetragen. Ihre Anwesenheit und Interaktion mit anderen Organismen hat wichtige Auswirkungen auf die Gesundheit des Ökosystems und den Naturschutz.

Natürlicher Lebensraum

Wilde Apfelbäume gedeihen in den unterschiedlichsten Lebensräumen, vom Bergwald bis zur Almwiese. Ihre Fähigkeit, sich an wechselnde Umweltbedingungen anzupassen, macht sie zu widerstandsfähigen Arten, die in rauen Umgebungen überleben können. Ihre Präsenz in diesen natürlichen Lebensräumen bietet vielen Wildtierarten Nahrungsressourcen und Schutz und trägt so zur lokalen Artenvielfalt bei.

Bestäubung und Samenverbreitung

Die Blüten wilder Apfelbäume locken eine Vielzahl bestäubender Insekten an, darunter Bienen, Schmetterlinge und Hummeln. Diese Insekten spielen eine wesentliche Rolle bei der Bestäubung von Blumen und fördern so die Vermehrung wilder Apfelbäume und anderer Blütenpflanzen in ihrer Umgebung. Darüber hinaus sind die Früchte wilder Apfelbäume eine Nahrungsquelle für viele Tiere, die die Früchte verzehren und die Samen verbreiten und so zur Regeneration der Wälder und zur Besiedelung neuer Lebensräume beitragen.

Ökosystem-Dienstleistungen

Wilde Apfelbäume erbringen eine Reihe von Ökosystemdienstleistungen, die Ökosystemen und Menschen zugute kommen. Ihre Fähigkeit, Böden zu stabilisieren, die Luft zu reinigen und den Tieren Schatten und Schutz zu bieten, trägt dazu bei, das ökologische Gleichgewicht in den

Ökosystemen, in denen sie vorkommen, aufrechtzuerhalten. Darüber hinaus sind sie aufgrund ihrer ästhetischen Schönheit und ihres kulturellen Wertes wichtige Elemente der Naturlandschaft und bieten Möglichkeiten für Erholung und ökologischen Tourismus.

Erhaltung und Schutz

Die Erhaltung wilder Apfelbäume ist von entscheidender Bedeutung für den Erhalt der Artenvielfalt und den Erhalt der fragilen Ökosysteme, in denen sie vorkommen. Es sind Anstrengungen erforderlich, um ihre natürlichen Lebensräume zu schützen, die Belastungen durch Abholzung, Urbanisierung und Klimawandel zu verringern und ihre nachhaltige Nutzung zu fördern. Auch die Sensibilisierung der Öffentlichkeit für die Bedeutung wilder Apfelbäume in lokalen Ökosystemen ist wichtig, um ihr langfristiges Überleben zu sichern.

Kapitel 71: Apfelbäume und einheimische Nutzpflanzen

Apfelbäume haben in indigenen Kulturen auf der ganzen Welt eine bedeutende Rolle gespielt, wo sie verehrt, in Ritualen und Zeremonien verwendet und in das tägliche Leben indigener Gemeinschaften integriert wurden. Ihre Bedeutung geht über ihren einfachen Nährwert hinaus, da sie eng mit den Traditionen, dem Glauben und der Spiritualität der indigenen Völker verbunden sind und ein Symbol für die tiefe Verbundenheit mit dem Land und der Natur darstellen.

Symbol für Fruchtbarkeit und Wohlstand

In vielen indigenen Kulturen gelten Apfelbäume als Symbol für Fruchtbarkeit und Wohlstand. Ihre Fähigkeit, eine Fülle nährstoffreicher Früchte zu produzieren, wird oft mit der Fruchtbarkeit des Landes und der Fülle der Natur in Verbindung gebracht. Die Früchte der Apfelbäume werden bei Fruchtbarkeits- und Ernteritualen verwendet, um jedes Jahr Fülle und neues Leben zu feiern.

Medizinische und Lebensmittelanwendungen

Apfelbäume werden in indigenen Kulturen auch häufig für medizinische und Nahrungsmittelzwecke verwendet. Die Früchte, Blätter, Rinde und Wurzeln werden in der traditionellen Medizin häufig zur Behandlung einer Vielzahl von Beschwerden eingesetzt, von Verdauungsstörungen bis hin zu Hauterkrankungen. Darüber hinaus sind Äpfel und ihre Derivate wie Apfelwein und Apfelessig in vielen Gemeinden eine wichtige Nahrungsquelle und liefern wichtige Vitamine und Antioxidantien.

Rituale und Zeremonien

Apfelbäume stehen oft im Mittelpunkt von Ritualen und Zeremonien, die den Lebens- und Naturkreislauf indigener Kulturen markieren. Von Blütenfesten bis hin zu Erntefeiern werden Apfelbäume geehrt und für ihre Gaben gedankt. Apfelpflanz- und Erntezeremonien werden oft von Liedern, Tänzen und Gebeten begleitet, um den Land- und Naturgeistern Dankbarkeit auszudrücken.

Erhaltung und Weitergabe von Wissen

Der Schutz einheimischer Apfelbäume und des damit verbundenen traditionellen Wissens ist für den Erhalt des kulturellen und biologischen Reichtums indigener Völker von wesentlicher Bedeutung. Um diese lebenswichtige Verbindung mit dem Land und den Vorfahren aufrechtzuerhalten, werden Initiativen zur Erhaltung alter Apfelsorten und zur Wiederbelebung traditioneller landwirtschaftlicher Praktiken umgesetzt. Die Weitergabe von Wissen zwischen den Generationen ist ein Schlüsselelement dieser Bewahrung und stellt sicher, dass die mit dem Apfelbaum verbundenen Traditionen in den indigenen Gemeinschaften weiterhin gedeihen.

Kapitel 72: Erhaltung der angestammten Sorten

Die Erhaltung angestammter Apfelbaumsorten ist ein wesentliches Unterfangen zur Erhaltung der landwirtschaftlichen Biodiversität und zum Schutz des genetischen Erbes der ältesten und wertvollsten Früchte. Diese oft seit Jahrhunderten angebauten Sorten stellen einen wichtigen Teil der Agrar- und Kulturgeschichte vieler Regionen der Welt dar. Ihre Erhaltung ist von entscheidender Bedeutung, um die Ernährungssicherheit zu gewährleisten, die

Widerstandsfähigkeit der Pflanzen gegenüber dem Klimawandel zu fördern und die genetische Vielfalt zu erhalten, die für zukünftige Anpassungen erforderlich ist.

Historische und kulturelle Bedeutung

Alte Apfelbaumsorten haben im Laufe der Geschichte eine zentrale Rolle in den Kulturen und Traditionen vieler Gesellschaften gespielt. Ihre einzigartigen Früchte mit unterschiedlichen Geschmacksrichtungen und Texturen wurden in einer Vielzahl traditioneller Gerichte, Getränke und medizinischer Zubereitungen verwendet. Ihre Präsenz in der Agrarlandschaft zeigt die enge Beziehung zwischen Mensch und Natur und die Bedeutung der biologischen Vielfalt für das Überleben und Wohlergehen von Gemeinschaften.

Belastbarkeit und Anpassungsfähigkeit

Alte Apfelbaumsorten sind oft besser an die örtlichen Gegebenheiten und spezifischen Umgebungen angepasst als moderne Sorten. Ihre genetische Vielfalt verleiht ihnen eine natürliche Widerstandsfähigkeit gegenüber Krankheiten, Schädlingen und klimatischen Schwankungen. Durch die Erhaltung und den Anbau dieser Sorten können Landwirte die Ernährungssicherheit stärken und ihre Abhängigkeit von gefährdeten Monokulturen verringern.

Bedrohungen und Zwänge

Trotz ihrer Bedeutung sind viele alte Apfelbaumsorten durch den Verlust ihres Lebensraums, die Verschlechterung des Ökosystems, die Konkurrenz durch kommerzielle Sorten und mangelndes Interesse der breiten Öffentlichkeit bedroht. Die Umwandlung landwirtschaftlicher Flächen in städtische Gebiete, die Standardisierung landwirtschaftlicher Praktiken und eine Agrarpolitik, die Monokulturen begünstigt, haben zum allmählichen Verschwinden dieser einzigartigen und wertvollen Sorten beigetragen.

Erhaltungsstrategien

Es sind Erhaltungsbemühungen erforderlich, um alte Apfelsorten zu schützen und ihre genetische Vielfalt zu bewahren. Um diese Sorten zu sammeln, zu erhalten und zu fördern, werden Initiativen wie Genbanken, Wintergärten und Programme zur Sensibilisierung der Öffentlichkeit umgesetzt. Die Zusammenarbeit zwischen Regierungen,

Nichtregierungsorganisationen, lokalen Landwirten und indigenen Gemeinschaften ist unerlässlich, um den Erfolg dieser langfristigen Naturschutzbemühungen sicherzustellen.

Kapitel 73: Die Wissenschaft vom Apfelbaum: Biologie und Genetik

„Die Wissenschaft vom Apfelbaum" ist eine fesselnde Erkundung der biologischen und genetischen Mechanismen, die das Wachstum, die Entwicklung und die Fortpflanzung dieses ikonischen Obstbaums steuern. Das Verständnis dieser grundlegenden Aspekte ist unerlässlich, um die Anbaupraktiken zu verbessern, neue resistente Sorten zu entwickeln und die Nachhaltigkeit des Apfelanbaus weltweit zu fördern.

Biologie des Apfelbaums

Apfelbäume gehören zur Familie der Rosaceae und sind Blütenpflanzen, die sich sexuell vermehren. Ihr Lebenszyklus umfasst mehrere Phasen, von der Samenkeimung bis zur Fruchtproduktion. Hermaphroditische Blüten, die sowohl Pollen als auch Eizellen produzieren, erfordern für eine optimale Fruchtbildung häufig eine Fremdbestäubung. Dabei spielen bestäubende Insekten eine entscheidende Rolle.

Apfelgenetik

Die Apfelbaumgenetik erforscht die Übertragung erblicher Merkmale und der genetischen Vielfalt innerhalb dieser Art. Aufgrund der großen genetischen Variabilität haben Apfelbäume im Laufe der Zeit eine Vielzahl unterschiedlicher Sorten hervorgebracht. Selektive Züchtung und Züchtung sind Techniken zur Entwicklung neuer Sorten mit verbesserten Merkmalen wie Krankheitsresistenz und Fruchtqualität.

Herausforderungen und Möglichkeiten

Trotz der Fortschritte beim Verständnis der Biologie und Genetik von Apfelbäumen bestehen weiterhin Herausforderungen. Krankheiten und Schädlinge bedrohen weiterhin Nutzpflanzen und erfordern ständige Anstrengungen zur Entwicklung resistenter Sorten. Darüber hinaus setzt der Klimawandel die Apfelplantagen zusätzlich unter Druck und erfordert eine kontinuierliche Anpassung, um die langfristige Rentabilität des Apfelanbaus sicherzustellen.

Zukunftsausblick

Mit fortschreitender Forschung ergeben sich neue Möglichkeiten zur Verbesserung der Produktivität, Nachhaltigkeit und Widerstandsfähigkeit von Apfelkulturen. Innovative Ansätze wie Biotechnologie und markergestützte Züchtung bieten vielversprechende Möglichkeiten, aktuelle Herausforderungen anzugehen und Apfelplantagen auf zukünftige Herausforderungen vorzubereiten. Indem wir traditionelles Wissen mit wissenschaftlichen Fortschritten verbinden, können wir diese wertvolle Nahrungsressource für kommende Generationen weiter kultivieren und bewahren.

Kapitel 74: Die Entwicklung der Anbautechniken

Die Geschichte des Apfelanbaus ist eng mit der Entwicklung der landwirtschaftlichen Techniken im Laufe der Zeit verbunden. Von traditionellen Methoden bis hin zu modernen Innovationen haben die Landwirte ihre Praktiken ständig angepasst, um den sich ändernden Anforderungen der Obstproduktion gerecht zu werden. Diese Entwicklung spiegelt sowohl den technologischen Fortschritt als auch unser gewachsenes Verständnis für die Bedürfnisse von Obstbäumen wider.

Traditionelle Methoden

In der Antike basierte der Apfelanbau hauptsächlich auf einfachen Techniken, die von Generation zu Generation weitergegeben wurden. Das Pflanzen von Bäumen in abwechslungsreichen Obstgärten, kombiniert mit manuellen Schnitt- und Bewirtschaftungspraktiken, bildeten die Grundlage der Kultur. Das empirische Wissen der Landwirte, kombiniert mit saisonalen Zyklen und lokalen klimatischen Bedingungen, leitete ihre Entscheidungen.

Landwirtschaftsrevolution

Das Aufkommen der Agrarrevolution brachte bedeutende Veränderungen in den Apfelanbautechniken mit sich. Die Einführung landwirtschaftlicher Maschinen wie Traktoren und Sprühgeräte ermöglichte eine zunehmende Mechanisierung landwirtschaftlicher Betriebe.

Auch chemische Düngemittel und Pestizide werden häufig eingesetzt, um Erträge zu steigern und Krankheiten und Schädlinge zu bekämpfen.

Nachhaltige Ansätze

In den letzten Jahrzehnten hat ein wachsendes Bewusstsein für die Umweltauswirkungen der konventionellen Landwirtschaft zu einem zunehmenden Interesse an nachhaltigen Anbaumethoden geführt. Permakultur, ökologischer Landbau und agrarökologische Praktiken erfreuen sich wachsender Beliebtheit und legen Wert auf die Bodenregeneration, den Erhalt der Artenvielfalt und die Reduzierung des Einsatzes chemischer Hilfsmittel.

Technologische Innovationen

Technologische Fortschritte wie Tropfbewässerung, Fernerkundung und der Einsatz von Drohnen haben die Art und Weise, wie Landwirte ihre Ernte bewirtschaften, revolutioniert. Diese Tools ermöglichen eine genauere Überwachung der Wachstumsbedingungen, eine effizientere Nutzung von Ressourcen und eine datengesteuerte Entscheidungsfindung. Digitale Technologien und IT-Anwendungen erleichtern zudem die Obstgartenverwaltung und die Produktrückverfolgbarkeit.

Anpassung an den Klimawandel

Angesichts der Herausforderungen des Klimawandels müssen Landwirte sich kontinuierlich anpassen, um die Produktivität und Widerstandsfähigkeit ihrer Pflanzen aufrechtzuerhalten. Techniken wie Agroforstwirtschaft, Züchtung hitze- und dürretoleranter Sorten und Wassermanagement sind unverzichtbar geworden, um mit sich ändernden und extremen klimatischen Bedingungen zurechtzukommen.

Abschluss

Die Entwicklung der Apfelanbautechniken spiegelt die Anpassungsfähigkeit und Kreativität der Landwirtschaft angesichts von Herausforderungen und Chancen wider. Durch die Integration von traditionellem Wissen mit technologischen Innovationen und nachhaltigen Praktiken können wir Äpfel auch für zukünftige Generationen effizient, umweltfreundlich und nachhaltig anbauen.

Kapitel 75: Die großen historischen Obstgärten

Die großen historischen Obstgärten stellen ein wertvolles landwirtschaftliches Erbe dar, das von der Bedeutung der Obstgärten in der Geschichte der Landwirtschaft und Ernährung zeugt. Diese Obstgärten, die oft mit königlichen Gütern, Klöstern oder Adelsgütern verbunden sind, spielten eine wichtige Rolle bei der Bereitstellung von Obst für den menschlichen Verzehr, bei der Apfelweinproduktion und sogar bei der religiösen Symbolik.

Antike Ursprünge

Obstgärten haben eine lange Geschichte, die bis in die Antike zurückreicht. Die ersten Obstgärten wurden in Mesopotamien, Ägypten und Griechenland angelegt, wo die Früchte wegen ihres Geschmacks und ihrer Nährwerte verehrt wurden. Anschließend weiteten die Römer den Obstanbau in ihrem ganzen Reich aus und führten neue Arten und Anbautechniken ein.

Königliche und edle Obstgärten

Im Mittelalter und in der Renaissance wurden Obstgärten für Könige, Adlige und Grundherren zum Symbol für Prestige und Reichtum. In den Gärten von Schlössern und Palästen wurden üppige Obstgärten angelegt, in denen eine große Vielfalt an Früchten für königliche Bankette und aristokratische Feste angebaut wurde. Diese Obstgärten wurden oft sorgfältig gestaltet und vereinten Ästhetik und Funktionalität.

Rolle in Essen und Kultur

Große historische Obstgärten waren nicht nur wichtige Nahrungsquellen, sondern auch wesentliche Teile der Kultur und Gesellschaft. Die in diesen Obstgärten angebauten Früchte wurden oft mit kulinarischen Traditionen und festlichen Ritualen in Verbindung gebracht. Darüber hinaus galten Obstgärten manchmal als heilige Orte, an denen Obstbäume wegen ihres Reichtums und ihrer Fruchtbarkeit verehrt wurden.

Erbe und Erhaltung

Heutzutage werden große historische Obstgärten oft als Kulturerbe und Touristenattraktionen erhalten und bieten Besuchern Einblicke in die Geschichte der Landwirtschaft und des Gartenbaus. Diese Obstgärten werden oft sorgfältig gepflegt, wobei alte und seltene Obstsorten aufgrund ihrer kulturellen und genetischen Bedeutung erhalten bleiben. Die Erhaltung dieser Obstgärten trägt zur Erhaltung unseres landwirtschaftlichen Erbes und zur Förderung der Obstartenvielfalt bei.

Zukunftsausblick

Während sich die Agrarwelt weiterentwickelt, spielen große historische Obstgärten weiterhin eine wichtige Rolle als Quellen für historisches Wissen, genetische Ressourcen und Orte für Erholung und Bildung. Durch die Erhaltung und Förderung dieser Obstgärten können wir die Verbindung zu unserer landwirtschaftlichen Vergangenheit aufrechterhalten und gleichzeitig zukünftige Generationen dazu inspirieren, unser Obsterbe zu schätzen und zu schützen.

Kapitel 76: Apfelbäume und kulturelles Erbe

Apfelbäume nehmen einen privilegierten Platz in unserem kulturellen Erbe ein und symbolisieren Fruchtbarkeit, Wohlstand und Tradition. Ihre Präsenz in Obstgärten, Gärten und ländlichen Landschaften hat im Laufe der Jahrhunderte verschiedene Kulturen tiefgreifend beeinflusst und Apfelbäume zu viel mehr als nur Obstbäumen gemacht.

Die Geschichte und Symbolik der Apfelbäume

Apfelbäume haben eine jahrtausendealte Geschichte. Sie haben ihren Ursprung in Zentralasien und verbreiteten sich nach und nach über die ganze Welt. In der griechischen Mythologie wurden Äpfel mit der Göttin Aphrodite in Verbindung gebracht und symbolisierten Liebe und Schönheit. In Europa wurden Apfelbäume oft in mittelalterlichen Klöstern gepflanzt, wo sie sowohl wegen ihrer Frucht als auch wegen ihrer medizinischen Wirkung angebaut wurden. Ihre Symbolik ist auch in die christliche Kultur eingedrungen, wo der Apfel in der Genesis-Geschichte oft als Frucht der Erkenntnis gesehen wird.

Apfelbäume in Volkstraditionen

Die Volksbräuche rund um den Apfelbaum sind zahlreich und vielfältig. In einigen Regionen war es üblich, bei der Geburt eines Kindes einen Apfelbaum zu pflanzen, der zukünftiges Wachstum und Wohlstand symbolisierte. Erntefeste, oft begleitet von Tanz und Gesang, feiern den Apfelbaum und seine Früchte. In der Normandie beispielsweise ist Apfelwein nicht nur ein beliebtes Getränk, sondern auch ein zentraler Bestandteil lokaler Feste.

Kunst und Literatur

Apfelbäume haben viele Künstler und Schriftsteller inspiriert. Auf dem Gemälde sind blühende Apfelplantagen ein wiederkehrendes Motiv, das Schönheit und Erneuerung symbolisiert. Vincent van Gogh beispielsweise hat in vielen seiner Werke die Pracht blühender Apfelbäume eingefangen. In der Literatur tauchen Apfelbäume in vielen Werken auf, von der Poesie von Robert Frost bis zur Prosa von Jane Austen, wo sie oft als Metaphern für Schönheit, Liebe und ländliche Einfachheit dienen.

Erhaltung traditioneller Obstgärten

Heute ist die Erhaltung traditioneller Apfelplantagen von entscheidender Bedeutung für die Erhaltung unseres kulturellen Erbes. Diese Streuobstwiesen, oft mit alten Sorten, sind lebendige Zeugen unserer Agrar- und Kulturgeschichte. Ihre Pflege ermöglicht nicht nur den Schutz der Artenvielfalt, sondern auch den Erhalt traditioneller landwirtschaftlicher Praktiken und des Know-hows der Vorfahren.

Lokale und internationale Initiativen setzen sich für den Erhalt traditioneller Streuobstwiesen ein. Apfelfeste, Bauernmärkte und Wiederbepflanzungsprojekte ermutigen Gemeinden, diese Kulturschätze wertzuschätzen und zu schützen. In Frankreich beispielsweise setzen sich die

„Conservatoires des Vergers" aktiv für den Schutz alter Sorten und die Förderung umweltfreundlicher Anbaupraktiken ein.

Der Einfluss von Apfelbäumen auf die lokale Wirtschaft

Apfelbäume spielen auch eine wichtige Rolle in der lokalen Wirtschaft. Die Apfel- und Apfelweinproduktion trägt zur ländlichen Wirtschaft bei, schafft Arbeitsplätze und lockt den Tourismus an. Bauernmärkte, Erntedankfeste und Touristenrundgänge rund um die Obstgärten sind Gelegenheiten, dieses Erbe zu fördern und den Gebieten neue Energie zu verleihen.

Apfelbäume und Gastronomie

In der Gastronomie sind Äpfel eine vielseitige und wertvolle Zutat. Sie werden in einer Vielzahl von Rezepten verwendet, von Kuchen und Kompott bis hin zu herzhaften Gerichten. Apfelwein aus Äpfeln ist in vielen Regionen ein traditionelles Getränk, das wegen seiner Frische und seinen vielfältigen Aromen geschätzt wird. Die Vielfalt der Apfelsorten ermöglicht einen kulinarischen Reichtum, der zur gastronomischen Identität vieler Regionen beiträgt.

Apfelbäume sind also viel mehr als Obstbäume; Sie sind lebendige Symbole unseres kulturellen und historischen Erbes. Durch Traditionen, Kunst, Literatur und Gastronomie inspirieren uns Apfelbäume weiterhin und erinnern uns an die Bedeutung unserer Verbindung mit der Natur und unserer Vergangenheit. Ihre Erhaltung und Aufwertung ist von entscheidender Bedeutung, um dieses Erbe an künftige Generationen weiterzugeben und gleichzeitig unsere Gegenwart weiterhin zu bereichern.

Kapitel 77: Auswirkungen von Apfelbäumen auf Ökosysteme

Apfelbäume sind weit mehr als nur Obstproduzenten und spielen eine entscheidende Rolle für die Gesundheit und Vielfalt von Ökosystemen. Ihre Auswirkungen reichen über den landwirtschaftlichen Bereich hinaus und beeinflussen die Artenvielfalt, ökologische Wechselwirkungen und sogar die Lebenszyklen lokaler Arten. Diese Erkundung unterstreicht die ökologische Bedeutung von Apfelbäumen und ihren Beitrag zum natürlichen Gleichgewicht.

Biodiversität und Lebensraum

Apfelbäume fördern die Artenvielfalt, wenn sie in traditionellen Obstgärten vielfältig gepflanzt werden. Diese Obstgärten bieten Lebensraum für viele Arten, von bestäubenden Insekten bis hin zu Vögeln und kleinen Säugetieren. Apfelblüten locken eine Vielzahl von Insekten an, darunter Bienen und Schmetterlinge, die für die Bestäubung unerlässlich sind. Das Vorhandensein dieser Bestäuber ist nicht nur für die Apfelbäume selbst, sondern auch für andere Pflanzen in der Nähe, die auf Fremdbestäubung angewiesen sind, von entscheidender Bedeutung.

Alte Apfelbäume bieten mit ihren natürlichen Höhlen zudem Nistplätze für Vögel und Unterschlupf für Fledermäuse und andere Kleintiere. Besonders wertvoll sind diese Lebensräume in modernen Agrarlandschaften, in denen natürliche Lebensräume oft fragmentiert sind.

Interaktion mit Böden

Apfelbäume tragen zur Bodengesundheit bei. Ihr Wurzelsystem hilft, Erosion zu verhindern, indem es den Boden stabilisiert und seine Struktur verbessert. Apfelbaumwurzeln fördern die Bodenbelüftung, was die Zirkulation von Wasser und Nährstoffen verbessert. Darüber hinaus reichert Abfall aus abgefallenen Blättern und Früchten den Boden mit organischer Substanz an und erhöht so seine Fruchtbarkeit.

Auch traditionelle landwirtschaftliche Praktiken im Apfelanbau wie Mulchen und Fruchtwechsel können gesunde Böden fördern. Durch die Kombination von Apfelbäumen mit anderen

Pflanzen und Nutzpflanzen können Landwirte Agroforstsysteme schaffen, die der Artenvielfalt und der Bodengesundheit zugute kommen.

Bestäubung und landwirtschaftliche Produktivität

Apfelbäume spielen eine Schlüsselrolle bei der Bestäubung nicht nur ihrer eigenen Blüten, sondern auch der umliegenden Nutzpflanzen. Apfelplantagen locken Bestäuber wie Bienen an, die dann andere landwirtschaftliche Pflanzen besuchen und so die Gesamtproduktivität steigern. Diese positive Interaktion zwischen Apfelbäumen und lokalen Bestäubern ist ein Beispiel dafür, wie Apfelbäume die Widerstandsfähigkeit landwirtschaftlicher Ökosysteme stärken können.

Nachhaltige Obstgartenbewirtschaftungspraktiken, wie die Reduzierung des Pestizideinsatzes und die Förderung der Artenvielfalt, können für Bestäuber günstige Umgebungen schaffen. Dies verbessert nicht nur die Gesundheit der Apfelbäume, sondern auch die der umliegenden Nutzpflanzen, wodurch ein positiver Kreislauf der landwirtschaftlichen Produktivität entsteht.

Rolle im Nährstoffkreislauf

Apfelbäume nehmen aktiv am Nährstoffkreislauf in Ökosystemen teil. Durch die Aufnahme von Nährstoffen aus dem Boden und deren Weiterverteilung über ihre Blätter, Früchte und das Holz tragen Apfelbäume zur Fruchtbarkeit ihrer Umgebung bei. Abgefallene Blätter und nicht geerntete Früchte zersetzen sich und kehren in den Boden zurück, wo sie wichtige Nährstoffe für andere Pflanzen und Mikroorganismen liefern.

Diese Fähigkeit von Apfelbäumen, Nährstoffe zu recyceln, ist besonders in landwirtschaftlichen Systemen von Vorteil, in denen die Bodenfruchtbarkeit aufrechterhalten werden muss, ohne übermäßig auf chemische Düngemittel angewiesen zu sein. Apfelplantagen, integriert in Polykultursysteme, können die Widerstandsfähigkeit landwirtschaftlicher Ökosysteme verbessern, indem sie den natürlichen Nährstoffkreislauf fördern.

Klimaschutz

Apfelbäume tragen auch zum Kampf gegen den Klimawandel bei. Durch die Aufnahme von Kohlendioxid (CO_2) aus der Atmosphäre während der Photosynthese tragen Apfelbäume dazu bei, die Konzentration von Treibhausgasen in der Luft zu reduzieren. Der in den Stämmen, Ästen und Wurzeln von Apfelbäumen gespeicherte Kohlenstoff stellt eine Form der Kohlenstoffbindung dar, die dazu beitragen kann, die Auswirkungen des Klimawandels abzumildern.

Auch Apfelplantagen können, insbesondere wenn sie nachhaltig bewirtschaftet werden, eine Rolle bei der Regulierung des lokalen Mikroklimas spielen. Indem sie Schatten spenden und die Bodentemperatur senken, können Apfelbäume dazu beitragen, ein günstigeres Mikroklima für lokale Nutzpflanzen und Arten zu schaffen und so die Widerstandsfähigkeit von Ökosystemen gegenüber Klimaschwankungen zu verbessern.

Apfelbäume sind wichtige Akteure in Ökosystemen und haben einen positiven Einfluss auf die Artenvielfalt, die Bodengesundheit, die Bestäubung, den Nährstoffkreislauf und den Kampf gegen den Klimawandel. Ihre Präsenz und nachhaltige Bewirtschaftung sind entscheidend für die Aufrechterhaltung des ökologischen Gleichgewichts und die Unterstützung der komplexen Wechselwirkungen, die die Gesundheit und Produktivität unserer natürlichen Umgebungen unterstützen.

Kapitel 78: Das geheime Leben der Apfelbäume

Apfelbäume, Sinnbilder für Fruchtbarkeit und ländliche Gelassenheit, verbergen ein komplexes und faszinierendes Innenleben. Hinter ihrem friedlichen Aussehen verbergen diese Bäume ausgeklügelte biologische Mechanismen, subtile ökologische Wechselwirkungen und jahrtausendealte Geschichten der Symbiose mit Mensch und Natur.

Lebenszyklus und Fortpflanzung

Der Lebenszyklus von Apfelbäumen beginnt mit einem kleinen Samen, doch der Weg bis zur Reife ist ein natürliches Ballett. Jedes Frühjahr erwachen ruhende Knospen und setzen eine Explosion zarter Blüten frei. Diese Blüten sind nicht nur Vorläufer der Früchte, sondern spielen auch eine entscheidende Rolle bei der Bestäubung. Bestäubende Insekten wie Bienen werden vom Nektar der Blüten angezogen und übertragen bei ihrem Besuch den Pollen von einer Blüte auf eine andere und sorgen so für die Befruchtung.

Nach der Bestäubung verwandeln sich die befruchteten Blüten in kleine Früchte. Im Sommer wachsen diese Früchte, indem sie Energie aus der Sonne und Nährstoffe aus dem Boden absorbieren und so einen komplexen Prozess der Photosynthese und des Stoffwechsels in Gang setzen. Im Herbst sind reife Äpfel zur Ernte bereit und der Lebenszyklus der Apfelbäume wird fortgesetzt.

Ökologische Wechselwirkungen

Apfelbäume leben nicht isoliert; sie sind in ein dichtes Netzwerk ökologischer Wechselwirkungen eingebunden. Ihre Wurzeln reichen tief in den Boden und bilden Mykorrhiza mit nützlichen Pilzen. Diese Symbiose ermöglicht es Apfelbäumen, Wasser und Nährstoffe besser aufzunehmen und Pilze gleichzeitig mit Zucker zu versorgen, der durch Photosynthese entsteht.

Auch Insekten und Vögel spielen im Leben der Apfelbäume eine entscheidende Rolle. Marienkäfer und andere räuberische Insekten helfen bei der Bekämpfung von Blattlauspopulationen, die andernfalls Blätter und Früchte schädigen würden. Vögel wiederum ernähren sich von schädlichen Insekten und tragen zur Samenverbreitung bei, indem sie die Früchte fressen und die Samen weiter ausscheiden.

Anpassungen und Resilienz

Apfelbäume haben verschiedene Anpassungen entwickelt, um in unterschiedlichen Umgebungen zu überleben und zu gedeihen. Einige Apfelbäume haben dickere, wachsartige Blätter, um den Wasserverlust in trockenen Klimazonen zu reduzieren. Andere können dank biochemischer Mechanismen, die verhindern, dass sich in ihren Zellen Eis bildet, extrem kalte Temperaturen vertragen.

Die Widerstandsfähigkeit von Apfelbäumen hängt auch mit ihrer genetischen Vielfalt zusammen. Alte und lokale Sorten verfügen über einzigartige Eigenschaften, die sie resistent gegen bestimmte Krankheiten und Schädlinge machen. Diese Vielfalt ist für moderne Züchtungsprogramme wertvoll, da sie ein Reservoir an Genen darstellt, die zur Entwicklung neuer, resistenterer und produktiverer Sorten genutzt werden können.

Symbolik und Kultur

Über ihre Biologie hinaus sind Apfelbäume tief in der kulturellen Symbolik verwurzelt. In vielen Traditionen stehen sie für Wissen, Leben und Wiedergeburt. Es gibt viele Mythen und Legenden rund um Apfelbäume, vom Apfel von Adam und Eva bis zum Apfel von Newton, der seine Gravitationstheorie inspiriert haben soll.

Auch bei landwirtschaftlichen Festen und Ritualen spielen Apfelbäume eine zentrale Rolle. In manchen Kulturen ist das Pflanzen eines Apfelbaums eine symbolische Geste für Wohlstand und Kontinuität. Apfelplantagen mit ihren saisonalen Blüh- und Fruchtzyklen sind Orte der Besinnung und des Feierns der Natur.

Auswirkungen auf menschliche Ökosysteme

Apfelbäume haben einen erheblichen Einfluss auf das menschliche Ökosystem. Sie sorgen nicht nur für nahrhafte Früchte, sondern auch für Arbeitsplätze und Einkommen für die Landwirte.

Apfelplantagen locken den ländlichen Tourismus an und bieten Apfelweinpflück- und -verkostungserlebnisse.

Nachhaltige Apfelanbaupraktiken können auch die Gesundheit des Bodens und die Artenvielfalt fördern. Techniken wie die Agroforstwirtschaft, bei der Apfelbäume in Kombination mit anderen Pflanzen angebaut werden, tragen zu widerstandsfähigeren und ökologisch ausgewogeneren Agrarsystemen bei.

Apfelbäume sind mit ihrer komplexen Biologie und tiefgreifenden ökologischen und kulturellen Wechselwirkungen lebendige Schätze unserer Natur. Ihre Erforschung und Erhaltung enthüllen nicht nur die Geheimnisse ihres eigenen Lebens, sondern auch die empfindlichen und lebenswichtigen Zusammenhänge, die die Artenvielfalt und Gesundheit unseres Planeten unterstützen.

Kapitel 79: Der Lebenszyklus eines Apfelbaums

Der Apfelbaum mit seinen anmutigen Zweigen und köstlichen Früchten folgt einem faszinierenden und komplexen Lebenszyklus, der durch verschiedene Phasen gekennzeichnet ist, die harmonisch mit den Jahreszeiten und natürlichen Prozessen verknüpft sind. Jede Phase dieses Zyklus, von der Keimung bis zur Reife, offenbart die Widerstandsfähigkeit und Schönheit dieses ikonischen Baumes.

Keimung und Wachstum

Alles beginnt mit einem kleinen Samen, der oft in einem Apfel versteckt ist. Wenn er günstige Bedingungen vorfindet – fruchtbaren Boden, Luftfeuchtigkeit und angemessene Temperatur – keimt der Apfelbaumsamen. Bei diesem Vorgang, der als Keimung bezeichnet wird, entsteht ein junger Spross, der aus dem Boden schlüpft und seine ersten Nährstoffe aus dem Samen selbst bezieht.

Die ersten Blätter, Keimblätter genannt, erscheinen und beginnen mit der Photosynthese, einem entscheidenden Prozess, bei dem Sonnenlicht in chemische Energie umgewandelt wird. Während die junge Pflanze wächst, entwickelt sie ein komplexeres Wurzelsystem, das den Apfelbaum fest im Boden verankert und ihm ermöglicht, Wasser und Nährstoffe effizienter aufzunehmen.

Adoleszenz und Zweigbildung

Nach einigen Jahren tritt der Apfelbaum in eine Phase kräftigen Wachstums ein. Sein Stamm wird dicker und seine Äste breiten sich aus, so dass ein immer breiteres Blätterdach entsteht. Diese Phase ist entscheidend für die strukturelle Entwicklung des Baumes. Junge Zweige, bedeckt mit üppigen grünen Blättern, fangen das Sonnenlicht ein und fördern das weitere Wachstum des Baumes.

In dieser Zeit trägt der Apfelbaum in der Regel noch keine Früchte. Die Energie des Baumes wird hauptsächlich für das Wachstum und die Entwicklung von Wurzeln, Zweigen und Blättern verwendet, die für die zukünftige Apfelproduktion unerlässlich sind.

Reife und Blüte

Der Apfelbaum erreicht seine Reife nach mehreren Wachstumsjahren. Zu diesem Zeitpunkt beginnt es im Frühjahr Blüten zu produzieren. Diese oft weißen oder rosa Blüten erscheinen in Büscheln und sind für die Fortpflanzung des Baumes unerlässlich. Die Blüte ist ein großartiger Anblick und lockt eine Vielzahl bestäubender Insekten an, vor allem Bienen, die eine entscheidende Rolle bei der Fremdbestäubung spielen.

Unter Bestäubung versteht man den Prozess, bei dem Pollen von einer Blüte auf eine andere übertragen werden und so die Befruchtung ermöglichen. Nach der Bestäubung verwandeln sich die Blüten in kleine Früchte. Die Fremdbestäubung, die oft durch Bienen ermöglicht wird, ist für die Produktion hochwertiger Äpfel unerlässlich.

Fruchtbildung und Ernte

Wenn die Tage länger werden und die Temperaturen steigen, beginnen die Früchte größer zu werden. Äpfel wachsen langsam und nehmen Nährstoffe und Wasser aus dem Boden sowie Energie auf, die von den Blättern durch Photosynthese aufgenommen wird. Diese Wachstumsphase ist entscheidend für die Entwicklung von Geschmack und Textur bei Äpfeln.

Im Herbst erreichen die Äpfel ihre volle Reife. Ihre Farbe verändert sich, ihre Haut wird glatt und glänzend und ihr Fruchtfleisch wird saftig und süß. Es ist Erntezeit, eine Zeit großer Aktivität in den Obstgärten. Die Äpfel werden sorgfältig von Hand oder mit mechanischen Techniken gepflückt und können frisch verzehrt oder zu verschiedenen Produkten verarbeitet werden.

Winterruhe

Nach der Ernte geht der Apfelbaum im Winter in eine Ruhephase. Die Blätter fallen und die Äste bleiben kahl und freigelegt. Diese Ruhephase ist für die Gesundheit und Langlebigkeit des Baumes von entscheidender Bedeutung. Während der Ruhephase spart der Apfelbaum seine Energie, bereitet sich auf den Wachstumszyklus des folgenden Jahres vor und hält dem rauen Winterwetter stand.

Ruhende Knospen, die sich im Herbst bilden, enthalten zukünftige Blüten und Blätter. Geschützt durch robuste Schuppen warten sie auf die Signale des Frühlings – wärmere Temperaturen und längere Tage – um zu schlüpfen und den Zyklus von neuem zu beginnen.

Der Lebenszyklus eines Apfelbaums ist ein eleganter Tanz mit der Natur, bei dem jede Phase die nächste vorbereitet und unterstützt. Vom kleinen Samen, der sprießt, bis zum ausgewachsenen Baum, der reichlich Früchte hervorbringt, verkörpert der Apfelbaum Widerstandsfähigkeit, Wachstum und anhaltende Schönheit. Sein ständiger Zyklus, synchronisiert mit den Rhythmen der Natur, ist eine Lektion in Geduld und Harmonie mit der Umwelt.

Kapitel 80: Apfelstecklinge auswählen und vorbereiten

Die Vermehrung von Apfelbäumen durch Stecklinge ist eine wirksame Methode zur Gewinnung neuer Obstbäume unter Beibehaltung der Eigenschaften der Elternsorte. Obwohl dieser Vorgang Geduld und Präzision erfordert, ist er für jeden Hobbygärtner zugänglich. Hier erfahren Sie, wie Sie Apfelstecklinge auswählen und vorbereiten, um die besten Erfolgsaussichten zu gewährleisten.

Auswahl an Stecklingen

Die Auswahl der Stecklinge ist ein entscheidender Schritt. Apfelbaumstecklinge sollten von gesunden, kräftigen Zweigen genommen werden. Der ideale Zeitpunkt dafür ist der Winter, wenn der Baum ruht. Am besten geeignet sind Zweige aus dem Vorjahr, die während der Vegetationsperiode gewachsen sind.

Zu den Kriterien, die bei der Auswahl der Stecklinge zu beachten sind, gehören:

Länge und Dicke: Wählen Sie Stiele mit einer Länge von 15 bis 30 cm und einer Dicke von etwa einem Bleistift.

Gesundheit: Zweige müssen frei von Krankheiten, Verletzungen und Schädlingen sein.

Position am Baum: Bevorzugen Sie Äste im mittleren Teil des Baumes, da diese im Allgemeinen ein ausgewogenes Wachstum und eine ausreichende Wuchskraft aufweisen.

Vorbereitung der Stecklinge

Sobald die Stecklinge ausgewählt sind, ist es an der Zeit, sie für die Pflanzung vorzubereiten. Hier sind die wesentlichen Schritte, die Sie befolgen müssen:

Schneiden: Führen Sie mit einer scharfen Astschere einen sauberen, sauberen Schnitt durch. Der untere Schnitt sollte knapp unterhalb eines Knotens erfolgen, während der obere Schnitt etwa 1 cm über einem Knoten erfolgen sollte.

Bewurzelungshormone: Das Eintauchen der Stecklingsbasis in ein Bewurzelungshormon kann die Erfolgsaussichten erheblich verbessern. Diese Hormone fördern die Wurzelbildung, indem sie die Zellen des Stecklings stimulieren.

Untergrundvorbereitung: Verwenden Sie zum Pflanzen der Stecklinge eine leichte, gut durchlässige Mischung, beispielsweise eine Mischung aus Torf und Sand. Füllen Sie Töpfe oder Schalen mit diesem Substrat und bohren Sie Löcher für die Stecklinge.

Einpflanzen: Stecken Sie die Stecklinge in die vorbereiteten Löcher und achten Sie darauf, dass die Basis jedes Stecklings guten Kontakt zum Substrat hat. Packen Sie die Stecklinge leicht an, um sie zu stabilisieren.

Gießen: Gießen Sie die Stecklinge sofort nach dem Pflanzen, um das Substrat gründlich zu befeuchten. Die Aufrechterhaltung einer konstanten Luftfeuchtigkeit ist entscheidend für die Wurzelbildung.

Wachstumsbedingungen: Platzieren Sie die Stecklinge an einem hellen Standort, aber ohne direkte Sonneneinstrahlung. Ideal ist eine stabile Temperatur um 18-20°C. Verwenden Sie nach Möglichkeit ein Mini-Gewächshaus oder decken Sie die Stecklinge mit einer Plastiktüte ab, um eine hohe Luftfeuchtigkeit aufrechtzuerhalten.

Schnittwartung

In den Wochen nach der Pflanzung ist es wichtig, die Stecklinge regelmäßig zu überwachen. Es ist wichtig, den Untergrund feucht, aber nicht durchnässt zu halten. Nach einigen Wochen bis einigen Monaten sollten die Stecklinge beginnen, Wurzeln zu entwickeln. Durch leichtes Ziehen am Steckling wird geprüft, ob sich Wurzeln gebildet haben. Wenn die Wurzeln gut entwickelt sind, können die Stecklinge je nach klimatischen Bedingungen in einzelne Töpfe oder direkt in die Erde gepflanzt werden.

Vorteile und Bedeutung

Apfelbaumstecklinge bieten mehrere Vorteile. Es ermöglicht die originalgetreue Reproduktion der Eigenschaften der Elternsorte und sorgt so für eine gleichbleibende Fruchtqualität. Darüber hinaus ist diese Methode oft schneller und kostengünstiger als der Anbau aus Samen und bietet gleichzeitig die Möglichkeit, seltene oder alte Sorten zu erhalten. Für begeisterte Gärtner ist dies auch eine Gelegenheit zu experimentieren und mehr über die Pflanzenvermehrung zu erfahren.

Kurz gesagt: Die Auswahl und Zubereitung von Apfelstecklingen erfordert zwar Sorgfalt und Aufmerksamkeit, kann aber zu lohnenden Ergebnissen führen. Mit ein wenig Übung und Geduld kann diese Methode einen blühenden und produktiven Obstgarten schaffen und reiche und schmackhafte Ernten garantieren.

Kapitel 81: Die Grundlagen der Apfelbaumaussaat

Die Aussaat von Apfelbäumen ist eine Vermehrungsmethode, die es ermöglicht, aus Samen neue Bäume wachsen zu lassen. Obwohl diese Technik zu genetischen Variationen führen kann, was bedeutet, dass aus Samen gezogene Bäume sich von ihren Eltern unterscheiden können, bleibt sie für Hobbygärtner eine faszinierende und lohnende Methode. Hier sind die wesentlichen Schritte für eine erfolgreiche Aussaat von Apfelbäumen.

Samensammlung und -vorbereitung

Der erste Schritt besteht darin, Samen von reifen, gesunden Äpfeln zu sammeln. So geht's:

Apfelauswahl: Wählen Sie Äpfel aus Sorten, die für ihre Vitalität und Krankheitsresistenz bekannt sind. Äpfel sollten reif und frei von Anzeichen von Fäulnis oder Krankheiten sein.

Kerne extrahieren: Schneiden Sie die Äpfel und extrahieren Sie die Kerne. Waschen Sie die Samen in klarem Wasser, um restliches Fruchtfleisch zu entfernen, und trocknen Sie sie dann einige Tage lang auf Papiertüchern.

Schichtung: Apfelsamen benötigen zum Keimen eine Kälteperiode. Dieser als Schichtung bezeichnete Schritt kann durchgeführt werden, indem die Samen in eine Plastiktüte mit einem feuchten Substrat (z. B. Torfmoos oder Sand) gelegt und 8 bis 12 Wochen lang im Kühlschrank aufbewahrt werden.

Samen säen

Nach der Stratifizierungsphase sind die Samen zur Aussaat bereit. Hier sind die Schritte, die Sie befolgen müssen:

Untergrundvorbereitung: Verwenden Sie eine leichte, gut durchlässige Mischung, beispielsweise eine Mischung aus Blumenerde und Sand. Füllen Sie Töpfe oder Setzlingsschalen mit diesem Substrat.

Aussaat: Pflanzen Sie die Samen in einer Tiefe von ca. 1 bis 2 cm. Platzieren Sie die Samen so, dass sich die jungen Pflanzen ungedrängt entwickeln können.

Gießen: Nach der Aussaat leicht wässern, um das Substrat zu befeuchten, ohne es durchnässen zu lassen. Für die Keimung ist die Aufrechterhaltung einer konstanten Luftfeuchtigkeit von entscheidender Bedeutung.

Wachstumsbedingungen: Stellen Sie Töpfe oder Schalen an einen hellen Ort, aber ohne direkte Sonneneinstrahlung. Ideal ist eine Temperatur um die 20°C, um die Keimung zu fördern.

Pflege junger Pflanzen

Wenn die Samen zu keimen beginnen, was in der Regel nach einigen Wochen der Fall ist, benötigen die Jungpflanzen besondere Pflege:

Ausdünnung: Wenn die Pflanzen zu dicht beieinander stehen, verdünnen Sie sie, um nur die kräftigsten Pflanzen zu erhalten. Dadurch erhält jede Pflanze ausreichend Licht und Nährstoffe.

Gießen und düngen: Halten Sie das Substrat feucht, aber nicht durchnässt. Beginnen Sie nach einigen Wochen mit der Düngung mit einem ausgewogenen Dünger, um ein gesundes Wachstum zu fördern.

Licht: Sorgen Sie dafür, dass junge Pflanzen ausreichend Licht erhalten, damit sie nicht verwelken. Verwenden Sie bei Bedarf Wachstumslampen.

Transplantation

Nach ein paar Monaten Wachstum im Innenbereich können die jungen Apfelbäume umgepflanzt werden:

Akklimatisierung: Bevor Sie sie ins Freiland pflanzen, gewöhnen Sie sie schrittweise an die Außenbedingungen, indem Sie sie ein bis zwei Wochen lang für ein paar Stunden am Tag ins Freie bringen.

Pflanzen im Freien: Wählen Sie einen vollsonnigen Standort mit gut durchlässigem Boden. Graben Sie Löcher, die groß genug sind, um die Wurzeln aufzunehmen, ohne sie zu verbiegen. Pflanzen Sie die jungen Bäume in der gleichen Tiefe, in der sie in Töpfen wuchsen, und füllen Sie die Erde um die Wurzeln herum auf.

Schutz und Pflege: Schützen Sie junge Bäume vor Schädlingen und extremen Wetterbedingungen, indem Sie Schutzmaßnahmen wie Schutzhüllen oder Zäune verwenden. Gießen Sie regelmäßig und mulchen Sie junge Bäume, um die Feuchtigkeit zu bewahren und die Konkurrenz durch Unkraut zu verringern.

Geduld und Beobachtung

Der Anbau von Apfelbäumen aus Samen erfordert Zeit und Geduld. Normalerweise dauert es mehrere Jahre, bis junge Bäume Früchte tragen. Allerdings bietet diese Methode die Möglichkeit, einzigartige Sorten zu erhalten und mit der genetischen Vielfalt von Apfelbäumen zu experimentieren. Durch die sorgfältige Beobachtung junger Pflanzen und deren Pflege kann jeder Gärtner zum Reichtum und zur Vielfalt seines Obstgartens beitragen.

Das Säen von Apfelbäumen ist ein lohnendes Abenteuer, das es Ihnen ermöglicht, den Lebenszyklus von Obstbäumen besser zu verstehen und zu schätzen. Durch die Befolgung dieser Schritte und die nötige Pflege ist es möglich, wunderschöne Apfelbäume zu züchten, die im Laufe der Zeit köstliche Früchte hervorbringen und die Landschaft mit ihrer majestätischen Präsenz bereichern.

Kapitel 82: Verschiedene Ausbreitungsmethoden

Die Pflanzenvermehrung ist ein grundlegender Bestandteil des Gartenbaus und der Landwirtschaft und ermöglicht die Vermehrung von Pflanzen für die Nahrungsmittelproduktion, Zierpflanzen und den Artenschutz. Es gibt verschiedene Vermehrungsmethoden, jede mit ihren eigenen Vor- und Nachteilen, die für verschiedene Pflanzenarten und Wachstumszwecke geeignet sind.

Vermehrung durch Samen

Die Vermehrung durch Samen ist eine der ältesten und natürlichsten Methoden. Dabei werden Samen gepflanzt, um neue Pflanzen zu erhalten. Diese Methode wird häufig für Gemüse, einjährige Blumen und viele Zierpflanzen verwendet.

Vorteile :

Ermöglicht die Massenproduktion von Pflanzen.

Fördert die genetische Vielfalt, was die Krankheitsresistenz verbessern kann.

Im Allgemeinen niedrige Anschaffungskosten.

Nachteile:

Relativ lange Keim- und Wachstumszeit.

Genetische Variationen können dazu führen, dass Pflanzen nicht mit den Eltern identisch sind.

Vermehrung durch Stecklinge

Beim Steckling wird ein Teil einer Pflanze, etwa ein Stängel, ein Blatt oder eine Wurzel, genommen und daraus eine neue Pflanze entstehen lassen. Diese Methode ist bei Zimmerpflanzen, Sträuchern und Obstbäumen beliebt.

Vorteile :

Produkte genetischer Klone der Mutterpflanze, die identische Eigenschaften gewährleisten.

Schneller als die Aussaat, um ausgewachsene Pflanzen zu erhalten.

Nachteile:

Bei einigen Pflanzen kann es schwierig sein, Wurzeln zu schlagen.

Erfordert oft spezifische Wurzelhormone und Wachstumsbedingungen.

Vermehrung durch Marcottage

Bei der Schichtung wird ein Teil eines Stammes der Mutterpflanze eingegraben, der dann Wurzeln entwickelt, bevor er abgetrennt und verpflanzt wird. Diese Methode wird bei Gehölzen und einigen Zierpflanzen angewendet.

Vorteile :

Hohe Erfolgsquote, da der Stängel während der Wurzelbildung an der Mutterpflanze haften bleibt.

Weniger Stress für die wachsende Pflanze.

Nachteile:

Möglicherweise langsamer als andere Ausbreitungsmethoden.

Benötigt Platz zum Vergraben der Stängel.

Vermehrung durch Pfropfen

Beim Pfropfen wird ein Stamm (Spross) einer Pflanze mit den Wurzeln (Wurzelstock) einer anderen Pflanze verschmolzen. Diese Technik wird häufig bei Obstbäumen und einigen Zierbäumen angewendet.

Vorteile :

Ermöglicht die Kombination der besten Eigenschaften zweier Pflanzen, wie z. B. Krankheitsresistenz des Wurzelstocks und Fruchtqualität des Sprosses.

Kann die Fruchtproduktion im Vergleich zum Anbau aus Samen beschleunigen.

Nachteile:

Komplexere Technik, die spezifische Fähigkeiten erfordert.

Gefahr der Abstoßung des Sprosses durch den Wurzelstock.

Vermehrung durch Division

Bei der Teilung wird eine Pflanze in mehrere Teile mit jeweils eigenen Wurzeln zerlegt, um neue Pflanzen hervorzubringen. Diese Methode wird häufig bei Stauden und Blumenzwiebeln angewendet.

Vorteile :

Einfach und schnell zuzubereiten.

Ermöglicht die Verjüngung alter Pflanzen und die Kontrolle ihres Wachstums.

Nachteile:

Kann für Pflanzen stressig sein und nach der Teilung Pflege erfordern.

Gilt nicht für alle Pflanzenarten.

Vermehrung durch Gewebekultur

Bei der Gewebekultur oder Mikrovermehrung werden unter sterilen Bedingungen gezüchtete Pflanzenzellen verwendet, um neue Pflanzen zu produzieren. Diese Methode wird häufig für Orchideen, Farne und einige kommerzielle Pflanzen verwendet.

Vorteile :

Ermöglicht die Massenproduktion identischer Pflanzen.

Ideal zur Vermehrung seltener oder gefährdeter Pflanzen.

Nachteile:

Erfordert spezielle Ausrüstung und eine sterile Umgebung.

Teure Technik und erfordert spezifische Fähigkeiten.

Wählen Sie die geeignete Methode

Die Wahl der Vermehrungsmethode hängt von mehreren Faktoren ab, darunter der Pflanzenart, den verfügbaren Ressourcen und den Wachstumszielen. Beispielsweise bevorzugen Hobbygärtner möglicherweise Stecklinge oder Aussaat wegen ihrer Einfachheit, während kommerzielle Züchter möglicherweise Gewebekulturen verwenden, weil sie Pflanzen in großen Mengen produzieren können.

Durch die Erforschung und Beherrschung verschiedener Vermehrungsmethoden können Gärtner und Landwirte die Produktivität ihrer Nutzpflanzen maximieren, wertvolle Sorten erhalten und zur Artenvielfalt beitragen. Jede Methode bietet eine einzigartige Gelegenheit, den Lebenszyklus von Pflanzen besser zu verstehen und zu schätzen und gleichzeitig den unterschiedlichen Anforderungen des Gartenbaus und der Landwirtschaft gerecht zu werden.

Kapitel 83: Planung und Bepflanzung eines Obstgartens

Das Anlegen eines Obstgartens ist ein spannendes und lohnendes Unterfangen, das nicht nur frische, schmackhafte Früchte liefert, sondern auch eine wunderschöne Grünfläche, die die Umgebung bereichert. Ein erfolgreicher Obstgarten erfordert jedoch eine sorgfältige Planung und sorgfältige Ausführung. Hier sind die wesentlichen Schritte zur Planung und Bepflanzung eines Obstgartens.

Standortwahl

Die Wahl des Standortes ist entscheidend für den Erfolg des Obstgartens. Ein guter Standort muss folgende Kriterien erfüllen:

Sonne: Die meisten Obstbäume benötigen mindestens sechs Stunden direkte Sonneneinstrahlung pro Tag, um gut zu wachsen.

Entwässerung: Der Boden muss gut entwässert sein, um Wasserstau zu vermeiden, der Wurzelfäule verursachen kann.

Windschutz: Wählen Sie einen vor starkem Wind geschützten Standort, um Schäden an Bäumen und Früchten zu vermeiden.

Nähe zum Wasser: Sorgen Sie für einen einfachen Zugang zu einer Wasserquelle für die regelmäßige Bewässerung junger Bäume.

Auswahl an Obstbäumen

Steht der Standort fest, geht es an die Auswahl der Obstbäume. Zu den zu berücksichtigenden Faktoren gehören:

Angepasste Sorten: Wählen Sie Sorten, die an das lokale Klima angepasst sind, um die Fruchtproduktion zu maximieren.

Bestäubung: Einige Sorten benötigen Bestäuber. Um eine gute Bestäubung zu gewährleisten, ist es wichtig, mehrere kompatible Sorten zu pflanzen.

Platz: Berücksichtigen Sie die erwachsene Größe der Bäume, um eine Überfüllung zu vermeiden und ein gesundes Wachstum zu gewährleisten.

Persönliche Ziele: Wählen Sie Bäume, deren Früchte am meisten geschätzt werden oder die bestimmte Bedürfnisse erfüllen, beispielsweise Konservierung oder Verarbeitung.

Bodenvorbereitung

Die Vorbereitung des Bodens ist ein wichtiger Schritt vor dem Pflanzen von Obstbäumen:

Bodenanalyse: Führen Sie eine Bodenanalyse durch, um dessen Eigenschaften und Änderungsbedarf zu ermitteln.

Ergänzung: Fügen Sie Kompost oder andere organische Zusatzstoffe hinzu, um die Bodenstruktur und Fruchtbarkeit zu verbessern.

Bodenbearbeitung und Jäten: Bearbeiten Sie den Boden, um ihn zu belüften und Unkraut zu beseitigen. Stellen Sie sicher, dass der Boden bis zu einer Tiefe von 30 bis 40 cm locker ist.

Layoutplanung

Die Anordnung der Bäume im Obstgarten muss sorgfältig geplant werden:

Abstand: Halten Sie den empfohlenen Abstand für jede Baumart ein, um eine gute Luftzirkulation und Zugänglichkeit für Wartungsarbeiten zu gewährleisten.

Ausrichtung: Pflanzen Sie Bäume in Nord-Süd-Richtung, um die Sonneneinstrahlung zu maximieren.

Spezifische Zonen: Teilen Sie den Obstgarten in bestimmte Zonen ein, wenn verschiedene Sorten unterschiedliche Pflege- oder Wachstumsbedingungen erfordern.

Bäume pflanzen

Das Pflanzen von Bäumen ist ein heikler Schritt, der Präzision und Sorgfalt erfordert:

Pflanzloch: Graben Sie ein Loch, das doppelt so breit wie der Wurzelballen und gleich tief ist.

Positionierung: Platzieren Sie den Baum in der Mitte des Lochs und achten Sie darauf, dass sich der Kragen (die Verbindung zwischen Wurzeln und Stamm) auf Bodenhöhe befindet.

Füllen: Füllen Sie das Loch mit der bearbeiteten Erde, stampfen Sie es leicht an, um Lufteinschlüsse zu beseitigen, und gießen Sie es gründlich.

Mulchen: Legen Sie eine Mulchschicht um den Baum herum, um Feuchtigkeit zu sparen und Unkraut zu reduzieren.

Pflege nach dem Pflanzen

Um das Wachstum und die Gesundheit junger Bäume sicherzustellen, ist die Pflege nach dem Pflanzen unerlässlich:

Gießen: Vor allem in den ersten Jahren regelmäßig gießen, um den Boden feucht, aber nicht durchnässt zu halten.

Abstecken: Installieren Sie Pfähle, um junge Bäume zu stützen und sie vor Wind zu schützen.

Düngung: Bei Bedarf einen ausgewogenen Dünger auftragen, um das Wachstum zu unterstützen.

Beschneiden: Üben Sie das Beschneiden, um eine starke und produktive Struktur zu entwickeln.

Laufende Wartung

Um produktiv und gesund zu bleiben, muss ein Obstgarten kontinuierlich gepflegt werden:

Jährlicher Schnitt: Beschneiden Sie Bäume jährlich, um abgestorbene, kranke oder verwickelte Äste zu entfernen und eine gute Luftzirkulation zu fördern.

Krankheits- und Schädlingsbekämpfung: Überwachen Sie Bäume regelmäßig auf Anzeichen von Krankheiten oder Befall und handeln Sie schnell, um diese zu bekämpfen.

Ernte: Ernten Sie die Früchte im reifen Zustand, um eine optimale Qualität zu gewährleisten und eine kontinuierliche Produktion zu fördern.

Wenn Sie diese Schritte befolgen und die nötige Zeit und Mühe investieren, kann die Planung und Bepflanzung eines Obstgartens zu einer äußerst lohnenden Tätigkeit werden. Das frische Obst, die Freude am eigenen Anbau und Ernten sowie die positiven Auswirkungen auf die Umwelt machen die Anlage eines Obstgartens zu einer wertvollen Initiative für jeden Gärtner.

Kapitel 84: Das Wachstum und die Entwicklung von Apfelbäumen

Apfelbäume sind mit ihren aromatischen Früchten und ihrer ästhetischen Schönheit in vielen Obstgärten wertvolle Bäume. Um ihre Gesundheit und Produktivität zu maximieren, ist es wichtig, ihr Wachstum und ihre Entwicklung zu verstehen. Hier finden Sie einen detaillierten Überblick über die wichtigsten Phasen des Apfelbaum-Lebenszyklus und die in jeder Phase erforderliche Pflege.

Keimung und Etablierung

Das Leben eines Apfelbaums beginnt mit der Keimung des Samens. Apfelsamen benötigen eine Kaltschichtung, um die Keimruhe zu unterbrechen und die Keimung einzuleiten. Dieser natürliche Prozess ahmt die Winterbedingungen nach und bereitet das Saatgut auf das Wachstum im Frühling vor.

Sobald der Samen gepflanzt ist, nimmt er Wasser auf, was die Ausbreitung des Embryos und das Wachstum der Primärwurzel auslöst. Diese Wurzel verankert den Baum im Boden und beginnt, die für das anfängliche Wachstum erforderlichen Nährstoffe aufzunehmen.

Vegetatives Wachstum

Die vegetative Wachstumsphase ist durch die Entwicklung von Wurzeln, Stängeln und Blättern gekennzeichnet. Während dieser Zeit investiert der junge Baum hauptsächlich in den Aufbau einer starken Struktur und eines ausgedehnten Wurzelsystems, um die zukünftige Fruchtproduktion zu unterstützen.

Wurzelentwicklung: Wurzeln wachsen tief und weit, um den Boden zu erkunden und Zugang zu Wasser und Nährstoffen zu erhalten. Eine gute Drainage und fruchtbarer Boden fördern ein gesundes Wurzelwachstum.

Bildung von Stängeln und Zweigen: Die Hauptstämme und Nebenzweige bilden sich und verlängern sich. Um die Struktur des Baumes zu steuern, eine gute Luftzirkulation zu fördern und eine optimale Sonneneinstrahlung zu ermöglichen, kann ein prägender Schnitt erforderlich sein.

Blattwachstum: Blätter wachsen, um Photosynthese durchzuführen, den Prozess, bei dem Pflanzen Sonnenlicht in chemische Energie umwandeln. Ausreichende Düngung und regelmäßiges Gießen sind entscheidend, um dieses Blattwachstum zu unterstützen.

Blüte und Bestäubung

Nach einigen Jahren vegetativen Wachstums erreicht der Apfelbaum die ausreichende Reife zur Blüte. Die Blüte ist ein kritisches Stadium, da sie der Fruchtbildung vorausgeht.

Blüteninduktion: Klimatische Bedingungen, insbesondere Temperatur und Licht, beeinflussen die Blüteninduktion. Ein kalter Winter, gefolgt von einem milden Frühling, begünstigt die Blüte.

Bestäubung: Apfelblüten erfordern häufig eine Fremdbestäubung durch bestäubende Insekten wie Bienen. Der Anbau kompatibler Sorten in der Nähe verbessert die Bestäubungsrate und damit die Fruchtproduktion.

Fruchtentwicklung

Nach der Bestäubung entwickeln sich aus den befruchteten Blüten Früchte. Diese Phase umfasst mehrere Phasen:

Fruchtbildung: Die Fruchtknoten der Blüten entwickeln sich zu Äpfeln. Das anfängliche Wachstum erfolgt schnell und erfordert viel Wasser und Nährstoffe.

Fruchtvergrößerung: Äpfel vergrößern sich den ganzen Sommer über weiter. Regelmäßige Bewässerung und ausgewogene Düngung tragen dazu bei, dieses Wachstum aufrechtzuerhalten.

Reifung: Wenn Äpfel reifen, reichern sie Zucker an und entwickeln ihren charakteristischen Geschmack. Die Reifezeit variiert je nach Sorte, wobei einige im Sommer und andere im Herbst reifen.

Ernte und Ruhe

Die Ernte ist der Höhepunkt des jährlichen Wachstumszyklus der Apfelbäume. Für den besten Geschmack und die beste Qualität werden die Äpfel im reifen Zustand gepflückt.

Ernte: Äpfel müssen vorsichtig geerntet werden, um Schäden zu vermeiden. Der Zeitpunkt ist entscheidend, da eine zu frühe oder zu späte Ernte die Fruchtqualität beeinträchtigen kann.

Ruhezustand: Nach der Ernte ruhen Apfelbäume im Winter. Diese Ruhephase ist für ihren Lebenszyklus von wesentlicher Bedeutung, da sie dem Baum ermöglicht, sich auszuruhen und sich auf die nächste Vegetationsperiode vorzubereiten. Ein Winterschnitt kann durchgeführt werden, um abgestorbene oder kranke Äste zu entfernen und den Baum auf ein weiteres Produktionsjahr vorzubereiten.

Wartung und Pflege

Während ihres gesamten Lebenszyklus benötigen Apfelbäume ständige Pflege, um gesund und produktiv zu bleiben. Das beinhaltet :

Bewässerung: Sorgen Sie für eine konstante Bodenfeuchtigkeit, insbesondere in Phasen aktiven Wachstums und Fruchtbildung.

Düngung: Tragen Sie ausgewogene Düngemittel auf, um die für jede Wachstumsphase benötigten Nährstoffe bereitzustellen.

Beschneiden: Beschneiden Sie die Pflanze regelmäßig, um eine starke Struktur und eine reichliche Fruchtproduktion zu fördern.

Schutz vor Krankheiten und Schädlingen: Achten Sie auf Anzeichen von Krankheiten und Schädlingen und reagieren Sie schnell mit geeigneten Behandlungen.

Das Wachstum und die Entwicklung von Apfelbäumen erfordern zwar Zeit und Mühe, sind aber äußerst lohnend. Durch die richtige Pflege und das Verständnis der spezifischen Bedürfnisse dieser Bäume ist es möglich, reiche Ernten aromatischer Äpfel zu genießen und gleichzeitig zur Schönheit und Gesundheit der Umwelt beizutragen.

Kapitel 85: Jährlicher Pflegeplan für Apfelbäume

Die ganzjährige Pflege von Apfelbäumen erfordert ständige Planung und Aufmerksamkeit, um ihre Gesundheit und Produktivität sicherzustellen. Jede Jahreszeit hat ihre eigenen spezifischen Aufgaben, die zum optimalen Wachstum und zur Fruchtbildung von Apfelbäumen beitragen. Hier finden Sie eine detaillierte Anleitung zur jährlichen Pflege, die zur Erhaltung gesunder Apfelbäume erforderlich ist.

Frühling

Der Frühling ist für Apfelbäume eine Zeit der Erneuerung und markiert den Beginn der Vegetationsperiode.

Reinigung und Vorbereitung:

Entfernen Sie abgestorbene Blätter, abgebrochene Äste und alle Rückstände um Bäume herum, um Krankheiten und Schädlingen vorzubeugen.

Führen Sie einen Übungsschnitt durch, um abgestorbene, kranke oder verhedderte Äste zu entfernen und eine gute Luftzirkulation zu fördern.

Düngung:

Tragen Sie einen ausgewogenen, stickstoffreichen Dünger auf, um das Wachstum neuer Blätter und Zweige zu stimulieren.

Mischen Sie Kompost oder gut verrotteten Mist um die Bäume herum, um die Bodenfruchtbarkeit zu verbessern.

Bewässerung:

Beginnen Sie mit der regelmäßigen Bewässerung, insbesondere wenn die Quelle trocken ist, um die Erde feucht, aber nicht durchnässt zu halten.

Installieren Sie nach Bedarf Bewässerungssysteme für eine gleichmäßige Wasserverteilung.

Behandlung von Krankheiten und Schädlingen:

Achten Sie auf frühe Anzeichen von Krankheiten und Insektenschädlingen wie Blattläusen und Raupen.

Wenden Sie vorbeugende Behandlungen wie Gartenbauöle an, um Insekteneier und -larven zu beseitigen.

Sommer

Der Sommer ist eine Zeit des aktiven Wachstums und der Fruchtentwicklung. Die Pflege konzentriert sich hauptsächlich auf die Bewässerung und den Schutz vor Schädlingen.

Bewässerung:

Achten Sie besonders in Dürreperioden auf eine regelmäßige Bewässerung. Junge Bäume und Obstbäume erfordern besondere Aufmerksamkeit.

Verwenden Sie Mulch rund um Apfelbäume, um Feuchtigkeit zu speichern und die Bodentemperatur zu regulieren.

Düngung:

Tragen Sie einen kalium- und phosphorreichen Dünger auf, um die Fruchtentwicklung zu unterstützen.

Fügen Sie weiterhin Kompost hinzu, um zusätzliche Nährstoffe bereitzustellen.

Fruchtausdünnung:

Überschüssiges Obst ausdünnen, um eine Überfüllung der Zweige zu vermeiden und das Wachstum qualitativ hochwertigerer Früchte zu fördern.

Entfernen Sie beschädigte oder deformierte Früchte, um Krankheiten und Schädlingen vorzubeugen.

Schädlings- und Krankheitsbekämpfung:

Überwachen Sie Bäume regelmäßig auf Anzeichen von Krankheiten wie Apfelschorf und Schädlingsbefall.

Verwenden Sie geeignete biologische oder chemische Behandlungen, um erkannte Probleme zu kontrollieren.

Herbst

Im Herbst werden Apfelbäume geerntet und für den Winter vorbereitet.

Ernte :

Ernten Sie Äpfel, wenn sie reif sind, um den besten Geschmack und die beste Qualität zu gewährleisten.

Gehen Sie vorsichtig mit Obst um, um Beschädigungen und Druckstellen zu vermeiden.

Herbstreinigung:

Entfernen Sie abgefallene Blätter und verrottende Früchte aus dem Boden, um das Risiko der Überwinterung von Schädlingen und Krankheiten zu verringern.

Beschneiden Sie Bäume leicht, um abgestorbene oder beschädigte Äste zu entfernen.

Befruchtung und Ergänzungen:

Tragen Sie einen kaliumreichen Dünger auf, um die Bäume vor dem Winter zu stärken.

Fügen Sie Kompost oder Mist rund um die Bäume hinzu, um die Bodenstruktur zu verbessern und Nährstoffe hinzuzufügen.

Winterschutz:

Legen Sie eine Mulchschicht um die Apfelbäume herum, um die Wurzeln vor Frost zu schützen.

Wickeln Sie die Stämme junger Bäume ein, um sie vor Nagetieren und Temperaturschwankungen zu schützen.

Winter

Der Winter ist für Apfelbäume eine Ruhezeit, aber es müssen noch wichtige Aufgaben erledigt werden, um sich auf die nächste Vegetationsperiode vorzubereiten.

Winterschnitt:

Führen Sie einen Ruheschnitt durch, um abgestorbene, kranke oder verkreuzte Äste zu entfernen und eine gute Baumstruktur zu fördern.

Beschneiden Sie den Baum, um die Luftzirkulation und den Zugang zu Licht im Blätterdach des Baumes zu verbessern.

Schutz vor Tieren:

Installieren Sie Nagetierschutz um die Baumstämme herum, um Schäden durch hungrige Tiere zu verhindern.

Verwenden Sie Abwehrmittel oder physische Barrieren, um Bäume vor Rehen zu schützen.

Inspektion und Reparatur:

Untersuchen Sie Bäume auf strukturelle Schäden und führen Sie notwendige Reparaturen durch.

Überprüfen und reparieren Sie Zäune, Pfähle und Bewässerungssysteme.

Vorbereitung auf den Frühling:

Planen Sie den Kauf neuer Bäume, Dünger und anderer für den Frühling benötigter Materialien.

Machen Sie sich Notizen zur Baumleistung, um zukünftige Pflege- und Kulturpraktiken anzupassen.

Durch die Befolgung dieses jährlichen Pflegeplans können Apfelbäume gesund gehalten werden und reichliche, hochwertige Ernten einbringen. Jede Jahreszeit bringt ihre eigenen Aufgaben und Herausforderungen mit sich, aber ständige Aufmerksamkeit und richtige Pflege tragen dazu bei, die Langlebigkeit und Produktivität von Apfelbäumen zu maximieren.

Kapitel 86: Techniken zum Beschneiden von Obstgärten

Das Beschneiden von Obstbäumen ist eine wesentliche Maßnahme zur Erhaltung der Baumgesundheit, zur Optimierung der Obstproduktion und zur Erleichterung der Obstgartenpflege. Die Schnitttechniken variieren je nach Baumart und den Zielen des Gärtners, einige Grundprinzipien gelten jedoch im Allgemeinen für alle Obstgärten. Hier finden Sie einen Überblick über die wichtigsten Schnitttechniken und wichtige Überlegungen zur erfolgreichen Durchführung dieser Aufgabe.

Größenziele

Bevor wir auf die spezifischen Techniken eingehen, ist es wichtig, die Hauptziele des Beschneidens zu verstehen:

Stimulieren Sie das Wachstum: Durch das Beschneiden wird das Wachstum neuer Triebe und Zweige gefördert, was die Fruchtproduktion steigern kann.

Verbessern Sie die Fruchtqualität: Indem wir die Anzahl der Früchte am Baum reduzieren, können wir die Größe und Qualität der verbleibenden Früchte verbessern.

Erhalten Sie die Gesundheit der Bäume: Durch das Entfernen abgestorbener, kranker oder beschädigter Äste trägt das Beschneiden dazu bei, Krankheiten vorzubeugen und die Luft- und Lichtzirkulation durch das Blätterdach zu verbessern.

Pflege und Ernte erleichtern: Regelmäßiges Beschneiden trägt dazu bei, eine Baumform zu erhalten, die Pflege und Ernte erleichtert.

Schnitttechniken

Trainingsgröße

Bei jungen Bäumen wird ein Formschnitt durchgeführt, um eine starke, wohlgeformte Struktur zu schaffen. Es ist wichtig, um die Form des Baumes zu entwickeln und eine gute Verzweigung zu fördern.

Oberer Schnitt: Schneiden Sie den Hauptstamm oberhalb einer Knospe ab, um das Wachstum der Seitenzweige zu fördern.

Auswahl der Zimmermannszweige: Wählen Sie 3 bis 5 Hauptzweige, die in ausreichendem Abstand um den Stamm verteilt sind, um das Gerüst des Baumes zu bilden.

Eliminierung konkurrierender Zweige: Entfernen Sie Zweige, die sich kreuzen oder zu nahe beieinander liegen, um Wachstumskonflikte zu vermeiden.

Fruchtgröße

Der Fruchtschnitt wird durchgeführt, um die Fruchtproduktion zu fördern und eine ausgewogene Form zu erhalten.

Ausdünnen der Zweige: Entfernen Sie bestimmte Zweige, damit Licht und Luft besser eindringen können, was die Reifung der Früchte fördert.

Verkürzung der Zweige: Reduzieren Sie die Länge der Fruchtzweige, um die Produktion neuer Fruchttriebe anzuregen.

Entfernen von Gourmets: Entfernen Sie kräftige Triebe, die am Fuß des Baumes oder an den Hauptzweigen wachsen, da sie Ressourcen verbrauchen, ohne Früchte zu produzieren.

Größenverjüngung

Bei älteren oder vernachlässigten Bäumen wird ein Verjüngungsschnitt durchgeführt, um ihr Wachstum zu revitalisieren und die Produktivität zu steigern.

Entfernen alter Äste: Entfernen Sie alte oder schwache Äste, um das Wachstum neuer Triebe anzuregen.

Reduzierung des Blätterdachs: Beschneiden Sie den Baum stark, um die Gesamtgröße des Baums zu verringern und neues Wachstum zu fördern.

Gleichgewicht der Zweige: Sorgen Sie für eine ausgewogene Verteilung der Zweige, um Überlastungen und strukturelle Schäden zu vermeiden.

Wichtige Überlegungen

Beschneidungszeitraum

Der Zeitpunkt des Beschneidens ist entscheidend, um die besten Ergebnisse zu erzielen. Die meisten Obstbäume werden im Winter während ihrer Ruhephase beschnitten, da dies die Belastung des Baumes minimiert und eine bessere Sicht auf die Aststruktur ermöglicht. Im Sommer kann jedoch ein leichter Rückschnitt vorgenommen werden, um übermäßiges Wachstum zu kontrollieren.

Schnittwerkzeuge

Die Verwendung geeigneter, gut gewarteter Schnittwerkzeuge ist für saubere, präzise Schnitte unerlässlich und trägt dazu bei, Infektionen und Krankheiten vorzubeugen. Zu den häufig verwendeten Werkzeugen gehören Gartenscheren, Astsägen und Astscheren. Es ist wichtig, Werkzeuge vor und nach jedem Gebrauch zu desinfizieren, um die Ausbreitung von Krankheiten zu verhindern.

Schneidtechniken

Sauberer, abgewinkelter Schnitt: Machen Sie saubere, leicht abgewinkelte Schnitte, damit das Wasser abfließen kann und Fäulnis verhindert wird.

Respektieren Sie die Astkragen: Schneiden Sie direkt über dem Astkragen (der Stelle, an der der Ast mit dem Stamm verbunden ist), um eine schnelle Heilung zu fördern.

Vermeiden Sie Stiche: Lassen Sie keine Stümpfe zurück, da diese zum Eintrittspunkt für Krankheiten werden können.

Entsorgung großer Abfälle

Nach dem Beschneiden ist es wichtig, die Schnittreste richtig zu behandeln, um Krankheiten vorzubeugen. Abgeschnittene Äste und Blätter können zerkleinert und kompostiert oder als

Mulch verwendet werden, sofern sie nicht krank sind. Infizierter Abfall sollte verbrannt oder fachgerecht entsorgt werden, um die Ausbreitung von Krankheitserregern zu verhindern.

Durch die Anwendung dieser Schnitttechniken können Gärtner gesunde und produktive Apfelbäume erhalten und so zu einem blühenden Obstgarten beitragen. Regelmäßiges Beschneiden, kombiniert mit einem guten Verständnis der spezifischen Bedürfnisse jedes Baumes, trägt dazu bei, die Fruchtproduktion zu maximieren und die Lebensdauer der Bäume zu verlängern.

Kapitel 87: Apfelbäume beschneiden und umformen

Das Beschneiden und Umformen von Apfelbäumen ist eine wesentliche Maßnahme zur Erhaltung der Gesundheit, Produktivität und Ästhetik dieser Obstbäume. Diese Techniken ermöglichen es, das Wachstum von Apfelbäumen zu steuern, die Fruchtproduktion zu optimieren und Krankheiten vorzubeugen. Hier finden Sie einen Überblick über Schlüsselkonzepte und effektive Methoden zum Beschneiden und Umformen von Apfelbäumen.

Ziele des Beschneidens und Umformens

Das Beschneiden von Apfelbäumen hat mehrere Ziele:

Stimulieren Sie das Wachstum: Fördern Sie das Wachstum neuer Triebe und Zweige für eine ausgewogene Struktur und eine bessere Fruchtproduktion.

Verbessern Sie die Fruchtqualität: Indem wir die Anzahl der Früchte pro Zweig reduzieren, verbessern wir die Größe und Qualität der verbleibenden Früchte.

Krankheiten vorbeugen: Entfernen Sie abgestorbene, kranke oder beschädigte Äste, um die Luftzirkulation und Lichtdurchdringung zu verbessern und so das Krankheitsrisiko zu verringern.

Erleichterung der Pflege: Behalten Sie eine Baumform bei, die Pflanzenschutzbehandlungen und Ernte erleichtert.

Schnitttechniken

Trainingsschnitt

Diese Technik wird an jungen Apfelbäumen praktiziert, um eine solide Struktur zu schaffen. Um das Wachstum des Baumes optimal zu steuern, muss ab den ersten Lebensjahren des Baumes ein Erziehungsschnitt durchgeführt werden.

Schneiden des Hauptstamms: Schneiden Sie den Hauptstamm auf eine geeignete Höhe ab, um das Wachstum der Seitenzweige zu fördern.

Auswahl der Zimmermannszweige: Wählen und pflegen Sie 3 bis 5 Hauptzweige, die in ausreichendem Abstand um den Stamm verteilt sind, um die Struktur des Baumes zu bilden.

Eliminierung konkurrierender Zweige: Entfernen Sie Zweige, die sich kreuzen oder zu nahe beieinander wachsen, um wachsende Konflikte zu vermeiden.

Fruchtschnitt

Ziel dieser Schnittart ist die Förderung der Fruchtproduktion. Es wird normalerweise im Winter während der Ruhephase der Bäume durchgeführt.

Ausdünnen der Zweige: Entfernen Sie bestimmte Zweige, um eine bessere Lichtdurchdringung zu ermöglichen und die Fruchtqualität zu verbessern.

Zweigverkürzung: Reduzieren Sie die Länge der Zweige, um das Wachstum neuer Fruchttriebe zu stimulieren.

Entfernen von Gourmets: Entfernen Sie kräftige Triebe, die am Fuß des Baumes oder an den Hauptzweigen wachsen, da sie Ressourcen verbrauchen, ohne Früchte zu produzieren.

Schnittverjüngung

Bei älteren Apfelbäumen wird ein Verjüngungsschnitt durchgeführt, um ihr Wachstum und ihre Fruchtproduktion zu revitalisieren.

Entfernen alter Äste: Entfernen Sie alte oder schwache Äste, um das Wachstum neuer Triebe anzuregen.

Reduzierung des Blätterdachs: Stark beschneiden, um die Größe des Baumes zu reduzieren und neues Wachstum zu fördern.

Ausbalancieren der Zweige: Sorgen Sie für eine ausgewogene Verteilung der Zweige, um Überlastungen und strukturelle Schäden zu vermeiden.

Umbaumethoden

Das Umformen von Apfelbäumen ist eine ergänzende Technik zum Beschneiden, die darauf abzielt, die Form des Baumes anzupassen, um seine Gesundheit und Produktivität zu verbessern.

Umgestaltung der Kelchform

Durch diese Methode entsteht eine offene Form, die die Luftzirkulation und das Eindringen von Licht fördert.

Mittelschnitt: Entfernen Sie die zentralen Zweige, um eine becherförmige Form zu erhalten, die eine bessere Belichtung ermöglicht.

Seitenzweige pflegen: Behalten Sie die Hauptseitenzweige und beschneiden Sie sie regelmäßig, um ihre Form zu erhalten.

Umbau in Palmette

Diese Methode wird hauptsächlich für Obstgärten mit hoher Dichte eingesetzt und fördert ein kontrolliertes vertikales Wachstum.

Sicherung von Ästen: Verwenden Sie Pfähle und Drähte, um das Wachstum der Äste vertikal oder fächerförmig zu steuern.

Regelmäßiger Schnitt: Regelmäßig beschneiden, um die gewünschte Form beizubehalten und die Fruchtproduktion zu fördern.

Spalierumbau

Spalier ist eine Umbaumethode, bei der die Äste des Baumes an eine Wand oder einen Zaun gelehnt werden.

Zweigtraining: Befestigen Sie seitliche Zweige an einer Stützstruktur, um sie horizontal oder in einem bestimmten Muster wachsen zu lassen.

Erhaltungsschnitt: Regelmäßig beschneiden, um die Form zu erhalten und eine gleichmäßige Fruchtproduktion zu fördern.

Vorsichtsmaßnahmen und Best Practices

Auswahl an Werkzeugen

Für saubere und präzise Schnitte ist die Verwendung geeigneter und gut gewarteter Werkzeuge von entscheidender Bedeutung. Zu den häufig verwendeten Werkzeugen gehören Gartenscheren, Astsägen und Astscheren. Werkzeuge sollten vor und nach jedem Gebrauch desinfiziert werden, um die Ausbreitung von Krankheiten zu verhindern.

Beschneidungszeitraum

Der beste Zeitpunkt zum Beschneiden und Umformen von Apfelbäumen ist während ihrer Ruhephase im Winter. Dadurch wird die Belastung der Bäume verringert und Sie können ihre Struktur besser erkennen. Allerdings kann im Sommer auch ein leichter Rückschnitt durchgeführt werden, um übermäßiges Wachstum zu kontrollieren.

Schneidtechniken

Sauberer, abgewinkelter Schnitt: Machen Sie saubere, leicht abgewinkelte Schnitte, damit das Wasser abfließen kann und Fäulnis verhindert wird.

Respektieren Sie die Astkragen: Schneiden Sie direkt über dem Astkragen (der Stelle, an der der Ast mit dem Stamm verbunden ist), um eine schnelle Heilung zu fördern.

Vermeiden Sie Stümpfe: Lassen Sie keine Stümpfe zurück, da diese zum Eintrittspunkt für Krankheiten werden können.

Entsorgung großer Abfälle

Nach dem Beschneiden ist es wichtig, die Rückstände richtig zu behandeln, um Krankheiten vorzubeugen. Abgeschnittene Äste und Blätter können zerkleinert und kompostiert oder als Mulch verwendet werden, sofern sie nicht krank sind. Infizierter Abfall sollte verbrannt oder ordnungsgemäß entsorgt werden.

Durch die Anwendung dieser Schnitt- und Umformtechniken können Gärtner sicherstellen, dass ihre Apfelbäume gesund, produktiv und ästhetisch ansprechend bleiben. Regelmäßige Aufmerksamkeit und sachkundige Schnittpraktiken tragen dazu bei, die Langlebigkeit und Qualität der Bäume zu maximieren und Jahr für Jahr reiche, geschmackvolle Ernten zu gewährleisten.

Kapitel 88: Pfropfen und vegetative Vermehrung

Pfropfen und vegetative Vermehrung sind grundlegende Techniken im Gartenbau, insbesondere für die Vermehrung von Obstbäumen, Sträuchern und anderen Pflanzen. Diese Methoden ermöglichen es, die gewünschten Eigenschaften der Mutterpflanzen originalgetreu zu reproduzieren und die landwirtschaftliche Produktion zu optimieren. Hier finden Sie eine detaillierte Untersuchung dieser Praktiken, einschließlich der Techniken, Vorteile und Vorsichtsmaßnahmen.

Das Register

Beim Pfropfen handelt es sich um eine Methode, zwei unterschiedliche Pflanzenteile so zu vereinen, dass sie einen einzigen lebenden Organismus bilden. Diese Technik wird häufig bei Obstbäumen und Weinreben angewendet.

Arten von Transplantaten

Spalttransplantat:

Diese Technik wird im zeitigen Frühjahr praktiziert und besteht darin, einen Spross (den oberen Teil der Pflanze) in einen Schlitz im Wurzelstock (den unteren Teil der Pflanze) einzuführen.

Diese Methode wird häufig verwendet, um alte Bäume zu verjüngen oder die Sorte eines ausgewachsenen Baumes zu verändern.

Kronentransplantation:

Diese Methode wird normalerweise im späten Frühjahr durchgeführt und umfasst das Platzieren mehrerer Transplantate um den Umfang eines Stammes oder Astes.

Es ist wirksam für Obstbäume und ermöglicht die Veredelung mehrerer Sorten auf denselben Baum.

Transplantation nach Ansatz:

Bei dieser Technik werden zwei Topfpflanzen nebeneinander gestellt, ihre Stängel eingekerbt und dann zusammengebunden, bis sie miteinander verschmelzen.

Sobald die Verschmelzung erfolgreich ist, werden die Ober- und Unterseite des einen abgeschnitten, um eine neue Pflanze zu schaffen.

Wappentransplantat:

Diese Methode wird hauptsächlich für Rosen und Zitrusfrüchte verwendet und besteht darin, eine ruhende Knospe unter die Rinde des Wurzelstocks einzuführen.

Es wird normalerweise im Sommer oder Frühherbst durchgeführt.

Vorteile der Registry

Originalgetreue Reproduktion: Durch die Veredelung können die Eigenschaften der Mutterpflanze originalgetreu reproduziert werden, wodurch hochwertige Früchte und einheitliche Zierpflanzen gewährleistet werden.

Krankheitsresistenz: Durch die Verwendung resistenter Wurzelstöcke kann die Widerstandsfähigkeit gegenüber Krankheiten und widrigen Umweltbedingungen verbessert werden.

Sortenkompatibilität: Durch die Veredelung werden die besten Eigenschaften verschiedener Sorten kombiniert, beispielsweise die Wuchskraft eines Wurzelstocks mit der Qualität der Früchte eines Sprosses.

Zu treffende Vorsichtsmaßnahmen

Pflanzenkompatibilität: Es ist wichtig sicherzustellen, dass Spross und Wurzelstock kompatibel sind, normalerweise innerhalb derselben Art oder sehr eng verwandter Gattungen.

Hygiene und Werkzeuge: Verwenden Sie saubere und desinfizierte Werkzeuge, um die Übertragung von Krankheiten zu vermeiden.

Pflege nach der Transplantation: Schützen Sie den Transplantatbereich mit Transplantatband oder Heilkitt und überwachen Sie ihn regelmäßig auf Infektionen oder Abstoßungen.

Vegetative Vermehrung

Die vegetative Vermehrung umfasst verschiedene asexuelle Reproduktionstechniken, die aus Teilen bestehender Pflanzen neue Pflanzen hervorbringen.

Vegetative Vermehrungstechniken

Stecklinge:

Dabei wird ein Teil des Stängels, Blatts oder der Wurzel genommen und in eine Umgebung gebracht, die die Wurzelbildung begünstigt.

Stängelstecklinge kommen am häufigsten vor und können im Sommer für krautige Pflanzen und im Winter für Gehölze entnommen werden.

Schichtung:

Dabei wird eine neue Pflanze aus einem Zweig gezogen, der noch an der Mutterpflanze befestigt ist, wobei dieser oft teilweise eingegraben wird, bis er Wurzeln schlägt.

Wird für Pflanzen verwendet, die durch Stecklinge nur schwer Wurzeln schlagen können, wie z. B. bestimmte Weinreben und Kletterpflanzen.

Aufteilung der Büschel:

Einfache Methode zur Aufteilung mehrjähriger Pflanzengruppen in mehrere Teile, jeweils mit Wurzeln und Knospen.

Wird oft im Frühjahr oder Herbst durchgeführt.

Gewebekultur:

Eine fortschrittliche Technik, bei der Pflanzenzellen oder -gewebe in einem sterilen Medium gezüchtet werden, um neue Pflanzen zu produzieren.

Ermöglicht die schnelle Vermehrung seltener oder wertvoller Pflanzen und wird häufig in Gartenbaulaboren eingesetzt.

Vorteile der vegetativen Vermehrung

Schnelle Vermehrung: Ermöglicht die Produktion einer großen Anzahl neuer Pflanzen in kurzer Zeit.

Genetische Einheitlichkeit: Pflanzen, die durch vegetative Vermehrung entstehen, sind genetisch mit der Mutterpflanze identisch, was die Stabilität der gewünschten Merkmale garantiert.

Vermehrung steriler Pflanzen: Nützlich für Pflanzen, die nur wenige oder keine lebensfähigen Samen produzieren.

Zu treffende Vorsichtsmaßnahmen

Gesunde Materialauswahl: Verwenden Sie krankheitsfreie Pflanzenteile, um die Ausbreitung von Krankheitserregern zu vermeiden.

Wurzelbedingungen: Sorgen Sie für ideale Licht-, Feuchtigkeits- und Temperaturbedingungen, um die Wurzelbildung zu fördern.

Stressmanagement: Schützen Sie neue Pflanzen vor Umweltstress, bis sie ausreichend etabliert sind.

Pfropf- und vegetative Vermehrungstechniken sind für Gärtner und Gärtner, die Pflanzen effizient und zuverlässig vermehren möchten, von wesentlicher Bedeutung. Durch die Beherrschung dieser Methoden ist es möglich, die Erntequalität zu verbessern, neue Sorten einzuführen und die Gesundheit und Produktivität von Obstgärten und Gärten zu erhalten.

Kapitel 89: Organische und mineralische Düngung

Die Düngung ist eine wesentliche Praxis in der Landwirtschaft und im Gartenbau, um Pflanzen mit den Nährstoffen zu versorgen, die sie für Wachstum und Gesundheit benötigen. Zwei Hauptdüngungsmethoden werden häufig angewendet: organische Düngung und mineralische Düngung. Jeder dieser Ansätze hat Vor- und Nachteile und ihre Verwendung hängt oft von den spezifischen Pflanzenbedürfnissen, den Vorlieben des Gärtners und den Bodenbedingungen ab. Schauen wir uns diese beiden Methoden genauer an.

Organische Düngung

Bei der organischen Düngung werden natürliche organische Materialien wie Kompost, Mist, Ernterückstände und organische Düngemittel verwendet, um den Boden mit Nährstoffen anzureichern.

Vorteile der organischen Düngung

Beitrag organischer Stoffe: Organische Stoffe verbessern die Struktur des Bodens, erhöhen dessen Wasserspeicherkapazität und fördern die vorteilhafte biologische Aktivität.

Langsame Nährstofffreisetzung: Nährstoffe in organischem Material werden normalerweise langsam an den Boden abgegeben und sorgen so für eine konstante Versorgung der Pflanzen über einen längeren Zeitraum.

Verbesserte langfristige Fruchtbarkeit: Organische Düngung trägt dazu bei, die Bodenfruchtbarkeit langfristig zu verbessern und so die Abhängigkeit von chemischen Düngemitteln zu verringern.

Geringeres Verschmutzungsrisiko: Organische Düngemittel verschmutzen das Grundwasser und die Wasserstraßen tendenziell weniger als chemische Düngemittel.

Organische Düngemethoden

Kompostierung: Umwandlung organischer Abfälle in Kompost, eine nährstoffreiche Bodenverbesserung.

Gülle: Verwendung von kompostiertem Tiermist als Nährstoffquelle für Nutzpflanzen.

Organische Düngemittel: Verwendung natürlich gewonnener Düngemittel wie Knochenmehl, getrocknetes Blut und Seetang, um den Pflanzen zusätzliche Nährstoffe zuzuführen.

Mineralische Düngung

Bei der mineralischen Düngung werden chemische oder synthetische Düngemittel eingesetzt, um Pflanzen mit bestimmten Nährstoffen zu versorgen.

Vorteile der Mineraldüngung

Kontrollierte Konzentration: Mineraldünger können bestimmte Nährstoffe in kontrollierten Konzentrationen liefern und so dabei helfen, spezifische Pflanzenbedürfnisse zu erfüllen.

Schnelle Wirkung: Nährstoffe aus Mineraldüngern stehen den Pflanzen in der Regel schnell zur Verfügung, was ein schnelles Wachstum und hohe Erträge begünstigen kann.

Einfache Anwendung: Mineraldünger lassen sich oft einfach auftragen und lassen sich gleichmäßig auf großen Flächen verteilen.

Präzise Kontrolle: Gärtner haben eine präzise Kontrolle über die Mengen und Verhältnisse der ausgebrachten Nährstoffe und tragen so zur Optimierung der Pflanzenernährung bei.

Mineralische Düngemethoden

Lösliche chemische Düngemittel: Verwendung wasserlöslicher Düngemittel wie Sulfate, Nitrate und Phosphate, die schnell von Pflanzen aufgenommen werden.

Düngemittel mit langsamer Freisetzung: Verwendung speziell formulierter Düngemittel für die langsame Freisetzung von Nährstoffen in den Boden und eine längere Versorgung der Pflanzen.

Blattdünger: Sprühen Sie den Dünger direkt auf die Pflanzenblätter, was eine schnelle Nährstoffaufnahme ermöglicht.

Auswahl und Verwendung

Die Wahl zwischen organischer und mineralischer Düngung hängt häufig von einer Vielzahl von Faktoren ab, darunter spezifische Pflanzenbedürfnisse, Bodenbedingungen, Vorlieben des Gärtners und Umweltaspekte. In vielen Fällen kann eine Kombination der beiden Methoden von Vorteil sein, sodass Sie die Vorteile beider Methoden nutzen und gleichzeitig die Nachteile minimieren können.

Für welche Methode Sie sich auch entscheiden, es ist wichtig, mit Bedacht zu düngen, indem Sie den Nährstoffbedarf der Pflanzen berücksichtigen, eine Überdüngung vermeiden und einen verantwortungsvollen Umgang mit den Ressourcen gewährleisten. Durch die Integration der Düngung in einen umfassenden Ansatz zur nachhaltigen Boden- und Pflanzenbewirtschaftung können Gärtner das Wachstum, die Gesundheit und die Produktivität ihrer Pflanzen optimieren und gleichzeitig die Umwelt für zukünftige Generationen schützen.

Kapitel 90: Apfelbäume und Kohlenstoffbindung

Apfelbäume, diese ikonischen Obstbäume, spielen eine wesentliche Rolle bei der Kohlenstoffbindung, einem wichtigen Prozess zur Regulierung des Klimas unseres Planeten. Da der Klimawandel zu einem großen Problem wird, wird es immer wichtiger, den Zusammenhang zwischen Apfelbäumen und der Kohlenstoffbindung zu verstehen.

Bedeutung von Bäumen für die Kohlenstoffbindung

Bäume spielen eine entscheidende Rolle im Kohlenstoffkreislauf, indem sie bei der Photosynthese Kohlendioxid (CO_2) aus der Atmosphäre aufnehmen und Kohlenstoff in ihrer Biomasse und im Boden speichern. Dieser Prozess trägt dazu bei, den CO2-Gehalt in der Atmosphäre zu senken und so die Auswirkungen des Klimawandels abzumildern.

Der Sonderfall der Apfelbäume

Apfelbäume sind Laubobstbäume, die in ihrem Holz, ihren Blättern und Früchten eine erhebliche Menge Kohlenstoff speichern können. Hier sind einige Möglichkeiten, wie Apfelbäume bei der Kohlenstoffbindung helfen:

Baumbiomasse

Die Stämme, Äste und Wurzeln von Apfelbäumen speichern Kohlenstoff in Form organischer Substanz. Je größer und älter ein Apfelbaum ist, desto größer ist seine Fähigkeit, Kohlenstoff zu speichern.

Blätter und Früchte

Apfelbaumblätter nehmen CO2 aus der Luft auf und wandeln es durch Photosynthese in Zucker um. Ein Teil dieses Kohlenstoffs wird in den Blättern gespeichert, während der Rest für das Wachstum und die Fruchtproduktion des Baumes verwendet wird.

Schnitt- und Erntematerialien

Schnittreste und Ernterückstände von Apfelbäumen können kompostiert oder als Mulch verwendet werden, der dabei hilft, Kohlenstoff im Boden zu binden.

Implikationen für eine nachhaltige Landwirtschaft

Die Kohlenstoffbindung durch Apfelbäume hat wichtige Auswirkungen auf eine nachhaltige Landwirtschaft und Obstgartenbewirtschaftung. Durch die Einführung landwirtschaftlicher Praktiken, die die Gesundheit von Apfelbäumen und die Produktivität von Obstgärten fördern, können Landwirte dazu beitragen, die Kohlenstoffbindung zu erhöhen und gleichzeitig nachhaltige Erträge und Widerstandsfähigkeit gegenüber dem Klimawandel sicherzustellen.

Herausforderungen und Möglichkeiten

Es ist jedoch wichtig zu erkennen, dass bestimmte Aspekte des Apfelanbaus, wie der Einsatz von Düngemitteln und Pestiziden, Auswirkungen auf die Kohlenstoffbindung und die allgemeine Gesundheit des Ökosystems haben können. Durch die Einführung umweltfreundlicher landwirtschaftlicher Praktiken wie integriertem Schädlingsmanagement, der Reduzierung des Einsatzes von Chemikalien und der Förderung der Artenvielfalt können Apfelbauern die Vorteile der Kohlenstoffbindung maximieren und gleichzeitig negative Auswirkungen auf die Umwelt reduzieren.

Apfelbäume spielen mit ihrer Fähigkeit, Kohlenstoff in ihrer Biomasse und im Boden zu speichern, eine wichtige Rolle im Kampf gegen den Klimawandel. Indem wir ihren Beitrag zur Kohlenstoffbindung verstehen und wertschätzen, können wir nachhaltige landwirtschaftliche Praktiken entwickeln, die die Gesundheit von Apfelbäumen, die Produktivität von Obstgärten und die Widerstandsfähigkeit unserer Ökosysteme angesichts aktueller und zukünftiger Klimaherausforderungen fördern.

Kapitel 91: Vorbeugung und Behandlung von Apfelblattkrankheiten

Die Vorbeugung und Behandlung von Blattkrankheiten sind entscheidende Aspekte der Bewirtschaftung von Apfelplantagen. Diese Krankheiten können erhebliche Blattschäden verursachen und die allgemeine Gesundheit der Bäume beeinträchtigen, was zu geringeren Erträgen und einer Verschlechterung der Fruchtqualität führen kann. Hier sind einige wirksame Strategien zur Vorbeugung und Behandlung von Apfelblattkrankheiten, um so die Vitalität der Bäume zu erhalten und eine optimale Fruchtproduktion sicherzustellen.

Vorbeugung von Blattkrankheiten

Fruchtfolge

Fruchtwechsel ist eine wirksame Methode, um die Ansammlung von Krankheitserregern im Boden zu reduzieren. Indem wir jedes Jahr unterschiedliche Pflanzen in verschiedenen Bereichen des Obstgartens anbauen, können wir die Ausbreitung von Blattkrankheiten begrenzen, die für Apfelbäume spezifisch sind.

Hygiene und Reinigung

Eine regelmäßige Reinigung des Obstgartens ist unerlässlich, um infizierte Pflanzenreste zu entfernen, die als Infektionsquelle für gesunde Bäume dienen könnten. Durch das Entfernen abgestorbener Blätter und kranker Zweige wird die Ausbreitung von Blattkrankheiten verringert.

Feuchtigkeitsmanagement

Blattkrankheiten entwickeln sich häufig bei hoher Luftfeuchtigkeit. Daher ist eine sorgfältige Bewässerung wichtig, die eine Benetzung der Blätter verhindert und eine gute Luftzirkulation um die Bäume herum fördert, um die Luftfeuchtigkeit zu reduzieren und Krankheiten vorzubeugen.

Verwendung resistenter Sorten

Einige Apfelsorten sind resistenter gegen Blattkrankheiten als andere. Durch die Auswahl von Sorten, die für ihre Resistenz gegen bestimmte in Ihrer Region vorkommende Krankheiten bekannt sind, können Sie das Infektionsrisiko verringern und den Bedarf an chemischen Behandlungen minimieren.

Behandlung von Blattkrankheiten

Regelmäßige Überwachung

Eine regelmäßige Überwachung der Bäume ist unerlässlich, um Anzeichen von Blattkrankheiten schnell zu erkennen. Untersuchen Sie die Blätter sorgfältig auf Flecken, Verformungen oder Welkesymptome und handeln Sie schnell, wenn Probleme festgestellt werden.

Einsatz von Fungiziden

In Fällen, in denen die Vorbeugung allein nicht ausreicht, kann der Einsatz von Fungiziden zur Bekämpfung von Blattkrankheiten erforderlich sein. Wählen Sie spezifische Produkte für die identifizierte Krankheit und befolgen Sie die Anwendungsanweisungen genau, um maximale Wirksamkeit zu gewährleisten und Umweltrisiken zu minimieren.

Richtige Größe

Das Beschneiden von Bäumen kann auch dazu beitragen, das Risiko von Blattkrankheiten zu verringern, indem es eine gute Luftzirkulation fördert und eine bessere Lichtdurchdringung in die Blätter ermöglicht. Beschneiden Sie abgestorbene oder kranke Äste und verdünnen Sie das Blätterdach, um die Belüftung zu verbessern.

Bodenverbesserungen

Bestimmte Bodenverbesserungsmittel wie Kompost oder gut verrotteter Mist können dazu beitragen, die Gesundheit der Bäume zu stärken und ihre Widerstandsfähigkeit gegen Blattkrankheiten zu verbessern, indem sie die nützliche mikrobielle Aktivität im Boden fördern.

Die Vorbeugung und Behandlung von Apfelblattkrankheiten ist für die Erhaltung der Baumgesundheit und die Sicherstellung einer reichlichen, qualitativ hochwertigen Obstproduktion von entscheidender Bedeutung. Durch die Kombination effektiver Präventionsmaßnahmen mit gezielten Behandlungsmethoden ist es möglich, Krankheitsrisiken zu minimieren und die langfristige Nachhaltigkeit von Apfelplantagen zu fördern.

Kapitel 92: Integrierte Schädlingsbekämpfung

Integrierte Schädlingsbekämpfung ist ein ganzheitlicher Ansatz, der darauf abzielt, Populationen schädlicher Schädlinge zu bekämpfen und gleichzeitig die Auswirkungen auf die Umwelt und die menschliche Gesundheit zu minimieren. Dieser Ansatz basiert auf einer Kombination aus biologischen, kulturellen, mechanischen und chemischen Methoden, um die Schädlingspopulationen auf einem akzeptablen Niveau zu halten und Ernteschäden zu verhindern. Hier sind einige Schlüsselstrategien für die integrierte Schädlingsbekämpfung:

Überwachung und Identifizierung

Der erste Schritt bei der integrierten Schädlingsbekämpfung besteht darin, Kulturpflanzen regelmäßig auf das Vorhandensein von Schädlingen zu überwachen und mögliche Schäden zu bewerten. Es ist wichtig, Schädlinge richtig zu identifizieren, um die am besten geeigneten Bekämpfungsmethoden auszuwählen.

Kulturelle Praktiken

Kulturelle Praktiken spielen eine wichtige Rolle bei der Schädlingsbekämpfung, indem sie ein Umfeld schaffen, das für ihre Entwicklung ungünstig ist. Dazu können Fruchtwechsel, die Züchtung resistenter Sorten, Jäten, Mulchen und Bewässerungsmanagement gehören, um die Nahrungs- und Unterschlupfmöglichkeiten für Schädlinge zu verringern.

Biologische Methoden

Biologische Methoden nutzen lebende Organismen zur Bekämpfung von Schädlingspopulationen. Dazu kann die Einführung natürlicher Schädlingsfeinde wie Raubtiere oder Parasiten oder der Einsatz pathogener Mikroben zur Infektion von Schädlingen gehören.

Mechanische Steuerung

Bei den mechanischen Bekämpfungsmethoden werden physische Barrieren oder Vorrichtungen eingesetzt, um Schädlinge daran zu hindern, Pflanzen zu erreichen, oder um sie manuell zu beseitigen. Dies kann den Einsatz von Fallen, Schutznetzen, physischen Barrieren oder Fangtechniken umfassen.

Chemische Kontrolle

Obwohl die chemische Bekämpfung im Allgemeinen als letztes Mittel eingesetzt wird, kann sie in bestimmten Situationen eine wirksame Option sein. Allerdings ist es wichtig, Pestizide umsichtig und selektiv einzusetzen, um die Auswirkungen auf die Umwelt und die menschliche Gesundheit zu minimieren. Dazu können der Einsatz von Pestiziden mit geringer Toxizität, der gezielte Einsatz zur Minimierung von Abdrift und Rückständen sowie die Einhaltung von Sicherheitsintervallen gehören.

Integration von Methoden

Der Schlüssel zur integrierten Schädlingsbekämpfung liegt in der sinnvollen Integration dieser verschiedenen Methoden, um ein wirksames und nachhaltiges Bekämpfungsprogramm zu erstellen. Durch die Kombination der Stärken beider Ansätze ist es möglich,

Schädlingspopulationen zu bekämpfen und gleichzeitig Risiken für die Umwelt und die menschliche Gesundheit zu minimieren.

Daher ist die integrierte Schädlingsbekämpfung ein vielseitiger und nachhaltiger Ansatz zur Bekämpfung schädlicher Schädlingspopulationen bei gleichzeitiger Erhaltung der Gesundheit von Nutzpflanzen und des umgebenden Ökosystems. Durch einen proaktiven Ansatz und die Integration verschiedener Bekämpfungsmethoden ist es möglich, die Schädlingspopulationen auf einem akzeptablen Niveau zu halten und die langfristige Nachhaltigkeit landwirtschaftlicher und gartenbaulicher Systeme zu fördern.

Kapitel 93: Natürliche Raubtiere und biologische Kontrolle

Bei der Schädlingsbekämpfung in Apfelplantagen spielen natürliche Fressfeinde eine entscheidende Rolle. Die biologische Bekämpfung, die auf dem Einsatz dieser Organismen zur Regulierung der Schädlingspopulationen basiert, ist eine umweltfreundliche und nachhaltige Methode zum Schutz von Nutzpflanzen. Hier finden Sie einen Überblick über die wichtigsten natürlichen Fressfeinde von Apfelbäumen und ihre Rolle bei der biologischen Schädlingsbekämpfung:

Marienkäfer

Marienkäfer gehören zu den bekanntesten und wirksamsten Fressfeinden zur Bekämpfung von Apfelbaumschädlingen, wie zum Beispiel Blattläusen. Diese kleinen Käfer fressen Blattläuse mit beeindruckender Geschwindigkeit und tragen so dazu bei, die Schädlingspopulation auf einem akzeptablen Niveau zu halten.

Florfliegen

Florfliegen oder „goldäugige Fliegen" sind gefräßige Raubtiere vieler Apfelschädlinge, darunter Blattläuse, Thripse und Milben. Ihre Larven ernähren sich aktiv von diesen Schädlingen und sorgen so für eine wirksame biologische Bekämpfung.

Parasitoide Wespen

Schlupfwespen wie Trichogramma und Braconiden sind Insekten, die die Eier oder Larven vieler Apfelbaumschädlinge parasitieren. Indem sie ihre Eier in Schädlinge legen, reduzieren diese Wespen effektiv die Schädlingspopulationen.

Raubspinnen

Raubspinnen wie Thomises und Bobcats sind hervorragende Jäger, die eine Vielzahl von Apfelbaumschädlingen jagen, darunter Insektenschädlinge und Milben. Ihre Anwesenheit in Obstgärten trägt zur Aufrechterhaltung des ökologischen Gleichgewichts bei.

Karabiden

Laufkäfer sind Laufkäfer, die sich von vielen Apfelbaumschädlingen ernähren, darunter Insektenlarven und Schnecken. Ihre räuberische Aktivität trägt dazu bei, den Schädlingsdruck auf Nutzpflanzen zu verringern.

Gottesanbeterinnen

Gottesanbeterinnen sind aggressive Raubtiere, die sich von einer Vielzahl von Insekten ernähren, darunter auch Apfelbaumschädlinge. Ihre Rolle bei der Regulierung der Schädlingspopulation ist in Obstgärten besonders wichtig.

Integration in die Schädlingsbekämpfung

Die Integration natürlicher Fressfeinde in die Bekämpfung von Apfelbaumschädlingen erfordert die Schaffung eines Umfelds, das ihre Ansiedlung und räuberische Aktivität begünstigt. Dazu kann das Pflanzen von Hecken, die Bereitstellung von Schutz- und Nahrungsquellen sowie die Reduzierung des Einsatzes von Pestiziden gehören, die Raubtieren schaden.

Daher spielen natürliche Fressfeinde von Apfelbäumen eine wichtige Rolle bei der biologischen Schädlingsbekämpfung und bieten eine wirksame und umweltfreundliche Methode zum Schutz von Nutzpflanzen. Durch die Förderung ihrer Etablierung und die Integration ihrer Präsenz in die Schädlingsbekämpfung ist es möglich, Ernteschäden wirksam zu reduzieren und gleichzeitig die Gesundheit landwirtschaftlicher Ökosysteme zu erhalten.

Kapitel 94: Die verschiedenen Apfelfamilien

Äpfel gehören zu den beliebtesten und vielfältigsten Früchten der Welt und zeichnen sich durch ihre Vielfalt an Geschmacksrichtungen, Texturen und Farben aus. Die verschiedenen Apfelfamilien werden nach ihren Geschmackseigenschaften, ihrer kulinarischen Verwendung und ihrem Erntezeitraum klassifiziert. Hier ein Überblick über die wichtigsten Apfelfamilien:

Süße Apfelfamilie

Süße Äpfel kommen am häufigsten auf dem Markt vor und werden wegen ihres süßen Geschmacks und ihrer saftigen Konsistenz geliebt. Zu den beliebtesten Sorten dieser Familie gehören Golden Delicious, Red Delicious und Gala. Diese Äpfel werden oft roh verzehrt, eignen sich aber auch hervorragend zum Kochen und Zubereiten von Kompott.

Familie säuerlicher Äpfel

Saure Äpfel haben einen helleren Geschmack und eine festere Konsistenz als süße Äpfel. Aufgrund ihrer ausgeprägten Säure werden sie häufig in Back- und Dessertrezepten verwendet. Zu den bekanntesten Sorten dieser Familie zählen Granny Smith, McIntosh und Jonathan.

Knusprige Apfelfamilie

Knusprige Äpfel werden wegen ihrer festen, knackigen Konsistenz geschätzt und eignen sich daher hervorragend zum Rohverzehr und für Obstsalate. Sie eignen sich auch hervorragend zum Kochen, da ihre Textur gut hitzebeständig ist. Beispiele für Sorten aus dieser Familie sind Fuji, Honeycrisp und Pink Lady.

Familie aromatischer Äpfel

Aromatische Äpfel zeichnen sich durch ihren intensiven Duft und ihren komplexen Geschmack aus. Aufgrund ihres reichen Aromas werden sie häufig zur Herstellung von Apfelwein und Apfelsaft verwendet. Zu den bemerkenswertesten Sorten dieser Familie gehören McIntosh, Cortland und Winesap.

Späte Apple-Familie

Spätäpfel werden spät in der Saison geerntet und aufgrund ihrer Fähigkeit, langsam zu reifen, oft lange gelagert. Sie werden wegen ihres konzentrierten Geschmacks und ihrer festen Konsistenz geschätzt. Beispiele für Sorten aus dieser Familie sind Braeburn, Rome und Stayman.

Familie alter oder traditioneller Äpfel

Erbstücke oder traditionelle Äpfel sind Sorten, die von früheren Generationen geerbt wurden und oft wegen ihrer Einzigartigkeit und Geschichte geschätzt werden. Diese Äpfel können unterschiedliche Geschmacksrichtungen und Texturen haben, sind aber im Allgemeinen wegen ihrer Authentizität und ihrer Verbindung zum landwirtschaftlichen Erbe begehrt.

Abschluss

Die Vielfalt der Apfelfamilien bietet Verbrauchern eine endlose Auswahl, um ihren Geschmacksvorlieben und kulinarischen Bedürfnissen gerecht zu werden. Ob für den schnellen Snack, ein aufwendiges Rezept oder ein erfrischendes Getränk, für jeden Anlass und jeden Gaumen gibt es den passenden Apfel.

Kapitel 95: Erbstücke und moderne Sorten von Apfelbäumen

Der Unterschied zwischen alten Apfelsorten und modernen Apfelbaumsorten liegt in ihrer Herkunft, ihren genetischen Eigenschaften und ihrer Anpassung an moderne Anbaumethoden. Heirloom-Sorten sind häufig Erbstücksorten, die von früheren Generationen geerbt und aufgrund ihres historischen und kulturellen Wertes erhalten wurden. Im Gegensatz dazu sind moderne Sorten das Ergebnis selektiver Kreuzungen und neuerer Entwicklungen in der Landwirtschaft, die auf eine Verbesserung der Erträge, der Krankheitsresistenz und der Fruchtqualität abzielen. Hier ein Überblick über die Unterschiede zwischen diesen beiden Apfelbaumarten:

Erbstücksorten

Bei alten Apfelsorten handelt es sich oft um alte Apfelsorten, die wegen ihres einzigartigen Geschmacks und ihrer Widerstandsfähigkeit gegenüber wechselnden Umweltbedingungen seit Jahrhunderten angebaut werden. Diese Sorten werden oft von Generation zu Generation weitergegeben und werden wegen ihres traditionellen Geschmacks, ihrer Vielfalt an Formen und Farben und ihrer Anpassungsfähigkeit an das lokale Klima geschätzt. Heirloom-Sorten tragen dazu bei, die genetische Vielfalt von Apfelbäumen zu bewahren und die Verbindung zum landwirtschaftlichen und kulturellen Erbe aufrechtzuerhalten.

Moderne Sorten

Moderne Apfelbaumsorten sind das Ergebnis neuerer Forschungen und Entwicklungen in der Genetik und Pflanzenzüchtung. Diese Sorten werden oft entwickelt, um den modernen Marktanforderungen an Ertrag, Fruchtqualität und Resistenz gegen Krankheiten und Schädlinge gerecht zu werden. Moderne Sorten zeichnen sich im Allgemeinen durch ihre Einheitlichkeit, ihr attraktives Aussehen und ihre Fähigkeit aus, den Bedürfnissen moderner Erzeuger und Verbraucher gerecht zu werden. Sie sind oft das Ergebnis sorgfältiger Auswahl und kontrollierter Kreuzungen mit dem Ziel, die agronomischen und geschmacklichen Eigenschaften von Apfelbäumen zu verbessern.

Bedeutung

Beide Apfelsorten, alte und moderne Apfelsorten, spielen eine wichtige Rolle für die Vielfalt und Nachhaltigkeit des Apfelanbaus. Heirloom-Sorten tragen dazu bei, das landwirtschaftliche Erbe zu bewahren und die genetische Artenvielfalt von Apfelbäumen zu erhalten, während moderne Sorten den sich wandelnden Anforderungen der modernen Landwirtschaft gerecht werden, indem sie hohe Erträge, Krankheitsresistenz und qualitativ hochwertige Früchte liefern. Die Koexistenz dieser beiden Sortenarten ist unerlässlich, um die Nachhaltigkeit der Apfelindustrie zu gewährleisten und den Verbrauchern die Verfügbarkeit vielfältiger und qualitativ hochwertiger Früchte zu gewährleisten.

Kapitel 96: Auswahl von Apfelbäumen für den Eigenverbrauch

Die Auswahl von Apfelbäumen für den Eigenverbrauch ist von entscheidender Bedeutung, um denjenigen, die in ihrem Garten oder heimischen Obstgarten Apfelbäume anbauen, eine reiche und hochwertige Ernte zu gewährleisten. Bei der Auswahl von Apfelbaumsorten für den Eigenverbrauch müssen mehrere Faktoren berücksichtigt werden, um den individuellen Bedürfnissen und Vorlieben gerecht zu werden. Hier sind einige wichtige Überlegungen, die Sie bei der Auswahl von Apfelbäumen für den Eigenverbrauch anstellen sollten:

Größe und Platz

Es ist wichtig, Apfelbaumsorten auszuwählen, die an die Größe Ihres Anbauraums angepasst sind. Wenn Sie einen kleinen Garten oder wenig Platz haben, entscheiden Sie sich für Zwerg- oder Halbzwergsorten, die in Behältern oder Spalieren angebaut werden können. Wenn Sie einen großen Garten oder Obstgarten haben, können Sie Standard-Apfelbaumsorten wählen, die ihre volle Größe erreichen.

Temperament und Klima

Es ist wichtig, Apfelbaumsorten auszuwählen, die an das Klima Ihrer Region angepasst sind und unter den örtlichen Umweltbedingungen gedeihen können. Informieren Sie sich über die Temperatur-, Feuchtigkeits- und Sonnenlichtanforderungen jeder Sorte, bevor Sie Ihre Wahl treffen. Wählen Sie Sorten, die gegen in Ihrer Region häufig vorkommende Krankheiten und Schädlinge resistent sind, um gesundheitliche Probleme der Bäume zu minimieren.

Ernte- und Konservierungszeitraum

Berücksichtigen Sie bei der Auswahl von Apfelbaumsorten für den Eigenverbrauch den Erntezeitpunkt jeder Sorte und ihre Lagerfähigkeit nach der Ernte. Wählen Sie Sorten, die zu unterschiedlichen Zeitpunkten der Saison reifen, um die Erntezeit zu verlängern und eine gleichmäßige Versorgung mit frischem Obst sicherzustellen. Suchen Sie auch nach Sorten, die sich nach der Ernte mehrere Wochen oder Monate lang gut lagern lassen, um sie langfristig zu verwenden.

Geschmack und Verwendung

Geschmack und Verwendung der Früchte sind wichtige Aspekte bei der Auswahl von Apfelbaumsorten für den Eigenverbrauch. Bevorzugen Sie süße, saftige Äpfel zum Frischverzehr oder saure Äpfel zum Backen und Zubereiten von Desserts? Wählen Sie Sorten, die Ihren Geschmacksvorlieben entsprechen und je nach kulinarischen Bedürfnissen unterschiedlich verwendet werden können.

Bestäubung

Um eine gute Fruchtbildung von Apfelbäumen zu gewährleisten, ist häufig eine Fremdbestäubung erforderlich. Wenn Sie wenig Platz haben, entscheiden Sie sich für selbstfruchtbare Sorten, die sich selbst bestäuben können. Andernfalls achten Sie darauf, mindestens zwei kompatible Sorten zu pflanzen, die gleichzeitig blühen, um eine ausreichende Bestäubung und eine gute Fruchtproduktion zu gewährleisten.

Die Auswahl von Apfelbäumen für den Eigenverbrauch ist daher ein wichtiger Schritt bei der Schaffung eines produktiven und zufriedenstellenden Gartens oder Obstgartens. Durch die Berücksichtigung von Faktoren wie Größe und Platz, Klima, Erntezeit, Lagerung, Geschmack und Verwendung sowie Bestäubung können Sie Apfelbaumsorten auswählen, die Ihren Bedürfnissen und Ihren individuellen Vorlieben entsprechen und Ihnen eine reiche Ernte köstlicher Früchte bescheren Saison lang.

Kapitel 97: Der Apple-Markt: Produktion und Vertrieb

Der Apfelmarkt ist ein wichtiger Sektor der Agrarindustrie mit einer jährlichen Weltproduktion von mehreren Millionen Tonnen Obst. Die Apfelproduktion ist in vielen Ländern der Welt verteilt, mit bedeutenden Anbaugebieten in Europa, Nordamerika, Asien und anderen Regionen. Der Apfelvertrieb erfolgt sowohl auf inländischen als auch auf internationalen Märkten über eine Vielzahl von Vertriebskanälen, darunter Großhandelsmärkte, Supermärkte, Bauernmärkte, Fachgeschäfte und Direktverkäufe an Verbraucher.

Produktion

Die Apfelproduktion wird von mehreren Faktoren beeinflusst, darunter Klima, Boden, landwirtschaftliche Praktiken und angebaute Sorten. Die wichtigsten Apfelanbauländer sind China, die Vereinigten Staaten, Indien, Polen und Russland, die zusammen einen großen Teil der Weltproduktion ausmachen. Äpfel werden in den unterschiedlichsten Klimazonen angebaut, von gemäßigten bis subarktischen Regionen, wobei es für jede Umgebung geeignete Sorten gibt. Auch die Methoden des Apfelanbaus variieren, von konventionellem über biologischen Anbau bis hin zu integriertem Anbau und Gewächshausanbau.

Verteilung

Der Vertrieb von Apple erfolgt über ein komplexes Netzwerk von Vertriebskanälen, das sowohl lokale als auch internationale Märkte umfasst. Äpfel werden im Allgemeinen lose verkauft oder in Tüten, Kisten oder Schalen verpackt, je nach Verbraucherpräferenzen und Marktanforderungen. Äpfel, die für den nationalen oder internationalen Vertrieb bestimmt sind, werden oft im Kühlhaus gelagert, um ihre Haltbarkeit zu verlängern und die Frische während des Transports zu bewahren. Zu den wichtigsten Exportzielen für Äpfel gehören die Vereinigten Staaten, die Europäische Union, China, Indien und andere asiatische Länder.

Markt-Trends

Der Apfelmarkt unterliegt Trends und Entwicklungen, die die Produktion und den Vertrieb von Obst beeinflussen. Zu den aktuellen Markttrends gehören die steigende Nachfrage nach Bio-

und Altäpfeln, ein wachsender Markt für lokale und saisonale Lebensmittel, eine steigende Nachfrage nach Qualitätsprodukten und die Zunahme des Online-Vertriebs. Apfelanbauer und -vermarkter müssen sich an diese Trends anpassen, indem sie ihre Anbaupraktiken, Marketingstrategien und Vertriebskanäle anpassen, um den veränderten Verbraucherbedürfnissen gerecht zu werden.

Der Apfelmarkt ist ein dynamischer Sektor der Agrarindustrie mit bedeutender globaler Produktion und diversifiziertem Vertrieb auf der ganzen Welt. Die Produktion und der Vertrieb von Äpfeln werden von einer Vielzahl von Faktoren beeinflusst, darunter Klima, landwirtschaftliche Praktiken, Markttrends und Verbraucherpräferenzen. Durch die Überwachung dieser Faktoren und die Anpassung an Marktveränderungen können Apfelbauern und -vermarkter eine florierende Branche aufrechterhalten und den wachsenden Bedarf der Verbraucher an frischen, hochwertigen Früchten decken.

Kapitel 98: Apfelernte und Nacherntetechniken

Die Ernte und Nachernteverarbeitung von Äpfeln sind entscheidende Schritte zur Gewährleistung der Qualität und Nachhaltigkeit der Früchte in der gesamten Lieferkette, vom Obstgarten bis zum Endverbraucher. Die für die Ernte und Nachernteverarbeitung von Äpfeln verwendeten Techniken variieren je nach landwirtschaftlicher Praxis, klimatischen Bedingungen und Marktanforderungen, einige grundlegende Methoden sind jedoch in der Industrie weit verbreitet.

Ernte

Die Apfelernte erfolgt normalerweise von Hand oder mit speziell entwickelten Maschinen, um die Bäume zu schütteln und die Früchte einzusammeln. Äpfel müssen reif geerntet werden, um optimalen Geschmack, Textur und Qualität zu gewährleisten. Äpfel werden normalerweise in mehreren Durchgängen gepflückt, angefangen bei den reifsten Früchten bis hin zu den am wenigsten reifen. Bei der Ernte ist es wichtig, vorsichtig mit den Äpfeln umzugehen, um Schäden an Früchten und Bäumen zu vermeiden.

Sortieren und Verpacken

Nach der Ernte werden die Äpfel sortiert und verpackt, um beschädigte, faule oder zu kleine Früchte zu entfernen. Äpfel werden in der Regel nach Größe, Farbe und Qualität sortiert und dann für den Transport und Verkauf in Kisten, Schalen oder Säcke verpackt. Beim Sortieren und Verpacken werden Äpfel häufig mit Konservierungsmitteln behandelt, um ihre Haltbarkeit zu verlängern und die Frische während der Lagerung und des Transports zu bewahren.

Lagerung

Äpfel werden nach der Ernte normalerweise im Kühlhaus gelagert, um ihre Haltbarkeit zu verlängern. In Kühlhäusern herrschen niedrige Temperaturen und eine kontrollierte Luftfeuchtigkeit vor, um den Reifeprozess der Früchte zu verlangsamen und Pilz- und Bakterienkrankheiten vorzubeugen. Äpfel werden häufig in perforierten Beuteln oder Kisten verpackt, um eine ausreichende Luftzirkulation zu gewährleisten und Kondensation zu vermeiden, die die Schimmelbildung fördern kann.

Transport und Vertrieb

Nach der Lagerung werden die Äpfel je nach Entfernung und Dringlichkeit der Lieferung mit LKWs, Zügen, Schiffen oder Flugzeugen zu lokalen, nationalen und internationalen Märkten transportiert. Während des Transports müssen Äpfel vorsichtig gehandhabt werden, um Schäden an Früchten und Verpackung zu vermeiden. Am Bestimmungsort angekommen, werden die Äpfel an Supermärkte, Großmärkte, Fachgeschäfte und andere Verkaufsstellen verteilt, wo sie den Verbrauchern zur Verfügung stehen.

Behandlung nach der Ernte

Nach der Ernte können Äpfel verschiedenen Nacherntebehandlungen unterzogen werden, um ihre Qualität und Haltbarkeit zu verbessern. Diese Behandlungen können Waschen, Sortieren, Bürsten, Wachsen und Verpacken unter kontrollierter Atmosphäre umfassen, um Austrocknung und Bräunung der Früchte zu verhindern. Äpfel können auch mit Konservierungsmitteln behandelt werden, um Pilz- und Bakterienkrankheiten vorzubeugen und ihre Haltbarkeit zu verlängern.

Insgesamt sind die Ernte und die Nachernteverarbeitung von Äpfeln entscheidende Schritte, um die Qualität, Frische und Nachhaltigkeit der Früchte in der gesamten Lieferkette sicherzustellen. Durch den Einsatz geeigneter Ernte-, Sortier-, Verpackungs-, Lagerungs-, Transport- und Nachernteverarbeitungstechniken können Apfelbauern und -händler den Verbrauchern qualitativ hochwertige Früchte liefern und die Rentabilität der Branche aufrechterhalten.

Kapitel 99: Apple-Speicherung und Langzeitkonservierung

Die Lagerung von Äpfeln ist ein wesentlicher Schritt, um ihre langfristige Konservierung sicherzustellen und ihre Qualität für mehrere Monate nach der Ernte zu erhalten. Zur Lagerung von Äpfeln kommen verschiedene Techniken zum Einsatz, darunter die Kontrolle von Temperatur, Luftfeuchtigkeit, Atmosphäre und Lichtverhältnissen.

Temperaturkontrolle

Die Temperaturkontrolle ist entscheidend für die Verlängerung der Haltbarkeit von Äpfeln. Äpfel werden im Allgemeinen im Kühlhaus gelagert, wo die Temperatur zwischen 0 °C und 4 °C gehalten wird. Diese niedrige Temperatur verlangsamt den Reifeprozess der Früchte, verringert den Gewichtsverlust und beugt der Entstehung von Krankheiten und Fäulnis vor.

Feuchtigkeitskontrolle

Auch die Kontrolle der Luftfeuchtigkeit ist wichtig, um ein Austrocknen der Äpfel während der Lagerung zu verhindern. Kühllager sind häufig mit Feuchtigkeitskontrollsystemen ausgestattet, um eine relative Luftfeuchtigkeit von etwa 90 % aufrechtzuerhalten. Dadurch wird verhindert, dass die Äpfel welken und ihre saftige Konsistenz verlieren.

Atmosphärenkontrolle

Die Kontrolle der Atmosphäre im Kühllager kann auch dazu beitragen, die Haltbarkeit von Äpfeln zu verlängern. Äpfel produzieren auf natürliche Weise Ethylen, ein Gas, das den Reifeprozess beschleunigt. Durch die Reduzierung der Ethylenkonzentration in der Lageratmosphäre kann die Reifung der Früchte verlangsamt und ihre Haltbarkeit verlängert werden.

Lichtverhältnisse

Auch die Lichtverhältnisse in Lagerhallen können sich auf die Haltbarkeit von Äpfeln auswirken. Längere Lichteinwirkung kann zu Verfärbungen und zum Abbau von Nährstoffen in Äpfeln führen. Aus diesem Grund sind Lagerhallen oft mit schwacher Beleuchtung oder undurchsichtigen Vorhängen ausgestattet, um die Früchte vor übermäßigem Licht zu schützen.

Verpackung und Handhabung

Während der Lagerung werden Äpfel häufig in perforierten Kisten oder Schalen verpackt, um eine ausreichende Luftzirkulation zu gewährleisten und Kondensation zu verhindern. Auch mit Äpfeln muss vorsichtig umgegangen werden, um Schäden an den Früchten zu vermeiden, die zu Verletzungen und Fäulnis führen können. Lagerhallen sollten mit Handhabungssystemen ausgestattet sein, die eine schonende Handhabung der Äpfel ermöglichen und das Risiko einer Beschädigung verringern.

Daher ist die Lagerung von Äpfeln unter kontrollierten Bedingungen unerlässlich, um ihre Haltbarkeit zu verlängern und ihre Qualität mehrere Monate nach der Ernte aufrechtzuerhalten. Durch die Kontrolle von Temperatur, Luftfeuchtigkeit, Atmosphäre, Lichtverhältnissen sowie Obstverpackung und -handhabung ist es möglich, die Frische und den Geschmack von Äpfeln zu bewahren und sie den Verbrauchern das ganze Jahr über zur Verfügung zu stellen.

Kapitel 100: Apfelbäume in der Kochkunst

Apfelbäume nehmen seit Jahrhunderten einen besonderen Platz in der Kochkunst ein und bieten eine Vielzahl von Möglichkeiten für die Zubereitung köstlicher und abwechslungsreicher Gerichte. Ob in Form von süßen Desserts, herzhaften Gerichten oder auch erfrischenden Getränken, Äpfel werden weltweit in vielen Rezepten verwendet.

Nächste Desserts

Äpfel sind eine Hauptzutat in vielen Desserts und sorgen für einen süßen Geschmack und eine angenehme Konsistenz. Klassiker wie Apfelkuchen, Streusel, Apfelmus und Apfelkrapfen werden in vielen Kulturen genossen. Äpfel können auch zu Marmeladen, Gelees und Marmeladen als Beilage zu Toast und Desserts verarbeitet werden.

Herzhafte Gerichte

Äpfel sind nicht auf Desserts beschränkt; Sie können auch in einer Vielzahl von herzhaften Gerichten verwendet werden, um einen Hauch von Süße und Frische zu verleihen. Apfel-Käse-Salate, Schweinefleischeintöpfe mit Äpfeln, Hühnchengerichte mit Äpfeln und Soßen auf Apfelbasis sind einige Beispiele für köstliche herzhafte Gerichte, die die Vielseitigkeit dieser Frucht hervorheben.

Getränke

Aus Äpfeln werden auch eine Reihe erfrischender Getränke hergestellt, darunter Apfelwein, Apfelsaft, Apfelsmoothies und Apfelcocktails. Diese Getränke sind wegen ihres frischen, fruchtigen Geschmacks beliebt und können pur getrunken oder als Zutat in Cocktails und Mixgetränken verwendet werden.

Erhaltung

Äpfel werden auch zur Konservierung verwendet, insbesondere bei der Zubereitung von Marmeladen, Konfitüren und Chutneys. Diese Zubereitungen tragen dazu bei, den Geschmack von Äpfeln über einen langen Zeitraum zu bewahren und bieten eine köstliche Möglichkeit, diese Frucht das ganze Jahr über zu genießen.

Kreativität

Neben traditionellen Rezepten inspirieren Äpfel auch die kulinarische Kreativität mit vielen Möglichkeiten für Geschmackskombinationen und innovativen Präsentationen. Gerichte wie Apfelcarpaccios, Apfelchips, überarbeitete Apfeltörtchen und Apfelsorbets bieten einzigartige und kreative Möglichkeiten, diese vielseitige Frucht zu genießen.

Abschluss

Apfelbäume nehmen in der Kochkunst einen wichtigen Platz ein und bieten eine Vielzahl von Möglichkeiten für die Zubereitung köstlicher und abwechslungsreicher Gerichte. Ob in süßen Desserts, herzhaften Gerichten, erfrischenden Getränken, Konservierung oder innovativen kulinarischen Kreationen, Äpfel werden für ihre Vielseitigkeit, ihren Geschmack und ihre Frische geschätzt.

Kapitel 101: Rezepte für Apfelwein und andere Apfelgetränke

Äpfel verschönern unsere Mahlzeiten nicht nur in Form von frischem Obst oder leckeren Gerichten; Sie sind auch die Grundlage vieler köstlicher Getränke, vom traditionellen Apfelwein bis hin zu modernen Cocktails. Hier sind einige Rezepte für Apfelwein und andere Getränke auf Apfelbasis, die die Vielfalt und den Reichtum der Aromen veranschaulichen, die diese Frucht bieten kann.

Traditioneller Apfelwein

Apfelwein ist ein alkoholisches Getränk, das durch die Fermentation von Apfelsaft gewonnen wird. Hier ist ein einfaches Rezept für die Herstellung von hausgemachtem Apfelwein:

Zutaten :

10 kg Äpfel

Apfelweinhefe (ca. 5 g)

Zucker (optional, nach Geschmack)

Wasser (falls erforderlich)

Schritte :

Zubereitung der Äpfel: Äpfel sorgfältig waschen, entkernen und in Stücke schneiden.

Entsaften: Den Saft mit einer Apfelpresse extrahieren. Wenn Sie keine Presse haben, können Sie die Äpfel reiben und das Fruchtfleisch durch ein sauberes Tuch auspressen, um den Saft zu erhalten.

Gärung: Den Apfelsaft in einen sauberen Gärbehälter füllen. Die Apfelweinhefe hinzufügen und gut vermischen. Wenn Sie einen süßeren Apfelwein bevorzugen, fügen Sie an dieser Stelle etwas Zucker hinzu.

Nachgärung: Den Behälter mit einem sauberen Tuch abdecken und etwa 7 bis 10 Tage bei Raumtemperatur gären lassen. Sie können den Apfelwein in sterilisierte Flaschen füllen und ihn noch einige Wochen gären lassen, um den Geschmack zu verbessern.

Reifung: Lassen Sie den Apfelwein einige Monate an einem kühlen, dunklen Ort ruhen, bevor Sie ihn genießen.

Frischer Apfelsaft

Apfelsaft ist ein klassisches und erfrischendes Getränk, perfekt für jeden Anlass. Hier ist ein einfaches Rezept für die Herstellung von selbstgemachtem Apfelsaft:

Zutaten :

4 bis 5 Äpfel

1 Liter Wasser

Zucker (optional)

Zitronensaft (optional)

Schritte :

Zubereitung der Äpfel: Äpfel waschen, entkernen und in Stücke schneiden.

Kochen: Die Apfelstücke mit dem Wasser in einen Topf geben. Bei mittlerer Hitze kochen, bis die Äpfel weich sind.

Filtern: Die Mischung durch ein feines Sieb oder ein sauberes Tuch passieren, um den Saft vom Fruchtfleisch zu trennen. Je nach Geschmack können Sie Zucker oder Zitronensaft hinzufügen.

Kühlung: Den Apfelsaft abkühlen lassen und gekühlt servieren.

Apfel-Martini-Cocktail

Für eine raffiniertere Note probieren Sie diesen Apfel-Martini-Cocktail, ein elegantes und erfrischendes Getränk.

Zutaten :

60 ml Wodka

30 ml grüner Apfellikör

30 ml Apfelsaft

Eiswürfel

Apfelscheibe zum Garnieren

Schritte :

Mischung: In einem Shaker Wodka, grünen Apfellikör und Apfelsaft mit Eiswürfeln vermischen.

Schütteln: Kräftig schütteln, bis die Mischung vollständig abgekühlt ist.

Servieren: Den Cocktail in ein gekühltes Martiniglas abseihen.

Garnitur: Zum Garnieren eine Apfelscheibe hinzufügen.

Apfel-Zimt-Smoothie

Als alkoholfreie Variante eignet sich dieser Apfel-Zimt-Smoothie perfekt zum Frühstück oder als gesunder Snack.

Zutaten :

2 Äpfel

1 Banane

1 Naturjoghurt

1 Teelöffel gemahlener Zimt

250 ml Milch (oder Mandelmilch)

Eiswürfel

Schritte :

Zubereitung der Zutaten: Äpfel waschen, entkernen und in Stücke schneiden. Schälen Sie die Banane.

Mixen: Alle Zutaten in einen Mixer geben und glatt rühren.

Servieren: In Gläser füllen und sofort servieren.

Äpfel können aufgrund ihrer Vielseitigkeit und ihres einzigartigen Geschmacks zu einer Vielzahl köstlicher und erfrischender Getränke verarbeitet werden. Ob Sie ein alkoholisches Getränk wie Apfelwein, einen klassischen Apfelsaft, einen raffinierten Cocktail oder einen nahrhaften Smoothie bevorzugen, Äpfel bieten endlose Möglichkeiten, jeden Gaumen zufrieden zu stellen.

Kapitel 102: Äpfel in Gebäck und Süßwaren

Äpfel nehmen in der Welt der Back- und Süßwaren einen besonderen Platz ein und verleihen einer Vielzahl von Gourmetkreationen ihren süßen und würzigen Geschmack. Ihre Textur, ihr Geschmack und ihre Vielseitigkeit machen sie zu einer unverzichtbaren Zutat für viele Konditoren und Konditoren. Hier ist ein Blick auf einige der beliebtesten Verwendungszwecke für Äpfel in diesen Gebieten.

Torten und Kuchen

Apfelkuchen sind ein zeitloser Backklassiker. Ob es sich um die französische Tarte Tatin handelt, bei der Äpfel karamellisiert werden, bevor sie mit Teig bedeckt und kopfüber gebacken werden, oder um den traditionellen amerikanischen Apfelkuchen, Äpfel sind das zentrale Element dieser Desserts. Die Vielfalt der verwendeten Äpfel, etwa Granny Smith oder Golden Delicious, beeinflusst den Geschmack und die Textur des Endergebnisses und bietet endlose Möglichkeiten zum Experimentieren.

Kuchen und Muffins

Apfelkuchen und Muffins sind Desserts, die wegen ihrer Weichheit und ihres Duftes geschätzt werden. Geriebene oder gehackte Äpfel können direkt in den Teig eingearbeitet werden und sorgen für eine natürliche Feuchtigkeit, die das Gebäck besonders zart macht. Rezepte wie der Apfelgewürzkuchen, der die Süße von Äpfeln mit Gewürzen wie Zimt und Muskatnuss kombiniert, sind sehr beliebt und einfach zuzubereiten.

Strudel und Schuhe

Apfelstrudel, ursprünglich aus Österreich, ist ein Blätterteiggebäck gefüllt mit Äpfeln, Rosinen, Zucker und Zimt. Dieser dünne, knusprige Teig umhüllt eine saftige und duftende Füllung und sorgt für einen unwiderstehlichen Texturkontrast. Auch Apfeltaschen, die in Frankreich und anderen Ländern häufiger vorkommen, sind beliebte Leckereien. Diese einzelnen Gebäckstücke, oft mit Zucker glasiert, eignen sich perfekt für einen schnellen Snack oder ein Dessert.

Donuts und Churros

Apfelküchlein, ob frittiert oder gebacken, sind eine weitere köstliche Art, diese Frucht zu genießen. Mit Donut-Teig bestrichene und goldbraun frittierte Apfelscheiben sind ein Genuss für Groß und Klein. Bei weniger bekannten, aber ebenso leckeren Apfel-Churros werden Apfelstücke in den Churro-Teig eingearbeitet, bevor sie frittiert und in Zucker und Zimt gerollt werden.

Kompotte und Marmeladen

Apfelkompott und -marmelade gehören zu den Grundzubereitungen der Süßwarenindustrie. Die Kompotte sind einfach zuzubereiten und können einzeln, zu Fleisch oder in Gebäck serviert werden. Marmeladen hingegen tragen dazu bei, den Geschmack von Äpfeln über einen langen Zeitraum zu bewahren. Variationen wie Zimt- oder Karamell-Apfelmarmelade erfreuen sich aufgrund ihres reichhaltigen, aromatischen Geschmacks besonderer Beliebtheit.

Fruchtgelee und Süßigkeiten

Fruchtgelees aus Äpfeln sind in Frankreich eine traditionelle Süßware. Diese Leckereien werden durch langsames Kochen von Apfelmus mit Zucker und Pektin hergestellt, bis sie fest sind. Anschließend werden sie in Quadrate geschnitten und in Zucker gerollt. Äpfel können auch zu Bonbons oder Gummibärchen verarbeitet werden, oft mit Gewürzen wie Zimt oder Nelken aromatisiert, um einen noch köstlicheren Geschmack zu erzielen.

Crepes und Pfannkuchen

Apfel-Crêpes und Pfannkuchen sind perfekte Leckereien zum Frühstück oder Brunch. Geriebene Äpfel können direkt zum Teig gegeben oder Apfelscheiben karamellisiert und als Beilage serviert werden. Die Kombination aus der Süße von Äpfeln und der Leichtigkeit von Crêpes oder Pfannkuchen ergibt ein wohliges und köstliches Gericht.

Äpfel sind eine unglaublich vielseitige Zutat in Back- und Süßwaren und bieten vielfältige Möglichkeiten für die Zubereitung schmackhafter und eleganter Desserts. Ihre Fähigkeit, sich mit einer Vielzahl anderer Geschmacksrichtungen und Texturen zu kombinieren, macht sie zu einem unverzichtbaren Bestandteil jeder Küche, die sich auf Süßigkeiten und Gourmetfreuden konzentriert.

Kapitel 103: Äpfel in der herzhaften Küche

Äpfel, die oft mit Desserts und Süßigkeiten in Verbindung gebracht werden, finden auch in der herzhaften Küche einen Platz der Wahl. Ihr süßer und würziger Geschmack sowie ihre knusprige oder schmelzende Textur können vielen Gerichten eine neue und raffinierte Dimension verleihen. Hier sind einige Möglichkeiten, wie Äpfel in herzhafte Gerichte integriert werden können.

Salate und Vorspeisen

Äpfel verleihen Salaten eine knackig-süße Note. Sie passen perfekt zu grünem Gemüse, Nüssen, Käse und würzigen Dressings. Ein beliebter Salat ist der Waldorfsalat, der Äpfel, Sellerie, Walnüsse und Weintrauben mit einem cremigen Dressing kombiniert. Äpfel können auch zu Krautsalat hinzugefügt werden, um ihm Frische und strukturellen Kontrast zu verleihen.

Fleischgerichte

Äpfel werden gerne zur Verfeinerung von Fleischgerichten verwendet. Sie passen besonders gut zu Schweinefleisch, wie zum Beispiel beim klassischen Apfel-Apfelwein-Schweinebraten, bei dem die Äpfel für einen Hauch von Süße und Würze sorgen, der die Reichhaltigkeit des Fleisches ausgleicht. Auch Hähnchen und Ente profitieren von der Zugabe von Äpfeln, sei es in Füllungen oder Soßen. Beispielsweise ist gebratene Ente mit Apfel-Apfelwein-Sauce ein Gericht, das wegen seines harmonischen Geschmacks geschätzt wird.

Eintöpfe und Pfannengerichte

Äpfel können zu Eintöpfen und Pfannengerichten hinzugefügt werden, um ihnen Süße und Komplexität zu verleihen. Bei einem Rindfleischeintopf zerfallen die Äpfel und werden Teil der Soße, was ihr einen intensiven Geschmack verleiht. Sie können auch zu Currys hinzugefügt werden, wo ihre Süße starke Gewürze und Aromen ausgleicht. Eine Apfel-Wurst-Pfanne ist ein einfaches, aber köstliches Gericht, das zeigt, wie Äpfel herzhafte Gerichte bereichern können.

Suppen

Äpfel verleihen Suppen eine dezente Süße, gleichen den Geschmack aus und sorgen für mehr Komplexität. Ein klassisches Beispiel ist eine Kürbis-Apfel-Suppe, bei der die natürliche Süße der beiden Zutaten eine samtige, wohltuende Suppe ergibt. Äpfel können auch in kalten Suppen verwendet werden, beispielsweise in der Apfel-Gazpacho, die eine erfrischende und originelle Alternative zu herkömmlichen Suppen darstellt.

Füllungen und Toppings

Äpfel eignen sich hervorragend für Füllungen und sorgen für Feuchtigkeit und Süße. Sie werden häufig in Geflügelfüllungen verwendet, gemischt mit Zwiebeln, Kräutern und Nüssen. Äpfel können auch als Beilage verwendet, karamellisiert und beispielsweise mit Blutwurst serviert werden, wodurch ein besonders geschätzter süß-salziger Kontrast entsteht.

Gebratenes Gemüse

Äpfel können mit anderem Gemüse geröstet werden, um eine natürliche Süße zu erhalten, die die erdigen Aromen von Wurzelgemüse ergänzt. Apfelscheiben zu einer Mischung aus Karotten, Pastinaken und gerösteten Süßkartoffeln ergeben eine schmackhafte und originelle Beilage. Geröstete Äpfel mit Zwiebeln und Kräutern können auch zu verschiedenen Fleischgerichten passen und verleihen ihnen eine süße, karamellisierte Note.

Saucen und Gewürze

Äpfel können zu Saucen und Gewürzen verarbeitet werden, die herzhafte Gerichte begleiten. Ein klassisches Apfelmus, das aus gekochten Äpfeln mit Zucker und Gewürzen hergestellt wird, passt hervorragend zu Schweinefleisch. Beliebt sind auch Apfelchutneys, bei denen Äpfel mit Gewürzen, Essig und manchmal auch anderen Früchten kombiniert werden und die zum Belegen von Fleisch, Käse und Sandwiches verwendet werden können.

Äpfel bieten mit ihrer Vielseitigkeit und ihrem einzigartigen Geschmack vielfältige Möglichkeiten, die herzhafte Küche zu bereichern. Ob in Salaten, Fleischgerichten, Eintöpfen,

Suppen, Füllungen, gebratenem Gemüse oder Saucen, sie sorgen für eine natürliche Süße und Komplexität, die Gerichte auf ein höheres Niveau heben.

Kapitel 104: Apfelbäume und Apfelfeste

Apfelbäume, Sinnbilder der Fülle der Natur, nehmen in vielen Kulturen einen besonderen Platz ein und werden oft bei Apfelfesten gefeiert. Bei diesen Veranstaltungen, die oft die Erntezeit markieren, handelt es sich um festliche Anlässe, bei denen Gemeinschaften zusammenkommen, um diese vielseitige und köstliche Frucht zu ehren.

Ursprünge und kulturelle Bedeutung

Apfelfeste reichen Jahrhunderte zurück und sind tief in landwirtschaftlichen Traditionen verwurzelt. In vielen Teilen der Welt sind das Ende der Vegetationsperiode und die Apfelernte Zeiten des Feierns. Diese Feierlichkeiten würdigen die Arbeit der Bauern und feiern die reiche Ernte, die Familien und Gemeinden ernährt.

Aktivitäten und Veranstaltungen

Apfelfeste bieten eine Vielzahl von Aktivitäten, bei denen die Frucht in all ihren Formen präsentiert wird. Durch Verkostungen verschiedener Apfelsorten können die Teilnehmer die Geschmacksnuancen zwischen säuerlichen, süßen, knackigen oder schmelzenden Äpfeln entdecken. Wettbewerbe um den größten Apfel, den besten Apfelkuchen oder den besten Apfelwein sind keine Seltenheit und verleihen der Veranstaltung eine kompetitive und unterhaltsame Note.

Lokale Märkte und Produkte

Auf den Apfelfestmärkten können lokale Bauern und Kunsthandwerker ihre Produkte verkaufen. Neben frischen Äpfeln gibt es Marmeladen, Kompotte, Säfte und handwerklich hergestellten Apfelwein. Lokale Bäcker und Konditoren nutzen die Gelegenheit, ihre Kreationen auf Apfelbasis wie Kuchen, Donuts und Kuchen vorzustellen.

Shows und Unterhaltung

Apfelfeste beschränken sich nicht nur auf Lebensmittel; Dazu gehören auch Shows und Unterhaltung für die ganze Familie. Musikgruppen, Volkstänze und historische Nachstellungen sorgen für eine festliche Atmosphäre. Besonders beliebt bei Kindern sind traditionelle Spiele wie Sackhüpfen oder Apfelwerfen.

Wirtschaftliche und touristische Bedeutung

Diese Feste spielen eine wichtige Rolle in der lokalen Wirtschaft und im Tourismus. Sie ziehen Besucher aus allen Regionen an und steigern so das Einkommen der örtlichen Bauern und Händler. Besucher haben die Möglichkeit, die lokale Kultur und Traditionen zu entdecken, lokale Produkte zu probieren und einzigartige Souvenirs zu kaufen. Apfelfeste tragen auch dazu bei, das öffentliche Bewusstsein für die Bedeutung einer lokalen und nachhaltigen Landwirtschaft zu schärfen.

Bildung und Erhaltung von Sorten

Apfelfeste sind auch ideale Zeiten für Aufklärung und Sensibilisierung. Es finden häufig Workshops und Vorträge zum Apfelanbau, zum Baumschnitt, zur Bestäubung und zur Krankheitsbekämpfung statt. Diese Veranstaltungen tragen dazu bei, wertvolles Wissen an neue Generationen von Landwirten und Hobbygärtnern weiterzugeben. Darüber hinaus beteiligen sie sich an der Erhaltung alter Apfelsorten, die häufig bei Verkostungen und Wettbewerben hervorgehoben werden.

Symbolik und Traditionen

Äpfel haben in verschiedenen Kulturen eine reiche und vielfältige Symbolik. Sie werden oft mit Gesundheit, Wissen und Schönheit in Verbindung gebracht. In einigen Traditionen ist das Anbieten eines Apfels eine Geste der Freundlichkeit und des Wohlstands. Apfelfeste sind daher auch Zeiten, in denen diese Symbole gefeiert werden, was die Bindung zur Gemeinschaft und den Respekt vor der Natur stärkt.

Apfelfeste sind freudige und bereichernde Feste, die die Bedeutung von Apfelbäumen und Äpfeln in unserem Leben hervorheben. Sie bieten die Möglichkeit, zusammenzukommen, die Ernte zu feiern, lokale Produkte zu bewerben und grundlegendes Wissen über nachhaltige Landwirtschaft und den Erhalt alter Sorten zu vermitteln. Durch die Ehrung des Apfelbaums erinnern uns diese Feste auch an die Bedeutung der Natur und der Gemeinschaft in unserem täglichen Leben.

Kapitel 105: Apfelbäume und Apfelweinhaus: Tradition und Moderne

Die Apfelbäume und die Apfelweinkellerei verkörpern eine faszinierende Symbiose zwischen Tradition und Moderne. Der Apfelanbau und die Apfelweinproduktion sind in der Agrargeschichte vieler Regionen tief verwurzelt, entwickeln sich jedoch ständig weiter, um sich an den zeitgenössischen Geschmack und den technologischen Fortschritt anzupassen. Durch diese Verbindung von Alt und Neu entstehen Produkte, die die Methoden der Vorfahren respektieren und gleichzeitig innovativ sind, um den aktuellen Anforderungen gerecht zu werden.

Geschichte und Erbe

Apfelwein ist ein jahrtausendealtes Getränk, dessen Herstellung bereits in alten Zivilisationen zu finden ist. In Europa, insbesondere in Frankreich, England und Spanien, hat die Herstellung von Apfelwein eine jahrhundertealte Tradition. Apfelplantagen, die sorgfältig bewirtschaftet wurden, um Früchte speziell für die Gärung zu produzieren, waren das Herzstück dieser Industrie. Apfelweinsorten wie Bittersüß und Bittersharp wurden aufgrund ihrer einzigartigen Geschmacksprofile ausgewählt, die zur Komplexität des Apfelweins beitragen.

Traditionelle Techniken

Traditionelle Methoden der Apfelweinherstellung erfordern sorgfältige Aufmerksamkeit bei jedem Schritt des Prozesses, von der Apfelernte bis zur Gärung. Äpfel werden oft von Hand gepflückt, dann zerkleinert und gepresst, um den Saft zu extrahieren. Dieser Saft wird dann auf natürliche Weise fermentiert, oft in Holzfässern, um reiche Aromen und eine komplexe Textur zu entwickeln. Traditionelle Apfelweinhersteller verwenden für die Gärung einheimische Hefen, die auf Äpfeln oder in der Umwelt vorkommen, was dem Apfelwein seinen unverwechselbaren und einzigartigen Charakter verleiht.

Moderne Innovationen

Im Laufe der Zeit vermischten sich moderne Techniken mit traditionellen Methoden und brachten Verbesserungen und neue Möglichkeiten in die Apfelweinproduktion. Der Einsatz fortschrittlicher Temperatur- und Fermentationskontrolltechnologien führt zu gleichmäßigeren und qualitativ besseren Apfelweinen. Innovationen in der Pasteurisierung und Filtration verlängern außerdem die Haltbarkeit, ohne den Geschmack zu beeinträchtigen.

Moderne Apfelweinhersteller experimentieren auch mit neuen Apfelsorten, darunter auch solchen, die ursprünglich für den Frischverzehr gedacht waren, um Apfelweine mit vielfältigen Geschmacksprofilen herzustellen. Aus der Bierindustrie entlehnte Brautechniken wie die Zugabe von zusätzlichem Hopfen oder Früchten erzeugen Apfelweine mit innovativen Aromen und Geschmacksrichtungen.

Handwerk und Terroir

Trotz technologischer Fortschritte bleiben viele Apfelweinhersteller dem Handwerk und dem Terroir-Konzept treu. Das Terroir, das den Boden, das Klima und die Anbautechniken einer Region umfasst, spielt eine entscheidende Rolle für den Geschmack und die Qualität von Apfelwein. Kleine handwerkliche Produzenten legen Wert darauf, diese Traditionen zu respektieren und produzieren Apfelweine, die ihre ursprüngliche Umgebung getreu widerspiegeln.

Aktuelle Entwicklungen

Die wachsende Beliebtheit von handwerklich hergestelltem Apfelwein hat in vielen Regionen zu einer Renaissance der Apfelweinherstellung geführt. Moderne Verbraucher, die auf der Suche nach natürlichen und authentischen Produkten sind, greifen zunehmend auf handwerklich hergestellten Apfelwein zurück. Apfelweinfeste, Verkostungen und Apfelweinstubenführungen werden zu beliebten Aktivitäten und stärken die Bindung zwischen Erzeugern und Verbrauchern.

Rosé-Apfelwein, der durch Zugabe roter Früchte oder durch Mazeration roter Äpfel gewonnen wird, ist ein neuer Trend, der ein breiteres Publikum, insbesondere Weinliebhaber, anspricht. Schaumwein, der mit Champagner-ähnlichen Methoden hergestellt wird, erfreut sich ebenfalls wachsender Beliebtheit und bietet eine festliche und elegante Alternative.

Kapitel 106: Apfelbäume und lokale Legenden

Apfelbäume, sowohl majestätische als auch vertraute Bäume, haben viele lokale Legenden auf der ganzen Welt inspiriert. Ihre Präsenz in Obstgärten und Wäldern ist oft von Geheimnissen und Symbolen umgeben, in denen Geschichten, Mythologie und Folklore eine Mischung sind. Hier ist eine Reise durch einige dieser faszinierenden Legenden.

Der Apfel von Adam und Eva

Eine der berühmtesten Legenden rund um einen Apfelbaum ist die von Adam und Eva im Garten Eden. In dieser biblischen Geschichte führt die verbotene Frucht, die Eva isst und oft als Apfel dargestellt wird, zum Untergang der Menschheit. Diese Legende hat die westliche Kultur durchdrungen und dem Apfel eine tiefe Symbolik der Versuchung und des Wissens verliehen.

Die goldenen Äpfel der Hesperiden

In der griechischen Mythologie sind die goldenen Äpfel der Hesperiden wunderbare Früchte, die Unsterblichkeit verleihen. Diese Äpfel werden von den Nymphen der Hesperiden in einem fernen Garten bewacht und sind Gegenstand einer der zwölf Arbeiten des Herakles. Letzterer muss die Äpfel stehlen, um seine Suche abzuschließen, was den menschlichen Wunsch verdeutlicht, Unsterblichkeit zu erlangen und göttliche Herausforderungen zu meistern.

König Artus und Avalon

Die Legende von König Artus spricht auch von mystischen Äpfeln, insbesondere von Avalon, einer legendären Insel, auf der Äpfel Heilkräfte besitzen und Unsterblichkeit verleihen. Der Legende nach wurde König Artus nach seiner letzten Schlacht nach Avalon gebracht, um seine Wunden dank der wundersamen Eigenschaften von Äpfeln behandeln zu lassen. Avalon ist somit zum Symbol des irdischen Paradieses und der Wiedergeburt geworden.

Die Obstgartenfeen

In der keltischen Folklore werden Apfelbäume oft mit Feen und Naturgeistern in Verbindung gebracht. Apfelplantagen galten als heilige Orte, an denen Feen wohnten und über die Bäume wachten. Menschen hinterließen Opfergaben am Fuß von Apfelbäumen, um sich vor Feen zu schützen und eine reiche Ernte zu gewährleisten. Es war auch üblich, niemals einen alten Apfelbaum zu fällen, ohne die Feen um Erlaubnis zu bitten, um ihrem Zorn zu entgehen.

Die Legende von Johnny Appleseed

In den Vereinigten Staaten ist die legendäre Figur Johnny Appleseed, der mit bürgerlichem Namen John Chapman heißt, eine wesentliche Figur der amerikanischen Kultur. Im frühen 19. Jahrhundert bereiste Johnny Appleseed den Mittleren Westen, pflanzte Apfelkerne und erzählte Geschichten über Frömmigkeit und Natur. Sein Charakter ist zu einem Symbol für bahnbrechende amerikanische Expansion, Großzügigkeit und Respekt vor der Natur geworden.

Die Äpfel der Hexe

In vielen europäischen Legenden spielen Äpfel eine Rolle in Hexen- und Zaubergeschichten. Vergiftete Äpfel, wie sie Schneewittchen im Märchen der Gebrüder Grimm geschenkt wurden, sind ein wiederkehrendes Motiv. Diese Geschichten warnen vor trügerischen Erscheinungen und den Gefahren der Versuchung und verleihen den Apfelbäumen gleichzeitig eine übernatürliche und verstörende Dimension.

Svarog-Äpfel

In der slawischen Mythologie werden Äpfel mit dem Gott Svarog, dem Schöpfer des Feuers und der Sonne, in Verbindung gebracht. Äpfel symbolisierten Weisheit und Wissen und wurden oft als Opfer dargebracht, um seine Gunst zu erlangen. Apfelplantagen wurden als Orte verehrt, an denen Gottheiten auf die Erde herabsteigen konnten, und die Ernten wurden von Ritualen umgeben, um den Segen der Götter zu gewährleisten.

Apfelbäume und Michaelis

In der Bretagne ist das Fest des Heiligen Michel, das am 29. September gefeiert wird, mit Apfelbäumen und der Apfelernte verbunden. Der Überlieferung nach werden zu diesem Zeitpunkt die Äpfel geerntet und mit der Zubereitung des Apfelweins begonnen. Der Legende nach wacht der Erzengel Michael über die Obstgärten und beschützt die Äpfel, bis sie zur Ernte bereit sind.

Apfelbäume mit ihrer reichen Symbolik und Präsenz in so vielen Kulturen inspirieren weiterhin Legenden und Geschichten, die unser Verständnis dieser außergewöhnlichen Bäume bereichern. Ihre mit vielfältigen Bedeutungen beladenen Früchte erinnern an die tiefe Verbindung zwischen Mensch und Natur und stellen Verbindungen zwischen der mythischen Vergangenheit und unserer zeitgenössischen Realität her.

Kapitel 107: Apfelbäume und Umwelterziehung

Apfelbäume spielen eine wichtige Rolle in der Umwelterziehung und stellen eine greifbare Verbindung zwischen Schülern und der Natur her. Ihr Anbau und ihre Pflege dienen als Ausgangspunkt für die Vermittlung ökologischer und landwirtschaftlicher Konzepte und fördern ein tieferes Verständnis der Umwelt und der Bedeutung ihrer Erhaltung.

Bedeutung von Apfelbäumen in der Bildung

Apfelbäume veranschaulichen mit ihrem jährlichen Wachstumszyklus perfekt biologische Prozesse wie Photosynthese, Bestäubung und Keimung. Durch das Studium dieser Bäume können Schüler direkt beobachten, wie Pflanzen wachsen, blühen und Früchte tragen. Dadurch werden theoretische Konzepte konkreter und zugänglicher.

Schulprogramme und Aktivitäten

Viele Schulen integrieren das Pflanzen und Pflegen von Apfelbäumen in ihre Bildungsprogramme. Schulobstgärten bieten Schülern die Möglichkeit, nicht nur Biologie, sondern auch praktische Fertigkeiten wie Pflanzen, Beschneiden und Ernten zu erlernen. Diese praktischen Aktivitäten ermutigen die Schüler, sich die Hände schmutzig zu machen und Spaß an der Arbeit auf dem Land zu haben, wodurch ihre Verbindung zur Natur gestärkt wird.

Nachhaltigkeit lehren

Apfelbäume sind perfekte Beispiele für die Vermittlung von Nachhaltigkeit. Durch die Pflege dieser Bäume lernen die Schüler, wie wichtig ein verantwortungsvoller Umgang mit natürlichen Ressourcen ist. Sie entdecken, wie Kompostierung und Recycling organischer Stoffe den Boden bereichern und den Bedarf an chemischen Düngemitteln verringern können.
Nachhaltigkeitserziehung durch Apfelbäume schärft das Bewusstsein jüngerer Generationen für umweltfreundliche landwirtschaftliche Praktiken.

Biodiversität und Ökosysteme

Apfelplantagen tragen zur Artenvielfalt bei und bieten Lebensraum für verschiedene Arten von Insekten, Vögeln und kleinen Säugetieren. Durch die Beobachtung dieser Ökosysteme im Miniaturformat lernen die Schüler die komplexen Wechselwirkungen zwischen verschiedenen Lebensformen und die Bedeutung der Artenvielfalt für die Umweltgesundheit kennen.
Apfelbäume sind für Bestäuber wie Bienen und Schmetterlinge besonders attraktiv, was die Bedeutung dieser Arten für die Nahrungsmittelproduktion verdeutlicht.

Auswirkungen des Klimawandels

Apfelbäume sind auch ein Lehrmittel zum Verständnis der Auswirkungen des Klimawandels. Saisonale Schwankungen und Wetterbedingungen wirken sich direkt auf die Gesundheit und Produktivität von Apfelbäumen aus. Durch die Untersuchung dieser Auswirkungen werden sich die Studierenden der Fragilität von Ökosystemen und der Notwendigkeit, den Klimawandel zu bekämpfen, bewusst. Sie können auch Methoden erlernen, um die Landwirtschaft an neue klimatische Bedingungen anzupassen, beispielsweise durch die Züchtung resistenterer Sorten.

Gesellschaftliches Engagement

Umwelterziehung rund um Apfelbäume beschränkt sich nicht nur auf die Schule; es kann auch die Gemeinschaft einbeziehen. Gemeinschaftsobstgartenprojekte bringen Schüler, Eltern und Nachbarn zusammen und fördern das Gefühl der gemeinsamen Verantwortung für die Umwelt. Diese Gemeinschaftsinitiativen stärken soziale Bindungen und fördern die Zusammenarbeit für ein gemeinsames Ziel: den Schutz der Natur und die Förderung von Nachhaltigkeit.

Interdisziplinäre Anwendungen

Apfelbäume können auch als Grundlage für interdisziplinäre Projekte dienen. Beispielsweise können Studierende die Geschichte lokaler Apfelsorten studieren und dabei Elemente aus Kultur und Geographie einbeziehen. Sie können sich auch mit wirtschaftlichen Themen befassen, indem sie lokale Märkte erkunden und Apfelwein oder Apfelsaft herstellen. Kunst und Literatur können durch kreative Aktivitäten wie Malen oder das Schreiben von Gedichten über Apfelbäume integriert werden.

Gesundheits- und Ernährungsbewusstsein

Durch den Anbau von Apfelbäumen lernen die Schüler auch die Bedeutung von Gesundheit und Ernährung. Der Verzehr frischer, von ihnen geernteter Äpfel ermöglicht es ihnen, die Vorteile von Obst und Gemüse in ihrer Ernährung zu verstehen. Kulinarische Projekte wie die Zubereitung von Kompott oder Apfelkuchen verleihen diesem Bewusstsein eine praktische Dimension, indem sie den Anbau von Apfelbäumen direkt mit gesunden Ernährungsgewohnheiten verknüpfen.

Apfelbäume sind leistungsstarke Lehrmittel für die Umwelterziehung, die Unterricht in Biologie, Nachhaltigkeit, Biodiversität und Klimawandel mit praktischen, gemeinschaftsbasierten Aktivitäten kombinieren. Durch den Anbau von Apfelbäumen entwickeln die Schüler ein tiefes Verständnis für die Natur und die Fähigkeiten, die sie benötigen, um verantwortungsbewusste, umweltbewusste Bürger zu werden.

Kapitel 108: Einen Apfelgarten in Schulen anlegen

Die Schaffung eines Apfelgartens in Schulen ist eine lohnende Initiative, die den Schülern zahlreiche pädagogische, ökologische und soziale Vorteile bietet. Dieses Projekt verbindet junge Menschen nicht nur mit der Natur, sondern vermittelt ihnen auch praktische Fähigkeiten und akademische Konzepte auf eindringliche und ansprechende Weise.

Planung und Vorbereitung

Der erste Schritt bei der Erstellung eines Schulapfelgartens besteht in der sorgfältigen Planung des Projekts. Entscheidend ist die Wahl eines geeigneten Standortes mit gut durchlässigem Boden und ausreichender Sonneneinstrahlung. Die Beratung durch Gartenbauexperten oder örtliche Gärtner kann wertvolle Ratschläge zu Apfelbaumsorten geben, die für das lokale Klima und die örtlichen Bedingungen geeignet sind.

Auswahl an Apfelbaumsorten

Die Auswahl der Apfelbaumsorten ist ein wichtiger Schritt. Es wird empfohlen, Sorten auszuwählen, die krankheitsresistent sind, an das lokale Klima angepasst sind und eine Vielfalt an Geschmacksrichtungen und Erntezeiten bieten. Auch alte und lokale Sorten können integriert werden, um das gärtnerische Erbe zu bewahren und den Schülern ein abwechslungsreiches Gartenerlebnis zu bieten.

Bodenvorbereitung und Bepflanzung

Die Bodenvorbereitung ist wichtig, um die Gesundheit und Produktivität von Apfelbäumen sicherzustellen. Der Boden muss gut gelockert, mit organischem Kompost angereichert und der pH-Wert ausgeglichen sein. Die Schüler können an diesem Schritt teilnehmen und die Grundlagen der Bodenvorbereitung und -bepflanzung erlernen. Um ein optimales Wachstum zu ermöglichen, sollten Bäume in einem angemessenen Abstand zueinander gepflanzt werden.

Pflege und Wartung

Die regelmäßige Pflege des Apfelgartens ist eine fortlaufende Bildungsmöglichkeit. Die Schüler können lernen, Bäume zu beschneiden, richtig zu gießen und auf Anzeichen von Krankheiten oder Schädlingen zu achten. Der Einsatz biologischer und ökologischer

Schädlingsbekämpfungsmethoden kann gelehrt werden, um Schüler über Nachhaltigkeit und die Bedeutung der Artenvielfalt aufzuklären.

Interdisziplinäre Ausbildung

Ein Apfelgarten lässt sich in viele Bereiche des schulischen Lehrplans integrieren. In den Naturwissenschaften können Studierende die Biologie von Apfelbäumen, die Prozesse der Bestäubung und Photosynthese sowie lokale Ökosysteme studieren. In der Mathematik können sie Abstände zwischen Bäumen berechnen, das Wachstum messen und Erntedaten analysieren. In Geschichte und Kultur können sie lokale Traditionen erkunden, die mit Apfelbäumen und daraus hergestellten Produkten wie Apfelwein verbunden sind.

Äpfel ernten und verwenden

Die Apfelernte ist für die Schüler ein Highlight und eine greifbare Belohnung für ihre Arbeit und Fürsorge das ganze Jahr über. Geerntete Äpfel können auf vielfältige Weise verwendet werden, beispielsweise zur Herstellung von Kompott, Kuchen oder sogar alkoholfreiem Apfelwein. Diese kulinarischen Aktivitäten tragen dazu bei, das Lernen mit praktischen Fertigkeiten zu verknüpfen und eine gesunde Ernährung zu fördern.

Gesellschaftliches Engagement

Die Einbeziehung der Schulgemeinschaft, einschließlich Eltern und Lehrer, ist für den Erfolg des Projekts von entscheidender Bedeutung. Es können Gemeinschaftsgartentage organisiert werden, die eine Gelegenheit bieten, die Beziehungen zwischen Schülern und Erwachsenen zu stärken und Wissen und Fähigkeiten auszutauschen. Apfelgärten können auch als Mittelpunkt für Schul- und Gemeinschaftsveranstaltungen dienen, bei denen die Ernte und die Saisonalität gefeiert werden.

Ökologische und ökologische Vorteile

Schulapfelgärten haben auch ökologische Vorteile. Sie tragen zur lokalen Artenvielfalt bei, indem sie Lebensraum für bestäubende Insekten, Vögel und andere Wildtiere bieten. Die Studierenden lernen die Bedeutung der Erhaltung natürlicher Ressourcen und einer nachhaltigen Landbewirtschaftung kennen. Darüber hinaus können Apfelgärten dazu beitragen, Kohlenstoff zu binden und die Luftqualität vor Ort zu verbessern.

Persönliche und soziale Entwicklung

Die Arbeit in einem Apfelgarten hilft den Schülern, persönliche und soziale Fähigkeiten zu entwickeln. Sie lernen Geduld, Verantwortung und die Bedeutung von Teamarbeit. Gartenarbeit bietet auch therapeutische Vorteile, reduziert Stress und verbessert das geistige Wohlbefinden der Schüler. Der gemeinsame Erfolg beim Anbau von Apfelbäumen stärkt das Selbstvertrauen und das Erfolgserlebnis.

Zukunftsausblick

Ein Schulapfelgarten kann Schüler dazu inspirieren, eine Karriere in der Landwirtschaft, im Gartenbau, in der Umwelt oder in anderen wissenschaftlichen Bereichen einzuschlagen. Es kann auch junge Menschen für die Themen nachhaltige Landwirtschaft und Ernährungssicherheit sensibilisieren und sie darauf vorbereiten, verantwortungsbewusste und informierte Bürger zu werden. Durch die Schaffung einer starken Verbindung zur Natur und die Integration nachhaltiger Praktiken in ihre Ausbildung tragen Schulen dazu bei, die nächste Generation von Hütern unseres Planeten auszubilden.

Kapitel 109: Apfelbäume und essbare Landschaften

Essbare Landschaften, die Nahrungsmittel produzierende Pflanzen in städtische und ländliche Räume integrieren, stellen einen innovativen Ansatz zur Kombination von Ästhetik und Nutzen dar. Apfelbäume sind mit ihrer Blütenschönheit und Fruchtproduktion ideale Elemente in diesem Konzept. Durch den Anbau von Apfelbäumen in essbaren Landschaften können Gemeinden von lokalen Nahrungsmitteln, einer besseren Artenvielfalt und einer verbesserten Lebensqualität profitieren.

Die Integration von Apfelbäumen in städtische Räume

Apfelbäume können in verschiedene städtische Räume wie Parks, Gemeinschaftsgärten und sogar Straßen integriert werden. Die Anpflanzung in diesen Räumen bietet nicht nur eine Quelle für frisches Obst, sondern dank ihrer wunderschönen Frühlingsblumen und Herbstblätter auch ästhetische Vorteile. Städte, die diese Praxis übernehmen, tragen zur Schaffung produktiver und attraktiver Grünflächen bei.

Ökologische Vorteile

Apfelbäume in essbaren Landschaften bieten viele ökologische Vorteile. Sie tragen dazu bei, Kohlenstoff zu binden, städtische Hitzeinseln zu reduzieren und die Luftqualität zu verbessern. Indem sie Lebensraum für bestäubende Insekten, Vögel und andere Wildtiere bieten, erhöhen sie die lokale Artenvielfalt. Darüber hinaus stabilisieren die Wurzelsysteme von Apfelbäumen den Boden und reduzieren die Erosion.

Lokale Ernährung und Ernährungssicherheit

Der Anbau von Apfelbäumen in essbaren Landschaften trägt zur Ernährungssicherheit bei, indem er die lokalen Gemeinden direkt mit frischen, nahrhaften Früchten versorgt. Dadurch wird die Abhängigkeit vom Lebensmitteltransport über weite Strecken verringert und der mit dem Lebensmitteltransport verbundene CO2-Fußabdruck verringert. Apfelbäume fördern außerdem urbane Gartenbaupraktiken und die Selbstversorgung mit Nahrungsmitteln.

Bildung und Bewusstsein

Essbare Landschaften mit Apfelbäumen bieten hervorragende Bildungsmöglichkeiten. Schulen und Gemeinden können diese Räume nutzen, um Kindern und Erwachsenen etwas über Gartenpraktiken, Ernährung und die Bedeutung von Nachhaltigkeit beizubringen. Durch die Beteiligung an der Pflanzung und Pflege von Apfelbäumen erwerben Einzelpersonen praktische Fähigkeiten und ein besseres Verständnis für Ökologie und Landwirtschaft.

Verbessertes Wohlbefinden der Gemeinschaft

Essbare Landschaften stärken soziale Bindungen, indem sie gemeinsame Räume schaffen, in denen Menschen sich treffen, zusammenarbeiten und die Früchte ihrer Arbeit teilen können. Gemeinschaftsobstgärten und Nachbarschaftsgärten mit Apfelbäumen im Mittelpunkt werden zu Treffpunkten, an denen die Bewohner Kontakte knüpfen, entspannen und die Natur genießen können. Diese Interaktionen stärken das soziale Gefüge und verbessern das geistige und körperliche Wohlbefinden der Teilnehmer.

Ästhetik und landschaftlicher Wert

Apfelbäume verleihen essbaren Landschaften einen erheblichen ästhetischen Wert. Ihre Blüte im Frühling und ihre bunten Früchte im Sommer und Herbst bieten ein angenehmes visuelles Schauspiel. Apfelbäume lassen sich kreativ in Landschaftsgestaltungen wie Obsthecken, Spaliere und Alleebäume integrieren. Ihre Anwesenheit verschönert öffentliche und private Räume und sorgt gleichzeitig für eine nützliche Fruchtproduktion.

Beispiele erfolgreicher Projekte

Viele Städte und Gemeinden auf der ganzen Welt haben essbare Landschaften erfolgreich eingeführt. Projekte wie das „Incredible Edible" in England haben städtische Räume in essbare Gärten verwandelt, die für alle zugänglich sind. In Frankreich sind ähnliche Initiativen entstanden, die die Bewohner dazu ermutigen, Obstbäume zu pflanzen und sich an Gemeinschaftsgartenprojekten zu beteiligen. Diese Initiativen zeigen, dass Apfelbäume eine zentrale Rolle bei der Schaffung nachhaltiger und produktiver Stadtlandschaften spielen können.

Planung und Umsetzung

Um Apfelbäume effektiv in essbare Landschaften zu integrieren, ist eine sorgfältige Planung erforderlich. Es ist wichtig, Apfelbaumsorten auszuwählen, die an das lokale Klima angepasst und resistent gegen Krankheiten sind. Bei der Planung sollten auch der verfügbare Platz, der Zugang zu Wasser und der Wartungsbedarf berücksichtigt werden. Die Beteiligung der Gemeinschaft von Beginn des Projekts an gewährleistet eine langfristige Akzeptanz und Unterstützung.

Apfelbäume bieten als integraler Bestandteil essbarer Landschaften eine Vielzahl von Vorteilen. Sie tragen zur Ästhetik und Produktivität städtischer und ländlicher Räume bei, unterstützen die Artenvielfalt, stärken die Ernährungssicherheit und fördern Bildung und das Wohlergehen der Gemeinschaft. Durch die Integration von Apfelbäumen in essbare Landschaften können

Gemeinden Umgebungen schaffen, die nachhaltiger, schöner und stärker mit der Natur verbunden sind.

Kapitel 110: Apfelbäume im Landschaftsbau

Apfelbäume sind aufgrund ihrer Schönheit und Nützlichkeit wertvolle Elemente in der Landschaftsgestaltung. Ihre Integration in Gärten, Parks und Stadträume ermöglicht die Schaffung ästhetischer und produktiver Umgebungen mit ökologischen, ökonomischen und sozialen Vorteilen.

Ästhetische Vermögenswerte

Apfelbäume sind berühmt für ihre spektakuläre Frühlingsblüte, wenn ihre Zweige mit weißen oder rosa Blüten bedeckt sind. Diese Farbexplosion verleiht jeder Landschaft eine attraktive visuelle Dimension. Im Herbst sorgen rote, gelbe oder grüne Früchte für einen zusätzlichen Farbtupfer, während das wechselnde Laub für goldene und violette Farbtöne sorgt.

Verschiedene Formen und Größen

Apfelbäume gibt es in verschiedenen Formen und Größen, was eine große Flexibilität bei der Verwendung im Landschaftsbau ermöglicht. Zwergapfelbäume sind ideal für kleine Gärten oder enge Räume, während Standardsorten als Schattenbäume oder Blickfang in großen Parks verwendet werden können. Säulenformen eignen sich perfekt für Gehwege und Rabatten, da sie den verfügbaren Platz maximieren und dennoch Früchte produzieren.

Integration in essbare Gärten

Apfelbäume passen perfekt in essbare Gärten, in denen Ästhetik mit der Lebensmittelproduktion verschmilzt. Sie können als einzelne Bäume oder in Obstgärten gepflanzt werden und so Räume schaffen, die nicht nur schön, sondern auch produktiv sind. Zusätzlich zu den Äpfeln stellen diese Bäume Ressourcen für Bestäuber und andere nützliche Wildtiere dar und bereichern das lokale Ökosystem.

Dienstprogrammfunktionen

Über ihre Schönheit hinaus bieten Apfelbäume eine nützliche Funktionalität in der Landschaftsgestaltung. Sie können als Obsthecken dienen, die Räume abgrenzen und gleichzeitig Obst produzieren. Ihre Wurzeln helfen, den Boden zu stabilisieren und Erosion zu verhindern, während ihr Laub Schatten spendet und städtische Hitzeinseln reduziert. Im Winter verleihen die kahlen Äste der Apfelbäume der Landschaft eine interessante optische Struktur.

Ökologische Vorteile

Apfelbäume tragen zur Artenvielfalt bei, indem sie vielen Insekten-, Vogel- und Kleinsäugetierarten Lebensraum bieten. Sie spielen eine entscheidende Rolle bei der Bestäubung und locken Bienen und andere für die Lebensmittelproduktion wichtige Bestäuber an. Obstbäume tragen auch dazu bei, Kohlenstoff zu binden, die Luftqualität zu verbessern und den Klimawandel zu bekämpfen.

Kulturelle und pädagogische Aspekte

Apfelbäume in Landschaftsbereichen können als pädagogische und kulturelle Instrumente dienen. Sie bieten Kindern und Erwachsenen die Möglichkeit, etwas über den Obstbaumanbau, die Artenvielfalt und natürliche Kreisläufe zu lernen. Gemeinschaftsobstgärten und Schulgärten mit Apfelbäumen werden zu Orten für interaktives Lernen und Wissensaustausch.

Pflanz- und Pflegetechniken

Um Apfelbäume erfolgreich in die Landschaftsgestaltung zu integrieren, ist es wichtig, ihre Pflanzung und Pflege richtig zu planen. Sie müssen an das lokale Klima angepasste Sorten wählen und den Boden entsprechend vorbereiten. Um die Gesundheit der Bäume zu erhalten und eine gute Fruchtproduktion zu fördern, ist ein regelmäßiger Schnitt erforderlich. Um ein kräftiges Wachstum zu gewährleisten, muss vor allem in Dürreperioden ausreichend gegossen werden.

Einsatz in Stadterneuerungsprojekten

Apfelbäume spielen bei Stadterneuerungsprojekten eine immer wichtigere Rolle, wo sie dazu dienen, degradierte Stadträume in produktive Grünflächen umzuwandeln. Durch die Integration dieser Bäume in Stadtentwicklungspläne können Städte grünere, gesündere und lebenswertere Umgebungen schaffen. Städtische Obstgärten und Gemeinschaftsgärten tragen zur Ernährungsresilienz und zur Schaffung von Erholungsräumen für die Bewohner bei.

Inspiration für Landschaftsarchitekten

Apfelbäume bieten eine endlose Inspirationsquelle für Landschaftsarchitekten. Ihre vielfältigen Formen, Farben und Texturen ermöglichen die Gestaltung einzigartiger und dynamischer Landschaften. Ob für private Gärten, öffentliche Räume oder gewerbliche Projekte, Apfelbäume bieten einen Mehrwert in Bezug auf Schönheit, Funktionalität und Haltbarkeit.

Ernten und Teilen

Einer der lohnendsten Aspekte bei der Einbindung von Apfelbäumen in die Landschaftsgestaltung ist die Ernte der Früchte. Äpfel können gepflückt und unter den Gemeindemitgliedern geteilt werden, wodurch die sozialen Bindungen gestärkt werden und ein Gefühl von Stolz und Leistung entsteht. Ernteveranstaltungen und Apfelbaumfeste können zu Momenten des Feierns und der Geselligkeit werden und diese Bäume noch stärker in der lokalen Kultur verankern.

Apfelbäume bereichern die Landschaftsgestaltung, indem sie Ästhetik, Nützlichkeit und Haltbarkeit vereinen. Ihre Präsenz in Gärten, Parks und städtischen Räumen schafft Umgebungen, die schöner, gesünder und stärker mit der Natur verbunden sind. Durch die Einbeziehung dieser Bäume in ihre Pläne können Landschaftsarchitekten dazu beitragen, widerstandsfähigere und harmonischere Gemeinschaften zu schaffen.

Kapitel 111: Botanische Gärten und Apfelbäume

Botanische Gärten bieten mit ihrer Pflanzenvielfalt und ihrer Rolle in Naturschutz und Bildung einen idealen Rahmen, um die faszinierende Welt der Apfelbäume zu erkunden. Durch die Integration dieser Obstbäume in ihre Sammlungen bereichern Botanische Gärten ihr

Bildungsangebot, unterstützen die Erhaltung alter und seltener Sorten und stellen Ressourcen für Forschung und Sensibilisierung bereit.

Präsentation der Vielfalt der Apfelbäume

Der Botanische Garten beherbergt eine beeindruckende Vielfalt an Apfelbäumen verschiedener Arten, Sorten und Sorten. Diese Sammlungen bieten Besuchern die Möglichkeit, die Vielfalt an Formen, Farben und Geschmacksrichtungen von Äpfeln zu entdecken. Informative Etiketten informieren über Herkunft, Eigenschaften und Verwendung jeder Sorte und bereichern so das Bildungserlebnis.

Erhaltung alter und seltener Sorten

Botanische Gärten spielen eine entscheidende Rolle bei der Erhaltung alter und seltener Apfelbaumarten. Durch den Anbau und die Erhaltung dieser Exemplare tragen sie zum Schutz des Gartenerbes bei und verhindern das Verschwinden einzigartiger und historisch und kulturell wichtiger Sorten. Seltene Apfelbäume werden häufig untersucht und in Züchtungsprogrammen eingesetzt, um die genetische Vielfalt von Obstkulturen zu verbessern.

Wissenschaftliche Forschung

Botanische Gärten bieten auch wertvolle Ressourcen für die wissenschaftliche Erforschung von Apfelbäumen. Forscher untersuchen die Biologie, Genetik, Physiologie und Ökologie dieser Obstbäume und nutzen die Sammlungen des Gartens, um Experimente und Studien durchzuführen. Die gesammelten Daten tragen dazu bei, das Verständnis von Apfelbäumen zu verbessern und effizientere und nachhaltigere Anbaupraktiken zu entwickeln.

Bildung und Bewusstsein

Botanische Gärten sind Bildungszentren, in denen Besucher mehr über Apfelbäume und ihre Bedeutung für Geschichte, Kultur und Ökologie erfahren können. Es werden Führungen, Workshops und Bildungsprogramme organisiert, um das Bewusstsein für Obstvielfalt, Bestäubung, Erhaltung genetischer Ressourcen und Agrarökologie zu schärfen. Kinder und Erwachsene können an praktischen Aktivitäten wie dem Apfelpflücken, der Verkostung von frischem Apfelsaft und der Herstellung von Apfelmus teilnehmen.

Inspiration für die Landschaftsgestaltung

Botanische Gärten dienen auch als Inspiration für die Landschaftsgestaltung und präsentieren Apfelbäume auf ästhetische und funktionale Weise. Besucher können beobachten, wie sich diese Obstbäume in die Gartengestaltung integrieren lassen, von der Obsthecke bis zum Spaliergarten. Vorführungen von Schnitt- und Pfropftechniken bieten praktische Ratschläge für Hausgärtner, die daran interessiert sind, Apfelbäume in ihrem eigenen Garten anzubauen.

Naturschutzbewusstsein

Indem Botanische Gärten die Vielfalt der Apfelbäume und die mit ihrer Erhaltung verbundenen Herausforderungen hervorheben, schärfen sie das öffentliche Bewusstsein für die Bedeutung des Schutzes dieser wertvollen genetischen Ressourcen. Ausstellungen zur Artenvielfalt, Sensibilisierungsprogramme für den Pflanzenschutz und Initiativen zur Rettung gefährdeter Sorten ermutigen Besucher, sich an Aktionen zur Erhaltung und Unterstützung der Artenvielfalt zu beteiligen.

Internationale Zusammenarbeit

Botanische Gärten arbeiten häufig international zusammen, um Exemplare, Wissen und Ressourcen auszutauschen und so Pflanzenschutzprogramme zu stärken. Partnerschaften zwischen Forschungseinrichtungen, Regierungen und Nichtregierungsorganisationen tragen dazu bei, Naturschutzbemühungen weltweit zu koordinieren und die Wirkung der Erhaltung von Apfelbäumen und anderen Pflanzenarten zu maximieren.

Engagement für die Gemeinschaft

Botanische Gärten fördern auch das Engagement der Gemeinschaft, indem sie die Beteiligung der Öffentlichkeit an Naturschutz- und Bildungsaktivitäten fördern. Freiwillige können dabei helfen, Apfelbaumsammlungen zu pflegen, Daten über Wachstum und Fruchtbildung zu sammeln und das Bewusstsein für die Bedeutung der Artenvielfalt von Obstsorten zu schärfen. Diese gemeinsamen Bemühungen stärken die Verbindungen zwischen botanischen Institutionen, Hausgärtnern und lokalen Gemeinschaften und schaffen so ein Netzwerk zur Unterstützung der Erhaltung von Apfelbäumen und anderen Pflanzen.

Kapitel 112: Die Bedeutung von Apfelbäumen im Agrotourismus

Apfelbäume spielen im Agrotourismus eine zentrale Rolle und bieten den Besuchern ein einzigartiges Erlebnis rund um Natur, Kultur und Gastronomie. Durch die Integration dieser Obstbäume in touristische Ziele schaffen Landwirte zusätzliche Einkommensmöglichkeiten, fördern die Nachhaltigkeit der Landwirtschaft und tragen zur wirtschaftlichen Entwicklung ländlicher Regionen bei.

Natur- und Kulturerlebnis

Apfelplantagen bieten Besuchern ein intensives Naturerlebnis, bei dem sie zwischen den Bäumen spazieren gehen, frische Äpfel pflücken und die malerische ländliche Landschaft genießen können. Diese Naturattraktionen werden oft mit kulturellen Elementen wie Erntedankfesten, Vorführungen der Apfelweinherstellung und historischen Bauernhofführungen kombiniert und bieten Einblicke in das traditionelle landwirtschaftliche Leben.

Freizeit- und Bildungsaktivitäten

Apfelplantagen bieten eine Reihe von Freizeit- und Bildungsaktivitäten für Besucher jeden Alters. Kutschfahrten, Verkostungen von Äpfeln und Apfelprodukten, Spiele im Freien und Führungen ermöglichen es den Besuchern, spielerisch etwas über den Apfelanbau zu lernen. Schulen und Gemeindegruppen nehmen häufig an Bildungsprogrammen zu den Themen Natur, Landwirtschaft und Ernährung teil.

Unterstützung der lokalen Wirtschaft

Der auf Apfelbäume ausgerichtete Agrotourismus trägt zur wirtschaftlichen Entwicklung ländlicher Regionen bei, indem er die lokale Gewerbetätigkeit ankurbelt. Landwirte verkaufen in ihren Hofläden frische Produkte, verarbeitete Waren und Souvenirs und schaffen so Arbeitsplätze und Einkommen für die lokale Gemeinschaft. Auch Restaurants, Beherbergungsbetriebe und andere Tourismusbetriebe profitieren vom Besucherzustrom.

Förderung der landwirtschaftlichen Nachhaltigkeit

Agrotourismusorientierte Apfelplantagen heben nachhaltige und umweltfreundliche Anbaumethoden hervor. Landwirte nutzen häufig ökologischen Landbau, integrierte Schädlingsbekämpfung und Methoden zur Erhaltung natürlicher Ressourcen, um die Gesundheit der lokalen Ökosysteme zu erhalten. Den Besuchern wird bewusst gemacht, wie wichtig es ist, eine umweltfreundliche Landwirtschaft zu unterstützen.

Diversifizierung der landwirtschaftlichen Aktivitäten

Für viele Landwirte bietet der auf Äpfel ausgerichtete Agrotourismus die Möglichkeit, ihre Betriebe zu diversifizieren und ihre Abhängigkeit von einer einzigen landwirtschaftlichen Einkommensquelle zu verringern. Zusätzlich zur Apfelproduktion können sie saisonale Tourismusaktivitäten wie Obstgartenführungen, Apfelpflücken, Produktverkostungen und Sonderveranstaltungen anbieten, die zu mehr wirtschaftlicher Stabilität beitragen.

Förderung von gesundem Leben und Ökologie

Apfelplantagen fördern einen gesunden Lebensstil, indem sie den Besuchern einen einfachen Zugang zu frischen, nahrhaften Lebensmitteln ermöglichen. Frische Äpfel sind reich an essentiellen Nährstoffen und ein gesunder Snack für Familien, die zu Besuch sind. Darüber hinaus tragen die in den Apfelplantagen geförderten nachhaltigen landwirtschaftlichen Praktiken zum Erhalt lokaler Ökosysteme und zum Schutz der Artenvielfalt bei.

Stärkung sozialer und kultureller Bindungen

Der auf Apfelbäume ausgerichtete Agrotourismus fördert die Stärkung der sozialen und kulturellen Bindungen zwischen Besuchern und ländlichen Gemeinden. Apfelfeste, Bauernhofveranstaltungen und Gruppenaktivitäten bieten Möglichkeiten für Begegnungen und Austausch zwischen Einheimischen und Besuchern und fördern so das gegenseitige Verständnis und den Austausch lokaler Traditionen.

Entwicklung regionaler Identität

Apfelplantagen tragen zur Entwicklung der regionalen Identität bei, indem sie lokale Produkte und Traditionen präsentieren. Sie werden zu Symbolen des lokalen Stolzes und der kulturellen Authentizität und ziehen Besucher an, die einzigartige und unvergessliche Erlebnisse suchen. Diese Stärkung der regionalen Identität stärkt das Zugehörigkeitsgefühl zur Gemeinschaft und fördert die Unterstützung lokaler Unternehmen.

Förderung eines nachhaltigen Tourismus

Indem Apfelplantagen authentische und umweltfreundliche Erlebnisse bieten, tragen sie zur Entwicklung eines nachhaltigen Tourismus bei. Besucher werden zu verantwortungsvollem Verhalten im Hinblick auf Ressourcenschonung, Abfallreduzierung und Respekt vor der Natur ermutigt. Diese nachhaltigen Tourismuspraktiken fördern die Erhaltung natürlicher Landschaften und den Schutz fragiler Ökosysteme.

Kapitel 113: Apfelbäume vor dem Klimawandel schützen

Wie viele andere Nutzpflanzen sind auch Apfelbäume mit den Herausforderungen des Klimawandels konfrontiert. Extreme Temperaturen, unregelmäßige Niederschläge, unvorhersehbare Wetterbedingungen und ein erhöhtes Krankheits- und Schädlingsrisiko gefährden die Gesundheit und Produktivität von Apfelplantagen. Um die Nachhaltigkeit dieser wertvollen Kulturpflanze zu gewährleisten, ist es unerlässlich, Maßnahmen zu ergreifen, um Apfelbäume vor den schädlichen Auswirkungen des Klimawandels zu schützen.

Anpassung landwirtschaftlicher Praktiken

Angesichts der sich ändernden klimatischen Bedingungen müssen Landwirte ihre Anbaumethoden anpassen, um die Gesundheit und Widerstandsfähigkeit der Apfelbäume zu gewährleisten. Dazu kann die Verwendung von Apfelsorten gehören, die gegen Klimastress resistent sind, die Einrichtung effizienter Bewässerungssysteme zur Bewältigung von Dürreperioden und die Anwendung von Bodenbewirtschaftungstechniken zur Verbesserung der Wasserspeicherung und Bodenfruchtbarkeit. Darüber hinaus ist ein integriertes Schädlings- und Krankheitsmanagement unerlässlich, um Krankheitsausbrüche zu verhindern und Ernteverluste zu minimieren.

Erhaltung der genetischen Biodiversität

Die Erhaltung der genetischen Biodiversität von Apfelbäumen ist von entscheidender Bedeutung, um die Verfügbarkeit von Sorten sicherzustellen, die an sich ändernde klimatische Bedingungen angepasst sind. Genbanken und Sammlungen alter und seltener Apfelbäume spielen eine wichtige Rolle bei der Erhaltung der genetischen Vielfalt dieser Kulturpflanze. Züchtungs- und Kreuzungsprogramme können auch zur Entwicklung neuer klimastressresistenter Sorten genutzt werden, die unter schwankenden Umweltbedingungen gedeihen können.

Wasser- und Ressourcenmanagement

Eine wirksame Bewirtschaftung von Wasser und natürlichen Ressourcen ist unerlässlich, um die Auswirkungen des Klimawandels auf Apfelplantagen abzumildern. Moderne Bewässerungssysteme wie Tropfbewässerungs- und Sprinklerbewässerungssysteme ermöglichen eine effizientere Wassernutzung, indem sie die richtige Menge zur richtigen Zeit bereitstellen. Darüber hinaus trägt die Umsetzung von Bodenschutzmaßnahmen wie Bodenbedeckung und Zwischenfruchtanbau dazu bei, die Erosion zu verringern, die Bodenqualität zu verbessern und so das gesunde Wachstum von Apfelbäumen zu fördern.

Bewusstsein und Bildung

Sensibilisierung und Aufklärung von Landwirten, Verbrauchern und politischen Entscheidungsträgern sind für die Förderung nachhaltiger und klimaresistenter landwirtschaftlicher Praktiken von entscheidender Bedeutung. Sensibilisierungsprogramme können Schulungen zu den besten Praktiken der Obstgartenbewirtschaftung, Workshops zur Anpassung an sich ändernde Klimabedingungen und Sensibilisierungskampagnen zur Bedeutung der Erhaltung der genetischen Biodiversität umfassen. Darüber hinaus ist es von entscheidender Bedeutung, die Zusammenarbeit verschiedener Akteure in der Lebensmittelkette zu fördern, um Strategien für ein integriertes Klimamanagement und die Stärkung der Widerstandsfähigkeit von Lebensmittelsystemen zu entwickeln.

Forschung und Innovation

Bei der Bekämpfung der Auswirkungen des Klimawandels auf Apfelbäume spielen wissenschaftliche Forschung und Innovation eine zentrale Rolle. Forscher arbeiten an der

Entwicklung von Sorten, die gegen Klimastress resistent sind, an der Verbesserung der Pflanzenbewirtschaftungspraktiken und an der Suche nach innovativen Lösungen, um die Auswirkungen des Klimawandels auf Apfelplantagen abzumildern. Investitionen in Forschung und technologische Entwicklung sind unerlässlich, um die Anpassung und Widerstandsfähigkeit landwirtschaftlicher Systeme angesichts der wachsenden Klimaherausforderungen zu unterstützen.

Zusammenarbeit und kollektives Handeln

Der Schutz von Apfelbäumen vor dem Klimawandel erfordert kollektives Handeln und Zusammenarbeit auf allen Ebenen, von einzelnen Bauernhöfen bis hin zu nationalen Regierungen und internationalen Organisationen. Öffentlich-private Partnerschaftsinitiativen können eine wichtige Rolle bei der Finanzierung von Forschung, der Entwicklung klimafreundlicher Richtlinien und der Umsetzung von Klimaanpassungsprogrammen spielen. Durch die Zusammenarbeit können Landwirte, Forscher, politische Entscheidungsträger und die Zivilgesellschaft dazu beitragen, die Widerstandsfähigkeit von Apfelbäumen zu stärken und die Ernährungssicherheit in einem sich verändernden Klima zu gewährleisten.

Kapitel 114: Widerstandsfähige Apfelzuchttechniken

Die Auswahl widerstandsfähiger Apfelbäume ist von entscheidender Bedeutung, um die Nachhaltigkeit und Produktivität von Obstgärten angesichts der Herausforderungen durch Klimawandel, Krankheiten und Schädlinge sicherzustellen. Züchtungstechniken zielen darauf ab, Apfelsorten zu identifizieren und zu fördern, die unter schwankenden Umweltbedingungen gedeihen können und gleichzeitig eine gute Resistenz gegen Krankheiten und Schädlinge aufweisen. Hier sind einige der wichtigsten Techniken zur Züchtung widerstandsfähiger Apfelbäume:

Genetische Selektion

Die genetische Selektion ist eine traditionelle Technik zur Verbesserung wünschenswerter Eigenschaften von Apfelbäumen. Züchter achten auf Merkmale wie Krankheitsresistenz, Toleranz gegenüber klimatischem Stress, Produktivität und Fruchtqualität. Durch die Kreuzung von Elternsorten mit diesen Merkmalen können neue Sorten mit besserer Widerstandsfähigkeit und erhöhter Anpassungsfähigkeit an veränderte Bedingungen entstehen.

Auswahl basierend auf genetischen Markern

Fortschritte in der Genomik ermöglichen es Züchtern, genetische Marker zu verwenden, um Gene zu identifizieren, die mit bestimmten Merkmalen in Apfelbäumen verbunden sind. Dieser als markerbasierte Züchtung bekannte Ansatz ermöglicht eine präzisere und effizientere Auswahl widerstandsfähiger Sorten. Indem Züchter auf Marker im Zusammenhang mit Krankheitsresistenz oder Stresstoleranz abzielen, können sie den Züchtungsprozess beschleunigen und Sorten entwickeln, die besser an veränderte Umweltbedingungen angepasst sind.

Partizipative Auswahl

Die partizipative Züchtung beinhaltet eine enge Zusammenarbeit zwischen Züchtern, Landwirten und lokalen Gemeinschaften bei der Auswahl der Apfelsorten. Landwirte geben auf der Grundlage ihrer praktischen Erfahrungen im Obstbau Feedback zu gewünschten Sorteneigenschaften. Dieser Ansatz ermöglicht die Entwicklung von Sorten, die besser auf die Bedürfnisse von Erzeugern und Verbrauchern zugeschnitten sind, und stärkt gleichzeitig das Engagement der Gemeinschaft und die Widerstandsfähigkeit der lokalen Agrarsysteme.

Feldbewertung

Die Feldbewertung ist ein entscheidender Schritt bei der Auswahl widerstandsfähiger Apfelbäume. Kandidatensorten werden in Versuchsgärten gepflanzt, wo sie auf Wachstum, Ertrag, Krankheitsresistenz und Fruchtqualität bewertet werden. Die vor Ort gesammelten Daten helfen den Züchtern, die vielversprechendsten Sorten für die weitere Vermarktung zu identifizieren. Dieser Ansatz stellt sicher, dass die ausgewählten Sorten gut an die örtlichen Gegebenheiten angepasst sind und den Bedürfnissen von Landwirten und Verbrauchern entsprechen.

Nutzung der Biodiversität

Die Biodiversität des Apfels stellt eine wichtige Quelle genetischer Variabilität dar, die für die Züchtung widerstandsfähiger Sorten genutzt werden kann. Programme zur Erhaltung genetischer Ressourcen tragen dazu bei, alte und seltene Sorten zu erhalten, die möglicherweise einzigartige Merkmale der Krankheitsresistenz oder Stresstoleranz aufweisen. Mithilfe dieser genetischen Vielfalt können Züchter neue und verbesserte Sorten entwickeln, die zur Nachhaltigkeit und Widerstandsfähigkeit landwirtschaftlicher Systeme beitragen.

Integration ökologischer Resilienz

Bei der Auswahl widerstandsfähiger Apfelbäume ist es wichtig, die Grundsätze der ökologischen Widerstandsfähigkeit zu berücksichtigen. Dazu gehört die Förderung der genetischen Vielfalt, die Schaffung multifunktionaler Agroforstlandschaften und die Umsetzung nachhaltiger Pflanzenbewirtschaftungspraktiken, die gesunde landwirtschaftliche Ökosysteme fördern. Durch die Integration dieser Prinzipien können Züchter dazu beitragen, die Widerstandsfähigkeit von Apfelbäumen zu stärken und die langfristige Nachhaltigkeit landwirtschaftlicher Systeme zu unterstützen.

Kapitel 115: Reproduktion von Apfelbäumen im Labor

Die Laborzüchtung von Apfelbäumen ist eine fortschrittliche Technik zur Herstellung hochwertiger, krankheitsfreier und genetisch einheitlicher Sämlinge. Diese Methode, auch Mikrovermehrung genannt, ermöglicht die schnelle Vermehrung von Klonen von Apfelbäumen, die aufgrund ihrer gewünschten Eigenschaften ausgewählt wurden. Hier finden Sie einen Überblick über die verschiedenen Schritte und Techniken bei der Vermehrung von Apfelbäumen im Labor:

Auswahl pflanzlicher Materialien

Der Prozess der Apfelbaumzüchtung im Labor beginnt mit der Auswahl hochwertiger Pflanzenmaterialien. Pflanzengewebe werden von gesunden, kräftigen Mutterapfelbäumen gesammelt, die idealerweise aufgrund ihrer wünschenswerten agronomischen und gartenbaulichen Eigenschaften ausgewählt wurden. Zu diesen Geweben gehören typischerweise apikale Meristeme, Achselknospen oder Stammsegmente.

Sterilisationsoberfläche

Nach der Sammlung werden die Pflanzengewebe einer Sterilisationsoberfläche unterzogen, um jegliche mikrobielle Kontamination zu beseitigen. Dieser Schritt ist entscheidend, um den Erfolg der In-vitro-Kultur zu gewährleisten. Stoffe werden mit Desinfektionsmitteln wie Natriumhypochlorit oder Ethanol behandelt und anschließend wiederholt mit sterilem Wasser gespült, um chemische Rückstände zu entfernen.

Kultur in vitro

Das sterilisierte Pflanzengewebe wird dann in ein Nährkulturmedium gegeben, meist in Form eines Agargels, das Mineralsalze, Vitamine, Wachstumshormone und Zucker enthält. Diese Umgebung versorgt das Gewebe mit den Nährstoffen, die es für sein Wachstum und seine Entwicklung benötigt. Die Kulturen werden unter kontrollierten Temperatur-, Feuchtigkeits- und Lichtbedingungen gehalten, um die Zellvermehrung und die Bildung neuer Pflanzenorgane zu fördern.

Multiplikation und Regeneration

In der In-vitro-Kultur vermehren sich Apikalmeristeme oder Achselknospen und bilden Adventivsprosse. Diese Triebe werden dann regeneriert, um vollständige Sämlinge hervorzubringen. Die Zellvermehrung wird durch die Zugabe spezifischer Wachstumshormone zum Kulturmedium stimuliert, während die Gewebedifferenzierung in Wurzeln, Stängel und Blätter durch spezifische Hormonkombinationen gesteuert wird.

Härten und Akklimatisieren

Sobald die Sämlinge regeneriert sind, werden sie aus der In-vitro-Kultur entfernt und in Härtebedingungen gebracht, um sie auf den Übergang in die äußere Umgebung vorzubereiten. In dieser Phase kommt es zu einer allmählichen Reduzierung der Luftfeuchtigkeit und einer erhöhten Einwirkung von Licht und Luft. Die gehärteten Sämlinge werden dann in Töpfe oder Pflanzschalen umgepflanzt und zur endgültigen Akklimatisierung in Gewächshäuser oder Baumschulen gestellt, bevor sie auf das Feld gepflanzt werden.

Vorteile der Laborreproduktion

Die Vermehrung von Apfelbäumen im Labor hat gegenüber herkömmlichen Methoden der Pflanzenvermehrung mehrere Vorteile. Es ermöglicht die schnelle Produktion von Setzlingen in großen Mengen, unabhängig von Jahreszeiten und klimatischen Bedingungen. Darüber hinaus bietet es eine präzise Kontrolle über die Qualität und genetische Reinheit der produzierten Pflanzen und reduziert so das Risiko von Krankheiten und Virusinfektionen. Schließlich trägt es dazu bei, die Kraft und Vitalität von Klonen zu erhalten, die aufgrund ihrer wünschenswerten agronomischen und gartenbaulichen Eigenschaften ausgewählt wurden.

Kapitel 116: Apfelbäume und agronomische Innovationen

Apfelbäume, eine wichtige Obstpflanze, profitieren ständig von Fortschritten in der Agrarinnovation. Diese Fortschritte zielen darauf ab, die Produktivität, Nachhaltigkeit und Widerstandsfähigkeit von Apfelplantagen angesichts klimatischer, ökologischer und wirtschaftlicher Herausforderungen zu verbessern. Hier ist ein Überblick über die wichtigsten agronomischen Innovationen, die auf Apfelbäume angewendet werden:

Intensive Anbautechniken

Intensive Anbautechniken wie eine hohe Pflanzdichte und der Einsatz von Spaliersystemen optimieren die Raum- und Ressourcennutzung in Apfelplantagen. Indem Landwirte Bäume näher beieinander pflanzen und sie an Spalieren oder Drähten befestigen, können sie den Ertrag pro Hektar steigern und gleichzeitig die Obstbewirtschaftung und Ernte erleichtern.

Bewässerung und Wassermanagement

Präzise Bewässerung und effizientes Wassermanagement sind für die Erhaltung der Gesundheit und Produktivität von Apfelbäumen, insbesondere in dürregefährdeten Regionen, von entscheidender Bedeutung. Moderne Bewässerungssysteme wie Tropfbewässerung und Bodenfeuchtigkeitssensoren ermöglichen eine präzise Wasserverteilung entsprechend den Baumbedürfnissen, reduzieren Abfall und fördern ein gesundes Wachstum.

Genetik und Pflanzenzüchtung

Pflanzenzüchtungs- und Apfelgenetikprogramme zielen darauf ab, Sorten zu entwickeln, die resistent gegen Krankheiten, Schädlinge und Umweltbelastungen sind und gleichzeitig über hervorragende Geschmacks- und Handelsqualitäten verfügen. Mithilfe von Techniken wie markergestützter Züchtung und Molekularbiologie können Züchter den Prozess der Entwicklung neuer Sorten beschleunigen, die auf die Bedürfnisse von Erzeugern und Verbrauchern zugeschnitten sind.

Pflanzenschutz und Schädlingsbekämpfung

Fortschritte bei Pflanzenschutz- und Schädlingsbekämpfungstechniken tragen dazu bei, den Einsatz von Pestiziden zu reduzieren und nachhaltige landwirtschaftliche Praktiken zu fördern. Alternative Methoden wie biologische Schädlingsbekämpfung, Pheromone zur Paarungsstörung und integrierte Schädlingsbekämpfungstechniken tragen dazu bei, die Schädlingspopulationen unter Kontrolle zu halten und gleichzeitig die Artenvielfalt und die Gesundheit des Ökosystems zu bewahren.

Ernährungsmanagement und Düngung

Um ein optimales Wachstum und eine qualitativ hochwertige Produktion in Apfelplantagen zu gewährleisten, ist ein effektives Management von Ernährung und Düngung unerlässlich. Blattanalyse, Fertigation und der Einsatz von Düngemitteln mit kontrollierter Freisetzung ermöglichen es Landwirten, Bäume während des gesamten Wachstumszyklus in ausgewogener und auf ihre Bedürfnisse zugeschnittener Weise mit essentiellen Nährstoffen zu versorgen.

Überwachung und digitale Technologien

Digitale Technologien wie Drohnen, Sensoren und Farm-Management-Software bieten neue Möglichkeiten zur Überwachung und Optimierung der Apfelplantagenbewirtschaftung. Mit diesen Tools können Landwirte Daten über Baumgesundheit, Wetterbedingungen, Wasser- und Nährstoffgehalt sammeln und diese Informationen nutzen, um fundierte Entscheidungen zu treffen und Erträge und Rentabilität zu verbessern.

Aus-und Weiterbildung

Die Schulung und Aufklärung der Landwirte über die neuesten agronomischen Innovationen ist von entscheidender Bedeutung, um deren Übernahme und Integration in bestehende landwirtschaftliche Praktiken zu fördern. Durch berufsbegleitende Schulungsprogramme, technische Workshops und Sensibilisierungsveranstaltungen vermitteln wir Landwirten die Fähigkeiten und Kenntnisse, die sie für die erfolgreiche Einführung neuer Technologien und Techniken auf ihren Betrieben benötigen.

Kapitel 117: Die Herausforderungen eines nachhaltigen Apfelanbaus

Der nachhaltige Apfelanbau steht vor mehreren Herausforderungen, die angemessene Aufmerksamkeit und Lösungen erfordern, um die langfristige Nachhaltigkeit dieser wichtigen Obstpflanze sicherzustellen.

Klimatische Veränderungen

Der Klimawandel stellt eine der größten Herausforderungen für den Apfelanbau dar. Extreme Temperaturen, unvorhersehbare Klimaschwankungen, Dürren und extreme Wetterereignisse können erhebliche Auswirkungen auf Fruchtwachstum, Ertrag und Qualität haben. Landwirte müssen Anpassungsstrategien umsetzen, wie z. B. die Verwendung von Sorten, die gegen Klimastress resistent sind, Wassermanagement und die Einführung nachhaltiger landwirtschaftlicher Praktiken, um die negativen Auswirkungen des Klimawandels auf Apfelplantagen abzumildern.

Krankheiten und Schädlinge

Krankheiten und Schädlinge stellen eine ständige Herausforderung für den nachhaltigen Apfelanbau dar. Krankheiten wie Schorf, Fruchtfäule und Bakterienfäule können zu erheblichen Ernteschäden und Ertragseinbußen führen. Ebenso können Schädlinge wie Apfelwickler, Blattläuse und Milben Schäden an Früchten und Blättern verursachen, was eine wirksame Bekämpfung erfordert, um Ernteverluste zu minimieren. Landwirte müssen integrierte Praktiken zur Krankheits- und Schädlingsbekämpfung umsetzen und dabei biologische, kulturelle und chemische Methoden kombinieren, um die Gesundheit von Apfelplantagen nachhaltig zu erhalten.

Umweltbelastungen

Der Apfelanbau ist zunehmenden Umweltbelastungen wie Bodendegradation, Luft- und Wasserverschmutzung sowie dem Verlust der Artenvielfalt ausgesetzt. Dieser Druck kann die Gesundheit von Apfelplantagen gefährden und die Qualität der produzierten Früchte beeinträchtigen. Landwirte sollten nachhaltige landwirtschaftliche Praktiken wie den Bodenschutz, die Reduzierung des Einsatzes von Pestiziden und chemischen Düngemitteln sowie die Förderung der Artenvielfalt in Obstgärten anwenden, um deren Auswirkungen auf die Umwelt zu minimieren und die langfristige Nachhaltigkeit des Apfelanbaus sicherzustellen.

Resourcenmanagement

Für einen nachhaltigen Apfelanbau ist ein effizienter Umgang mit Ressourcen wie Wasser, Boden und Energie unerlässlich. Effiziente Bewässerungspraktiken, Bodenschutz, Abfallmanagement und rationelle Energienutzung sind allesamt wichtige Überlegungen für Landwirte. Durch die Einführung nachhaltiger Ressourcenmanagementpraktiken können Landwirte ihren ökologischen Fußabdruck minimieren und die Effizienz und Rentabilität ihrer Betriebe verbessern.

Märkte und Konsum

Auch Markttrends und Verbraucherpräferenzen können Herausforderungen für den nachhaltigen Apfelanbau darstellen. Um wettbewerbsfähig zu bleiben, müssen Landwirte auf sich ändernde Marktanforderungen sowie Lebensmittelqualitäts- und -sicherheitsstandards achten. Ebenso kann die Aufklärung der Verbraucher über die Vorteile lokaler, nachhaltiger und saisonaler Apfelprodukte dazu beitragen, einen nachhaltigeren und gerechteren Apfelanbau zu fördern.

Innovation und Zusammenarbeit

Angesichts dieser Herausforderungen sind Innovation und Zusammenarbeit unerlässlich, um nachhaltige Lösungen für den Apfelanbau zu finden. Landwirte, Forscher, politische Entscheidungsträger und Interessenvertreter der Industrie müssen zusammenarbeiten, um nachhaltige landwirtschaftliche Praktiken, widerstandsfähige Sorten und eine günstige Umweltpolitik zu entwickeln und zu fördern. Durch Investitionen in Forschung, Bildung und Kapazitätsentwicklung ist es möglich, die Herausforderungen eines nachhaltigen Apfelanbaus zu meistern und eine widerstandsfähigere, gerechtere und umweltfreundlichere Landwirtschaft zu fördern.

Kapitel 118: Apfelbäume und städtische Ökosysteme

Das Vorkommen von Apfelbäumen in städtischen Ökosystemen bringt zahlreiche ökologische, soziale und wirtschaftliche Vorteile mit sich und trägt zur Lebensqualität der Bewohner und zur Nachhaltigkeit von Städten bei.

Biodiversität und Lebensraum

Apfelbäume bieten Lebensraum und Nahrungsquelle für eine Vielzahl von Tierarten, darunter Vögel, bestäubende Insekten und kleine Säugetiere. Ihre Blüten locken Bienen und andere Bestäuber an und tragen so zur städtischen Artenvielfalt und zur Gesundheit der lokalen Ökosysteme bei.

Verbesserte Luftqualität

Bäume, darunter auch Apfelbäume, spielen eine entscheidende Rolle bei der Verbesserung der Luftqualität, indem sie Kohlendioxid absorbieren und Sauerstoff produzieren. Ihr Laubwerk fungiert als natürlicher Filter, der Feinstaub, Luftschadstoffe und schädliche Gase einfängt, was dazu beiträgt, die Luftverschmutzung zu reduzieren und die Gesundheit der Stadtbewohner zu verbessern.

Reduzierung der städtischen Wärmeinsel

Apfelbäume und andere Bäume spenden Schatten und tragen dazu bei, die Temperaturen in städtischen Umgebungen zu senken, wodurch der städtische Wärmeinseleffekt gemildert wird. Ihre Anwesenheit hilft, die lokalen Temperaturen zu regulieren, entlastet in Zeiten extremer Hitze und trägt dazu bei, komfortablere und widerstandsfähigere städtische Umgebungen zu schaffen.

Regenwassermanagement

Bäume, darunter auch Apfelbäume, spielen eine wichtige Rolle bei der Regenwasserbewirtschaftung, indem sie Wasser aus dem Boden aufnehmen und den Abfluss reduzieren. Ihre Wurzeln helfen, Bodenerosion zu verhindern und den Grundwasserspiegel wieder aufzufüllen, was dazu beiträgt, Überschwemmungsrisiken zu mindern und die Wasserqualität in städtischen Ökosystemen zu schützen.

Soziale und gemeinschaftliche Bindungen

Apfelplantagen im städtischen Raum können als Orte für Gemeinschaftstreffen und geselliges Beisammensein dienen. Sie bieten den Anwohnern einen Ort, an dem sie sich mit der Natur verbinden, frische Lebensmittel anbauen, an Gartenaktivitäten teilnehmen und die sozialen Verbindungen innerhalb der Gemeinde stärken können.

Bildung und Bewusstsein

Städtische Apfelplantagen bieten auch Möglichkeiten für Umweltbildung und Naturbewusstsein. Sie können als Bildungsressourcen für örtliche Schulen, Gemeindeorganisationen und Umweltbewusstseinsprogramme dienen und dazu beitragen, Stadtbewohner über die Bedeutung von Biodiversität, Lebensmittelnachhaltigkeit und Erhaltung natürlicher Ressourcen aufzuklären.

Abschluss

Zusammenfassend lässt sich sagen, dass Apfelbäume eine wichtige Rolle in städtischen Ökosystemen spielen und eine Vielzahl ökologischer, sozialer und wirtschaftlicher Vorteile bieten. Ihre Präsenz trägt dazu bei, nachhaltigere, widerstandsfähigere und lebenswertere städtische Umgebungen für Stadtbewohner zu schaffen und stärkt die Verbindung zwischen Mensch und Natur in sich verändernden städtischen Umgebungen.

Kapitel 119: Die Zukunft der Apfelbäume: Perspektiven und Innovationen

Die Zukunft der Apfelbäume ist rosig, mit vielen Perspektiven und Innovationen, die die Zukunft dieser wichtigen Obstpflanze prägen.

Anpassung an den Klimawandel

Angesichts der Herausforderungen des Klimawandels erfordert die Zukunft der Apfelbäume eine kontinuierliche Anpassung an die sich ändernden klimatischen Bedingungen. Dazu gehört die Entwicklung neuer Apfelbaumsorten, die gegen Klimastress resistent sind und unter heißeren, trockeneren oder wechselhafteren Bedingungen gedeihen können.

Fortschrittliche Agrartechnologien

Fortschrittliche agronomische Technologien werden für die Zukunft der Apfelbäume eine entscheidende Rolle spielen. Innovationen wie Biotechnologie, Genomik, Präzisionslandwirtschaft und künstliche Intelligenz werden es Landwirten ermöglichen, die Produktivität, Qualität und Nachhaltigkeit ihrer Apfelplantagen zu verbessern.

Nachhaltigkeit und umweltfreundliche landwirtschaftliche Praktiken

Nachhaltigkeit wird im Mittelpunkt der Zukunft der Apfelbäume stehen. Umweltfreundliche landwirtschaftliche Praktiken wie biologische Kontrolle, Bodenschutz, Wassermanagement und Reduzierung des Chemikalieneintrags werden zunehmend eingesetzt, um die Gesundheit des Ökosystems, die Artenvielfalt und die Widerstandsfähigkeit von Apfelplantagen zu fördern.

Anpassung an Verbraucherbedürfnisse

Zur Zukunft der Apfelbäume gehört auch die Anpassung an die sich ändernden Bedürfnisse und Vorlieben der Verbraucher. Apfelbaumsorten werden aufgrund ihrer Geschmackseigenschaften, ihres Aussehens, ihres Nährwerts und ihrer Haltbarkeit ausgewählt, um den Marktanforderungen und Verbrauchererwartungen gerecht zu werden.

Zusammenarbeit und Innovation

Zusammenarbeit und Innovation werden der Schlüssel zur Gestaltung der Zukunft der Apfelbäume sein. Partnerschaften zwischen Forschern, Landwirten, Industrie und politischen Entscheidungsträgern werden die Entwicklung und Einführung neuer Technologien, Praktiken und Richtlinien erleichtern, die auf die Förderung eines nachhaltigeren, widerstandsfähigeren und innovativeren Apfelanbaus abzielen.

Aufwertung von Produkten aus Apfelbäumen

Schließlich liegt die Zukunft der Apfelbäume in einer verstärkten Aufwertung von Produkten, die aus Apfelbäumen gewonnen werden. Innovationen in der Verarbeitung, Konservierung und Vermarktung von Äpfeln und ihren Derivaten wie Apfelwein, Fruchtsäften, Kompotten und Süßwarenprodukten werden den Apfelproduzenten neue wirtschaftliche Möglichkeiten eröffnen.

Kurz gesagt, die Zukunft der Apfelbäume ist vielversprechend, mit Perspektiven und Innovationen, die darauf abzielen, die Nachhaltigkeit, Widerstandsfähigkeit und den Wohlstand dieser ikonischen Obstpflanze zu stärken.

Kapitel 120: Die Blütenbiologie von Apfelbäumen

Die Blütenbiologie von Apfelbäumen ist faszinierend und komplex und beeinflusst direkt die Bestäubung, Fruchtbildung und Fruchtproduktion dieser ikonischen Obstpflanze.

Struktur der Blume

Apfelblüten sind zwittrig, das heißt, sie haben sowohl männliche Organe (Staubblätter) als auch weibliche Organe (Stempel) in derselben Blüte. Die Apfelblüte besteht aus fünf Kelchblättern, fünf Kronblättern, zahlreichen Staubblättern und einem zentralen Stempel.

Lebenszyklus

Der Lebenszyklus der Apfelblüte beginnt mit der Blüte im Frühling, wenn sich die Knospen in Blüten verwandeln. Apfelblüten sind normalerweise weiß oder rosa und ihre Blüten sind oft spektakulär und schaffen bezaubernde Landschaften in Obstgärten.

Bestäubung

Die Bestäubung der Apfelblüten ist für die Fruchtbildung unerlässlich. Die Blüten werden von Insekten, hauptsächlich Bienen, bestäubt, die Nektar und Pollen von den Blüten sammeln und sie gleichzeitig befruchten. Um einen optimalen Ertrag und eine gleichmäßige Fruchtbildung zu gewährleisten, ist eine gute Bestäubung erforderlich.

Selbstbefruchtung und Kreuzung

Obwohl Apfelbäume im Allgemeinen selbstfruchtbar sind, sind einige Sorten teilweise oder vollständig selbstinkompatibel, was bedeutet, dass sie das Vorhandensein anderer kompatibler Sorten erfordern, um eine Fremdbestäubung und eine effektive Fruchtbildung zu gewährleisten.

Fruchtentwicklung

Nach der Bestäubung verwandelt sich die Apfelblüte in Früchte. Der befruchtete Stempel entwickelt sich zur Frucht, während die Blüten- und Kelchblätter abfallen. Die Apfelfrucht beginnt sich im Laufe der Wochen zu entwickeln und zu reifen, bis sie im reifen Zustand zur Ernte bereit ist.

Genetische Variabilität

Die Blütenbiologie von Apfelbäumen trägt zur genetischen Variabilität dieser Art bei. Durch Kreuzungen verschiedener Apfelbaumsorten entstehen neue Sorten mit wünschenswerten agronomischen und gartenbaulichen Eigenschaften wie Krankheitsresistenz, Geschmack, Textur und Fruchtfarbe.

Empfindlichkeit gegenüber Umweltbedingungen

Blüte und Fruchtbildung von Apfelbäumen reagieren empfindlich auf Umweltbedingungen wie Temperatur, Luftfeuchtigkeit und Niederschlag. Die Wetterbedingungen zur Blütezeit können die Qualität und Quantität der Ernte beeinflussen, weshalb die Blütenbiologie von Apfelbäumen für Landwirte besonders wichtig ist.

Zusammenfassend lässt sich sagen, dass die Blütenbiologie des Apfels eine entscheidende Rolle bei der Bestäubung, Fruchtbildung und Fruchtproduktion dieser ikonischen Obstpflanze spielt. Sein Verständnis ist entscheidend, um einen optimalen Ertrag, eine hervorragende Fruchtqualität und die langfristige Nachhaltigkeit von Apfelplantagen sicherzustellen.

Kapitel 121: Bestäubungsprozess in Apfelbäumen

Die Bestäubung von Apfelbäumen ist ein komplexer und lebenswichtiger Prozess, der die Fruchtproduktion in Obstgärten sicherstellt. Das Verständnis dieses Prozesses ist wichtig, um optimale Erträge und eine effiziente Fruchtbildung sicherzustellen.

Fortschritt der Bestäubung

Die Bestäubung von Apfelbäumen beginnt mit der Blüte der Blüten im Frühling. Bienen und andere bestäubende Insekten besuchen Blumen auf der Suche nach Nektar und Pollen. Während sie sich zwischen den Blüten bewegen, transportieren Insekten Pollen von den Staubgefäßen zu den Narben der Stempel und ermöglichen so die Befruchtung der Eizellen.

Bedeutung bestäubender Insekten

Haus- und Wildbienen sind die Hauptbestäuber von Apfelbäumen. Ihre Rolle ist von entscheidender Bedeutung, da sie für eine effiziente Bestäubung und Befruchtung der Blüten sorgen. Ohne Bestäubung können Blüten keine lebensfähigen Früchte hervorbringen, was zu einer schlechten Fruchtbildung und geringeren Erträgen führt.

Faktoren, die die Bestäubung beeinflussen

Mehrere Faktoren können den Bestäubungsprozess bei Apfelbäumen beeinflussen. Wetterbedingungen wie Temperatur und Luftfeuchtigkeit können die Bestäuberaktivität und die Pollenverfügbarkeit beeinflussen. Darüber hinaus kann die Nähe und Vielfalt der Apfelsorten im Obstgarten die Fremdbestäubung und Fruchtbildung beeinflussen.

Selbstbefruchtung und Kreuzung

Obwohl Apfelbäume im Allgemeinen selbstfruchtbar sind, sind einige Sorten teilweise oder vollständig selbstinkompatibel, sodass für eine erfolgreiche Fremdbestäubung das Vorhandensein anderer kompatibler Sorten erforderlich ist. Daher ist die Auswahl und Anordnung der Apfelsorten im Obstgarten wichtig, um eine effiziente Bestäubung und maximale Fruchtbildung zu gewährleisten.

Bestäubungsmanagement

Landwirte können Maßnahmen ergreifen, um die Bestäubung in ihren Apfelplantagen zu fördern. Dazu kann die Schaffung bestäuberfreundlicher Lebensräume wie Wildblumengebiete und Schutzräume sowie die Reduzierung des Einsatzes von Pestiziden gehören, die Bienenpopulationen und andere Bestäuber schädigen können.

Überwachung und Bewertung

Für Landwirte ist es wichtig, den Bestäubungsprozess sorgfältig zu überwachen und den Fruchterfolg in ihren Obstgärten zu bewerten. Dadurch können sie Faktoren identifizieren, die die Bestäubung beeinflussen, und notwendige Anpassungen vornehmen, um Erträge und Fruchtqualität zu optimieren.

Zusammenfassend lässt sich sagen, dass der Bestäubungsprozess bei Apfelbäumen ein Schlüsselelement der Obstproduktion ist und ein umfassendes Verständnis und ein effektives Management erfordert, um reichliche und qualitativ hochwertige Ernten sicherzustellen.

Kapitel 122: Fruchtbildung: Von der Knospe zum Apfel

Der Fruchtbildungsprozess bei Apfelbäumen ist eine faszinierende Reise, die lange vor der Blüte beginnt und bis zur Reife der Äpfel andauert.

Vorbereitungsphase

Alles beginnt im Frühling, wenn die Knospen der Apfelbäume anschwellen und sich entwickeln. In jeder Knospe befinden sich die Blütenstrukturen, aus denen Blüten entstehen. Diese Knospen sind für die Fruchtbildung unerlässlich, da sie die notwendigen Mechanismen für die Bildung von Blüten und zukünftigen Früchten enthalten.

blühen

Bei optimalen Bedingungen öffnen sich die Knospen und offenbaren prächtige Blüten. Diese Blüten locken mit ihrem Nektar und Pollen bestäubende Insekten an. Wenn die Blüten bestäubt werden, beginnen sich die Eizellen im Stempel zu entwickeln und sich in Fruchtembryonen zu verwandeln.

Befruchtung und Fruchtentwicklung

Die Befruchtung erfolgt, wenn Pollenkörner die Narbe des Stempels erreichen und die Eizellen befruchten. Von dort aus beginnt sich der Stempel zur Frucht zu entwickeln, während die Blüten- und Kelchblätter abfallen. Die Frucht beginnt Gestalt anzunehmen, wobei sich Fruchtfleisch, Kerne und Schale entwickeln.

Wachstum und Reifung

Im Laufe der Wochen entwickelt und reift die Frucht weiter. Das Wachstum wird durch die Nährstoffe des Baumes und das von den Wurzeln aufgenommene Wasser gefördert. Während dieser Zeit verändert sich die Farbe der Schale der Frucht und ihr Geschmack entwickelt sich. Sobald die Äpfel reif sind, können sie geerntet und genossen werden.

Einflussfaktoren

Mehrere Faktoren können die Fruchtbildung bei Apfelbäumen beeinflussen. Wetterbedingungen wie Temperatur und Luftfeuchtigkeit können den Blüteprozess und die Düngung beeinflussen. Ebenso können die Verfügbarkeit bestäubender Insekten und die Gesundheit des Baumes eine entscheidende Rolle bei der Fruchtbildung spielen.

Überwachung und Pflege

Landwirte überwachen den Fruchtbildungsprozess sorgfältig und kümmern sich angemessen darum, den Ertrag und die Qualität der Äpfel zu optimieren. Dazu können Krankheits- und Schädlingsbekämpfung, ordnungsgemäße Düngung, ausreichende Bewässerung und regelmäßiges Beschneiden der Bäume gehören, um ein gesundes Wachstum und eine reichliche Fruchtproduktion zu fördern.

Zusammenfassend lässt sich sagen, dass die Fruchtbildung bei Apfelbäumen ein komplexer und dynamischer Prozess ist, der Zeit, Sorgfalt und günstige Bedingungen erfordert, um saftige und köstliche Äpfel zu produzieren.

Kapitel 123: Die verschiedenen Farben und Texturen von Äpfeln

Äpfel gibt es in einer erstaunlichen Vielfalt an Farben und Texturen, was sie nicht nur köstlich zum Essen, sondern auch optisch ansprechend und abwechslungsreich macht.

Farben

Äpfel können rot, gelb, grün oder eine Kombination dieser Farben sein. Jede Sorte hat ihren eigenen, unverwechselbaren Farbton, der von tiefem Rot über leuchtendes Gelb bis hin zu dezenten Grüntönen reicht. Einige Sorten weisen auch Flecken oder Streifen auf, die ihre optische Attraktivität erhöhen.

Hauttextur

Auch die Beschaffenheit der Apfelschale variiert von Sorte zu Sorte. Manche Äpfel haben eine glatte, glänzende Schale, während andere eine leicht raue oder matte Schale haben. Die Textur kann auch durch Faktoren wie Reifegrad, Vegetationsperiode und Wachstumsbedingungen beeinflusst werden.

Fleischstruktur

Apfelfleisch kann knackig und saftig sein, wie im Fall der Sorten Fuji und Honeycrisp, oder zarter und schmelzender, wie im Fall der Sorten McIntosh und Golden Delicious. Auch die Beschaffenheit des Fleisches kann je nach Lagerzeit und Konservierungsmethode variieren.

Aromen

Neben Unterschieden in Farbe und Textur weisen Äpfel auch eine vielfältige Geschmacksvielfalt auf. Einige Sorten sind mild und süß mit einem Hauch von Honig oder Karamell, während andere eher würzig oder sauer sind und einen köstlichen Kontrast bilden. Der Geschmack kann auch durch Faktoren wie den Zuckergehalt, den Säuregehalt und die im Apfel vorhandenen Aromastoffe beeinflusst werden.

Kulinarische Anwendungen

Die unterschiedlichen Farben und Texturen von Äpfeln machen sie vielseitig beim Kochen. Knusprige, saftige Äpfel eignen sich ideal zum Rohverzehr, weichere Sorten eignen sich perfekt zum Backen in Torten, Kompott und Kuchen, während säuerliche Äpfel Salaten und herzhaften Gerichten eine frische Note verleihen.

Visuelle Wertschätzung

Neben ihrem köstlichen Geschmack sorgen Äpfel auch für ein angenehmes optisches Erlebnis. Ihre leuchtenden Farben und abwechslungsreichen Formen verleihen jedem Gericht oder Obstarrangement Schönheit und machen Äpfel zu einem beliebten Element bei der Dekoration und Präsentation von Speisen.

Kurz gesagt, die verschiedenen Farben und Texturen von Äpfeln tragen zu ihrer optischen Attraktivität und Geschmacksvielfalt bei und machen diese ikonische Frucht zu einem wahren Wunder der Natur.

Kapitel 124: Die chemische Zusammensetzung von Äpfeln

Die chemische Zusammensetzung von Äpfeln ist bemerkenswert komplex und jede Komponente trägt zu ihrem Geschmack, ihrer Textur und ihren gesundheitlichen Vorteilen bei.

Wasser

Äpfel bestehen größtenteils aus Wasser, was ihnen ihre saftige, knackige Konsistenz verleiht. Im Durchschnitt besteht ein Apfel zu etwa 85 % aus Wasser, was ihn zu einer feuchtigkeitsspendenden und erfrischenden Frucht macht.

Kohlenhydrate

Kohlenhydrate sind ein wichtiger Bestandteil von Äpfeln, hauptsächlich in Form von Einfachzuckern wie Fructose, Glucose und Saccharose. Diese Zucker tragen zum süßen Geschmack von Äpfeln bei und stellen eine natürliche Energiequelle dar.

Fasern

Äpfel sind reich an Ballaststoffen, hauptsächlich in Form von Zellulose, Pektin und Hemizellulose. Ballaststoffe tragen zur knusprigen Textur von Äpfeln bei und wirken sich positiv auf die Gesundheit des Verdauungssystems aus, indem sie die Darmpassage fördern und den Cholesterinspiegel regulieren.

Organische Säuren

Äpfel enthalten eine Vielzahl organischer Säuren wie Apfelsäure, Zitronensäure und Weinsäure. Diese Säuren tragen zum säuerlichen Geschmack von Äpfeln bei und spielen eine Rolle bei der Konservierung von Früchten, indem sie das Wachstum von Bakterien hemmen.

Vitamine und Mineralien

Äpfel sind eine gute Quelle für wichtige Vitamine und Mineralstoffe, darunter Vitamin C, Vitamin K, Kalium und Magnesium. Diese Nährstoffe sind wichtig für die Gesundheit des Immunsystems, die Blutgerinnung, die Knochengesundheit und die Regulierung des Blutdrucks.

Antioxidantien

Äpfel sind reich an Antioxidantien wie Flavonoiden, Polyphenolen und phenolischen Verbindungen. Diese Substanzen schützen die Zellen vor Schäden durch freie Radikale, reduzieren Entzündungen und können dazu beitragen, bestimmten chronischen Krankheiten wie Herz-Kreislauf-Erkrankungen und Krebs vorzubeugen.

Flüchtige Verbindungen

Äpfel enthalten außerdem eine Reihe flüchtiger Verbindungen, die zu ihrem unverwechselbaren Aroma beitragen. Diese Verbindungen entstehen durch den Abbau von Lipiden, Kohlenhydraten und organischen Säuren während des Reifungs- und Lagerungsprozesses von Äpfeln.

Zusammenfassend lässt sich sagen, dass die komplexe chemische Zusammensetzung von Äpfeln sie zu einer vielseitigen und nahrhaften Frucht macht, die eine Reihe von gesundheitlichen Vorteilen sowie eine Vielfalt an Geschmacksrichtungen und Texturen bietet, um jeden Gaumen zufrieden zu stellen.

Kapitel 125: Pflanzengesundheitliche Studien an Apfelbäumen

Studien zur Apfelpflanzengesundheit sind unerlässlich, um die Gesundheit und Produktivität dieser wertvollen Obstbäume sicherzustellen. Dabei geht es um die Bewertung von Krankheiten, Schädlingen und Umweltbedingungen, die sich auf das Wachstum und den Ertrag von Apfelbäumen auswirken können.

Krankheiten

Forscher untersuchen Krankheiten, die Apfelbäume befallen, wie Schorf, Fruchtfäule, Blütenendfäule und Blattrost. Diese Krankheiten können erhebliche Schäden an Bäumen verursachen und die Qualität und Quantität der Ernte beeinträchtigen. Pflanzenschutzstudien zielen darauf ab, die Ursachen, Ausbreitung und Bekämpfungsmethoden dieser Krankheiten zu verstehen, um Apfelplantagen zu schützen.

Schädlinge

Auch Schädlinge wie Blattläuse, Milben, Apfelwickler und Blattwespen können die Gesundheit von Apfelbäumen gefährden. Forscher untersuchen die Lebenszyklen, Verhaltensweisen und Ernährungspräferenzen dieser Schädlinge, um wirksame Bekämpfungsstrategien zu entwickeln, beispielsweise den Einsatz natürlicher Insektizide oder biologische Bekämpfungstechniken.

Widerstand und Toleranz

Studien zur Apfelpflanzengesundheit umfassen auch Untersuchungen zur Widerstandsfähigkeit und Toleranz der Bäume gegenüber Krankheiten und Schädlingen. Forscher wählen und entwickeln Apfelbaumsorten, die genetisch resistent gegen bestimmte Krankheiten sind oder eine erhöhte Toleranz gegenüber widrigen Umweltbedingungen aufweisen.

Überwachung und Prävention

Die regelmäßige Überwachung von Apfelplantagen ist ein wichtiger Bestandteil pflanzengesundheitlicher Untersuchungen. Landwirte und Forscher achten auf Anzeichen von Krankheiten und Schädlingen wie Blattflecken, Fruchtdeformationen oder Insektenkolonien, um schnell einzugreifen und die Ausbreitung von Problemen zu verhindern.

Integriertes Schädlings- und Krankheitsmanagement

Pflanzengesundheitsstudien an Apfelbäumen fördern auch die Einführung integrierter Schädlings- und Krankheitsbekämpfungspraktiken. Dazu gehören der umsichtige Einsatz von Insektiziden und Fungiziden, die Fruchtfolge, die Förderung der Artenvielfalt in Obstgärten und die Einführung biologischer Kontrolltechniken, um die Abhängigkeit von Chemikalien zu verringern.

Nachhaltigkeit und Resilienz

Letztendlich zielen Studien zur Apfelpflanzengesundheit darauf ab, die Nachhaltigkeit und Widerstandsfähigkeit von Apfelplantagen zu fördern. Durch das Verständnis und den effektiven Umgang mit Krankheiten, Schädlingen und Umweltfaktoren können Landwirte die langfristige Gesundheit ihrer Bäume aufrechterhalten und eine stabile, qualitativ hochwertige Obstproduktion sicherstellen.

Kapitel 126: Pilzkrankheiten von Apfelbäumen

Apfelbäume sind wie viele andere Pflanzen anfällig für verschiedene Pilzkrankheiten, die ihr Wachstum, ihre Produktivität und ihre Fruchtqualität beeinträchtigen können. Das Verständnis dieser Krankheiten und Managementmethoden ist für Obstgärtner von entscheidender Bedeutung.

Apfelschorf

Schorf ist eine der häufigsten und zerstörerischsten Pilzkrankheiten bei Apfelbäumen. Sie wird durch den Pilz Venturia inaequalis verursacht und erscheint als dunkle, samtige Flecken auf Blättern, Früchten und manchmal auch jungen Trieben. Diese Flecken können dazu führen, dass sich die Früchte verformen und somit nicht mehr vermarktbar sind. Schorf gedeiht unter feuchten, kühlen Bedingungen, weshalb Klimaüberwachung und vorbeugende Behandlungen unerlässlich sind.

Echter Mehltau

Echter Mehltau, verursacht durch Podosphaera leucotricha, erscheint als weißes Pulver auf Blättern, Knospen und jungen Früchten. Es beeinflusst die Photosynthese und kann zu einer erheblichen Verringerung der Baumvitalität und der Fruchtproduktion führen. Die Krankheit gedeiht besonders bei mäßiger Hitze und Luftfeuchtigkeit. Schnitttechniken zur Verbesserung der Luftzirkulation und Fungizidbehandlungen können zur Bekämpfung von Mehltau beitragen.

Rost

Apfelrost, der durch mehrere Pilzarten der Gattung Gymnosporangium verursacht wird, zeigt Symptome von orangefarbenen Flecken auf Blättern und Früchten. Diese Krankheit benötigt zwei Wirte, um ihren Lebenszyklus abzuschließen: den Apfelbaum und eine Zeder oder einen Wacholderbaum. Schwere Infektionen können zu einer vorzeitigen Entlaubung und einem Verlust der Baumvitalität führen. Bei der Bekämpfung von Rost müssen häufig alternative Wirte in der Nähe entfernt und im Frühjahr Fungizide eingesetzt werden.

Wurzelfäule

Wurzelfäule, verursacht durch verschiedene Bodenpilze wie Armillaria und Phytophthora, ist besonders heimtückisch, da sie das Wurzelsystem von Apfelbäumen befällt. Zu den Symptomen gehören das Absterben der Äste, spärliches Laub und in schweren Fällen das Absterben des Baumes. Kulturelle Praktiken wie eine gute Bodenentwässerung und die Vermeidung von Wurzelschäden können zur Vorbeugung dieser Krankheit beitragen. Chemische Behandlungen sind oft begrenzt und die Behandlung stützt sich hauptsächlich auf die Prävention und Sanierung infizierter Standorte.

Moniliose

Moniliose, auch Braunfäule genannt, wird durch Monilinia fructigena verursacht. Es befällt Blumen, Zweige und Früchte und führt zu deren Fäulnis. Befallene Früchte werden braun und weisen gräuliche Sporenpolster auf. Die Behandlung der Moniliose umfasst die Entfernung mumifizierter Früchte und infizierter Teile sowie die Anwendung von Fungiziden während der Blütezeit und der Fruchtreife.

Managementstrategien

Die Bekämpfung von Pilzkrankheiten bei Apfelbäumen erfordert einen integrierten Ansatz. Dazu gehört die regelmäßige Überwachung der Obstgärten, die Anwendung geeigneter Fungizide, die Umsetzung kultureller Praktiken wie Beschneiden zur Verbesserung der

Luftzirkulation und die Auswahl krankheitsresistenter Apfelbaumsorten. Auch die Hygiene im Obstgarten, einschließlich der Entfernung infizierter Blätter und Früchte, ist für die Reduzierung des Krankheitsdrucks von entscheidender Bedeutung.

Pilzkrankheiten stellen eine große Herausforderung für den Apfelanbau dar, aber mit geeigneten Managementpraktiken und sorgfältiger Überwachung ist es möglich, ihre Auswirkungen zu minimieren und gesunde, produktive Obstgärten zu erhalten.

Kapitel 127: Bakterielle Infektionen von Apfelbäumen

Bakterielle Infektionen können erhebliche Schäden an Apfelbäumen verursachen und deren Wachstum, Produktivität und Fruchtqualität beeinträchtigen. Unter den verschiedenen bakteriellen Krankheiten sind Feuerbrand und Bakterienkrebs zwei der verheerendsten.

Bakterienfeuer

Der durch Erwinia amylovora verursachte Feuerbrand ist eine der schwerwiegendsten bakteriellen Erkrankungen von Apfelbäumen. Es äußert sich in der Schwärzung und dem Welken von Blüten, Trieben und Blättern, was den Anschein erweckt, als seien sie durch Feuer verbrannt worden. Schwere Infektionen können zum Absterben von Ästen und in manchen Fällen des gesamten Baumes führen. Die Bakterien werden leicht durch Insekten, Wind, Regen und kontaminierte Schnittwerkzeuge verbreitet. Die Bekämpfung des Feuerbrandes basiert auf der Entfernung und Zerstörung infizierter Teile, der Verwendung resistenter Sorten und der Anwendung chemischer Behandlungen, wie z. B. Bakteriziden auf Kupferbasis, während der Blütezeit.

Bakterienkrebs

Bakterienkrebs, verursacht durch Pseudomonas syringae, befällt hauptsächlich die Zweige und Stämme von Apfelbäumen und führt zur Bildung von Krebs, der klebrigen Saft austritt. Infektionen können auch zu Gewebenekrose und Blattverfärbungen führen. Kalte und feuchte Bedingungen begünstigen die Entwicklung dieser Krankheit, die sich durch Schnitt- und Witterungswunden ausbreiten kann. Zur Vorbeugung von Bakterienkrebs gehört die

Anwendung von Schutzbehandlungen wie Kupfersprays im Herbst und Frühling sowie das Beschneiden von Bäumen bei trockenem Wetter, um die Ausbreitung der Bakterien zu verhindern.

Managementstrategien

Die Bekämpfung bakterieller Infektionen bei Apfelbäumen erfordert einen integrierten und proaktiven Ansatz. Für ein schnelles Eingreifen ist eine regelmäßige Überwachung der Bäume zur Erkennung früher Anzeichen einer Krankheit unerlässlich. Die Verwendung sterilisierter Schnittwerkzeuge trägt dazu bei, die Ausbreitung von Bakterien zu verhindern. Darüber hinaus kann die Auswahl von Apfelsorten, die gegen bakterielle Infektionen resistent sind, die Anfälligkeit von Obstgärten für diese Krankheiten verringern.

Chemische Behandlungen

Die Anwendung chemischer Behandlungen, wie z. B. Bakterizide auf Kupferbasis, kann zur Bekämpfung bakterieller Infektionen beitragen. Diese Behandlungen werden häufig in Zeiten erhöhter Empfindlichkeit angewendet, beispielsweise während der Blüte und nach dem Beschneiden. Allerdings kann der übermäßige Einsatz von Chemikalien zu bakterieller Resistenz führen. Daher ist es wichtig, die Empfehlungen zur Dosierung und Produktrotation zu befolgen.

Bedeutung der Prävention

Die Vorbeugung bakterieller Infektionen beginnt mit geeigneten kulturellen Praktiken. Durch eine gute Belüftung der Bäume und ausreichende Sonneneinstrahlung kann übermäßige Luftfeuchtigkeit reduziert werden, ein Schlüsselfaktor bei der Entstehung bakterieller Krankheiten. Durch das Entfernen von Pflanzenresten und abgefallenen Blättern können auch Quellen für bakterielles Inokulum im Obstgarten verringert werden.

Auswirkungen auf die Produktion

Bakterielle Infektionen können erhebliche Auswirkungen auf die Apfelproduktion haben, indem sie nicht nur die Menge der geernteten Früchte verringern, sondern auch deren Qualität beeinträchtigen. Früchte von infizierten Bäumen können kosmetische Mängel und eine verkürzte Haltbarkeitsdauer aufweisen, was sich auf ihre Vermarktung und ihren Verkaufspreis auswirken kann.

Bakterielle Infektionen stellen eine große Herausforderung für Apfelbauern dar, aber mit integriertem Management und sorgfältigen Kulturpraktiken ist es möglich, ihre Auswirkungen zu minimieren und gesunde, produktive Apfelplantagen zu erhalten.

Kapitel 128: Apfelschädlingsbekämpfung

Der Schutz von Apfelbäumen vor Schädlingen ist wichtig, um ihre Gesundheit und Produktivität zu gewährleisten. Schädlinge können erhebliche Schäden anrichten und die Fruchtqualität und die Vitalität der Bäume beeinträchtigen. Eine wirksame Schädlingsbekämpfung kombiniert biologische, chemische und kulturelle Methoden, um Verluste zu minimieren und gesunde Obstgärten zu erhalten.

Schädlingsidentifizierung

Die genaue Identifizierung von Schädlingen ist der erste Schritt zur Bekämpfung. Zu den Hauptschädlingen von Apfelbäumen zählen der Apfelwickler (Cydia pomonella), die Graue Apfelblattlaus (Dysaphis plantaginea), der Orientalische Fruchtmotte (Grapholita molesta) und die Rote Apfelmilbe (Panonychus ulmi). Jeder dieser Schädlinge weist unterschiedliche Merkmale und spezifische Lebenszyklen auf, die maßgeschneiderte Managementstrategien erfordern.

Biologische Methoden

Biologische Methoden zur Bekämpfung von Apfelschädlingen umfassen den Einsatz natürlicher Feinde, Parasitoide und Krankheitserreger zur Bekämpfung von Schädlingspopulationen. Beispielsweise können Schlupfwespen wie Trichogramma spp. werden zur Bekämpfung des Apfelwicklers durch Parasitierung seiner Eier eingesetzt. Marienkäfer und Florfliegen sind wirksame Räuber gegen Blattläuse. Die Einführung und Erhaltung dieser natürlichen Feinde im Obstgarten kann den Bedarf an chemischen Behandlungen verringern und ein ausgeglicheneres Ökosystem fördern.

Chemische Methoden

Chemische Behandlungen bleiben ein wichtiger Bestandteil im Kampf gegen Apfelbaumschädlinge, insbesondere bei schwerem Befall. Insektizide und Akarizide werden zur Bekämpfung von Schädlingspopulationen eingesetzt, ihr Einsatz muss jedoch sorgfältig gesteuert werden, um die Entwicklung von Resistenzen und negative Auswirkungen auf Nützlinge zu vermeiden. Der Wechsel von Chemikalien und die Einhaltung von Wartezeiten sind wichtige Maßnahmen zur Aufrechterhaltung der Wirksamkeit von Behandlungen.

Kulturelle Praktiken

Kulturelle Praktiken spielen eine entscheidende Rolle bei der Prävention und Bekämpfung von Apfelbaumschädlingen. Durch Fruchtfolge, das Anpflanzen resistenter Sorten und die Bewirtschaftung der Baumkronen zur Verbesserung der Luftzirkulation und der Lichtdurchlässigkeit kann das Auftreten von Schädlingen verringert werden. Regelmäßiges Beschneiden und Entfernen von Pflanzenresten und abgefallenen Früchten minimiert die Brutstätten von Schädlingen.

Überwachung und Frühintervention

Durch die regelmäßige Überwachung von Obstanlagen ist es möglich, erste Anzeichen eines Befalls schnell zu erkennen und einzugreifen, bevor Schädlingsbestände schädliche Ausmaße annehmen. Pheromonfallen und visuelle Beobachtungen sind wesentliche Instrumente zur Überwachung der Lebenszyklen von Schädlingen und zur optimalen Planung von Behandlungen. Ein frühzeitiges Eingreifen ist oft effektiver und kostengünstiger als die Behandlung eines fortgeschrittenen Befalls.

Verwendung von Pheromonen

Pheromone spielen eine wichtige Rolle bei der Bekämpfung bestimmter Apfelschädlinge, darunter auch des Apfelwicklers. Pheromonfallen locken Männchen an und fangen sie ein, wodurch die Fortpflanzungsmöglichkeiten eingeschränkt werden. Darüber hinaus können Pheromone zur Paarungsstörung eingesetzt werden, wodurch Männchen desorientiert werden und Schädlinge an der Fortpflanzung gehindert werden.

Integrierte Strategien

Ein integrierter Ansatz kombiniert mehrere Bekämpfungsmethoden, um Schädlinge nachhaltig und effektiv zu bekämpfen. Dazu gehört der wohlüberlegte Einsatz biologischer und chemischer Kontrollen, präventive Kulturpraktiken und ständige Überwachung. Durch einen integrierten Ansatz können Erzeuger die Auswirkungen auf die Umwelt minimieren, die Baumgesundheit erhalten und eine qualitativ hochwertige Apfelproduktion sicherstellen.

Die Bekämpfung von Apfelschädlingen erfordert ein umfassendes Verständnis der Lebenszyklen der Schädlinge und der ökologischen Wechselwirkungen im Obstgarten. Durch proaktives und integriertes Management ist es möglich, Obstgärten zu schützen und gleichzeitig eine nachhaltige und produktive Umwelt zu fördern.

Kapitel 129: Viren, die Apfelbäume befallen

Viren stellen eine erhebliche Bedrohung für Apfelbäume dar und beeinträchtigen deren Wachstum, Produktivität und Fruchtqualität. Diese unsichtbaren Krankheitserreger können verheerende Krankheiten verursachen, die zu erheblichen wirtschaftlichen Verlusten für die Produzenten führen. Das Verständnis der verschiedenen Arten von Viren, ihrer Übertragungswege und Managementmethoden ist für die Erhaltung gesunder und produktiver Obstgärten von entscheidender Bedeutung.

Arten von Apple-Viren

Mehrere Viren befallen Apfelbäume und verursachen jeweils unterschiedliche Symptome. Zu den häufigsten gehören:

Apfelmosaikvirus (ApMV): Dieses Virus verursacht gelbe und grüne Flecken auf den Blättern, die die Photosynthese verringern und den Baum schwächen können.

Apple Stem Grooving Virus (ASGV): Es verursacht Streifen und Risse an Stämmen und Ästen, die zu Brüchen und schlechtem Wachstum führen können.

Apple Chlorotic Leaf Spot Virus (ACLSV): Es ist für chlorotische Flecken auf Blättern und Fruchtverformungen verantwortlich und beeinträchtigt die Qualität von Äpfeln.

Apple Stem Pitting Virus (ASPV): Verursacht Vertiefungen und Vertiefungen an Stämmen und Ästen, schwächt Bäume und verringert ihre Produktivität.

Übertragungsmethoden

Apfelviren werden hauptsächlich vegetativ verbreitet, beispielsweise durch infizierte Triebe und Wurzelstöcke. Auch nicht desinfizierte Schnittwerkzeuge und unzureichende Kulturpraktiken können die Übertragung von Viren begünstigen. Einige Viren können auch durch biologische Vektoren wie Insekten und Nematoden übertragen werden, obwohl dies bei Apfelbäumen weniger häufig vorkommt.

Symptome und Diagnose

Die Früherkennung viraler Infektionen ist für eine wirksame Krankheitsbehandlung unerlässlich. Häufige Symptome sind Fleckenbildung, chlorotische Flecken, Blatt- und Fruchtverzerrungen sowie Risse und Streifen an Stämmen und Ästen. Für eine genaue Diagnose sind häufig Labortests wie ELISA (Enzyme-Linked Immunosorbent Assay) und PCR (Polymerase Chain Reaction) erforderlich, um das spezifische Vorhandensein von Viren festzustellen.

Managementmethoden

Die Bekämpfung von Apfelbaumviren basiert auf einem präventiven und integrierten Ansatz. Hier sind einige Schlüsselstrategien:

Verwendung von gesundem Material: Die Verwendung zertifiziert virusfreier Sprossen und Wurzelstöcke ist unerlässlich, um die Einschleppung von Krankheiten in den Obstgarten zu verhindern.

Desinfektion von Werkzeugen: Die regelmäßige Sterilisation von Schnitt- und Veredelungswerkzeugen trägt dazu bei, das Risiko einer Virusübertragung zu verringern.

Überwachung und Ausrottung: Eine regelmäßige Überwachung von Bäumen zur Erkennung früher Anzeichen einer Krankheit und eine schnelle Ausrottung infizierter Bäume können die Ausbreitung von Viren begrenzen.

Sortenwahl: Der Anbau virusresistenter Sorten kann dazu beitragen, die Auswirkungen von Viruserkrankungen auf die Apfelproduktion zu verringern.

Kulturelle Praktiken: Die Aufrechterhaltung einer guten Hygiene im Obstgarten, die Vermeidung mechanischer Schäden an Bäumen und die Kontrolle potenzieller Vektoren tragen dazu bei, Virusinfektionen vorzubeugen.

Wirtschaftliche und ökologische Auswirkungen

Virusinfektionen können erhebliche wirtschaftliche Auswirkungen auf Apfelbauern haben. Ein Rückgang des Baumwachstums und der Fruchtqualität führt zu Ertragsverlusten und beeinträchtigt die Rentabilität von Obstgärten. Darüber hinaus erfordert die Bekämpfung von Viruserkrankungen Investitionen in diagnostische Tests, den Ersatz infizierter Bäume und die Umsetzung vorbeugender Maßnahmen.

Unter Umweltgesichtspunkten fördert der Kampf gegen Apfelbaumviren nachhaltige landwirtschaftliche Praktiken. Durch den Einsatz integrierter Bewirtschaftungsmethoden können Landwirte die Abhängigkeit von Chemikalien verringern und die allgemeine Gesundheit des Obstgarten-Ökosystems fördern.

Apfelviren stellen für Landwirte eine große Herausforderung dar, aber mit proaktivem und integriertem Management ist es möglich, ihre Auswirkungen zu minimieren. Um Obstgärten vor diesen unsichtbaren, aber verheerenden Krankheitserregern zu schützen, sind die Einführung geeigneter Kulturpraktiken, eine kontinuierliche Überwachung und die Verwendung von gesundem Pflanzenmaterial unerlässlich.

Kapitel 130: Die Herausforderungen des kommerziellen Apfelanbaus

Der Anbau von Apfelbäumen im kommerziellen Maßstab bringt viele Herausforderungen mit sich, die komplexe und anpassungsfähige Managementstrategien erfordern. Produzenten müssen sich einer Vielzahl von Problemen stellen, die von klimatischen Bedingungen bis hin zu wirtschaftlichem Druck reichen, einschließlich biologischer Bedrohungen wie Krankheiten und Schädlinge. Belastbarkeit und Innovation sind unerlässlich, um diese Hindernisse zu überwinden und eine erfolgreiche und nachhaltige Produktion sicherzustellen.

Krankheits- und Schädlingsbekämpfung

Apfelbäume sind anfällig für verschiedene Pilz-, Bakterien- und Viruserkrankungen sowie für den Befall durch Schädlinge wie Apfelwickler, Blattläuse und Milben. Integrierter Schädlingsmanagement (IPM) ist für die Erhaltung der Gesundheit von Obstgärten von entscheidender Bedeutung. Dieser Ansatz kombiniert biologische, kulturelle und chemische Methoden, um Schäden zu minimieren. Zu den Strategien zählen der Einsatz natürlicher Fressfeinde, Fruchtwechsel und der gezielte Einsatz von Pestiziden. Allerdings ist der Umgang mit Pestizidresistenzen eine ständige Herausforderung, die eine ständige Überwachung und Anpassung der Praktiken erfordert.

Wetterverhältnisse

Beim Anbau von Apfelbäumen spielen die klimatischen Bedingungen eine entscheidende Rolle. Temperaturschwankungen, Spätfrostperioden und Dürren können die Blüte, Bestäubung und Fruchtentwicklung beeinträchtigen. Landwirte sollten Maßnahmen zum Klimarisikomanagement anwenden, wie z. B. die Verwendung von Schutznetzen, Tropfbewässerung und die Auswahl von Sorten, die gegen die örtlichen Bedingungen resistent sind. Der Klimawandel erhöht die Komplexität und zwingt Landwirte dazu, zunehmend unvorhersehbare Wetterverhältnisse zu antizipieren und sich an sie anzupassen.

Arbeitsanforderungen

Der kommerzielle Apfelanbau ist in hohem Maße auf Arbeitskräfte angewiesen, insbesondere bei Tätigkeiten wie dem Beschneiden, der Ernte und der Obstgartenbewirtschaftung. Saisonaler Arbeitskräftemangel kann insbesondere in Spitzenzeiten zu erheblichen Problemen führen. Die Mechanisierung bestimmter Aufgaben kann, auch wenn sie zunächst kostspielig ist, dazu beitragen, diese Einschränkungen zu mildern. Der Einsatz von Technologien wie Ernteplattformen und automatisierten Managementsystemen kann die Effizienz verbessern und die Abhängigkeit von einer schwankenden Belegschaft verringern.

Wirtschafts- und Marktdruck

Preisschwankungen auf dem Apfelmarkt, internationaler Wettbewerb und Produktionskosten sind wirtschaftliche Faktoren, die die Rentabilität kommerzieller Obstplantagen stark beeinflussen. Produzenten müssen ihre Einnahmequellen oft diversifizieren, indem sie beispielsweise Äpfel zu Mehrwertprodukten wie Apfelwein oder Marmelade verarbeiten. Auch Direktmarketing über lokale Märkte und kurze Wege kann höhere Margen bieten. Innovationen in den Marketing- und Vertriebspraktiken sind unerlässlich, um wettbewerbsfähig zu bleiben.

Nachhaltige Praktiken

Die Einführung nachhaltiger landwirtschaftlicher Praktiken wird zunehmend notwendig, um die Erwartungen der Verbraucher und Umweltvorschriften zu erfüllen. Zur Reduzierung des ökologischen Fußabdrucks gehören Techniken wie der ökologische Landbau, die Erhaltung der Wasserressourcen und die Bodenbewirtschaftung. Umweltzertifizierungen können nicht nur die Nachhaltigkeit verbessern, sondern auch geschäftliche Vorteile bieten, indem sie umweltbewusste Verbraucher anziehen.

Forschung und Innovation

Um die Herausforderungen des kommerziellen Apfelanbaus zu meistern, sind Investitionen in Forschung und Entwicklung von entscheidender Bedeutung. Fortschritte in der Genetik ermöglichen die Entwicklung von Sorten, die resistenter gegen Krankheiten und widrige klimatische Bedingungen sind. Technologische Innovationen wie Präzisionssensoren für die Obstgartenbewirtschaftung und Drohnen zur Pflanzenüberwachung bieten leistungsstarke Werkzeuge zur Verbesserung von Effizienz und Produktivität.

Der kommerzielle Apfelanbau ist ein dynamischer und komplexer Sektor, der proaktives Management und kontinuierliche Anpassung erfordert. Durch die integrierte Bewältigung von Herausforderungen und die Einführung innovativer und nachhaltiger Praktiken können Produzenten nicht nur aktuelle Hindernisse überwinden, sondern auch die Nachhaltigkeit ihrer Obstgärten für zukünftige Generationen sicherstellen.

Kapitel 131: Die Apple-Industrie: Trends und Innovationen

Die Apfelindustrie entwickelt sich ständig weiter, beeinflusst durch technologische Fortschritte, Verbrauchertrends und Umweltherausforderungen. Produzenten und Forscher arbeiten zusammen, um neue Anbaumethoden zu entwickeln, die Fruchtqualität zu verbessern und die Erwartungen der Verbraucher zu erfüllen. Hier ein Blick auf die aktuellen Trends und Innovationen, die die Zukunft dieser Branche prägen.

Technologie und Präzisionslandwirtschaft

Einer der wichtigsten Trends in der Apfelindustrie ist die Einführung der Präzisionslandwirtschaft. Durch den Einsatz fortschrittlicher Technologien wie Drohnen, Bodensensoren und GPS-Systeme können Landwirte ihre Obstgärten mit beispielloser Präzision überwachen und verwalten. Diese Tools helfen dabei, Echtzeitdaten über die Baumgesundheit, den Bodenfeuchtigkeitsgehalt und den Nährstoffbedarf zu sammeln, was die Ressourcennutzung optimiert und die Erträge steigert.

Resistente und angepasste Sorten

Die Genforschung spielt eine entscheidende Rolle für Innovationen in der Apfelindustrie. Wissenschaftler entwickeln neue Apfelsorten, die nicht nur resistent gegen Krankheiten und Schädlinge sind, sondern auch an veränderte klimatische Bedingungen angepasst sind. Beispielsweise wurden Sorten wie „Honeycrisp" und „Cosmic Crisp" entwickelt, um eine größere Krankheitsresistenz zu bieten und gleichzeitig den Geschmackspräferenzen der Verbraucher gerecht zu werden. Diese neuen Sorten tragen dazu bei, Verluste zu reduzieren und regelmäßigere Ernten zu gewährleisten.

Nachhaltige und organische Methoden

Nachhaltige Anbaumethoden erfreuen sich in der Apfelindustrie immer größerer Beliebtheit. Da die Verbraucher immer umweltbewusster werden, steigt die Nachfrage nach biologischen und nachhaltig angebauten Äpfeln. Die Produzenten wenden Techniken wie den integrierten Pflanzenschutz (IPM), den Einsatz von Kompost und Biodüngern sowie die Einrichtung agroforstwirtschaftlicher Anbausysteme an. Diese Methoden ermöglichen es, den ökologischen Fußabdruck des Apfelanbaus zu reduzieren und gleichzeitig die Produktivität aufrechtzuerhalten.

Transformation und Mehrwert

Um der wachsenden Nachfrage nach Apfelprodukten gerecht zu werden, diversifiziert sich die Branche, indem sie Äpfel zu Mehrwertprodukten verarbeitet. Apfelwein, Säfte, Kompotte und getrocknete Apfelsnacks sind einige Beispiele für Produkte, die immer beliebter werden. Diese Diversifizierung ermöglicht es den Erzeugern, ihre Ernte besser zu fördern und sich vor Preisschwankungen bei frischen Äpfeln zu schützen. Bei der Entwicklung dieser Produkte spielen Innovationen in der Verarbeitung, wie Trocknungs- und Konservierungstechnologien, eine Schlüsselrolle.

Marketing und Vertrieb

Verbrauchertrends beeinflussen auch Marketing- und Vertriebsstrategien in der Apfelindustrie. Der Direktverkauf an den Verbraucher, sei es über lokale Märkte, offene Bauernhöfe oder Online-Plattformen, wird immer häufiger. Dieser Ansatz ermöglicht es, Zwischenhändler zu reduzieren und die Margen für Produzenten zu erhöhen. Darüber hinaus stärken Rückverfolgbarkeits- und Transparenzinitiativen, die es den Verbrauchern ermöglichen, die Herkunft ihrer Äpfel und die verwendeten Anbaumethoden zu kennen, das Vertrauen und die Loyalität der Kunden.

Anpassung an den Klimawandel

Der Klimawandel stellt die Apfelindustrie vor neue Herausforderungen, treibt aber auch Innovationen voran. Landwirte müssen ihre Praktiken anpassen, um mit zunehmend unvorhersehbaren Wetterbedingungen wie Dürreperioden, Spätfrösten und Hitzewellen zurechtzukommen. Um die Widerstandsfähigkeit der Obstgärten zu gewährleisten, werden Strategien wie effiziente Bewässerung, Auswahl dürreresistenter Wurzelstöcke und Frostschutz umgesetzt. Die aktuelle Forschung zielt auch darauf ab, Apfelsorten zu entwickeln, die toleranter gegenüber klimatischen Schwankungen sind.

Die Apfelindustrie entwickelt sich dank technologischer Fortschritte, genetischer Forschung, nachhaltiger Praktiken sowie Produkt- und Marketinginnovationen rasant weiter. Diese Entwicklungen ermöglichen es den Erzeugern, sich den aktuellen Herausforderungen zu stellen und gleichzeitig die Erwartungen moderner Verbraucher zu erfüllen, was dem Apfelanbau eine glänzende Zukunft sichert.

Kapitel 132: Fair-Trade-Techniken für Äpfel

Fairer Handel ist ein Geschäftsansatz, der darauf abzielt, faire Arbeitsbedingungen, nachhaltige landwirtschaftliche Praktiken und transparente und faire Handelsbeziehungen zu fördern. Für die Apfelindustrie hat die Anwendung der Fair-Trade-Grundsätze viele Vorteile für Produzenten, Arbeiter und Verbraucher. Hier finden Sie einen Überblick über Techniken und Praktiken zur Umsetzung von fairem Handel im Apfelanbau.

Zertifizierung und Standards

Die Erlangung einer Fair-Trade-Zertifizierung ist ein entscheidender erster Schritt für Apfelproduzenten, die in diesen Markt eintreten möchten. Organisationen wie Fairtrade International und Rainforest Alliance bieten anerkannte Zertifizierungen an, die sicherstellen, dass Produkte strenge Standards für Arbeitsbedingungen, nachhaltige Anbaumethoden und faire Preise erfüllen. Diese Zertifizierungen erfordern häufig eine regelmäßige externe Bewertung, um sicherzustellen, dass die Standards eingehalten werden.

Faire Arbeitsbedingungen

Ein zentrales Element des fairen Handels ist die Verbesserung der Arbeitsbedingungen der Landarbeiter. Dazu gehören faire Löhne, angemessene Arbeitszeiten sowie sichere und würdevolle Arbeitsbedingungen. Apfelfarmen müssen über klare Richtlinien verfügen, um sicherzustellen, dass die Rechte der Arbeitnehmer respektiert werden. Die Bereitstellung regelmäßiger Schulungen, Schutzausrüstung und sozialer Leistungen wie Zugang zu Gesundheitsversorgung und Bildung sind auf Fair-Trade-zertifizierten Farmen gängige Praxis.

Mindestpreise und Entwicklungsprämien

Fairer Handel garantiert oft einen Mindestpreis für Produkte und stellt so sicher, dass die Produzenten die Produktionskosten decken und ein angemessenes Einkommen erzielen. Zusätzlich zu diesem Mindestpreis zahlen Käufer eine Fair-Trade-Prämie, die für Gemeinschaftsprojekte und Entwicklungsinitiativen verwendet wird. Mit diesen Prämien können lokale Infrastruktur, Schulungsprogramme oder Umweltprojekte finanziert und so die Lebensqualität der Produzenten und ihrer Gemeinden verbessert werden.

Nachhaltige landwirtschaftliche Praktiken

Fair-Trade-Techniken fördern außerdem nachhaltige landwirtschaftliche Praktiken, die die Umwelt schützen und die Artenvielfalt fördern. Apfelbauern sollten Anbaumethoden anwenden, die den Einsatz von Pestiziden und schädlichen Chemikalien minimieren, den ökologischen Landbau bevorzugen und Fruchtwechsel und integrierte Schädlingsbekämpfung (IPM) fördern. Der Schutz natürlicher Ressourcen wie Wasser und Boden hat ebenfalls Priorität, und Produzenten müssen häufig Maßnahmen ergreifen, um Erosion zu verhindern und die Bodenfruchtbarkeit zu erhalten.

Transparenz und Nachvollziehbarkeit

Transparenz in den Geschäftspraktiken und Rückverfolgbarkeit der Produkte sind wesentliche Aspekte des fairen Handels. Apfelanbauer müssen genaue und detaillierte Aufzeichnungen über ihre Anbaupraktiken, Arbeitsbedingungen und Geschäftstransaktionen führen. Dadurch wissen Verbraucher genau, wo die Äpfel, die sie kaufen, herkommen und können sicherstellen, dass sie unter fairen und nachhaltigen Bedingungen produziert wurden. Um diese Transparenz zu erhöhen, können moderne Technologien wie Blockchain-Traceability-Systeme eingesetzt werden.

Verbraucheraufklärung und -bewusstsein

Damit der faire Handel gedeihen kann, ist es entscheidend, das Bewusstsein der Verbraucher für die Vorteile dieses Geschäftsmodells zu schärfen. Produzenten und Fair-Trade-Organisationen müssen in Marketing- und Aufklärungskampagnen investieren, um Verbraucher über die positiven Auswirkungen ihrer Einkäufe zu informieren. Dazu können klare Produktetiketten, Werbekampagnen und Partnerschaften mit Einzelhändlern gehören, um fair gehandelte Äpfel zu fördern.

Kapazitätsaufbau und Empowerment

Fairer Handel zielt auch darauf ab, die Kapazitäten von Produzenten und Arbeitern zu stärken, indem er ihnen hilft, ihre Fähigkeiten zu entwickeln und ihre Produktivität zu steigern. Häufig werden Schulungen in Betriebsführung, fortgeschrittenen Agrartechniken und Marketing angeboten. Darüber hinaus fördert der faire Handel die Stärkung der Produzenten, indem er sie in Entscheidungsprozesse einbezieht und die Gründung von Genossenschaften und Verbänden unterstützt, die ihre Interessen vertreten.

Entwicklung lokaler und internationaler Märkte

Schließlich fördern Fair-Trade-Techniken die Entwicklung lokaler und internationaler Märkte für Fair-Trade-Äpfel. Die Produzenten müssen ihre Vertriebskanäle diversifizieren, um sowohl lokale Märkte zu erreichen, auf denen das Verbraucherbewusstsein möglicherweise einfacher ist, als auch internationale Märkte, auf denen die Nachfrage nach Fair-Trade-Produkten stark wächst. Der Besuch von Messen und Branchenveranstaltungen kann dabei helfen, Geschäftskontakte zu knüpfen und neue Märkte für fair gehandelte Äpfel zu erschließen.

Die Anwendung von Fair-Trade-Techniken in der Apfelindustrie verbessert nicht nur die Lebensbedingungen von Produzenten und Arbeitern, sondern trägt auch zu nachhaltigeren landwirtschaftlichen Praktiken und mehr Transparenz in den Lieferketten bei. Durch die Übernahme dieser Praktiken können Apfelbauern der wachsenden Verbrauchernachfrage nach ethischen und verantwortungsvollen Produkten gerecht werden und gleichzeitig die Rentabilität und den Wohlstand ihrer Betriebe sicherstellen.

Kapitel 133: Bio-Zertifizierung von Apfelplantagen

Aufgrund der steigenden Verbrauchernachfrage nach gesunden und umweltfreundlichen Lebensmitteln hat die Bio-Zertifizierung von Apfelplantagen in der Landwirtschaft immer mehr an Bedeutung gewonnen. Diese Zertifizierung garantiert, dass Äpfel nach strengen Standards angebaut werden, die den Einsatz von chemischen Pestiziden und synthetischen Düngemitteln ausschließen und so nachhaltige landwirtschaftliche Praktiken fördern, die die Artenvielfalt respektieren. Hier finden Sie einen Überblick über die Grundsätze und Prozesse der Bio-Zertifizierung von Apfelplantagen.

Praktiken des ökologischen Landbaus

Die Bio-Zertifizierung von Apfelplantagen basiert auf der Einführung ökologischer Anbaumethoden, die die Gesundheit der umliegenden Böden, Pflanzen und Ökosysteme bewahren. Dazu gehört die organische Düngung mit Kompost, Mist oder organischen Abfällen sowie die Fruchtfolge, um die Bodenfruchtbarkeit zu erhalten und einem Nährstoffmangel vorzubeugen. Bio-Anbauer nutzen auch biologische Schädlings- und Krankheitsbekämpfungsmethoden, etwa den Einsatz von natürlichen Hilfsstoffen und Naturstoffen wie ätherischen Ölen und Pflanzenextrakten.

Verbot synthetischer Chemikalien

Zu den Grundprinzipien der Bio-Zertifizierung gehört das Verbot des Einsatzes synthetischer Chemikalien wie Pestizide, Herbizide und chemische Düngemittel. Biobauern müssen natürliche Alternativen nutzen, um ihre Obstgärten vor Schädlingen und Krankheiten zu schützen. Dazu gehört häufig der Einsatz von Fallen, Schutznetzen und kulturellen Praktiken, die die Widerstandsfähigkeit der Bäume stärken. Ziel des Verbots ist es, die Umweltauswirkungen des Apfelanbaus zu verringern und die Gesundheit von Landarbeitern und Verbrauchern zu schützen.

Verwendung resistenter Sorten

Biobauern bevorzugen häufig Apfelsorten, die von Natur aus resistent gegen Krankheiten und Schädlinge sind, wodurch die Abhängigkeit von chemischen Behandlungen verringert wird. Diese Sorten werden aufgrund ihrer Robustheit und ihrer Fähigkeit, unter biologischen Bedingungen ohne den Einsatz chemischer Hilfsmittel zu gedeihen, ausgewählt. Darüber hinaus können sich Landwirte für krankheitsresistente Wurzelstöcke entscheiden, die die allgemeine Baumgesundheit verbessern und den Bedarf an aggressiven Behandlungen verringern.

Zertifizierung und Kontrolle

Die Bio-Zertifizierung von Apfelplantagen wird in der Regel von unabhängigen Zertifizierungsstellen ausgestellt, die überprüfen, ob die Erzeuger etablierte Bio-Standards einhalten. Diese Organisationen führen regelmäßige Inspektionen von Obstgärten durch, um sicherzustellen, dass die landwirtschaftlichen Praktiken den Bio-Anforderungen entsprechen. Erzeuger müssen detaillierte Aufzeichnungen über ihre landwirtschaftlichen Tätigkeiten führen und bei Zertifizierungsaudits die Einhaltung nachweisen können.

Vorteile für Umwelt und Gesundheit

Die Bio-Zertifizierung von Apfelplantagen bietet viele Vorteile für Umwelt und Gesundheit. Durch den Verzicht auf den Einsatz synthetischer Chemikalien trägt es zum Erhalt der Artenvielfalt, Wasserqualität und Bodengesundheit bei. Darüber hinaus gelten Bio-Äpfel oft als gesünder, da sie keine Rückstände chemischer Pestizide enthalten. Verbraucher können so von Qualitätsprodukten profitieren und gleichzeitig zum Schutz der Umwelt beitragen.

Bewertung am Markt

Zertifizierte Bio-Äpfel profitieren oft von der Marktbewertung aufgrund ihres ökologischen Status und der Wahrnehmung einer überlegenen Qualität. Verbraucher sind bereit, einen höheren Preis für Bio-Produkte zu zahlen, die ihren Gesundheits- und Umweltbelangen Rechnung tragen. Daher kann die Bio-Zertifizierung eine Möglichkeit für Hersteller sein, ihre Produkte auf dem Markt zu differenzieren und besorgtere Verbrauchersegmente zu erreichen.

Die Bio-Zertifizierung von Apfelplantagen spielt eine entscheidende Rolle bei der Förderung nachhaltiger und umweltfreundlicher landwirtschaftlicher Praktiken. Es bietet Verbrauchern Garantien hinsichtlich der Qualität und Herkunft der Produkte und trägt gleichzeitig zur Schonung natürlicher Ressourcen bei. Für die Produzenten stellt dies eine Gelegenheit dar, ihre Bemühungen im Bereich Nachhaltigkeit voranzutreiben und Zugang zu differenzierteren und profitableren Märkten zu erhalten.

Kapitel 134: Apfelbäume und Agrarpolitik

Apfelbäume sind eine Obstpflanze von großer wirtschaftlicher und ökologischer Bedeutung und stehen in engem Zusammenhang mit der Agrarpolitik der Regierungen. Diese Richtlinien beeinflussen die Produktion, das Obstgartenmanagement, die Apfelvermarktung und die Unterstützung der Produzenten. Das Verständnis der Wechselwirkungen zwischen Apfelbäumen und Agrarpolitik ermöglicht es uns, die Herausforderungen und Chancen des Obstsektors besser zu verstehen.

Unterstützung für Produzenten

Agrarpolitische Maßnahmen umfassen häufig finanzielle Unterstützungsprogramme, um Apfelbauern bei der Pflege und Verbesserung ihrer Obstplantagen zu helfen. Diese Unterstützung kann in Form von Zuschüssen für den Kauf landwirtschaftlicher Geräte, zinsgünstigen Darlehen oder Ernteversicherungsprogrammen erfolgen, um Produzenten vor Verlusten aufgrund von schlechtem Wetter oder Krankheiten zu schützen. Durch die Bereitstellung eines finanziellen Sicherheitsnetzes fördern diese Programme Stabilität und Wachstum in der Apfelindustrie.

Forschung und Innovation

Regierungen investieren in die Agrarforschung, um neue Apfelbaumsorten zu entwickeln, Anbautechniken zu verbessern und Schädlinge und Krankheiten zu bekämpfen. Forschungsstationen und Universitäten spielen eine entscheidende Rolle bei der Entwicklung fortschrittlicher Agrartechnologien und nachhaltiger landwirtschaftlicher Praktiken. Die Ergebnisse dieser Forschung werden dann über landwirtschaftliche Beratungsprogramme an die Produzenten weitergegeben und so Innovationen und die Einführung effektiverer Methoden gefördert.

Umweltrichtlinien

Apfelbäume unterliegen wie alle landwirtschaftlichen Nutzpflanzen einer Umweltpolitik, die darauf abzielt, nachhaltige landwirtschaftliche Praktiken zu fördern und die Umweltauswirkungen der Landwirtschaft zu verringern. Diese Richtlinien fördern den Einsatz integrierter Schädlingsbekämpfungstechniken, den Boden- und Wasserschutz und die Reduzierung von Treibhausgasemissionen. Beispielsweise können finanzielle Anreize für Produzenten angeboten werden, die ökologische Praktiken anwenden oder an Umweltzertifizierungsprogrammen teilnehmen.

Handel und Export

Auch die Handelspolitik beeinflusst die Apfelproduktion, insbesondere für Produzenten, die auf internationale Märkte angewiesen sind. Handelsabkommen, Qualitätsstandards und Pflanzenschutzvorschriften bestimmen die Bedingungen, unter denen Äpfel exportiert werden können. Regierungen verhandeln oft Abkommen, um neue Märkte zu erschließen und Handelshemmnisse abzubauen, was Apfelbauern helfen kann, Zugang zu ausländischen Verbrauchern zu erhalten und ihre Einnahmequellen zu diversifizieren.

Aus-und Weiterbildung

Die Agrarpolitik umfasst häufig Schulungs- und Bildungsinitiativen für Apfelbauern. Diese Programme zielen darauf ab, die Fähigkeiten der Landwirte in der Obstgartenbewirtschaftung, fortschrittlichen Anbautechniken und der Vermarktung zu verbessern. Durch das Angebot von Workshops, Online-Kursen und Bildungsressourcen tragen Regierungen und landwirtschaftliche Institutionen dazu bei, die Kapazitäten der Produzenten auszubauen und die Nachhaltigkeit des Sektors sicherzustellen.

Anpassung an den Klimawandel

Der Klimawandel stellt die Apfelproduktion vor erhebliche Herausforderungen, wie z. B. Schwankungen der Wetterbedingungen, erhöhter Wasserstress und die Verbreitung neuer Schädlinge und Krankheiten. Die Agrarpolitik muss daher Maßnahmen umfassen, die den Erzeugern helfen, sich an diese Veränderungen anzupassen. Dazu können Investitionen in effizientere Bewässerungssysteme, die Entwicklung dürre- und krankheitsresistenter Sorten sowie die Einrichtung von Frühwarnsystemen für extreme Wetterereignisse gehören.

Schutz der Arbeitnehmerrechte

Die Agrarpolitik befasst sich auch mit den Arbeitsbedingungen in Apfelplantagen. Es werden Vorschriften erlassen, um die Sicherheit, das Wohlergehen und eine gerechte Entlohnung der Landarbeiter zu gewährleisten. Schulungsprogramme zum Arbeitsschutz, regelmäßige Kontrollen der Arbeitsbedingungen und Initiativen zur Förderung der Lohngerechtigkeit tragen zu einem gerechteren und sichereren Arbeitsumfeld bei.

Apfelbäume und Agrarpolitik sind untrennbar miteinander verbunden. Politische Entscheidungen beeinflussen die wirtschaftliche Rentabilität von Obstplantagen, die ökologische Nachhaltigkeit von Anbaupraktiken und die Fähigkeit der Produzenten, sich an aktuelle Herausforderungen anzupassen. Durch die Bereitstellung finanzieller Unterstützung, Investitionen in die Forschung und die Förderung nachhaltiger Praktiken spielt die Agrarpolitik eine entscheidende Rolle für die Nachhaltigkeit und den Wohlstand der Apfelindustrie.

Kapitel 135: Apfelbäume und landwirtschaftliche Genossenschaften

Landwirtschaftliche Genossenschaften spielen eine wichtige Rolle in der Apfelproduktion und bieten den Produzenten eine Vielzahl wirtschaftlicher, sozialer und technischer Vorteile. Diese Strukturen ermöglichen es Landwirten, zusammenzukommen, um ihre Ressourcen zu bündeln, die Produktion zu optimieren, die Vermarktung zu verbessern und ihre Verhandlungsmacht zu stärken. Hier finden Sie einen Überblick über die Auswirkungen landwirtschaftlicher Genossenschaften auf den Apfelanbau.

Bündelung von Ressourcen

Einer der Hauptvorteile landwirtschaftlicher Genossenschaften ist die Bündelung von Ressourcen. Apfelbauern können sich den Zugang zu teuren Geräten wie Traktoren, Bewässerungssystemen und Erntemaschinen teilen. Durch diese Bündelung ist es möglich, individuelle Investitionskosten zu senken und die Effizienz landwirtschaftlicher Betriebe zu steigern. Darüber hinaus können Genossenschaften Vorzugspreise für den Einkauf landwirtschaftlicher Güter wie organische Düngemittel und Pflanzenschutzmittel aushandeln.

Produktionsoptimierung

Eine Schlüsselrolle bei der Optimierung der Apfelproduktion spielen landwirtschaftliche Genossenschaften. Indem sie ihre Mitglieder zusammenbringen, können sie Schulungs- und Wissenstransferprogramme organisieren, um bewährte landwirtschaftliche Praktiken zu verbreiten. Die Produzenten profitieren somit von technischer Beratung zur Obstgartenbewirtschaftung, zum Beschneiden von Apfelbäumen, zur Krankheits- und Schädlingsbekämpfung sowie zur Ertragssteigerung. Genossenschaften erleichtern auch den Zugang zu Forschung und Innovation und ermöglichen es den Landwirten, an der Spitze des technologischen Fortschritts zu bleiben.

Verbessertes Marketing

Die Vermarktung von Äpfeln ist für einzelne Erzeuger eine große Herausforderung. Landwirtschaftliche Genossenschaften bieten eine effektive Lösung, indem sie die Ernte zentralisieren und die Verteilung organisieren. Sie können Verträge mit großen Vertriebsketten, Großhandelsmärkten und Exporteuren aushandeln und so den Produzenten stabile und profitable Absatzmärkte garantieren. Darüber hinaus können Genossenschaften gemeinsame Marken und Qualitätssiegel entwickeln und so den Ruf und die Wiedererkennung von Produkten auf dem Markt stärken.

Stärkung der Verhandlungsmacht

Durch den Zusammenschluss in Genossenschaften stärken Apfelbauern ihre Verhandlungsmacht gegenüber Käufern und Lieferanten. Sie können dadurch bessere Vertriebskonditionen erzielen und die Zwischenmargen reduzieren. Genossenschaften ermöglichen es auch, die Interessen der Erzeuger gegenüber den Behörden zu vertreten und sich aktiv an der Entwicklung der Agrarpolitik zu beteiligen. Diese kollektive Macht trägt zu einem besseren Schutz der Rechte und des Einkommens der Landwirte bei.

Technischer und finanzieller Support

Landwirtschaftliche Genossenschaften leisten ihren Mitgliedern entscheidende technische und finanzielle Unterstützung. Sie können landwirtschaftliche Managementberatungsdienste anbieten, bei der Anbauplanung helfen und Lösungen zur Verbesserung der Produktionspraktiken anbieten. In finanzieller Hinsicht können Genossenschaften den Zugang zu Krediten und Subventionen erleichtern und so den Produzenten helfen, in ihre Obstgärten zu investieren und ihre Infrastruktur zu modernisieren. Diese Hilfe stärkt die Wirtschaftlichkeit der Apfelanbaubetriebe.

Förderung einer nachhaltigen Entwicklung

Landwirtschaftliche Genossenschaften sind häufig wichtige Akteure bei der Förderung einer nachhaltigen Entwicklung im Apfelanbau. Sie fördern die Einführung umweltfreundlicher landwirtschaftlicher Praktiken wie ökologischen Landbau, integrierte Schädlingsbekämpfung und Erhaltung natürlicher Ressourcen. Genossenschaften können sich auch an Aufforstungs- und Biodiversitätsschutzprojekten beteiligen und so zum Erhalt lokaler Ökosysteme beitragen.

Solidarität und sozialer Zusammenhalt

Schließlich stärken landwirtschaftliche Genossenschaften die Solidarität und den sozialen Zusammenhalt innerhalb ländlicher Gemeinschaften. Indem sie Produzenten zu gemeinsamen Zielen zusammenbringen, fördern sie die gegenseitige Hilfe und den Erfahrungsaustausch. Genossenschaften spielen auch eine soziale Rolle, indem sie Gemeinschaftsinitiativen unterstützen, beispielsweise die Verbesserung der lokalen Infrastruktur, Bildung und Berufsausbildung. Diese soziale Dimension trägt dazu bei, die Lebensqualität der Landwirte und ihrer Familien zu verbessern.

Landwirtschaftliche Genossenschaften sind wichtige Akteure beim Anbau von Apfelbäumen und bieten den Erzeugern zahlreiche Vorteile. Durch die Bündelung von Ressourcen, die Optimierung der Produktion, die Verbesserung des Marketings, die Stärkung der Verhandlungsmacht und die Bereitstellung technischer und finanzieller Unterstützung tragen Genossenschaften zur Lebensfähigkeit und zum Wohlstand von Apfelplantagen bei. Sie spielen auch eine entscheidende Rolle bei der Förderung einer nachhaltigen Entwicklung und des sozialen Zusammenhalts in ländlichen Gemeinden. Dank dieser Genossenschaftsstrukturen können Apfelproduzenten den wirtschaftlichen, ökologischen und sozialen Herausforderungen, denen sie gegenüberstehen, besser begegnen.

Kapitel 136: Apfelbäume und nachhaltige Entwicklung

Der Apfelanbau, der in vielen landwirtschaftlichen Traditionen auf der ganzen Welt verankert ist, spielt eine entscheidende Rolle für eine nachhaltige Entwicklung. Die Integration von Nachhaltigkeitsprinzipien in die Apfelproduktion trägt dazu bei, die Umwelt zu schützen, lokale Gemeinschaften zu unterstützen und die langfristige wirtschaftliche Rentabilität sicherzustellen. Hier finden Sie einen Überblick über die verschiedenen Dimensionen der nachhaltigen Entwicklung, die auf den Apfelanbau angewendet werden.

Ökologische landwirtschaftliche Praktiken

Um die Umweltauswirkungen des Apfelanbaus so gering wie möglich zu halten, ist die Einführung ökologischer Anbaumethoden unerlässlich. Der ökologische Landbau beispielsweise verzichtet auf den Einsatz von Pestiziden und chemischen Düngemitteln und fördert so die

Gesundheit des Bodens und die Artenvielfalt. Integrierte Schädlingsbekämpfungstechniken (IPM) tragen dazu bei, Schädlingspopulationen mit natürlichen und biologischen Methoden zu bekämpfen und so die Abhängigkeit von Chemikalien zu verringern. Agroforstwirtschaft, bei der Apfelbäume mit anderen Pflanzen und Bäumen kombiniert werden, verbessert die Bodenstruktur, spart Wasser und bietet Lebensräume für Bestäuber und natürliche Schädlingsfeinde.

Effektives Ressourcenmanagement

Die effiziente Bewirtschaftung natürlicher Ressourcen ist eine Säule der nachhaltigen Entwicklung im Apfelanbau. Der Einsatz effizienter Bewässerungssysteme wie Tropfbewässerung trägt dazu bei, den Wasserverbrauch zu senken und gleichzeitig eine optimale Feuchtigkeitsverteilung an die Baumwurzeln sicherzustellen. Bodenschutz durch Techniken wie Mulchen und Fruchtwechsel verhindert Erosion und erhält die Bodenfruchtbarkeit. Darüber hinaus bereichert die Wiederverwendung organischer Abfälle wie Schnitt- und Ernterückstände für die Kompostproduktion die Böden und reduziert landwirtschaftliche Abfälle.

Erhaltung der Biodiversität

Der Anbau von Apfelbäumen kann einen wichtigen Beitrag zum Erhalt der Artenvielfalt leisten. Vielfältige Obstgärten, die verschiedene Apfelbaumarten und andere Pflanzenarten umfassen, schaffen widerstandsfähigere Ökosysteme und unterstützen eine größere Vielfalt an Flora und Fauna. Auch der Erhalt alter und heimischer Apfelsorten, die oft an spezifische klimatische Bedingungen angepasst und resistent gegen Krankheiten sind, trägt zur genetischen Vielfalt bei. Diese Vielfalt ist für die Anpassung an den Klimawandel und die langfristige Aufrechterhaltung der Obstproduktion von entscheidender Bedeutung.

Unterstützung für lokale Gemeinschaften

Zu einer nachhaltigen Entwicklung im Apfelanbau gehört auch eine stärkere Unterstützung der lokalen Gemeinschaften. Nachhaltige landwirtschaftliche Praktiken können Arbeitsplätze und ein stabiles Einkommen für Landwirte und ihre Familien schaffen. Fair-Trade-Initiativen sichern faire Preise für Produzenten und stärken so die Wirtschaftlichkeit landwirtschaftlicher Betriebe. Darüber hinaus spielen landwirtschaftliche Genossenschaften und Erzeugervereinigungen eine entscheidende Rolle bei der Bereitstellung von Schulungen, Ressourcen und technischer

Unterstützung und verbessern so die Widerstandsfähigkeit und Innovationsfähigkeit landwirtschaftlicher Gemeinschaften.

Reduzierung des CO2-Fußabdrucks

Die Reduzierung des CO2-Fußabdrucks des Apfelanbaus ist eine Priorität für eine nachhaltige Zukunft. Die Einführung kohlenstoffarmer landwirtschaftlicher Praktiken, wie das Pflanzen von Bäumen zur Bindung von Kohlenstoff und die Nutzung erneuerbarer Energiequellen für landwirtschaftliche Betriebe, trägt dazu bei, die Auswirkungen des Klimawandels abzumildern. Optimierte Transport- und Vertriebssysteme sowie die Förderung des lokalen Apfelkonsums reduzieren zudem die mit der Lieferkette verbundenen Treibhausgasemissionen.

Innovation und Forschung

Innovation und Forschung sind wichtige Treiber für den Übergang zu einem nachhaltigen Apfelanbau. Neue Technologien wie Bodensensoren und intelligente Agrarmanagementsysteme ermöglichen eine präzisere und effizientere Nutzung von Ressourcen. Die Forschung an Apfelbaumsorten, die gegen Krankheiten und Klimastress resistent sind, bietet Lösungen zur Aufrechterhaltung der Produktion angesichts der Umweltherausforderungen. Kooperationen zwischen Forschungsinstituten, Landwirten und Agrar- und Lebensmittelunternehmen fördern die Entwicklung und Einführung nachhaltiger Praktiken in großem Maßstab.

Bildung und Bewusstsein

Aufklärung und Sensibilisierung von Landwirten, Verbrauchern und der Öffentlichkeit sind von entscheidender Bedeutung für die Förderung nachhaltiger Praktiken im Apfelanbau. Schulungsprogramme und Workshops zu nachhaltiger Landwirtschaft sowie Sensibilisierungskampagnen für die Vorteile von Bio- und lokalen Produkten fördern verantwortungsvolles und informiertes Verhalten. Bildungsinitiativen in Schulen und Gemeinden steigern das Verständnis für die Bedeutung von Nachhaltigkeit und inspirieren zukünftige Generationen zu umweltfreundlichen Praktiken.

Globale Perspektive

Um die Nachhaltigkeit im Apfelanbau ganzheitlich zu betrachten, müssen die Wechselwirkungen zwischen ökologischen, wirtschaftlichen und sozialen Aspekten berücksichtigt werden. Es geht darum, gerechte und widerstandsfähige Ernährungssysteme zu fördern, die in der Lage sind, aktuelle Bedürfnisse zu befriedigen, ohne die Fähigkeit künftiger Generationen zu gefährden, ihre eigenen Bedürfnisse zu befriedigen. Durch die Integration von Nachhaltigkeitsprinzipien in alle Ebenen der Apfelproduktion ist es möglich, Obstgärten zu schaffen, die nicht nur gedeihen, sondern auch zu einer ausgewogeneren und nachhaltigeren Welt beitragen.

Wenn der Apfelanbau nachhaltig betrieben wird, kann er als Modell für andere Agrarsektoren dienen und veranschaulichen, wie es möglich ist, auf umweltfreundliche Weise zu produzieren und gleichzeitig die lokale Wirtschaft zu unterstützen und die Lebensqualität ländlicher Gemeinden zu verbessern. Konzertierte Bemühungen zur Einführung und Förderung nachhaltiger Praktiken im Apfelanbau werden eine entscheidende Rolle beim Aufbau einer nachhaltigeren und gerechteren Zukunft spielen.

Kapitel 137: Apfelbäume in Entwicklungsländern

Apfelbäume bieten aufgrund ihrer wirtschaftlichen und ernährungsphysiologischen Bedeutung viele Möglichkeiten für Entwicklungsländer. Der Apfelanbau in diesen Regionen kann eine entscheidende Rolle für die ländliche Entwicklung, die Ernährungssicherheit und die Diversifizierung des landwirtschaftlichen Einkommens spielen. Allerdings birgt diese Kultur auch spezifische Herausforderungen, die angepasste und innovative Lösungen erfordern.

Wirtschaftliche und ernährungsphysiologische Bedeutung

Apfelbäume sind für viele Landwirte in Entwicklungsländern eine wichtige Einnahmequelle. Der Verkauf von Äpfeln auf lokalen und internationalen Märkten kann erhebliche Einnahmen generieren und so zur Verringerung der ländlichen Armut beitragen. Darüber hinaus sind Äpfel reich an Vitaminen, Mineralien und Ballaststoffen und spielen eine Schlüsselrolle bei der Verbesserung der Ernährung und Gesundheit der Menschen vor Ort.

Anpassung an klimatische Bedingungen

Die klimatischen Bedingungen in Entwicklungsländern können sehr unterschiedlich sein, was den Anbau von Apfelbäumen vor Herausforderungen stellt. Landwirte sind oft mit Dürreperioden, hohen Temperaturen und schlechten Böden konfrontiert. Die Auswahl von Apfelbaumsorten, die diesen Bedingungen standhalten, ist von entscheidender Bedeutung. Agrarforschungsprogramme konzentrieren sich auf die Entwicklung von Sorten, die in rauen Umgebungen gedeihen und eine stabile und nachhaltige Produktion gewährleisten.

Anbautechniken und Ressourcenmanagement

Die Einführung geeigneter Anbautechniken ist entscheidend für den Erfolg des Apfelanbaus in Entwicklungsländern. Nachhaltige landwirtschaftliche Praktiken wie Tropfbewässerung, Bodenschutz und die Verwendung von Bio-Kompost optimieren die Nutzung natürlicher Ressourcen. Darüber hinaus tragen integrierte Schädlingsbekämpfung (IPM) und biologischer Pflanzenschutz dazu bei, die Abhängigkeit von chemischen Pestiziden zu verringern und so die Gesundheit von Böden und Ökosystemen zu erhalten.

Herausforderungen bei Ausbildung und Bildung

Eine der größten Herausforderungen beim Apfelanbau in Entwicklungsländern ist der Mangel an Wissen und technischen Fähigkeiten der Landwirte. Schulung und Ausbildung sind für die Überwindung dieser Hürden unerlässlich. Landwirtschaftliche Schulungsprogramme, Workshops und praktische Vorführungen können Landwirten dabei helfen, moderne und effiziente Techniken anzuwenden. Darüber hinaus trägt der Wissensaustausch zwischen Landwirten und Agrarexperten dazu bei, bewährte Verfahren und Innovationen zu verbreiten.

Zugang zu Märkten und Wertschöpfungsketten

Damit der Apfelanbau profitabel ist, müssen die Landwirte Zugang zu lokalen und internationalen Märkten haben. Transport- und Lagerinfrastruktur, landwirtschaftliche Genossenschaften und Partnerschaften mit Agrar- und Ernährungsunternehmen spielen eine Schlüsselrolle bei der Integration von Kleinproduzenten in Wertschöpfungsketten. Darüber hinaus können Qualitätszertifizierungen und Produktionsstandards Premiummärkte erschließen und höhere Preise für hochwertige Äpfel bieten.

Technologische Innovationen

Technologische Innovationen können den Apfelanbau in Entwicklungsländern verändern. Präzisionstechnologien wie Bodensensoren, Drohnen zur Pflanzenüberwachung und mobile Anwendungen für das Agrarmanagement ermöglichen eine effizientere Nutzung von Ressourcen und eine fundierte Entscheidungsfindung. Darüber hinaus verlängern Nacherntetechnologien wie Kühlräume und Konservierungssysteme mit kontrollierter Atmosphäre die Haltbarkeit von Äpfeln, reduzieren Verluste nach der Ernte und erhöhen das Einkommen der Landwirte.

Unterstützungsrichtlinien und internationale Zusammenarbeit

Die Rolle von Regierungen und internationalen Organisationen ist bei der Unterstützung des Apfelanbaus in Entwicklungsländern von entscheidender Bedeutung. Eine günstige Agrarpolitik, Subventionen für nachhaltige Technologien und Programme zur Entwicklung des ländlichen Raums können ein günstiges Umfeld für das Wachstum des Sektors schaffen. Darüber hinaus ermöglicht die internationale Zusammenarbeit durch Partnerschaften und Wissensaustausch den Austausch bewährter Verfahren und die Stärkung lokaler Kapazitäten.

Soziale und gemeinschaftliche Auswirkungen

Der Anbau von Apfelbäumen kann in ländlichen Gemeinden erhebliche soziale Auswirkungen haben. Es kann Arbeitsplätze schaffen, Lebensgrundlagen verbessern und den sozialen Zusammenhalt stärken. Fair-Trade-Initiativen und Gemeinschaftsprojekte tragen dazu bei, die Vorteile gerecht zu verteilen und eine inklusive Entwicklung zu fördern. Darüber hinaus kann die Einbindung von Frauen und Jugendlichen in den Apfelanbau ihre wirtschaftliche und soziale Stellung stärken.

Zukunftsausblick

Die Zukunft des Apfelanbaus in Entwicklungsländern wird davon abhängen, aktuelle Herausforderungen zu meistern und sich bietende Chancen zu nutzen. Wissenschaftliche Fortschritte, technologische Innovationen und unterstützende politische Maßnahmen werden bei diesem Wandel eine Schlüsselrolle spielen. Durch einen ganzheitlichen und integrativen Ansatz ist es möglich, eine nachhaltige und erfolgreiche Entwicklung ländlicher Gemeinden zu erreichen, die vom Apfelanbau abhängig sind.

Kapitel 138: Apfelbäume und Lebensmittelsicherheit

Apfelbäume spielen eine entscheidende Rolle für die globale Ernährungssicherheit und bieten nicht nur eine Nahrungsquelle, sondern auch wirtschaftliche Chancen für Landwirte und Gemeinden. Ihr Anbau trägt zur Diversifizierung der Ernährung bei, sorgt für ein stabiles Einkommen und unterstützt nachhaltige landwirtschaftliche Praktiken. Die Bedeutung von Apfelbäumen im Kampf gegen Hunger und Unterernährung ist nicht zu unterschätzen.

Nährwert von Äpfeln

Äpfel sind eine reichhaltige Quelle an Vitaminen, Mineralien, Ballaststoffen und Antioxidantien. Sie liefern essentielle Nährstoffe wie Vitamin C, Kalium und Ballaststoffe, die für die allgemeine Gesundheit wichtig sind. Äpfel tragen dazu bei, das Risiko chronischer Krankheiten wie Herz-Kreislauf-Erkrankungen, Diabetes und bestimmte Krebsarten zu verringern. Ihr regelmäßiger Verzehr trägt zur Erhaltung einer guten Verdauungsgesundheit bei und stärkt das Immunsystem.

Anbaudiversifizierung

Der Anbau von Apfelbäumen trägt zur Diversifizierung landwirtschaftlicher Systeme bei, was für die Nahrungsmittelresistenz von entscheidender Bedeutung ist. Durch die Integration von Apfelbäumen in Fruchtfolgen oder die Kombination mit anderen Pflanzen können Landwirte die Bodenfruchtbarkeit verbessern und das Risiko von Ernteverlusten aufgrund extremer Wetterbedingungen oder Krankheiten verringern. Diversifizierung verringert auch die Abhängigkeit von einer einzelnen Kulturpflanze und erhöht so die wirtschaftliche Stabilität der Landwirte.

Einkommensquelle

Der Verkauf von Äpfeln auf lokalen und internationalen Märkten stellt für viele Landwirte eine zuverlässige Einnahmequelle dar. Apfelplantagen können eine nachhaltige Einnahmequelle sein, insbesondere wenn sie effizient bewirtschaftet werden. Apfelprodukte wie Apfelsaft, Apfelwein und Marmelade bieten einen zusätzlichen wirtschaftlichen Mehrwert. Landwirte können so in ihre Betriebe investieren, ihre landwirtschaftlichen Praktiken verbessern und die finanzielle Sicherheit ihrer Familien gewährleisten.

Stärkung ländlicher Gemeinschaften

Apfelbäume können eine Schlüsselrolle bei der Entwicklung ländlicher Gemeinden spielen. Durch die Bereitstellung saisonaler Arbeitsplätze für die Ernte und Pflege von Obstgärten tragen sie dazu bei, die Abwanderung in städtische Gebiete zu verringern und die Stabilität der ländlichen Bevölkerung aufrechtzuerhalten. Gemeindeentwicklungsprogramme, die den Apfelanbau umfassen, fördern auch die Selbstversorgung mit Nahrungsmitteln und die Zusammenarbeit zwischen den Landwirten.

Nachhaltige Praktiken

Der Anbau von Apfelbäumen kann in nachhaltige landwirtschaftliche Praktiken integriert werden. Techniken wie Agroforstwirtschaft, integrierte Schädlingsbekämpfung und die Verwendung von Bio-Kompost tragen zur Schonung natürlicher Ressourcen und zum Schutz der Umwelt bei. Apfelbäume spielen auch eine Rolle bei der Kohlenstoffbindung und tragen so dazu bei, die Auswirkungen des Klimawandels abzumildern.

Innovationen und Technologien

Der Einsatz neuer Technologien und innovativer Methoden kann die Produktivität und Nachhaltigkeit von Apfelplantagen verbessern. Präzisionstechnologien wie Tropfbewässerungssysteme und Bodensensoren ermöglichen eine effizientere Nutzung von Wasser und Nährstoffen. Fortschritte in der Biotechnologie und Sortenzüchtung können zu Apfelbäumen führen, die krankheitsresistenter sind und sich besser an veränderte Klimabedingungen anpassen.

Support-Richtlinien

Die Rolle der Regierungspolitik ist von entscheidender Bedeutung für die Unterstützung des Apfelanbaus und die Gewährleistung der Ernährungssicherheit. Subventionen für landwirtschaftliche Betriebsmittel, Schulungsprogramme für Landwirte und Initiativen zur Unterstützung lokaler Märkte können die Apfelproduktion stärken. Richtlinien zur Förderung einer nachhaltigen Landwirtschaft und der Erhaltung natürlicher Ressourcen sind ebenfalls von wesentlicher Bedeutung, um die langfristige Rentabilität von Apfelplantagen sicherzustellen.

Herausforderungen und Lösungen

Der Anbau von Apfelbäumen ist nicht ohne Herausforderungen. Krankheiten, Schädlinge und extreme Wetterbedingungen können die Erträge beeinträchtigen. Zu den Lösungen gehören die Forschung und Entwicklung resistenter Sorten, die Verbesserung der Obstgartenbewirtschaftungspraktiken und der Zugang zu angepassten Technologien. Zur Bewältigung dieser Herausforderungen ist die Zusammenarbeit zwischen Landwirten, Forschern und politischen Entscheidungsträgern unerlässlich.

Zukunftsaussichten

Die Zukunft der Apfelbäume im Hinblick auf die Ernährungssicherheit ist rosig. Angesichts der steigenden weltweiten Nachfrage nach frischem Obst und der zunehmenden Anerkennung der gesundheitlichen Vorteile von Äpfeln wird der Apfelanbau weiterhin ein wichtiger Bestandteil der Lebensmittelsysteme sein. Technologische Innovationen, nachhaltige Praktiken und unterstützende Richtlinien werden eine entscheidende Rolle bei der Erreichung der Ernährungssicherheit durch den Apfelanbau spielen.

Kapitel 139: Apfelbäume in der regenerativen Landwirtschaft

Apfelbäume spielen eine wichtige Rolle in der regenerativen Landwirtschaft, einem ganzheitlichen Ansatz zur Wiederherstellung und Verbesserung der Gesundheit landwirtschaftlicher Ökosysteme. Bei dieser Methode stehen die Bodenregeneration, die Artenvielfalt und die Widerstandsfähigkeit der Pflanzen im Vordergrund. Apfelbäume passen aufgrund ihrer mehrjährigen Natur und ihrer Anforderungen an eine nachhaltige Bewirtschaftung perfekt in dieses Agrarmodell.

Bodenregeneration

Regenerative Landwirtschaftspraktiken konzentrieren sich auf den Aufbau und die Erhaltung gesunder Böden. Zu dieser Regeneration tragen Apfelbäume durch ihre tiefen Wurzeln bei, die den Boden belüften und die Wasserinfiltration fördern. Durch die Zugabe von organischem Material wie Kompost und Schnittrückständen wird der Boden rund um Apfelbäume nährstoffreicher. Diese Praktiken verbessern die Bodenstruktur, erhöhen die Wasserhaltekapazität und verringern die Erosion.

Agroforstwirtschaft und Biodiversität

Die Agroforstwirtschaft, die Bäume und Nutzpflanzen kombiniert, ist eine Schlüsseltechnik in der regenerativen Landwirtschaft. Apfelbäume passen als Obstbäume gut in Agroforstsysteme. Indem wir neben anderen Nutzpflanzen auch Apfelbäume pflanzen, können wir vielfältige Lebensräume schaffen, die die Artenvielfalt fördern. Diese Vielfalt lockt eine Vielzahl von Bestäubern und natürlichen Schädlingsfeinden an und verringert so den Bedarf an chemischen Pestiziden. Darüber hinaus bieten Hecken und Blühstreifen rund um Apfelplantagen Schutz für nützliche Wildtiere.

Kohlenstoffabscheidung

Apfelbäume spielen eine entscheidende Rolle bei der Kohlenstoffbindung, einem Schlüsselbestandteil der regenerativen Landwirtschaft. Bäume nehmen Kohlendioxid aus der Atmosphäre auf und speichern es in ihrer Biomasse und im Boden. Durch die Erhöhung der Zahl der Apfelbäume und eine nachhaltige Bewirtschaftung der Obstplantagen können Landwirte zur Reduzierung von Treibhausgasen beitragen. Dies trägt nicht nur zur Bekämpfung des Klimawandels bei, sondern verbessert auch die Bodenfruchtbarkeit.

Wasserverwaltung

Regenerative Landwirtschaftspraktiken fördern ein effizientes Wassermanagement, und Apfelbäume können einen wesentlichen Beitrag dazu leisten. Das Mulchen rund um Apfelbäume trägt dazu bei, die Bodenfeuchtigkeit zu bewahren und die Verdunstung zu reduzieren. Darüber hinaus ermöglichen Tropfbewässerungssysteme eine präzise und effiziente Wassernutzung und minimieren so den Abfall. Durch den Schutz von Wasserquellen und die Förderung der Versickerung tragen Apfelbäume zur Aufrechterhaltung eines gesunden Wasserkreislaufs bei.

Widerstandsfähigkeit gegenüber Klimabedingungen

Wenn Apfelbäume nach regenerativen Prinzipien gezüchtet werden, sind sie widerstandsfähiger gegenüber extremen Wetterbedingungen. Praktiken wie die Auswahl von an das lokale Klima angepassten Sorten, die Diversifizierung des Anbaus und der integrierte Schädlingsmanagement stärken diese Widerstandsfähigkeit. Durch die Stärkung der allgemeinen Gesundheit von Obstgärten ermöglichen regenerative Systeme, dass Apfelbäume Dürren, Überschwemmungen und Temperaturschwankungen besser standhalten.

Wirtschaftliche und soziale Auswirkungen

Die Integration von Apfelbäumen in die regenerative Landwirtschaft bietet auch wirtschaftliche und soziale Vorteile. Landwirte können stabilere und qualitativ hochwertigere Erträge erzielen und gleichzeitig die mit dem Chemikalieneinsatz verbundenen Kosten senken. Darüber hinaus fördern regenerative Praktiken gesündere Arbeitsbedingungen und widerstandsfähigere ländliche Gemeinden. Verbraucher wiederum profitieren von nährstoffreicheren und umweltfreundlicheren Produkten.

Innovation und Forschung

Fortschritte in Forschung und Innovation sind unerlässlich, um die Integration von Apfelbäumen in die regenerative Landwirtschaft zu optimieren. Studien zu Apfelbaumsorten, die sich am besten für regenerative Praktiken eignen, sowie zu nachhaltigen Bewirtschaftungstechniken sind von entscheidender Bedeutung. Die Zusammenarbeit zwischen Landwirten, Forschern und Institutionen kann zu neuen Lösungen zur Verbesserung der Nachhaltigkeit und Produktivität von Apfelplantagen führen.

Herausforderungen und Perspektiven

Die umfassende Einführung der regenerativen Landwirtschaft, einschließlich Apfelbäumen, erfordert die Bewältigung mehrerer Herausforderungen. Schulung der Landwirte, politische Unterstützung und Zugang zu finanziellen Ressourcen sind von wesentlicher Bedeutung. Die potenziellen Vorteile in Bezug auf Bodengesundheit, Artenvielfalt, Kohlenstoffbindung und Klimaresilienz machen diese Anstrengung jedoch unerlässlich. Die Zukunft der Landwirtschaft, mit Apfelbäumen als Schlüsselakteuren, gestaltet sich hin zu nachhaltigeren und regenerativeren Praktiken, die die Ernährungssicherheit und die Gesundheit unseres Planeten gewährleisten.

Kapitel 140: Mechanisierung des Apfelanbaus

Die Mechanisierung des Apfelanbaus stellt einen großen Fortschritt in der modernen Landwirtschaft dar und bietet viele Vorteile in Bezug auf Effizienz, geringere Kosten und höhere Erträge. Durch die Integration fortschrittlicher Technologien können Landwirte ihre Obstgärten jetzt produktiver und nachhaltiger bewirtschaften.

Bodenvorbereitung und Bepflanzung

Die Bodenvorbereitung ist ein entscheidender Schritt beim Anbau von Apfelbäumen. Mechanisierte Geräte wie Pflüge, Bodenfräsen und Grubber erleichtern die Tiefenbearbeitung des Bodens und verbessern dadurch die Belüftung und Bodenstruktur. Durch die maschinelle Pflanzung mit automatischen Pflanzmaschinen können junge Bäume präziser gepflanzt werden, wodurch optimale Abstände und eine gleichmäßige Tiefe gewährleistet werden. Dies trägt zu einer besseren Pflanzenentwicklung und einem kräftigeren Anfangswachstum bei.

Größe und Schnitt

Das Beschneiden von Apfelbäumen ist für die Erhaltung der Baumgesundheit und die Maximierung der Fruchtproduktion von entscheidender Bedeutung. Die Mechanisierung des Beschnitts mit automatischen Beschneidemaschinen ermöglicht es, diese mühsame Aufgabe schneller und gleichmäßiger zu erledigen. Diese Geräte sind mit verstellbaren Klingen ausgestattet, die so programmiert werden können, dass sie Bäume in bestimmten Mustern beschneiden, wodurch die Schnittqualität verbessert und die manuelle Arbeitszeit reduziert wird.

Phytosanitäre Behandlung

Der Schutz von Apfelbäumen vor Krankheiten und Schädlingen ist für eine gesunde Ernte unerlässlich. Mechanisierte Sprühgeräte, ob gezogen oder auf Drohnen montiert, ermöglichen eine präzise und gleichmäßige Anwendung phytosanitärer Behandlungen. Diese Maschinen können mit Sensoren ausgestattet werden, um den Feuchtigkeitsgehalt und das Vorhandensein von Schädlingen zu erkennen und die Menge der ausgebrachten Produkte in Echtzeit anzupassen. Dies verbessert nicht nur die Wirksamkeit der Behandlungen, sondern reduziert auch den übermäßigen Einsatz von Chemikalien.

Bewässerung

Wassermanagement ist ein zentraler Aspekt beim Anbau von Apfelbäumen. Automatisierte Bewässerungssysteme wie Tropfbewässerung und automatische Sprinkler liefern Wasser präzise und kontrolliert. Diese Systeme können so programmiert werden, dass sie entsprechend den spezifischen Bedürfnissen der Bäume und klimatischen Bedingungen arbeiten und so den Wasserverbrauch optimieren und den Abfall minimieren.

Ernte

Die Apfelernte ist eine der arbeitsintensivsten Phasen der Obstproduktion. Mechanisierte Erntemaschinen wie Baumschüttler und Obsterntemaschinen reduzieren den Bedarf an manueller Arbeit erheblich. Diese Maschinen sind darauf ausgelegt, Bäume zu schütteln oder Obst auf schonende Weise zu pflücken, wodurch Schäden an Äpfeln minimiert und die Ernteeffizienz erhöht werden. Darüber hinaus sind einige Maschinen mit integrierten Sortier- und Reinigungssystemen ausgestattet, sodass die Früchte direkt auf dem Feld verarbeitet werden können.

Abfallwirtschaft und Kompostierung

Auch die Bewirtschaftung von Schnittabfällen und nicht geernteten Früchten wird durch die Mechanisierung erleichtert. Zweighäcksler und automatische Komposter bereiten organische Abfälle zu Kompost auf, der zur Verbesserung der Bodenfruchtbarkeit wiederverwendet werden kann. Dieser Ansatz trägt zu einer nachhaltigeren Bewirtschaftung der Ressourcen bei und verringert den ökologischen Fußabdruck von Obstplantagen.

Technologie und Innovation

Technologische Fortschritte verändern den Apfelanbau weiterhin. Durch den Einsatz von Sensoren, Drohnen und Datenmanagementsystemen können Landwirte die Gesundheit der Bäume, die Bodenbedingungen und den Nährstoffgehalt genau überwachen. KI-gestützte Farmmanagementplattformen können diese Daten analysieren und Empfehlungen zur

Optimierung landwirtschaftlicher Praktiken geben. Diese Integration von Technologie und Innovation in die Mechanisierung verbessert nicht nur die Produktivität, sondern auch die Nachhaltigkeit von Apfelplantagen.

Herausforderungen und Perspektiven

Obwohl die Mechanisierung viele Vorteile bietet, bringt sie auch Herausforderungen mit sich. Die Anfangsinvestitionen in die Ausrüstung können hoch sein und es kann erforderlich sein, Landwirte im Umgang mit diesen neuen Technologien zu schulen. Darüber hinaus kann die Umstellung traditioneller Praktiken auf mechanisierte Methoden eine Übergangszeit erfordern. Die Aussicht auf verbesserte Effizienz, geringere Arbeitskosten und eine nachhaltige Obstgartenbewirtschaftung machen diese Bemühungen jedoch für die Zukunft des Apfelanbaus unerlässlich.

Kurz gesagt, die Mechanisierung des Apfelanbaus stellt eine bedeutende Entwicklung hin zu einer moderneren und nachhaltigeren Landwirtschaft dar. Durch die Integration fortschrittlicher Technologien können Landwirte jede Phase der Produktion, von der Pflanzung bis zur Ernte, optimieren und gleichzeitig ihre Umweltbelastung reduzieren und qualitativ hochwertige Erträge gewährleisten.

Kapitel 141: Einsatz von Drohnen und Technologie in Obstgärten

Der technologische Fortschritt verändert die Landwirtschaft und Apfelplantagen bilden da keine Ausnahme. Der Einsatz von Drohnen und anderen innovativen Technologien eröffnet neue Perspektiven für die Bewirtschaftung und Optimierung von Obstplantagen und bietet effiziente und nachhaltige Lösungen für Produzenten.

Überwachung und Analyse von Obstgärten

Drohnen, die mit hochauflösenden Kameras und multispektralen Sensoren ausgestattet sind, spielen eine entscheidende Rolle bei der Überwachung von Obstgärten. Diese Geräte erfassen detaillierte Bilder von Bäumen und liefern wertvolle Informationen über die Gesundheit von Apfelbäumen, das Vorhandensein von Krankheiten, Schädlingen und den Wasserbedarf. Die gesammelten Daten können analysiert werden, um Problembereiche schnell zu identifizieren und so ein gezieltes und schnelles Eingreifen zu ermöglichen.

Multispektralsensoren können für das bloße Auge unsichtbare Schwankungen erkennen, beispielsweise den Chlorophyllgehalt und Anzeichen von Wasserstress. Anhand dieser Informationen können Landwirte ihre Bewirtschaftungspraktiken an die spezifischen Bedürfnisse jedes einzelnen Baums anpassen und so die Gesamtgesundheit des Obstgartens optimieren.

Präzisionsbewässerung

Wassermanagement ist für die Erhaltung gesunder und produktiver Apfelplantagen von entscheidender Bedeutung. Drohnen können die Bodenfeuchtigkeit überwachen und Bereiche identifizieren, die einer zusätzlichen Bewässerung bedürfen. In Verbindung mit automatisierten Bewässerungssystemen ermöglicht diese Technologie eine präzise Wasserverteilung, reduziert Abfall und verbessert die Bewässerungseffizienz. In Drohnennetzwerke integrierte Bodensensoren liefern Echtzeitdaten, um die Bewässerung an die Wetterbedingungen und die Bedürfnisse der Bäume anzupassen.

Anwendung von Pflanzenschutzmitteln

Die Anwendung von Pflanzenschutzmitteln ist eine wichtige Aufgabe in der Obstgartenbewirtschaftung. Drohnen können mit Tanks und Sprühgeräten ausgestattet werden, um Pestizide, Herbizide und Düngemittel präzise und gleichmäßig auszubringen. Diese Methode reduziert die Exposition der Arbeiter gegenüber Chemikalien und ermöglicht das Erreichen schwer zugänglicher Bereiche. Darüber hinaus minimiert der Einsatz von Drohnen eine Überdosierung und reduziert so die Umweltbelastung und die damit verbundenen Kosten.

Kartierung und Planung

Drohnen erleichtern die präzise Kartierung von Obstgärten und ermöglichen es den Landwirten, detaillierte Karten der Parzellen zu erstellen. Diese Karten können Informationen zur Baumdichte, zur Topographie und zu Gebieten mit variablem Wachstum enthalten. Diese detaillierte Kartierung ist für die Planung von Abläufen, Fruchtfolge und Obstgartenerweiterung unerlässlich. Es ermöglicht auch ein besseres Ressourcenmanagement und eine optimale Zuteilung landwirtschaftlicher Betriebsmittel.

Unterstützte Ernte

Auch bei der Apfelernte kann Drohnentechnologie eine Rolle spielen. Obwohl sich die vollmechanische Ernte durch Drohnen noch in der Entwicklung befindet, können Drohnen den Arbeitern bereits helfen, indem sie erntereife Früchte identifizieren. Sie können Arbeiter zu Bereichen mit einer hohen Dichte an reifen Früchten führen und so die Effizienz steigern und die Erntezeit verkürzen.

Zukünftige Innovationen

Die Integration von künstlicher Intelligenz (KI) und maschinellem Lernen mit Drohnen eröffnet neue Möglichkeiten für die Obstgartenbewirtschaftung. Algorithmen können von Drohnen gesammelte Daten analysieren, um Erträge vorherzusagen, frühe Krankheitszeichen zu erkennen und spezifische Interventionen zu empfehlen. Darüber hinaus können autonome Drohnen geplante Aufgaben ohne menschliches Eingreifen ausführen, wodurch die Effizienz gesteigert und die Abhängigkeit von Arbeitskräften verringert wird.

Wirtschaftliche und ökologische Vorteile

Der Einsatz von Drohnen und fortschrittlichen Technologien in Obstgärten bietet erhebliche wirtschaftliche Vorteile. Durch die Optimierung des Einsatzes von Betriebsmitteln, die Senkung der Arbeitskosten und die Verbesserung der Erträge können Produzenten ihre Rentabilität steigern. Darüber hinaus fördern diese Technologien nachhaltige landwirtschaftliche Praktiken, indem sie den übermäßigen Einsatz von Chemikalien reduzieren und den CO_2-Fußabdruck landwirtschaftlicher Betriebe minimieren.

Drohnen und damit verbundene Technologien stellen eine Revolution in der Bewirtschaftung von Apfelplantagen dar. Durch das Angebot präziser und effizienter Lösungen für Überwachung, Bewässerung, Anwendung von Pflanzenschutzmitteln und Planung verändern diese Innovationen die Art und Weise, wie Landwirte ihre Obstgärten bewirtschaften. Die wirtschaftlichen und ökologischen Vorteile dieser Technologien machen sie zu unverzichtbaren Werkzeugen für die Zukunft einer nachhaltigen Obstproduktion.

Kapitel 142: Apfelbäume und erneuerbare Energien

Die Integration von Apfelbäumen in Systeme zur Nutzung erneuerbarer Energien hat erhebliche Vorteile für die Nachhaltigkeit der Landwirtschaft und die Umwelt. Durch die Kombination des Apfelanbaus mit grünen Technologien ist es möglich, den CO_2-Fußabdruck der Landwirtschaft zu reduzieren und gleichzeitig die Effizienz der Obstgärten zu steigern.

Verwendung von Sonnenkollektoren

In Apfelplantagen können Sonnenkollektoren installiert werden, um sauberen Strom zu erzeugen. Dieser als Agrophotovoltaik bezeichnete Ansatz ermöglicht die Erzeugung erneuerbarer Energie beim Anbau von Obstbäumen. Sonnenkollektoren können hoch montiert werden, sodass darunter viel Platz für das Wachstum von Apfelbäumen bleibt. Diese Konfiguration bietet mehrere Vorteile: Die Paneele spenden den Bäumen Halbschatten und reduzieren so die thermische Belastung und die Verdunstung von Wasser aus dem Boden. Im Gegenzug profitieren Apfelbäume von einem stabileren Mikroklima, was ihr Wachstum und ihre Produktivität verbessern kann.

Apfelbäume und Windkraftanlagen

Windkraftanlagen stellen eine weitere Quelle erneuerbarer Energie dar, die in Obstgärten integriert werden kann. Durch die Platzierung von Windkraftanlagen in strategischen Gebieten können Produzenten Strom aus Wind erzeugen und so ihre Abhängigkeit von fossilen Brennstoffen verringern. Moderne Windkraftanlagen sind so konzipiert, dass sie die Auswirkungen auf die lokale Flora und Fauna minimieren. Ihre Installation kann so geplant werden, dass das Wachstum und die Ernte von Apfelbäumen nicht beeinträchtigt werden. Die erzeugte Windenergie kann zum Betreiben von Bewässerungssystemen, Obstverarbeitungsgeräten und anderen Energiebedarfsbereichen im Obstgarten genutzt werden.

Biomasse und Biogas

Schnittrückstände von Apfelbäumen, nicht vermarktbare Früchte und andere organische Abfälle können durch Biomasse- und Biogasprozesse in Energie umgewandelt werden. Insbesondere Biomasse kann durch kontrollierte Verbrennung oder Vergasung in Wärme und

Strom umgewandelt werden. Biogas, das durch die anaerobe Vergärung organischer Abfälle entsteht, kann als Energiequelle zum Heizen, Kochen oder zur Stromerzeugung genutzt werden. Diese Techniken ermöglichen die Verwertung landwirtschaftlicher Abfälle, wodurch die Kosten für die Abfallbewirtschaftung gesenkt und vor Ort eine Quelle erneuerbarer Energie bereitgestellt wird.

Solarbewässerungssysteme

Bewässerung ist für die Gesundheit und Produktivität von Apfelbäumen unerlässlich, kann jedoch energetisch teuer sein. Solarbetriebene Bewässerungssysteme bieten eine nachhaltige und effiziente Lösung. Diese Systeme nutzen Sonnenkollektoren, um Bewässerungspumpen anzutreiben, wodurch fossile Brennstoffe überflüssig werden. Tropfbewässerungssysteme können in Verbindung mit Sonnenkollektoren besonders effektiv sein, da sie eine präzise Wasserverteilung ermöglichen, Abfall reduzieren und die Wassereffizienz steigern.

Energiespeicher

Um die Vorteile erneuerbarer Energien zu maximieren, ist die Integration von Energiespeicherlösungen von entscheidender Bedeutung. Solarbatterien können beispielsweise die von Sonnenkollektoren oder Windkraftanlagen erzeugte Energie speichern, sodass Apfelbauern diese Energie nutzen können, wenn die Produktion niedrig ist, beispielsweise nachts oder an bewölkten Tagen. Energiespeichersysteme erhöhen die Zuverlässigkeit erneuerbarer Energiequellen und stellen eine kontinuierliche Stromversorgung für den Obstgartenbedarf sicher.

Apfelbäume und Reduzierung des CO2-Fußabdrucks

Durch die Integration erneuerbarer Energien in den Apfelanbau können Landwirte ihren CO2-Fußabdruck erheblich reduzieren. Die Nutzung von Solar-, Wind- und Biomasseenergie trägt dazu bei, die Abhängigkeit von fossilen Brennstoffen zu verringern und trägt so zum Kampf gegen den Klimawandel bei. Darüber hinaus spielen Apfelbäume selbst eine Rolle bei der Kohlenstoffbindung, indem sie CO2 aus der Atmosphäre einfangen und in ihrem Gewebe speichern. Diese Synergie zwischen Landwirtschaft und erneuerbaren Energien schafft ein widerstandsfähigeres und umweltfreundlicheres Agrarsystem.

Zukunftsaussichten

Die Zukunft der Apfelplantagen könnte eine noch stärkere Integration erneuerbarer Technologien beinhalten. Innovationen wie transparente Solarpaneele, Windturbinen mit vertikaler Achse und intelligente Energiemanagementsysteme könnten die Effizienz und Nachhaltigkeit von Obstgärten weiter verbessern. Darüber hinaus könnten staatliche Maßnahmen und Anreize zur Förderung der Einführung erneuerbarer Energien in der Landwirtschaft diesen Übergang beschleunigen. Durch die Kombination traditioneller Apfelanbaupraktiken mit modernsten Technologien ist es möglich, Obstgärten zu schaffen, die nicht nur köstliche Früchte, sondern auch saubere, erneuerbare Energie produzieren.

Kapitel 143: Apfelbäume in der Kunst und Landschaftsarchitektur

Apfelbäume nehmen über ihren landwirtschaftlichen Wert hinaus einen privilegierten Platz in der Kunst und Landschaftsarchitektur ein. Ihre Ästhetik, ihre Symbolik und ihre Fähigkeit, den Raum zu strukturieren, machen sie zu wertvollen Elementen für Künstler und Landschaftsarchitekten.

Schönheit und Symbolik

Apfelbäume haben eine inhärente Schönheit, die je nach Jahreszeit variiert und eine wechselnde Palette an Farben und Formen bietet. Im Frühling sorgen ihre zarten Blüten, oft weiß oder rosa, für einen Hauch von Leichtigkeit und Frische. Im Sommer spendet das dichte, grüne Laub Schatten und eine angenehme Textur für das Auge. Im Herbst kontrastieren rote, gelbe oder grüne Früchte wunderbar mit dem Laub, das sich gelb oder rot verfärbt, und sorgen so für eine reichhaltige und dynamische visuelle Dimension. Auch im Winter behalten Apfelbäume, selbst wenn sie kahl sind, eine anmutige und skulpturale Silhouette.

Symbolisch wird der Apfelbaum oft mit Fülle, Fruchtbarkeit und Wissen in Verbindung gebracht, Themen, die in Kunst und Kultur einen tiefen Widerhall finden. In vielen Traditionen wird der Apfelbaum mit mythologischen und biblischen Geschichten wie dem Garten Eden oder den goldenen Äpfeln der Hesperiden in Verbindung gebracht, was diesen Bäumen eine Aura von Geheimnis und Heiligkeit verleiht.

Einsatz in der Landschaftsarchitektur

In der Landschaftsarchitektur werden Apfelbäume zur Strukturierung und Verschönerung von Außenräumen eingesetzt. Durch ihre mittlere Größe und die ausladende Krone eignen sie sich hervorragend zur Schaffung von Schattenbereichen und Blickpunkten in Gärten. In einer Reihe gepflanzt können sie elegante und einladende Wege bilden, die Besucher durch die Landschaft führen. In Hainen schaffen sie intime und geschützte Räume, ideal zum Nachdenken oder Ausruhen.

Apfelbäume können auch in Themengärten integriert werden, beispielsweise in Lernobstgärten, wo sie sowohl als Obstquelle als auch als pädagogisches Element dienen und es den Besuchern ermöglichen, etwas über den Anbau von Apfelbäumen und nachhaltige Landwirtschaft zu lernen. In Sammelgärten können verschiedene Apfelbaumsorten ausgestellt werden, die die Vielfalt an Formen, Farben und Geschmacksrichtungen zeigen.

Schaffung von Mikroklima und Biodiversität

Apfelbäume spielen eine entscheidende Rolle bei der Schaffung eines günstigen Mikroklimas und der Förderung der Artenvielfalt. Ihr dichtes Laub spendet Schatten und reduziert die Bodentemperatur und die Wasserverdunstung, was benachbarten Pflanzen zugute kommen kann. Apfelbäume bieten auch Lebensraum für eine Vielzahl von Arten, von bestäubenden Insekten bis hin zu Vögeln, und tragen so zu einem gesunden und ausgewogenen Ökosystem bei.

Durch die Kombination von Apfelbäumen mit anderen einheimischen und nützlichen Pflanzen können Landschaftsarchitekten belastbare und ökologisch ausgewogene Räume schaffen. Zu den Pflanzenkombinationen können Bodendecker gehören, die Unkraut reduzieren, stickstoffbindende Pflanzen, die den Boden anreichern, und Blumen, die Bestäuber anlocken. Diese Kombinationen schaffen ästhetische, funktionale und umweltverträgliche Landschaften.

Künstlerische Integration

Apfelbäume haben im Laufe der Jahrhunderte viele Künstler inspiriert, von der Malerei über die Bildhauerei bis hin zur Literatur. In der Malerei haben Künstler wie Vincent van Gogh und Claude Monet die flüchtige Schönheit der Apfelblüten in ihren Werken eingefangen und diese

Bäume genutzt, um tiefe Gefühle und Themen auszudrücken. In der Skulptur können die gewundenen Formen alter Apfelbäume als Modelle oder Materialien dienen und ihre Äste und Stämme zu lebendigen Kunstwerken werden.

In zeitgenössischen Kunstinstallationen werden häufig Apfelbäume verwendet, um interaktive und immersive Werke zu schaffen. Im öffentlichen Raum können künstlerische Obstgärten angelegt werden, die Menschen dazu einladen, sich mit der Natur zu verbinden und über Themen wie Wachstum, Veränderung und den Kreislauf des Lebens nachzudenken. Diese Projekte zeigen, wie Kunst und Landschaftsarchitektur ineinandergreifen können, um unsere Erfahrung mit der Umwelt zu bereichern.

Innovative Landschaftsprojekte

Viele innovative Landschaftsprojekte integrieren Apfelbäume, um einzigartige öffentliche und private Räume zu schaffen. In städtischen Gärten lassen sich beispielsweise mit Apfelbäumen grüne Oasen zwischen Beton und Stahl schaffen. Gründächer mit Zwerg- oder Halbzwerg-Apfelbäumen bieten wertvolle Grünflächen in dicht besiedelten städtischen Umgebungen und tragen zur Wärmeregulierung von Gebäuden und zur Verbesserung der Luftqualität bei.

Spalierapfelbäume, eine Technik, bei der Bäume so trainiert werden, dass sie flach an einer Struktur wachsen, können Mauern und Zäune in lebendige, produktive Elemente verwandeln und so die Raumnutzung in kleinen Gärten optimieren. Diese Techniken zeigen, wie Apfelbäume kreativ und funktional in eine Vielzahl von Räumen integriert werden können, vom Schulhof bis zum öffentlichen Park.

Zukunftsaussichten

Angesichts sich weiterentwickelnder Designpraktiken und eines wachsenden Bewusstseins für die Bedeutung von Nachhaltigkeit werden Apfelbäume weiterhin eine zentrale Rolle in der Kunst und Landschaftsarchitektur spielen. Ihre Fähigkeit, sowohl ästhetische als auch ökologische Vorteile zu bieten, macht sie zur bevorzugten Wahl für zukünftige Designprojekte. Durch den Anbau und die Integration dieser Bäume in unsere Landschaften können wir Umgebungen schaffen, die Körper und Geist nähren und gleichzeitig die Natur respektieren und bewahren.

Kapitel 144: Apfelbäume in Gemeinschaftsgärten

Gemeinschaftsgärten sind wertvolle Orte, an denen Gemeindemitglieder zusammenkommen, um Nahrungsmittel anzubauen, Wissen auszutauschen und soziale Verbindungen zu stärken. Im Zentrum dieser Gärten stehen oft Apfelbäume, Bäume, die diesen Gemeinschaftsräumen einen unschätzbaren Wert verleihen.

Ein Symbol des Teilens und der Geselligkeit

Apfelbäume sind mehr als nur Obstbäume in Gemeinschaftsgärten. Sie symbolisieren Teilen, Großzügigkeit und Geselligkeit. Durch die Produktion reichlicher Früchte stellen sie eine Quelle frischer und gesunder Lebensmittel für die Gemeindemitglieder dar und stärken so die lokale Ernährungssicherheit. Darüber hinaus wird das Apfelpflücken oft zu einem gesellschaftlichen Ereignis, bei dem Gemeindemitglieder jeden Alters zusammenkommen, um die Früchte ihrer gemeinsamen Arbeit zu ernten und zu teilen.

Bildung und Bewusstsein

Auch Apfelbäume in Gemeinschaftsgärten sind wirkungsvolle Lehrmittel. Sie bieten die Möglichkeit, den Gemeindemitgliedern den Anbau von Obstbäumen, einschließlich der notwendigen Pflege, dem Beschneiden und der Ernte, beizubringen. Kinder können lernen, wo Lebensmittel herkommen und wie wichtig es ist, die Umwelt zu schonen, um eine nachhaltige Lebensmittelproduktion zu gewährleisten. Darüber hinaus können Apfelbäume in umfassendere Bildungsprogramme zu Ernährung, städtischer Landwirtschaft und Umweltschutz integriert werden.

Erstellung sozialer Links

Apfelbäume werden oft an strategischen Standorten in Gemeinschaftsgärten gepflanzt und fördern so die soziale Interaktion. Das Apfelpflücken wird zu einem Treffpunkt, bei dem Mitglieder der Community zusammenkommen, um sich zu unterhalten, Gartentipps auszutauschen und Geschichten auszutauschen. Diese Interaktionen fördern das

Zugehörigkeits- und Solidaritätsgefühl innerhalb der Gemeinschaft, stärken die sozialen Bindungen und tragen zum Zusammenhalt der Gemeinschaft bei.

Unterstützung für Nachhaltigkeit

Apfelbäume in Gemeinschaftsgärten liefern nicht nur frisches Obst, sondern tragen auch zur ökologischen Nachhaltigkeit bei. Sie absorbieren Kohlendioxid, spenden Schatten und schaffen Lebensräume für die heimische Tierwelt. Ihre Anwesenheit fördert auch umweltfreundliche landwirtschaftliche Praktiken wie Kompostierung, Wassereinsparung und Abfallreduzierung.

Apfelbäume in Gemeinschaftsgärten sind mehr als nur eine Nahrungsquelle. Sie verkörpern die Werte des Teilens, der Bildung und der Nachhaltigkeit und stärken gleichzeitig die sozialen Bindungen innerhalb der Gemeinschaft. Ihre Anwesenheit bereichert nicht nur Gärten, sondern auch das Leben der Menschen, die sie bewirtschaften, und schafft lebendige und integrative Grünflächen.

Kapitel 145: Apfelbäume und nachhaltige Stadtplanung

Apfelbäume spielen eine wichtige Rolle bei der Förderung einer nachhaltigen Stadtplanung. Als lebendige Elemente städtischer Räume bieten sie eine Vielzahl ökologischer und sozialer Vorteile.

Erstens tragen Apfelbäume zur Verbesserung der Luftqualität bei, indem sie Kohlendioxid absorbieren und während der Photosynthese Sauerstoff produzieren. Ihre Präsenz in städtischen Gebieten trägt dazu bei, die schädlichen Auswirkungen der Luftverschmutzung zu mildern und trägt zur Schaffung gesünderer und lebenswerterer städtischer Umgebungen bei.

Darüber hinaus spenden Apfelbäume natürlichen Schatten, was dazu beiträgt, städtische Hitzeinseln im Sommer zu reduzieren. Ihr dichtes Blätterdach schützt Gehwege und öffentliche

Plätze vor direkter Sonneneinstrahlung und bietet Anwohnern und Passanten einen kühlenden Zufluchtsort.

Auf sozialer Ebene fördern Apfelbäume das Wohlergehen der Bürger, indem sie für alle zugängliche Grünflächen schaffen. Sie verleihen der städtischen Umwelt Schönheit und Vielfalt und bieten den Stadtbewohnern gleichzeitig Möglichkeiten zur Erholung und Entspannung.

Darüber hinaus können städtische Apfelplantagen als Treffpunkte für die Gemeinschaft dienen, soziale Interaktionen fördern und die Verbindungen zwischen den Bewohnern stärken. Die Teilnahme am Apfelanbau kann auch das Zugehörigkeitsgefühl und den Lokalstolz in Stadtvierteln fördern.

Schließlich tragen Apfelbäume dazu bei, die Nachhaltigkeit von Lebensmitteln zu fördern, indem sie den Stadtbewohnern lokale, saisonale Früchte liefern. Die Nähe städtischer Obstgärten verringert die Abhängigkeit vom Lebensmittelferntransport und fördert den Verzehr frischer und gesunder Produkte.

Zusammenfassend lässt sich sagen, dass Apfelbäume eine entscheidende Rolle bei der Förderung einer nachhaltigen Stadtplanung spielen, indem sie zur Luftqualität beitragen, städtische Hitzeinseln mildern, das soziale Wohlergehen fördern und die Nachhaltigkeit von Lebensmitteln fördern. Ihre Integration in städtische Landschaften ist daher eine wichtige Strategie zur Schaffung grünerer, gesünderer und widerstandsfähigerer Städte.

Kapitel 146: Der Einfluss von Apfelbäumen auf die lokale Tierwelt

Apfelbäume haben einen erheblichen Einfluss auf die lokale Tierwelt und bieten ein Ökosystem voller Ressourcen und Lebensräume für viele Tierarten. Als Elemente der Artenvielfalt tragen sie auf vielfältige Weise zur Erhaltung der Tierwelt in ihrer Umwelt bei.

Zunächst einmal stellen Apfelbäume für viele Tiere eine wertvolle Nahrungsquelle dar. Apfelbaumblüten locken bestäubende Insekten wie Bienen, Schmetterlinge und Hummeln an, die eine entscheidende Rolle bei der Bestäubung von Pflanzen spielen. Sobald die Früchte reif sind, werden sie zu einer Nahrungsquelle für eine Vielzahl von Vögeln, Säugetieren und sogar Insekten und tragen so zur lokalen Nahrungskette bei.

Darüber hinaus bieten Apfelbäume Schutz und Lebensraum für verschiedene Tierarten. Ihre Zweige bieten Nistplätze für Vögel, während ihr dichtes Laub Schutz für kleine Säugetiere, Insekten und andere Lebewesen bietet. Löcher in hohlen Baumstämmen können auch als Höhlen für Kleintiere wie Eichhörnchen und Fledermäuse dienen.

Apfelbäume tragen auch zur biologischen Vielfalt bei, indem sie eine Vielzahl von Pflanzenarten beherbergen, die in ihrem Schatten gedeihen. Die rund um Apfelbäume wachsenden Gräser, Büsche und anderen Pflanzen bieten einer Vielzahl von Tieren eine zusätzliche Nahrungsquelle und Lebensraum und schaffen so ein ausgewogenes und lebendiges Ökosystem.

Darüber hinaus können Apfelbäume eine Rolle bei der Erhaltung natürlicher Lebensräume spielen, indem sie biologische Korridore für Wildtiere bieten und Waldgebiete und fragmentierte Lebensräume verbinden. Dies trägt dazu bei, die Mobilität von Tierpopulationen aufrechtzuerhalten und die genetische Vielfalt innerhalb der Populationen zu fördern.

Kurz gesagt, Apfelbäume haben einen tiefgreifenden Einfluss auf die lokale Tierwelt, indem sie einer Vielzahl von Tierarten Nahrung, Schutz und Lebensraum bieten. Ihre Präsenz in natürlichen und städtischen Landschaften trägt dazu bei, die Artenvielfalt zu unterstützen und gesunde und widerstandsfähige Ökosysteme für zukünftige Generationen zu schaffen.

Kapitel 147: Fallstudien: Obstgärten auf der ganzen Welt

Das Studium von Obstgärten auf der ganzen Welt bietet eine faszinierende Erkundung der landwirtschaftlichen Praktiken, Klimaschwankungen und kulturellen Traditionen, die den Obstanbau in verschiedenen Regionen prägen. Obstgärten, ob klein oder riesig, sind Zeugen menschlichen Einfallsreichtums und der natürlichen Vielfalt.

In Europa werden Obstgärten oft mit traditionellen Landschaften und überlieferten landwirtschaftlichen Praktiken in Verbindung gebracht. Die Apfelplantagen in der Normandie beispielsweise sind für ihren hochwertigen Apfelwein und Calvados bekannt. Diese dicht besiedelten Obstgärten, in denen Bäume oft in engen Reihen gepflanzt werden, zeugen von einer langen Tradition der Apfelweinproduktion in der Region.

In den Vereinigten Staaten sind die Obstgärten oft groß und vielfältig und spiegeln die Vielfalt der Klimazonen und Terroirs des Landes wider. Von der Washington State Apple Commission im Nordwesten der USA bis hin zu Pfirsichplantagen in Georgia bietet jede Region ihre eigene Auswahl an einzigartigen Früchten und Anbaumethoden.

In Asien können Obstgärten je nach kulturellen Traditionen und lokalen klimatischen Bedingungen stark variieren. Apfelplantagen in China beispielsweise sind oft groß und nutzen intensive Anbautechniken, um die Erträge in einem Land zu maximieren, in dem die Nachfrage nach den Früchten ständig steigt.

In Afrika sind Obstgärten oft von entscheidender Bedeutung für die Ernährungssicherheit und den Lebensunterhalt der lokalen Gemeinschaften. Mangoplantagen im Senegal und Zitrusplantagen in Südafrika sind Beispiele dafür, wie Früchte eine entscheidende Rolle bei der Bekämpfung von Hunger und Armut in der Region spielen können.

In ariden und semi-ariden Regionen des Nahen Ostens werden Obstgärten häufig mithilfe althergebrachter Wassermanagementsysteme bewässert, beispielsweise Qanats im Iran und Falaj in den Vereinigten Arabischen Emiraten. Diese Systeme ermöglichen es Landwirten, trotz der Herausforderungen, die das trockene Klima mit sich bringt, eine Vielzahl von Früchten, einschließlich Äpfeln, anzubauen.

In Ozeanien schließlich sind Obstgärten häufig in größere landwirtschaftliche Systeme integriert, beispielsweise in gemischte Farmen in Neuseeland. Apfel- und andere Obstplantagen spielen eine wichtige Rolle in der Agrarwirtschaft der Region und bieten den Landwirten Einkommen und hochwertige Produkte für lokale und internationale Verbraucher.

Zusammenfassend lässt sich sagen, dass die Untersuchung von Obstgärten auf der ganzen Welt den Reichtum und die Vielfalt des Obstbaus auf globaler Ebene offenbart. Von traditionellen Obstplantagen in der Normandie bis hin zu riesigen Plantagen in China bietet jede Region eine einzigartige Perspektive auf den Obstanbau und die Herausforderungen, denen sich Landwirte in einer sich ständig verändernden Welt gegenübersehen.

Kapitel 148: Die Rolle von Apfelbäumen in der Agrarökologie

Apfelbäume nehmen in der Agrarökologie einen herausragenden Platz ein, einem landwirtschaftlichen Ansatz, der darauf abzielt, die Nahrungsmittelproduktion harmonisch mit der Erhaltung des Ökosystems zu verbinden. Ihr Beitrag hierzu ist vielfältig und reicht von der Artenvielfalt bis zur landwirtschaftlichen Nachhaltigkeit.

Erstens fördern agrarökologische Apfelplantagen die Artenvielfalt, indem sie einen natürlichen Lebensraum für eine Vielzahl von Pflanzen- und Tierarten bieten. Die Bäume selbst bieten Vögeln Nistplätze, während die Blüten bestäubende Insekten anlocken. Darüber hinaus trägt die Vielfalt der unter den Apfelbäumen angebauten Begleitpflanzen und Zwischenfrüchte dazu bei, ein reichhaltiges und ausgewogenes Ökosystem zu schaffen.

Als nächstes zielen agrarökologische Bewirtschaftungspraktiken für Apfelplantagen darauf ab, die Bodengesundheit zu erhalten und den Einsatz von Chemikalien zu reduzieren. Techniken wie Fruchtwechsel, Mulchen und integrierte Schädlingsbekämpfung tragen dazu bei, die Bodenfruchtbarkeit zu erhalten und gleichzeitig negative Umweltauswirkungen zu reduzieren.

Darüber hinaus können agrarökologische Apfelplantagen einen Beitrag zur Förderung einer lokalen und nachhaltigen Landwirtschaft leisten. Durch die Förderung der Produktion hochwertiger Früchte bei gleichzeitiger Schonung natürlicher Ressourcen tragen diese Agrarsysteme dazu bei, die Widerstandsfähigkeit der lokalen Gemeinschaften zu stärken und die Ernährungssouveränität zu fördern.

Zusammenfassend lässt sich sagen, dass Apfelbäume als Schlüsselelemente nachhaltiger Agrarökosysteme eine wichtige Rolle in der Agrarökologie spielen. Ihre sinnvolle Integration in landwirtschaftliche Praktiken kann dazu beitragen, die Artenvielfalt zu fördern, natürliche Ressourcen zu bewahren und die Nachhaltigkeit der Landwirtschaft auf lokaler und globaler Ebene zu stärken.

Kapitel 149: Apfelbäume und Naturschutzrichtlinien

Apfelbäume spielen eine entscheidende Rolle in der Naturschutzpolitik und tragen zum Erhalt der Artenvielfalt, zur Förderung einer nachhaltigen Landwirtschaft und zum Schutz genetischer Ressourcen bei. Ihre Bedeutung in dieser Politik beruht auf mehreren grundlegenden Aspekten.

Erstens ist die genetische Vielfalt von Apfelbäumen von entscheidender Bedeutung für die Widerstandsfähigkeit von Obstgärten gegenüber Krankheiten, Schädlingen und dem Klimawandel. Ziel der Naturschutzpolitik ist es, diese Vielfalt durch die Förderung von Obstgärten mit alten und lokalen Sorten zu schützen. Diese oft an spezifische lokale Bedingungen angepassten Sorten sind genetische Schätze, die Lösungen für zukünftige landwirtschaftliche Herausforderungen bieten können. Genbanken und Sammlungen seltener Apfelbäume sind daher entscheidende Instrumente zur Erhaltung dieser Vielfalt.

Zweitens tragen Apfelbäume zur Erhaltung von Ökosystemen bei, indem sie Lebensräume für eine vielfältige Flora und Fauna bieten. Apfelplantagen, insbesondere solche, die ökologisch bewirtschaftet werden, schaffen Lebensräume voller Artenvielfalt. Naturschutzrichtlinien fördern diese Praktiken, indem sie umweltfreundliche Anbaumethoden wie Agroforstwirtschaft, integrierte Schädlingsbekämpfung und den Einsatz biologischer Techniken unterstützen.

Darüber hinaus werden Apfelbäume häufig in Kulturlandschaften und lokale Traditionen integriert. Die Naturschutzpolitik erkennt diese kulturelle Dimension an, indem sie traditionelle Obstgartenlandschaften schützt, die nicht nur für die Artenvielfalt, sondern auch für das kulturelle Erbe der Gemeinden wichtig sind. Durch die Unterstützung dieser Landschaften tragen Naturschutzmaßnahmen dazu bei, das lokale Know-how zu bewahren und traditionelle landwirtschaftliche Praktiken aufrechtzuerhalten.

Zu Naturschutzinitiativen gehört auch die Sensibilisierung und Aufklärung von Landwirten und der Öffentlichkeit. Indem sie Landwirte über die Vorteile der Sortenvielfalt und nachhaltiger Praktiken informieren, fördern Naturschutzmaßnahmen eine verantwortungsvolle und proaktive Bewirtschaftung von Apfelplantagen. Darüber hinaus kann das öffentliche Bewusstsein für die Bedeutung alter Sorten und nachhaltiger Praktiken die Nachfrage nach Produkten aus ökologisch bewirtschafteten Obstplantagen steigern und so Naturschutzbemühungen durch Verbraucherentscheidungen unterstützen.

Daher stehen Apfelbäume aufgrund ihrer genetischen Vielfalt, ihrer ökologischen Rolle und ihrer kulturellen Bedeutung im Mittelpunkt der Naturschutzpolitik. Bemühungen zum Schutz und zur Förderung von Apfelsorten, zur Förderung nachhaltiger landwirtschaftlicher Praktiken und zur Sensibilisierung der Gemeinschaft sind unerlässlich, um eine widerstandsfähige und artenreiche Zukunft zu gewährleisten.

Kapitel 150: Sanierung verlassener Apfelbäume

Die Sanierung verlassener Apfelbäume ist sowohl ökologisch als auch wirtschaftlich und kulturell ein Projekt von großem Wert. Dieser Prozess erfordert konzertierte Anstrengungen, um diese Bäume wieder in ihren produktiven Zustand zu versetzen und sie wieder in lokale Agrarsysteme und Landschaften zu integrieren. Die Schritte, um dies zu erreichen, sind vielfältig und erfordern Kenntnisse in Baumzucht, Ökologie und Gemeinschaftsmanagement.

Der erste Schritt zur Sanierung verlassener Apfelbäume besteht darin, den Zustand der Bäume zu beurteilen. Es ist von entscheidender Bedeutung, den allgemeinen Gesundheitszustand von Apfelbäumen zu bestimmen und Krankheiten, Schädlinge und strukturelle Schäden zu erkennen. Diese Beurteilung ermöglicht es, die notwendigen Eingriffe für jeden Baum zu planen. Stark geschädigte Bäume müssen möglicherweise drastisch beschnitten werden, während Bäume in einem besseren Zustand möglicherweise von einer weniger intensiven Pflege profitieren.

Als nächstes ist der Umformschnitt eine wesentliche Maßnahme zur Wiederherstellung verlassener Apfelbäume. Dieser Rückschnitt entfernt abgestorbene oder kranke Äste, verbessert die Struktur des Baumes und fördert kräftiges neues Wachstum. Der Schnitt sollte sorgfältig erfolgen, um den Baum nicht zu belasten und eine ausgewogene Licht- und Luftverteilung in der Krone zu fördern.

Auch die Bekämpfung von Krankheiten und Schädlingen ist ein entscheidender Schritt. Verlassene Apfelbäume sind oft von Schädlingen und Krankheitserregern befallen. Daher ist es notwendig, integrierte Schädlingsbekämpfungspraktiken einzuführen, einschließlich der Verwendung biologischer Behandlungen und der Förderung natürlicher Fressfeinde. Es können Fungizid- oder Insektizidbehandlungen durchgeführt werden, vorzugsweise mit umweltfreundlichen Produkten.

Die Bodenverbesserung ist ein weiterer wichtiger Aspekt der Sanierung. Verlassene Apfelbäume können unter Nährstoffmangel, schlechter Bodenstruktur oder Entwässerungsproblemen leiden. Durch die Zugabe von Kompost, Mist und anderen organischen Zusatzstoffen kann der Boden angereichert und seine Fähigkeit, Wasser und Nährstoffe zu speichern, verbessert werden. Bodenuntersuchungen ermöglichen es, konkrete Mängel zu erkennen und die notwendigen Beiträge einzuleiten.

Die Regeneration verlassener Apfelbäume muss auch das Pflanzen neuer Bäume umfassen, um nicht mehr zu reparierende Bäume zu ersetzen oder den Obstgarten zu verdichten. Die ausgewählten Sorten müssen an die örtlichen Gegebenheiten angepasst und resistent gegen häufige Krankheiten sein. Sortendiversifizierung kann auch die Widerstandsfähigkeit von Obstgärten stärken.

Neben körperlichen Eingriffen ist es von entscheidender Bedeutung, die lokale Gemeinschaft in den Rehabilitationsprozess einzubeziehen. Zu den Gemeinschaftsprojekten können Schulungsworkshops zum Beschneiden und Pflegen von Bäumen, Pflanztage und Bildungsprogramme über die Bedeutung von Obstgärten für die Artenvielfalt und die lokale Kultur gehören. Die aktive Beteiligung der Gemeinschaft stellt die Nachhaltigkeit der

Sanierungsbemühungen sicher und stärkt die sozialen Bindungen rund um den Obstgartenschutz.

Die Aufwertung von Produkten aus rehabilitierten Apfelbäumen ist ein wichtiges Ziel. Äpfel können zu einer Vielzahl von Produkten wie Apfelwein, Marmeladen und Säften verarbeitet werden, was den Rehabilitationsbemühungen einen wirtschaftlichen Mehrwert verleiht. Die Schaffung lokaler Märkte oder Genossenschaften kann Landwirte unterstützen und eine nachhaltige Produktion fördern.

Die Sanierung verlassener Apfelbäume ist daher ein mehrdimensionaler Ansatz, der technische, ökologische, wirtschaftliche und soziale Aspekte umfasst. Es handelt sich um eine gemeinsame Anstrengung, die Zeit, Ressourcen und Engagement erfordert, aber erhebliche Vorteile im Hinblick auf die biologische Vielfalt, die Widerstandsfähigkeit der Landwirtschaft und das kulturelle Erbe mit sich bringt.

Kapitel 151: Apfelbäume und städtischer Gartenbau

Der urbane Gartenbau, eine boomende Praxis in modernen Städten, integriert zunehmend Apfelbäume in Grünflächen. Dieser Trend spiegelt ein wachsendes Bewusstsein für die ökologischen, sozialen und wirtschaftlichen Vorteile dieser Obstbäume wider. Apfelbäume spielen mit ihrer Blütenschönheit und ihren nahrhaften Früchten eine entscheidende Rolle bei der Umwandlung städtischer Landschaften in nachhaltigere und lebenswertere Umgebungen.

Apfelbäume in städtischen Gebieten tragen erheblich zur Artenvielfalt bei. Sie bieten Lebensraum und Nahrungsquelle für eine Vielzahl von Insekten, Vögeln und Kleinsäugern. Das Vorhandensein dieser Bäume fördert die Bestäubung durch Bienen und andere Bestäuber, was für die Gesundheit städtischer Ökosysteme von entscheidender Bedeutung ist. Darüber hinaus tragen Apfelbäume zur Verbesserung der Luftqualität bei, indem sie Kohlendioxid absorbieren, Sauerstoff produzieren und gleichzeitig Schadstoffe filtern.

Die Einbindung von Apfelbäumen in Gemeinschaftsgärten und öffentliche Parks bietet viele soziale Vorteile. Obstbäume fördern gemeinschaftliche Interaktionen durch Aktivitäten wie gemeinsame Ernten und Gartenworkshops. Diese Initiativen stärken soziale Bindungen, fördern den Zusammenhalt der Gemeinschaft und bieten Bildungschancen für Kinder und Erwachsene. Stadtgärten mit Apfelbäumen werden zu Orten der Begegnung und des Wissensaustauschs über nachhaltige landwirtschaftliche Praktiken.

Wirtschaftlich können städtische Apfelbäume eine wichtige Rolle für die lokale Ernährungssicherheit spielen. Lokal produziertes Obst verringert die Abhängigkeit von langen und kostspieligen Lieferketten. Durch den eigenen Apfelanbau können Stadtbewohner auf frische, gesunde Produkte zugreifen und gleichzeitig Geld sparen. Darüber hinaus kann der Verkauf überschüssiger Früchte auf lokalen Märkten oder über Genossenschaften zusätzliches Einkommen für städtische Gemeinden generieren.

Die Verwaltung und Pflege von Apfelbäumen in einer städtischen Umgebung stellt jedoch gewisse Herausforderungen dar. Begrenzter Platz, städtische Verschmutzung und Bodenbedingungen können die Gesundheit der Bäume beeinträchtigen. Es ist wichtig, geeignete Praktiken des städtischen Gartenbaus anzuwenden, wie z. B. die Verwendung von Behältern für den Anbau von Bäumen, die Verbesserung des Bodens mit Kompost und die Implementierung effizienter Bewässerungssysteme. Regelmäßiges Beschneiden und die Überwachung auf Krankheiten und Schädlinge sind ebenfalls entscheidend für die Erhaltung gesunder, produktiver Bäume.

Die Ästhetik blühender Apfelbäume und ihr saisonaler Wandel verleihen städtischen Landschaften eine attraktive visuelle Dimension. Ihre Integration in urbane Landschaftsgestaltungsprojekte kann eintönige Räume in grüne und einladende Bereiche verwandeln. Apfelbäume bringen einen Hauch von Natur in bebaute Umgebungen und bieten psychologische Vorteile wie Stressabbau und Verbesserung des allgemeinen Wohlbefindens der Bewohner.

Stadtpolitik und lokale Initiativen spielen eine Schlüsselrolle bei der Förderung des städtischen Gartenbaus mit Apfelbäumen. Kommunalverwaltungen können diese Bemühungen unterstützen, indem sie Zuschüsse gewähren, den Zugang zu städtischem Land für

Gemeinschaftsgärten erleichtern und das Pflanzen von Obstbäumen auf öffentlichen Plätzen fördern. Die Zusammenarbeit zwischen Stadtplanern, Gärtnern und lokalen Gemeinschaften ist für die Schaffung nachhaltiger und widerstandsfähiger städtischer Umgebungen unerlässlich.

Letztendlich stellen Apfelbäume einen wertvollen Bestandteil des städtischen Gartenbaus dar, der den Städten zahlreiche und vielfältige Vorteile bringt. Ihre durchdachte und strategische Integration in Stadtlandschaften trägt nicht nur zur Schönheit und Artenvielfalt der Städte bei, sondern auch zur ökologischen Widerstandsfähigkeit und Lebensqualität der Bewohner. Durch innovative Gartenpraktiken und unterstützende Richtlinien können Apfelbäume zu lebendigen Symbolen für das Engagement der Städte für eine grünere, nachhaltigere Zukunft werden.

Kapitel 152: Apfelbäume und Schulbildung

Die Integration von Apfelbäumen in die Schulbildung bietet eine Vielzahl von pädagogischen, ökologischen und sozialen Vorteilen. Durch die Einrichtung von Schulgärten können Bildungseinrichtungen den Schülern eine praktische und bereichernde Lernerfahrung bieten und gleichzeitig das Umweltbewusstsein und das Engagement der Gemeinschaft fördern.

Apfelbäume in Schulen tragen durch verschiedene Disziplinen dazu bei, den Lehrplan zu bereichern. In den Naturwissenschaften können Schüler den Lebenszyklus von Apfelbäumen beobachten, etwas über die Prozesse der Bestäubung, des Wachstums und der Fruchtbildung lernen und die ökologischen Wechselwirkungen zwischen Bäumen und anderen Lebensformen untersuchen. In der Geographie können Studierende die verschiedenen Apfelbaumsorten, ihre geografische Herkunft und die für ihren Anbau günstigen klimatischen Bedingungen erkunden. Mathematik findet auch im Schulgarten ihren Platz, durch Aktivitäten wie Messen, Zählen von Früchten und Erntemanagement.

Der Schulgarten wird zu einem lebendigen Labor, in dem Schüler aktiv an Gartenprojekten teilnehmen. Sie lernen, Obst anzupflanzen, zu pflegen und zu ernten, entwickeln praktische Fertigkeiten und ein Verständnis für saisonale Zyklen. Diese Aktivitäten fördern Teamarbeit, Verantwortung und Selbstwertgefühl. Sie tragen auch dazu bei, junge Menschen für die Bedeutung nachhaltiger Landwirtschaft und lokaler Lebensmittelproduktion zu sensibilisieren.

Aus ökologischer Sicht tragen Apfelbäume in Schulen zur lokalen Artenvielfalt bei. Sie locken Bestäuber wie Bienen und Schmetterlinge an und bieten Lebensraum für Vögel und kleine Säugetiere. Die Studierenden können diese Wechselwirkungen beobachten und verstehen, wie wichtig die Erhaltung natürlicher Lebensräume ist. Das Pflanzen von Apfelbäumen trägt auch dazu bei, die Luftqualität zu verbessern und Schatten zu spenden, wodurch eine gesündere und angenehmere Schulumgebung entsteht.

Schulobstgartenprojekte können auch als Plattform für Gemeinschaftsinitiativen dienen. Eltern, Lehrer und Gemeindemitglieder können sich an der Planung, Pflanzung und Pflege von Bäumen beteiligen und so soziale Bindungen und das Zugehörigkeitsgefühl stärken. Die Ernten können mit der Gemeinde geteilt, in Schulernährungsprogrammen verwendet oder zur Finanzierung anderer Bildungsprojekte verkauft werden.

Im Hinblick auf die Ernährung fördern Apfelbäume in Schulen eine gesunde Ernährung. Die Schüler haben Zugang zu frischem Obst aus der Region, was zu gesünderen Essgewohnheiten beitragen kann. Kochkurse mit Obstäpfeln ermöglichen es den Schülern, verschiedene Arten der Obstzubereitung und des Obstverzehrs kennenzulernen und gleichzeitig die Grundprinzipien der Ernährung zu erlernen.

Der Schulgarten ist auch ein wirksames Instrument für die Bildung zu nachhaltiger Entwicklung. Die Studierenden lernen die Prinzipien des ökologischen Landbaus, der nachhaltigen Bewirtschaftung natürlicher Ressourcen und der Reduzierung des ökologischen Fußabdrucks kennen. Sie entdecken, wie sich individuelle und kollektive Entscheidungen positiv auf die Umwelt auswirken können. Dieses ökologische Bewusstsein von klein auf ist von wesentlicher Bedeutung für die Ausbildung verantwortungsbewusster Bürger, die sich für den Erhalt des Planeten einsetzen.

„Apple Trees in School Education" bietet einen ganzheitlichen Lernansatz, der theoretisches Wissen mit praktischen Erfahrungen verbindet und eine ökologische Bürgererziehung fördert. Sie verwandeln die Schule in einen lebendigen, interaktiven Lernort, an dem die Schüler die Früchte ihrer Bemühungen sehen, anfassen und schmecken können. Durch diese Initiativen können Schulen zukünftige Generationen dazu inspirieren, unsere natürliche Umwelt zu schätzen und zu schützen und gleichzeitig wesentliche Fähigkeiten und Werte für ihre persönliche und akademische Entwicklung zu fördern.

Kapitel 153: Apfelbäume in Literatur und Poesie

Apfelbäume nehmen in der Literatur und Poesie einen besonderen Platz ein und symbolisieren oft Schönheit, Fruchtbarkeit und Weisheit. Ihre Präsenz in literarischen Werken geht über Kulturen und Epochen hinaus und bietet eine reiche Palette an Bedeutungen und Emotionen.

In der Poesie wird der Apfelbaum häufig mit Natur und Wunder in Verbindung gebracht. Robert Frost verwendet in seinem Gedicht „After Apple-Picking" den Apfelbaum als Metapher für Leben und Werk. Das Gedicht thematisiert die Müdigkeit nach einem langen Erntetag und symbolisiert das Ende eines Zyklus und das Nachdenken über Erfolge und Bedauern. Frost stellt ungeerntete Äpfel als verpasste Chancen dar und betont die Flüchtigkeit des Lebens und seine kostbaren Momente.

Der Apfelbaum kommt auch in der mythologischen und religiösen Literatur vor. In der Bibel wird der Baum der Erkenntnis von Gut und Böse oft als Apfelbaum dargestellt, obwohl die Frucht nicht explizit benannt wird. Dieses Symbol hat viele literarische Werke beeinflusst, in denen der Apfel Versuchung, Wissen und den Verlust der Unschuld darstellt. John Milton beschreibt in seinem Epos „Paradise Lost" die Szene des Sündenfalls, in der Eva die verbotene Frucht pflückt und isst und so die Sünde in die Welt bringt. Der Apfelbaum wird so zum Symbol der Dualität des Wissens und seiner Folgen.

Apfelbäume kommen auch in Volksmärchen und Legenden vor. In europäischen Erzählungen sind Apfelbäume oft verzaubert oder magisch, bieten goldene Früchte oder spielen eine zentrale Rolle bei den Abenteuern der Helden. Im Grimm-Märchen „Schneewittchen" zum Beispiel wird der vergiftete Apfel, den die böse Königin geschenkt hat, zum Symbol für Verrat und Gefahr, getarnt als Schönheit.

Auch in der romantischen Literatur des 19. Jahrhunderts wurden Apfelbäume wegen ihrer natürlichen Schönheit und Symbolik gefeiert. Dichter wie William Wordsworth und John Keats verwendeten Apfelbäume und ihre Blumen, um Bilder von Reinheit, Erneuerung und der Symbiose zwischen Mensch und Natur hervorzurufen. Keats beschreibt in seinem Gedicht „To Autumn" Apfelbäume voller reifer Früchte, ein Bild der Fülle und des Reichtums der Jahreszeit.

In der amerikanischen Literatur symbolisieren Apfelbäume oft die Einfachheit und Rustikalität des Landlebens. Henry David Thoreau schreibt in „Walden" über die wilden Apfelbäume, die er auf seinen Spaziergängen entdeckt, und verwendet diese Bäume als Metapher für bewusste Einfachheit und Verbundenheit mit dem Land. Für Thoreau sind Apfelbäume ein Symbol für Widerstandsfähigkeit und natürliche Schönheit, unabhängig von der menschlichen Kultur.

Die zeitgenössische Literatur verwendet Apfelbäume weiterhin als reichhaltige und vielseitige Symbole. In John Irvings „The Cider House Rules" sind Apfelplantagen ein zentraler Schauplatz, der Themen wie Liebe, Verlust und die Suche nach Identität widerspiegelt. Die Apfelbäume und die Apfelernte dienen als Hintergrund für die moralischen Dilemmata und persönlichen Entscheidungen der Charaktere und betonen die enge Verbindung zwischen der Natur und dem menschlichen Dasein.

Apfelbäume in Literatur und Poesie bieten daher einen Spiegel, durch den Autoren eine Vielzahl universeller Themen erkunden. Sie sind stille Zeugen der Zyklen des Lebens, Hüter von Geheimnissen und Symbole der Transformation. Ihre ständige Präsenz in literarischen Werken ist ein Beweis für ihre eindrucksvolle Kraft und Fähigkeit, die menschliche Vorstellungskraft anzuregen und den Leser mit tiefgreifenden Konzepten von Schönheit, Weisheit und Sterblichkeit zu verbinden.

Kapitel 154: Apfelbäume in der bildenden Kunst

Apfelbäume waren schon immer eine Inspirationsquelle für bildende Künstler und fesseln die Fantasie mit ihrer natürlichen Schönheit, reichen Symbolik und universellen Präsenz in vielfältigen Landschaften. Ihre Darstellung in der Kunst erstreckt sich über Jahrhunderte, von antiken Fresken bis hin zu zeitgenössischen Installationen, und zeugt von ihrer eindrucksvollen Kraft und ihrer zentralen Rolle in unserer Beziehung zur Natur.

In der klassischen Malerei tauchen Apfelbäume häufig in pastoralen Szenen und Stillleben auf. Renaissancekünstler wie Pieter Bruegel der Ältere bezogen Apfelbäume in ihre idealisierten Darstellungen des Landlebens ein. Obstbäume symbolisieren Fruchtbarkeit, Fülle und die Einfachheit des Landlebens. Die winzigen Details von Zweigen, Blättern und Früchten in diesen Werken spiegeln eine tiefe Bewunderung für die Natur und ihre Fülle wider.

Apfelbäume spielen auch in der impressionistischen Kunst eine wichtige Rolle, wo sie oft im Freien dargestellt werden und das Licht und die wechselnden Farben der Jahreszeiten einfangen. Claude Monet zum Beispiel malte mehrere blühende Apfelplantagen und verwendete dabei leuchtende Farbtupfer und fließende Pinselstriche, um die Zartheit und Vergänglichkeit von Frühlingsblumen hervorzurufen. Impressionisten versuchen, die Essenz des Augenblicks einzufangen, und blühende Apfelbäume sind perfekte Motive, um diese Suche nach der flüchtigen Schönheit der Natur zum Ausdruck zu bringen.

Moderne und zeitgenössische Kunst erforschen weiterhin Apfelbäume als Symbole und Objekte der Kontemplation. Vincent van Gogh nutzt in seinen berühmten Gemälden von Obstgärten in der Provence Apfelbäume, um tiefe Emotionen und persönliche Reflexionen auszudrücken. Seine wirbelnden Pinselstriche und lebendigen Farben verwandeln Bäume in visuelle Manifestationen seines Geisteszustands. Die Apfelbäume werden zu stillen Zeugen seiner künstlerischen Kämpfe und Erfolge.

In der Fotografie werden Apfelbäume häufig verwendet, um Themen wie Natur, Wachstum und Transformation zu thematisieren. Fotografen der Neuen Sachlichkeit wie Albert Renger-Patzsch haben die geometrischen Formen und Texturen von Apfelbäumen mit nahezu wissenschaftlicher Präzision eingefangen und dabei die inhärente Schönheit natürlicher Strukturen hervorgehoben. Fotografien von Apfelbäumen zu allen Jahreszeiten unterstreichen die Widerstandsfähigkeit und Vielfalt dieser Bäume und laden den Betrachter gleichzeitig zu einer tieferen Betrachtung der Natur ein.

In zeitgenössischen Kunstinstallationen werden häufig Apfelbäume integriert, um immersive und interaktive Erlebnisse zu schaffen. Land-Art-Künstler wie Andy Goldsworthy nutzen natürliche Elemente, darunter Äpfel und Apfelzweige, um vergängliche Werke zu schaffen, die mit ihrer Umgebung interagieren. Diese Installationen betonen die symbiotische Beziehung zwischen Kunst und Natur und ermutigen den Betrachter, über die Zerbrechlichkeit und vergängliche Schönheit der natürlichen Welt nachzudenken.

Apfelbäume nehmen auch in der symbolischen und allegorischen Kunst einen wichtigen Platz ein. In vielen Kulturen ist der Apfelbaum ein Symbol für Wissen, Leben und Erneuerung. In religiösen und mythologischen Kunstwerken wird der Apfelbaum häufig verwendet, um biblische Geschichten oder alte Legenden hervorzurufen. Der goldene Apfel der Hesperiden in der griechischen Mythologie oder der Apfelbaum des Gartens Eden sind wiederkehrende Motive, die Kunstwerke mit Schichten symbolischer Bedeutung bereichern.

Zusammenfassend lässt sich sagen, dass Apfelbäume in der bildenden Kunst zeitliche und kulturelle Grenzen überschreiten und Künstlern ein reichhaltiges und vielseitiges Motiv zum Erkunden bieten. Ihre Darstellung in verschiedenen Kunstformen erinnert uns an die Schönheit und Komplexität der Natur und spiegelt gleichzeitig unsere eigenen Erfahrungen und Emotionen wider. Ob durch Malerei, Fotografie oder zeitgenössische Installationen – Apfelbäume faszinieren und inspirieren immer noch und zeugen von ihrer anhaltenden Macht in der Kunstwelt.

Kapitel 155: Apfelbäume und Kochkunst

Apfelbäume nehmen in der Kochkunst einen hohen Stellenwert ein und verwandeln ihre Früchte in eine Vielzahl geschmackvoller Kreationen, die Gaumen auf der ganzen Welt erfreuen. Die Vielfalt der Apfelsorten und ihre besonderen Eigenschaften bieten einen unerschöpflichen Reichtum für Köche und Kochbegeisterte. Von traditionellen Gerichten bis hin zu modernen Innovationen sind Äpfel sowohl eine wesentliche Zutat als auch eine Quelle kulinarischer Inspiration.

Äpfel sind in den kulinarischen Traditionen vieler Länder tief verwurzelt. In Frankreich zum Beispiel ist Tarte Tatin ein unverzichtbarer Klassiker, bei dem karamellisierte Äpfel ein Dessert ergeben, das durch seine Einfachheit und Komplexität der Aromen besticht. In England weckt Apple Crumble mit seinen saftigen Apfelstücken unter einer knusprigen Kruste warme Erinnerungen an die Heimat. Diese traditionellen Rezepte heben die natürliche Süße von Äpfeln und ihre Fähigkeit hervor, harmonisch mit Gewürzen wie Zimt und Muskatnuss zu harmonieren.

In der französischen Konditorei werden Äpfel auf meisterhafte Weise verwendet, unter anderem in Köstlichkeiten wie Apfelkuchen, Apfeltaschen und Mille-Feuilles. Diese Kreationen demonstrieren die Vielseitigkeit von Äpfeln, die sowohl in einfachen Zubereitungen als auch in aufwendigen Desserts glänzen können. Die knusprige Textur bestimmter Apfelsorten, wie etwa Granny Smith, kontrastiert perfekt mit der Weichheit von Vanillesoße oder der reichhaltigen Butter in Blätterteig.

Äpfel eignen sich nicht nur zum Nachtisch. Auch in herzhaften Gerichten spielen sie eine entscheidende Rolle, wo ihre natürliche Säure und dezente Süße für eine einzigartige Geschmacksdimension sorgen. In der nordeuropäischen Küche sieht man häufig gebratene Äpfel zu Fleisch, wie zum Beispiel im berühmten deutschen Gericht Apfelrotkohl (Rotkohl mit Äpfeln). Die Äpfel verleihen dem Fleisch einen Hauch von Frische und Kontrast zu den reichhaltigen, fettigen Aromen.

Beliebt sind auch Salate mit Äpfeln, die für die perfekte Balance aus Knusprigkeit und Saftigkeit sorgen. Der Waldorfsalat zum Beispiel mischt knackige Apfelstücke mit Sellerie, Walnüssen und Mayonnaise und schafft so eine Harmonie von Texturen und Geschmack. Darüber hinaus können Äpfel zur Herstellung von Salatdressings oder Chutneys verwendet werden und sorgen für einen fruchtig-würzigen Geschmack, der herzhafte Gerichte verfeinert.

Getränke sind eine weitere Dimension, in der sich Äpfel auszeichnen. Apfelwein, der aus der Fermentation von Apfelsaft hergestellt wird, ist in vielen Kulturen, insbesondere in der Normandie, der Bretagne und England, ein ikonisches Getränk. Apfelwein kann süß, roh oder prickelnd sein und eignet sich sowohl zur einfachen Verkostung als auch als Beilage zu Mahlzeiten. Auch Cocktails auf Apfelweinbasis wie der normannische Kir demonstrieren die Anpassungsfähigkeit dieses Getränks in modernen Kontexten.

Apfelsäfte und Smoothies sind wegen ihres erfrischenden Geschmacks und Nährwerts beliebt. Der Vitamin- und Ballaststoffreichtum von Äpfeln macht diese Getränke zu einer gesunden Wahl für alle Altersgruppen. Darüber hinaus können Äpfel zur Herstellung von Apfelessig verwendet werden, der für seine gesundheitlichen Vorteile und vielfältigen kulinarischen Anwendungen bekannt ist, von der Marinade bis zum Salatdressing.

Zeitgenössische kulinarische Innovationen erweitern weiterhin die Grenzen der Apfelverwendung. Köche erforschen moderne Techniken wie die Molekularküche, um Äpfel in Espumas, Gele oder Sphären zu verwandeln und so überraschende Geschmacks- und visuelle Erlebnisse zu bieten. Auch getrocknete Äpfel und Apfelchips sind beliebte Snacks und beweisen auch in verarbeiteter Form ihre Vielseitigkeit.

Äpfel bleiben mit ihrer unglaublichen Vielfalt und Anpassungsfähigkeit ein Grundpfeiler der Kochkunst. Sie inspirieren kulinarische Kreationen, die vom Einfachsten bis zum Anspruchsvollsten reichen und zeitlose Aromen und überraschende Innovationen bieten. Ihre anhaltende Präsenz in Küchen auf der ganzen Welt ist ein Beweis für ihre anhaltende Bedeutung und ihre Fähigkeit, sich mit kulinarischen Trends weiterzuentwickeln.

Kapitel 156: Apfelbäume und traditionelle Medizin

Apfelbäume sind weit mehr als nur Hersteller schmackhafter Früchte und werden seit langem in der traditionellen Medizin verwendet. Seit Jahrhunderten haben verschiedene Kulturen die heilende Wirkung von Äpfeln und anderen Teilen des Baumes erkannt und genutzt. Diese reiche Tradition zeugt von der Bedeutung von Apfelbäumen in alten und modernen medizinischen Praktiken.

In der traditionellen europäischen Medizin galten Äpfel oft als Symbol für Gesundheit und Langlebigkeit. Die Römer beispielsweise verzehrten regelmäßig Äpfel wegen ihrer verdauungsfördernden Wirkung und verwendeten sie zur Behandlung verschiedener Beschwerden. Äpfel, reich an Ballaststoffen und Vitaminen, wurden zur Verbesserung der Verdauung und zur Vorbeugung von Magen-Darm-Erkrankungen empfohlen. Das Sprichwort

„Ein Apfel am Tag hält den Arzt fern" hat seine Wurzeln in dieser Tradition und betont die vorbeugende Wirkung des regelmäßigen Apfelkonsums.

Apfelessig ist ein weiteres aus Apfelbäumen gewonnenes Produkt, das in der traditionellen Medizin häufig verwendet wird. Dieser Essig wird wegen seiner antiseptischen und verdauungsfördernden Eigenschaften geschätzt. Es ist in vielen Hausmitteln enthalten, von der Desinfektion von Wunden bis hin zur Anregung der Verdauung. Apfelessig wird auch verwendet, um den pH-Wert des Körpers auszugleichen und das Immunsystem zu stärken. Viele Menschen verwenden es auch heute noch, um Halsschmerzen und Sodbrennen zu lindern und sogar die Gesundheit von Haut und Haaren zu verbessern.

In Asien, insbesondere in China und Indien, sind Äpfel in traditionelle Medizinpraktiken wie die Traditionelle Chinesische Medizin (TCM) und Ayurveda integriert. In der TCM gelten Äpfel als kühlende Früchte, die dabei helfen, Hitzeungleichgewichte im Körper zu lindern. Sie werden zur Behandlung von Erkrankungen wie Verstopfung, trockenem Hals und Müdigkeit eingesetzt. Der Ayurveda wiederum empfiehlt Äpfel wegen ihrer Fähigkeit, die Doshas, insbesondere Pitta und Vata, auszugleichen. Gekochte Äpfel werden besonders wegen ihrer Bekömmlichkeit und wohltuenden Süße geschätzt.

Auch die Blätter und die Rinde von Apfelbäumen kommen nicht zu kurz. Apfelblätter sind reich an Antioxidantien und werden aufgrund ihrer entzündungshemmenden und immunstimulierenden Eigenschaften manchmal als Aufguss verwendet. Obwohl weniger bekannt, wird Apfelrinde in bestimmten Traditionen wegen ihrer tonisierenden und adstringierenden Wirkung verwendet. Es wird zur Behandlung von Hauterkrankungen und leichten Infektionen eingesetzt.

Apfelblüten haben auch in der traditionellen Medizin ihren Platz. Wegen ihrer beruhigenden und lindernden Wirkung werden sie als Aufguss verwendet. Es ist bekannt, dass dieser Aufguss Angstzustände lindert, den Schlaf fördert und leichte Atemwegserkrankungen lindert. Apfelblütenextrakte werden manchmal wegen ihrer hautglättenden und regenerierenden Eigenschaften in Präparate eingearbeitet.

Äpfel selbst enthalten bioaktive Verbindungen wie Flavonoide und Polyphenole, die nachweislich gesundheitsfördernd sind. Diese Verbindungen tragen dazu bei, das Risiko von Herz-Kreislauf-Erkrankungen zu verringern, Entzündungen zu bekämpfen und bestimmten Krebsarten vorzubeugen. Pektin, ein löslicher Ballaststoff in Äpfeln, hilft, den Blutzuckerspiegel zu regulieren und den Cholesterinspiegel zu senken.

In Afrika verwenden einige Gemeinden wilde Äpfel und Teile des Apfelbaums in lokalen Heilpraktiken. Zu den traditionellen Heilmitteln gehört die Verwendung von Apfelmark zur Behandlung von Infektionen und Entzündungen. Abkochungen aus Apfelblättern werden zur Behandlung von Fieber und parasitären Erkrankungen eingesetzt.

Die Integration von Apfelbäumen in die traditionelle Medizin zeigt eine tiefe Symbiose zwischen Mensch und Natur. Die medizinischen Eigenschaften von Äpfeln und anderen Teilen des Apfelbaums werden in vielen Kulturen auf der ganzen Welt anerkannt und respektiert. Diese Praktiken zeigen nicht nur die Fülle der Natur an natürlichen Heilmitteln, sondern auch die alte Weisheit, die weiterhin moderne Ansätze für Gesundheit und Wohlbefinden inspiriert.

Kapitel 157: Medizinische Eigenschaften von Äpfeln

Äpfel sind nicht nur als schmackhafte Frucht beliebt, sie haben auch medizinische Eigenschaften, die sie zu einem unverzichtbaren Nahrungsmittel für die Gesundheit machen. Seit der Antike haben verschiedene Kulturen die Vorteile von Äpfeln zur Behandlung und Vorbeugung einer Vielzahl von Krankheiten erkannt und genutzt.

Äpfel sind reich an Ballaststoffen, insbesondere Pektin, einem löslichen Ballaststoff, der eine entscheidende Rolle bei der Regulierung des Verdauungssystems spielt. Pektin trägt zur Aufrechterhaltung einer regelmäßigen Darmpassage bei und kann Verstopfung lindern. Es ist auch wirksam bei der Senkung des Cholesterinspiegels im Blut, indem es dessen Absorption im Darm hemmt, was zur Herz-Kreislauf-Gesundheit beiträgt.

Äpfel enthalten außerdem eine Fülle antioxidativer Verbindungen wie Flavonoide und Polyphenole, die für die Bekämpfung von oxidativem Stress im Körper unerlässlich sind. Diese Antioxidantien neutralisieren freie Radikale, instabile Moleküle, die Zellen schädigen und zu chronischen Krankheiten wie Krebs und Herzerkrankungen führen können. Quercetin, ein Flavonoid, das in der Schale von Äpfeln vorkommt, hat entzündungshemmende und antivirale Eigenschaften und stärkt dadurch das Immunsystem.

Wenn es um die Herz-Kreislauf-Gesundheit geht, sind Äpfel besonders vorteilhaft. Die in Äpfeln enthaltenen löslichen Ballaststoffe, Polyphenole und Kalium helfen, den Blutdruck zu senken und die Funktion der Blutgefäße zu verbessern. Studien haben gezeigt, dass der regelmäßige Verzehr von Äpfeln mit einem geringeren Risiko für Herzerkrankungen verbunden ist, was teilweise auf ihre Fähigkeit zurückzuführen ist, das LDL-Cholesterin (das schlechte Cholesterin) zu senken und das HDL-Cholesterin (das gute Cholesterin) zu erhöhen.

Auch bei der Behandlung von Diabetes spielen Äpfel eine wichtige Rolle. Ihr niedriger glykämischer Index und ihr hoher Ballaststoffgehalt tragen zur Regulierung des Blutzuckerspiegels bei. Pektin verlangsamt die Aufnahme von Zucker und verhindert so Blutzuckerspitzen nach den Mahlzeiten. Darüber hinaus können in Äpfeln enthaltene Antioxidantien wie Flavonoide die Insulinsensitivität verbessern und dadurch das Risiko für Typ-2-Diabetes verringern.

Die Vorteile von Äpfeln erstrecken sich auch auf die Lungengesundheit. Untersuchungen legen nahe, dass der regelmäßige Verzehr von Äpfeln die Lungenfunktion verbessern und das Risiko von Atemwegserkrankungen wie Asthma verringern kann. Die in Äpfeln enthaltenen Antioxidantien und entzündungshemmenden Verbindungen tragen dazu bei, die Lunge vor Reizungen und Schäden durch Luftschadstoffe und Infektionen zu schützen.

Wenn es ums Gewichtsmanagement geht, sind Äpfel ein wertvolles Gut. Ihr hoher Ballaststoff- und Wassergehalt sorgt für ein Sättigungsgefühl, das dabei helfen kann, den Appetit zu kontrollieren und die Gesamtkalorienaufnahme zu reduzieren. Äpfel sind außerdem kalorienarm und reich an essentiellen Nährstoffen, was sie zu einer idealen Wahl für einen gesunden, ausgewogenen Snack macht.

Auch in der Naturkosmetik und Hautpflege finden Äpfel topische Anwendung. Apfelextrakte, die reich an Alpha-Hydroxysäuren (AHA) sind, werden in Hautpflegeprodukten verwendet, um sanft zu peelen und die Zellerneuerung zu fördern. Diese Eigenschaften tragen dazu bei, die Hautstruktur zu verbessern, Falten zu reduzieren und Altersflecken aufzuhellen. Auch Gesichtsmasken auf Apfelbasis können die Haut mit Feuchtigkeit versorgen und erfrischen.

In der traditionellen Medizin werden Äpfel und ihre Derivate zur Behandlung verschiedener Krankheiten eingesetzt. Apfelessig ist beispielsweise für seine antiseptischen und entzündungshemmenden Eigenschaften bekannt. Es wird häufig zur Linderung von Halsschmerzen, zur Verbesserung der Verdauung und zur Entgiftung des Körpers eingesetzt. Die äußerliche Anwendung von Apfelessig kann auch bei der Behandlung von Hautinfektionen helfen und den pH-Wert der Haut ausgleichen.

Die Integration von Äpfeln in die tägliche Ernährung bietet daher eine Vielzahl gesundheitlicher Vorteile. Zusätzlich zu ihrem köstlichen Geschmack tragen sie dazu bei, die Verdauung zu verbessern, das Herz zu schützen, den Blutzucker zu regulieren, die Lungenfunktion zu unterstützen, das Gewicht zu kontrollieren und eine gesunde Haut zu fördern. Äpfel sind ein wahres Geschenk der Natur, denn sie bieten sowohl Nahrung als auch Schutz vor verschiedenen Krankheiten.

Kapitel 158: Apfelbäume und gesunde Ernährung

Apfelbäume spielen mit ihren saftigen Früchten eine zentrale Rolle für eine gesunde Ernährung. Äpfel sind reich an essentiellen Nährstoffen und bieten zahlreiche gesundheitliche Vorteile, von der Vorbeugung von Krankheiten bis hin zur Verbesserung des allgemeinen Wohlbefindens. Die Einbeziehung von Äpfeln in eine ausgewogene Ernährung kann erhebliche positive Auswirkungen auf verschiedene Aspekte der Gesundheit haben.

Äpfel sind eine reichliche Quelle für Ballaststoffe, vor allem Pektin, einen löslichen Ballaststoff. Pektin reguliert die Verdauung, beugt Verstopfung vor und erleichtert die Darmpassage. Durch die Reduzierung der Cholesterinaufnahme im Darm trägt Pektin auch zur Aufrechterhaltung eines gesunden Cholesterinspiegels bei, der für die Herz-Kreislauf-Gesundheit unerlässlich ist.

In Äpfeln enthaltene Antioxidantien wie Flavonoide und Polyphenole spielen eine entscheidende Rolle beim Schutz der Zellen vor oxidativen Schäden. Diese Verbindungen neutralisieren freie Radikale und verringern so das Risiko chronischer Krankheiten wie Krebs und Herzerkrankungen. Quercetin, ein Flavonoid, das in der Schale von Äpfeln reichlich vorhanden ist, hat entzündungshemmende und antivirale Eigenschaften, stärkt das Immunsystem und hilft, Infektionen vorzubeugen.

Äpfel wirken sich auch positiv auf die Herz-Kreislauf-Gesundheit aus. Ihr Gehalt an löslichen Ballaststoffen, Polyphenolen und Kalium hilft, den Blutdruck zu senken und die Funktion der Blutgefäße zu verbessern. Der regelmäßige Verzehr von Äpfeln ist mit einem geringeren Risiko für Herzerkrankungen verbunden, da sie das LDL-Cholesterin (schlechtes Cholesterin) senken und das HDL-Cholesterin (gutes Cholesterin) erhöhen können.

Wenn es um die Behandlung von Diabetes geht, sind Äpfel eine gute Wahl. Ihr niedriger glykämischer Index und ihr hoher Ballaststoffgehalt tragen zur Regulierung des Blutzuckerspiegels bei. Pektin verlangsamt die Aufnahme von Zucker und hilft so, Blutzuckerspitzen nach den Mahlzeiten zu verhindern. Darüber hinaus können die in Äpfeln enthaltenen Antioxidantien die Insulinsensitivität verbessern und so das Risiko für Typ-2-Diabetes verringern.

Auch für die Lungengesundheit spielen Äpfel eine wichtige Rolle. Studien zeigen, dass der regelmäßige Verzehr von Äpfeln die Lungenfunktion verbessern und das Risiko von Atemwegserkrankungen wie Asthma verringern kann. Die in Äpfeln enthaltenen Antioxidantien und entzündungshemmenden Verbindungen schützen die Lunge vor Reizungen und Schäden durch Luftschadstoffe und Infektionen.

Für alle, die ihr Gewicht kontrollieren möchten, sind Äpfel ein toller Verbündeter. Ihr hoher Ballaststoff- und Wassergehalt sorgt für ein Sättigungsgefühl, das hilft, den Appetit zu kontrollieren und die Gesamtkalorienaufnahme zu reduzieren. Äpfel sind außerdem kalorienarm und reich an essentiellen Nährstoffen, was sie zu einem idealen, ausgewogenen Snack macht.

Die Vorteile von Äpfeln beschränken sich nicht nur auf die Verdauung und die Gesundheit des Herzens. Sie wirken sich auch positiv auf die Gesundheit der Haut aus. Die in Äpfeln enthaltenen Antioxidantien tragen dazu bei, die Haut vor Schäden durch freie Radikale zu schützen und vorzeitiger Hautalterung vorzubeugen. Alpha-Hydroxysäuren (AHAs), die in Äpfeln enthalten sind, tragen dazu bei, die Haut sanft zu peelen, die Zellerneuerung zu fördern und die Hautstruktur zu verbessern.

Äpfel werden auch in der traditionellen Medizin wegen ihrer heilenden Wirkung verwendet. Apfelessig beispielsweise ist für seine antiseptischen und entzündungshemmenden Eigenschaften bekannt. Es wird häufig zur Linderung von Halsschmerzen, zur Verbesserung der Verdauung und zur Entgiftung des Körpers eingesetzt. Bei topischer Anwendung kann Apfelessig bei der Behandlung von Hautinfektionen helfen und den pH-Wert der Haut ausgleichen.

Durch die Integration von Äpfeln in die tägliche Ernährung können wir von ihren vielen gesundheitlichen Vorteilen profitieren. Ob zur Verbesserung der Verdauung, zum Schutz des Herzens, zur Regulierung des Blutzuckers, zur Unterstützung der Lungenfunktion, zur Gewichtskontrolle oder zur Förderung einer gesunden Haut – Äpfel bieten eine natürliche und schmackhafte Lösung. Apfelbäume sind mit ihren nährstoffreichen Früchten daher eine Fundgrube an gesundheitlichen Vorteilen und tragen zu einer ausgewogenen Ernährung und einem gesunden Lebensstil bei.

Kapitel 159: Die Rolle von Apfelbäumen in der Ernährung

Apfelbäume spielen in vielen Ernährungsformen auf der ganzen Welt eine wesentliche Rolle. Äpfel, die Kultfrucht der Apfelbäume, sind nicht nur köstlich, sondern bieten auch eine beeindruckende Reihe gesundheitsfördernder Vorteile, die sie zu einem wertvollen Bestandteil jeder ausgewogenen Ernährung machen.

Quelle essentieller Nährstoffe: Äpfel sind reich an Ballaststoffen, Vitaminen, Mineralien und Antioxidantien. Sie liefern eine natürliche Quelle für Kohlenhydrate, langsam freigesetzte

Energie sowie Vitamine wie Vitamin C, das das Immunsystem stärkt, und Vitamin K, das die Blutgerinnung und die Knochengesundheit fördert.

Fördert die Verdauung: Die in Äpfeln enthaltenen Ballaststoffe helfen, die Verdauung zu regulieren, indem sie die regelmäßige Darmpassage fördern. Sie können auch bei der Vorbeugung von Verdauungskrankheiten wie Verstopfung und Hämorrhoiden eine Rolle spielen und gleichzeitig eine gesunde Darmflora fördern.

Gewichtskontrolle: Aufgrund ihres hohen Ballaststoffgehalts und ihrer geringen Kaloriendichte können Äpfel bei der Gewichtskontrolle helfen. Sie sorgen für ein Sättigungsgefühl und liefern gleichzeitig wichtige Nährstoffe, die dazu beitragen können, den Appetit zu reduzieren und übermäßiges Essen einzudämmen.

Verbesserte Herz-Kreislauf-Gesundheit: In Äpfeln enthaltene antioxidative Verbindungen wie Flavonoide und Polyphenole werden mit einem verringerten Risiko für Herz-Kreislauf-Erkrankungen in Verbindung gebracht. Sie helfen, Entzündungen zu reduzieren, das LDL-Cholesterin (das „schlechte" Cholesterin) zu senken und die Blutgefäße zu schützen.

Diabetes-Management: Mit ihrem niedrigen glykämischen Index und Ballaststoffgehalt können Äpfel zur Regulierung des Blutzuckers und zur Verbesserung der Insulinsensitivität beitragen. Sie können eine kluge Wahl für Menschen mit Diabetes oder diejenigen sein, die der Krankheit vorbeugen möchten.

Förderung der allgemeinen Gesundheit: Aufgrund ihres vielfältigen Nährwertprofils tragen Äpfel zur allgemeinen Gesundheit des Körpers bei. Sie tragen dazu bei, das Immunsystem zu stärken, vor chronischen Krankheiten zu schützen, ein gesundes Gewicht zu halten und ein gesundes Altern zu fördern.

Kulinarische Vielseitigkeit: Äpfel können auf viele Arten gegessen werden, ob roh als Snack, geschnitten in Salaten, gekocht in süßen oder herzhaften Gerichten oder zu Säften, Kompott,

Saucen und Marmelade verarbeitet. Ihre kulinarische Vielseitigkeit macht sie zu einer geschätzten Zutat in vielen Küchen auf der ganzen Welt.

Daher sind Apfelbäume und ihre Früchte, Äpfel, aufgrund ihres Nährwerts, ihrer positiven Wirkung auf die Gesundheit und ihrer kulinarischen Vielseitigkeit wertvolle Elemente in der Ernährung. Die Aufnahme von Äpfeln in Ihre tägliche Ernährung kann dazu beitragen, die allgemeine Gesundheit zu verbessern und einen gesunden Lebensstil aufrechtzuerhalten.

Kapitel 160: Apfelbäume und ausgewogene Ernährung

Apfelbäume spielen eine zentrale Rolle bei der Förderung einer ausgewogenen und gesunden Ernährung. Äpfel, die Früchte dieser Obstbäume, bieten eine einzigartige Kombination essentieller Nährstoffe und sind somit eine optimale Wahl für alle, die sich ausgewogen ernähren möchten.

Reich an Nährstoffen: Äpfel sind eine ausgezeichnete Quelle für Ballaststoffe, wichtige Vitamine und Mineralien. Sie liefern Nährstoffe wie Vitamin C, das das Immunsystem stärkt, Vitamin K, das die Blutgerinnung fördert, und Kalium, das den Blutdruck reguliert.

Kalorienarm: Äpfel sind von Natur aus kalorien- und fettarm und daher eine ideale Option für alle, die auf ihr Gewicht oder ihre Kalorienaufnahme achten. Sie sind außerdem reich an Wasser, das dabei hilft, den Körper mit Feuchtigkeit zu versorgen.

Appetitkontrolle: Die in Äpfeln enthaltenen Ballaststoffe helfen, den Appetit zu regulieren, indem sie für ein anhaltendes Sättigungsgefühl sorgen. Sie können als Snack verzehrt werden, um Heißhungerattacken zwischen den Mahlzeiten zu stillen, ohne die Nährstoffbalance zu beeinträchtigen.

Verdauungsunterstützung: Die Ballaststoffe in Äpfeln fördern die Gesundheit des Verdauungssystems, indem sie die Darmpassage anregen und Verstopfung vorbeugen. Sie nähren auch gute Darmbakterien, die eine gesunde Darmmikrobiota aufrechterhalten.

Cholesterin- und Blutdruckkontrolle: Äpfel sind reich an Antioxidantien wie Polyphenolen, die nachweislich positive Auswirkungen auf die Herz-Kreislauf-Gesundheit haben. Sie helfen, den LDL-Cholesterinspiegel (das „schlechte" Cholesterin) zu senken und den Blutdruck zu regulieren.

Vorbeugung chronischer Krankheiten: Der regelmäßige Verzehr von Äpfeln ist aufgrund ihres hohen Gehalts an Antioxidantien und sekundären Pflanzenstoffen mit einem verringerten Risiko für die Entwicklung bestimmter chronischer Krankheiten wie Herz-Kreislauf-Erkrankungen, Typ-2-Diabetes und bestimmten Krebsarten verbunden.

Kulinarische Vielseitigkeit: Äpfel können in eine Vielzahl von Gerichten eingearbeitet werden, egal ob süß oder herzhaft. Sie können roh, gekocht oder zu Säften, Kompott, Soßen und Desserts verarbeitet werden und eignen sich daher für viele Rezepte und Diäten.

Kurz gesagt, Apfelbäume und die Äpfel, die sie produzieren, sind grundlegende Elemente einer ausgewogenen Ernährung. Ihr vollständiger Nährstoffgehalt, ihr geringer Kaloriengehalt und ihre kulinarische Vielseitigkeit machen sie zu einer optimalen Wahl für alle, die sich gesund und ausgewogen ernähren möchten.

Kapitel 161: Äpfel in der Krankheitsprävention

Äpfel sind mehr als nur eine Frucht; Sie sind wahre Verbündete bei der Krankheitsprävention. Ihr regelmäßiger Verzehr ist mit zahlreichen gesundheitlichen Vorteilen verbunden und trägt dazu bei, das Risiko verschiedener Erkrankungen zu verringern.

Reich an Antioxidantien: Äpfel sind reich an Antioxidantien wie Flavonoiden, Polyphenolen und Vitamin C. Diese Verbindungen schützen die Körperzellen vor Schäden durch freie Radikale und tragen dazu bei, das Risiko chronischer Krankheiten wie Herz-Kreislauf-Erkrankungen, Diabetes und bestimmte Krebsarten zu verringern.

Cholesterinregulierung: Die in Äpfeln enthaltenen löslichen Ballaststoffe, insbesondere Pektin, tragen dazu bei, den LDL-Cholesterinspiegel (das „schlechte" Cholesterin) im Blut zu senken. Der regelmäßige Verzehr von Äpfeln wirkt sich daher positiv auf die Herz-Kreislauf-Gesundheit aus, indem er das Risiko einer Plaquebildung in den Arterien verringert.

Stabilisierender Blutzucker: Dank ihres hohen Ballaststoff- und natürlichen Fruktosegehalts tragen Äpfel zur Stabilisierung des Blutzuckers bei. Sie sind daher eine kluge Wahl für Menschen mit Diabetes oder diejenigen, die dieser Krankheit vorbeugen möchten.

Vorbeugende Wirkung gegen Krebs: Studien haben gezeigt, dass der regelmäßige Verzehr von Äpfeln mit einer Verringerung des Risikos für bestimmte Krebsarten verbunden sein kann, insbesondere für Dickdarm-, Brust- und Prostatakrebs. Die in Äpfeln enthaltenen Antioxidantien können dazu beitragen, das Wachstum von Krebszellen zu hemmen und Entzündungen im Körper zu reduzieren.

Verbesserte Verdauungsgesundheit: Die Ballaststoffe in Äpfeln fördern eine gesunde Verdauung, indem sie die Darmpassage regulieren und Verstopfung vorbeugen. Sie nähren auch gute Darmbakterien, die für eine ausgeglichene Darmmikrobiota sorgen.

Schutz des Immunsystems: Das in Äpfeln enthaltene Vitamin C spielt eine wichtige Rolle bei der Stärkung des Immunsystems und trägt so zur Vorbeugung von Infektionen und Krankheiten bei.

Reduziertes Risiko neurodegenerativer Erkrankungen: Bestimmte Verbindungen in Äpfeln, wie Flavonoide und Antioxidantien, werden mit einem verringerten Risiko für die Entwicklung neurodegenerativer Erkrankungen wie Alzheimer und Parkinson in Verbindung gebracht.

Daher kann die Integration von Äpfeln in die tägliche Ernährung positive Auswirkungen auf die langfristige Gesundheit haben. Ihre antioxidativen, entzündungshemmenden und regulierenden Eigenschaften machen sie zu einer optimalen Wahl zur Vorbeugung einer Vielzahl von Krankheiten und zur Erhaltung einer optimalen Gesundheit.

Kapitel 162: Der Beitrag von Apfelbäumen zur medizinischen Forschung

Apfelbäume, zeitlose Symbole für Schönheit und Fruchtbarkeit, liefern nicht nur köstliche Früchte auf unseren Tischen. Ihre reiche Geschichte reicht Jahrhunderte zurück, ihre Bedeutung in der medizinischen Forschung wird jedoch oft übersehen. Dennoch spielen diese unscheinbaren Obstbäume eine entscheidende Rolle für den Fortschritt der modernen Medizin.

Apfelbäume tragen vor allem durch ihre genetische Vielfalt zur medizinischen Forschung bei. Jede Apfelsorte verfügt über einen eigenen Satz an Genen, was sie zu einer wertvollen Ressource für Forscher macht, die Zusammenhänge zwischen Genen und menschlichen Krankheiten untersuchen. Durch die Analyse und den Vergleich der Genome verschiedener Apfelsorten können Wissenschaftler neue Gene entdecken, die an komplexen Erkrankungen beteiligt sind, und so den Weg für neue Therapien und Behandlungen ebnen.

Darüber hinaus haben bioaktive Verbindungen, die in Äpfeln und anderen Teilen des Apfelbaums vorkommen, zunehmendes Interesse in der medizinischen Forschung geweckt. Studien haben gezeigt, dass diese Verbindungen, wie Polyphenole und Flavonoide, antioxidative und entzündungshemmende Eigenschaften haben, die der menschlichen Gesundheit zugute kommen könnten. Beispielsweise wird Quercetin, ein in Äpfeln vorkommendes Flavonoid, mit einer schützenden Wirkung gegen Herz-Kreislauf-Erkrankungen und Krebs in Verbindung gebracht, was bei Forschern das Interesse als potenzieller Wirkstoff für neue Medikamente geweckt hat.

Darüber hinaus kann die Forschung an Apfelbäumen auch zum Verständnis und zur Behandlung neurodegenerativer Erkrankungen wie Alzheimer und Parkinson beitragen. Wissenschaftler untersuchen die molekularen Mechanismen, die der Alterung von Obstbäumen wie Äpfeln zugrunde liegen, was wertvolle Erkenntnisse über die Alterung des menschlichen Gehirns und die damit verbundenen Krankheiten liefern könnte. Darüber hinaus sind einige Apfelbaumsorten von Natur aus resistent gegen Krankheiten und Schädlinge, was darauf hindeutet, dass sie über einzigartige Abwehrmechanismen verfügen, die zur Entwicklung neuer medizinischer Behandlungen genutzt werden können.

Apfelbäume sind daher nicht nur Lieferant köstlicher Früchte, sondern stellen auch eine wertvolle Ressource für die medizinische Forschung dar. Ihre genetische Vielfalt, ihre bioaktiven Verbindungen und ihr Potenzial zum Verständnis menschlicher Krankheiten machen sie zu faszinierenden Forschungsobjekten für Wissenschaftler auf der ganzen Welt. Während wir weiterhin die vielen Geheimnisse der Apfelbäume erforschen, können wir hoffen, neue medizinische Fortschritte zu entdecken, die der Gesundheit und dem Wohlbefinden der Menschheit zugute kommen.

Kapitel 163: Die ökologischen Auswirkungen von Apfelplantagen

Apfelplantagen spielen über ihre optische Attraktivität und ihre Fruchtproduktion hinaus eine bedeutende Rolle im Ökosystem. Diese über verschiedene Kontinente verteilten Plantagen tragen zur Artenvielfalt, Bodengesundheit und Klimaregulierung bei und stellen gleichzeitig ökologische Herausforderungen dar, die berücksichtigt werden müssen.

Apfelplantagen fördern die Artenvielfalt, indem sie Lebensräume für eine Vielzahl von Tier- und Pflanzenarten bieten. Die Bäume selbst sind die Heimat von Vögeln, bestäubenden Insekten wie Bienen und verschiedenen Formen der Mikrofauna. Hecken und Grünflächen zwischen Bäumen erhöhen diese Vielfalt und bieten vielen Arten Zuflucht und ökologische Korridore. Apfelblüten sind eine wesentliche Nektarquelle für Bestäuber, die eine entscheidende Rolle bei der Pflanzenvermehrung und Fruchtproduktion spielen.

Bemerkenswert ist auch der Einfluss von Apfelbäumen auf die Bodengesundheit. Ihre Wurzeln stabilisieren den Boden und verringern so die Erosion. Sie tragen auch zur Verbesserung der Bodenstruktur bei, indem sie das Eindringen von Wasser und die Belüftung fördern. Abgefallene Blätter und andere organische Rückstände zersetzen sich und reichern den Boden mit Nährstoffen an, was eine gesunde mikrobielle Aktivität unterstützt. Dadurch entsteht ein natürlicher Fruchtbarkeitszyklus, der den Bedarf an chemischen Düngemitteln reduzieren kann.

Im Hinblick auf die Klimaregulierung tragen Apfelplantagen zur Kohlenstoffbindung bei. Bäume nehmen für die Photosynthese Kohlendioxid aus der Atmosphäre auf und speichern so den Kohlenstoff in ihrer Biomasse. Dies trägt dazu bei, den Treibhauseffekt und den Klimawandel abzumildern. Darüber hinaus können Obstgärten als lokale Kohlenstoffsenken fungieren und mehr Kohlenstoff absorbieren als sie abgeben.

Allerdings kann die Pflege von Apfelplantagen negative Auswirkungen auf die Umwelt haben. Der umfangreiche Einsatz von Pestiziden und Herbiziden zum Schutz von Bäumen vor Krankheiten und Schädlingen birgt Risiken für die Artenvielfalt und die menschliche Gesundheit. Diese Chemikalien können Böden und Wasserwege kontaminieren, Nichtzielorganismen beeinträchtigen und aquatische Ökosysteme stören. Die Obstgartenbewirtschaftung erfordert daher einen ausgewogenen Ansatz, der nachhaltige landwirtschaftliche Praktiken wie integrierte Schädlingsbekämpfung, Reduzierung des Chemikalieneinsatzes und die Verwendung krankheitsresistenter Sorten integriert.

Bewässerung ist ein weiterer entscheidender Aspekt. Obstgärten benötigen große Mengen Wasser, was insbesondere in trockenen Regionen zu einer Belastung der lokalen Wasserressourcen führen kann. Der Einsatz effizienter Bewässerungstechniken, wie zum Beispiel Tropfbewässerung, kann dazu beitragen, den Wasserverbrauch zu minimieren und Wasserreserven zu schonen.

Kurz gesagt: Apfelplantagen haben ein erhebliches Potenzial, die Artenvielfalt zu fördern, die Bodengesundheit zu verbessern und zur Klimaregulierung beizutragen. Es ist jedoch von entscheidender Bedeutung, diese Obstgärten nachhaltig zu bewirtschaften, um negative Auswirkungen auf die Umwelt zu vermeiden. Durch die Einführung ökosystemfreundlicher

Anbaumethoden können Landwirte sicherstellen, dass Apfelplantagen weiterhin eine nützliche Ressource für den Planeten sind.

Kapitel 164: Wiederaufforstung mit Apfelbäumen

Wiederaufforstung ist eine wesentliche Strategie zur Bekämpfung von Entwaldung, Landdegradation und Klimawandel. Die Verwendung von Apfelbäumen bei diesen Wiederaufforstungsinitiativen stellt einen innovativen und vorteilhaften Ansatz für verschiedene Ökosysteme dar. Apfelbäume bieten neben ihrem ökologischen Wert auch erhebliche wirtschaftliche und soziale Vorteile.

Apfelbäume sind von Natur aus vielseitige Bäume, die sich an verschiedene Bodentypen und Klimazonen anpassen. Ihre Integration in Wiederaufforstungsprogramme trägt zur Wiederherstellung degradierter Flächen bei, indem sie Böden stabilisiert und Erosion verringert. Die Wurzeln des Apfelbaums dringen tief in den Boden ein, verbessern die Bodenstruktur und fördern die Wasserinfiltration. Diese Verbesserung der Bodenqualität ist entscheidend für die Sanierung verlassener oder erschöpfter landwirtschaftlicher Flächen.

Einer der vorteilhaftesten Aspekte der Wiederaufforstung mit Apfelbäumen ist ihre Fähigkeit, Kohlenstoff zu binden. Wie alle Bäume nehmen Apfelbäume durch Photosynthese Kohlendioxid aus der Atmosphäre auf und speichern den Kohlenstoff in ihrer Biomasse. Dieser Prozess trägt dazu bei, die Auswirkungen des Klimawandels abzumildern, indem er die Menge an CO_2 in der Atmosphäre reduziert. Apfelplantagen können somit eine wichtige Rolle als Kohlenstoffsenke spielen und dabei helfen, Treibhausgasemissionen auszugleichen.

Die Wiederaufforstung mit Apfelbäumen bringt auch spürbare wirtschaftliche Vorteile für die lokale Gemeinschaft. Äpfel sind eine nahrhafte Nahrungsquelle und können Landwirten und Landbesitzern Einkommen bringen. Der Verkauf von Äpfeln und Apfelprodukten wie Apfelwein, Säften und Marmeladen kann die Ernährungssicherheit und das wirtschaftliche Wohlergehen der ländlichen Bevölkerung verbessern. Darüber hinaus kann der Apfelanbau Arbeitsplätze in den Anbaugebieten schaffen und so zur lokalen Wirtschaftsentwicklung beitragen.

Darüber hinaus spielen Apfelbäume eine wichtige Rolle bei der Förderung der Artenvielfalt. Apfelblüten locken eine Vielzahl bestäubender Insekten an, darunter auch Bienen, die für die Fremdbestäubung der Pflanzen und die Fruchtproduktion unerlässlich sind. Diese Bestäubung trägt zur Gesundheit der umliegenden Ökosysteme bei und fördert die biologische Vielfalt. Darüber hinaus bieten Apfelbäume Lebensraum für verschiedene Tiere wie Vögel und Kleinsäuger und stärken so die Widerstandsfähigkeit von Ökosystemen.

Allerdings ist es wichtig, die Wiederaufforstung mit Apfelbäumen sorgfältig zu steuern, um negative Auswirkungen zu vermeiden. Der übermäßige Einsatz von Pestiziden und Herbiziden zum Schutz von Apfelbäumen vor Schädlingen und Krankheiten kann der Umwelt schaden. Um diese Auswirkungen zu minimieren, ist die Einführung nachhaltiger Bewirtschaftungspraktiken wie integrierte Schädlingsbekämpfung und die Verwendung krankheitsresistenter Apfelsorten von entscheidender Bedeutung. Darüber hinaus ist eine angemessene Planung erforderlich, um sicherzustellen, dass Apfelplantagen wertvolle natürliche Ökosysteme nicht ersetzen, sondern in geeigneten Gebieten liegen, um ihren ökologischen Nutzen zu maximieren.

Zusammenfassend lässt sich sagen, dass die Wiederaufforstung mit Apfelbäumen eine wirksame und multifunktionale Methode zur Wiederherstellung geschädigter Ökosysteme, zur Bindung von Kohlenstoff und zur Bereitstellung wirtschaftlicher und sozialer Vorteile für die lokalen Gemeinschaften darstellt. Durch nachhaltige Managementpraktiken und sorgfältige Planung kann dieser Ansatz erheblich zur Bekämpfung des Klimawandels und zur Förderung der Artenvielfalt beitragen. Apfelbäume erweisen sich aufgrund ihrer Widerstandsfähigkeit und Vielseitigkeit als wertvolle Verbündete bei den weltweiten Wiederaufforstungsbemühungen.

Kapitel 165: Apfelbäume und Klimawandel: Fallstudien

Apfelbäume bieten als weit verbreitete Obstpflanze einen fruchtbaren Boden für die Untersuchung der Auswirkungen des Klimawandels auf Landwirtschaft und Ökosysteme. Verschiedene Fallstudien aus der ganzen Welt veranschaulichen, wie Apfelbäume auf Klimaschwankungen reagieren und wie sich Landwirte an diese Herausforderungen anpassen, um die Fruchtproduktion und -qualität aufrechtzuerhalten.

In Frankreich sind die Apfelplantagen der Normandie ein relevantes Beispiel für die Auswirkungen des Klimawandels auf die Blüte und Obstproduktion. Wärmere Frühlingstemperaturen haben die Blüte der Apfelbäume beschleunigt und das Risiko von Schäden durch Spätfröste erhöht. Die Landwirte reagierten mit der Einführung von Technologien wie Frostkerzen und Sprinkleranlagen zum Schutz der Blumen. Darüber hinaus experimentieren einige Erzeuger mit Apfelbaumsorten, die resistenter gegen Temperaturschwankungen sind, um die Erntestabilität zu gewährleisten.

Im US-Bundesstaat Washington sind die Auswirkungen extremer Hitzewellen auf Apfelplantagen besonders besorgniserregend. Hohe Temperaturen im Sommer beeinträchtigen nicht nur die Qualität der Äpfel und verursachen Sonnenbrand und Fruchtschäden, sondern auch die Verfügbarkeit von Wasser für die Bewässerung. Landwirte in dieser Region investieren in effizientere Bewässerungssysteme und Wassermanagementtechnologien, um die Wasserressourcen zu schonen. Sie erforschen auch Beschattungstechniken, um Apfelbäume vor übermäßigen Temperaturen zu schützen.

Auch in der chinesischen Region Shandong sind Apfelbäume von veränderten Niederschlagsmustern und häufigeren Dürreperioden betroffen. Forscher und Landwirte arbeiten gemeinsam daran, die Widerstandsfähigkeit von Obstplantagen durch die Einführung nachhaltiger landwirtschaftlicher Praktiken wie Bodenbewirtschaftung und Agroforstwirtschaft zu verbessern. Der Einsatz von organischem Mulch zur Erhaltung der Bodenfeuchtigkeit und die Einführung von Zwischenfrüchten zur Verbesserung der Bodenfruchtbarkeit sind einige der Strategien, die zur Bewältigung sich ändernder klimatischer Bedingungen umgesetzt werden.

Ein weiteres Beispiel stammt aus der Region Kaschmir in Indien, wo Apfelbäume einen wichtigen Teil der lokalen Wirtschaft ausmachen. Schwankungen der Wintertemperaturen beeinflussen den Ruheprozess von Apfelbäumen, der für eine erfolgreiche Blüte und Fruchtbildung entscheidend ist. Mildere Winter stören diesen Kreislauf und führen zu unregelmäßigen Ernten und wirtschaftlichen Verlusten für die Produzenten. Um diesem Problem entgegenzuwirken, wird an der Einführung von Apfelsorten geforscht, die zur Ruhephase weniger Kälte benötigen, sowie an Techniken zur Obstgartenbewirtschaftung, die die Blüheffizienz trotz wärmerer Winter maximieren.

Diese Fallstudien zeigen, dass Apfelbäume wie viele andere Nutzpflanzen empfindlich auf die Auswirkungen des Klimawandels reagieren. Landwirte und Forscher arbeiten daran, diese Auswirkungen zu verstehen und Anpassungsstrategien zu entwickeln, um die Lebensfähigkeit von Apfelplantagen zu erhalten. Technologische Innovationen, neue landwirtschaftliche Praktiken und die Auswahl resistenter Sorten sind Schlüsselelemente, um die Widerstandsfähigkeit von Obstgärten gegenüber klimatischen Herausforderungen zu gewährleisten.

Die Untersuchung von Apfelbäumen und dem Klimawandel beschränkt sich nicht nur auf die Anpassung der Landwirtschaft. Es unterstreicht auch die Bedeutung öffentlicher Maßnahmen und Unterstützung für Landwirte, um den Übergang zu nachhaltigeren Praktiken zu erleichtern. Durch die Unterstützung der Forschung, die Bereitstellung von Zuschüssen für Pflanzenschutztechnologien und die Förderung eines nachhaltigen Ressourcenmanagements können Regierungen eine entscheidende Rolle bei der Abmilderung der Auswirkungen des Klimawandels auf die Landwirtschaft spielen.

Anhand dieser Beispiele wird deutlich, dass Apfelbäume, obwohl sie anfällig für Klimaschwankungen sind, durch konzertierte Anstrengungen und innovative Anpassungen weiterhin gedeihen können. Die aus diesen Fallstudien gewonnenen Erkenntnisse können als Leitfaden für andere Regionen und Kulturen dienen, die vor ähnlichen Herausforderungen stehen, und verdeutlichen die Widerstandsfähigkeit und den Einfallsreichtum, die zur Bewältigung einer sich wandelnden Welt erforderlich sind.

Kapitel 166: Anpassung von Apfelbäumen an neue Klimazonen

Der fortschreitende Klimawandel verändert die Umweltbedingungen, an die sich Apfelbäume wie viele andere Nutzpflanzen anpassen müssen. Angesichts dieser Veränderungen ist die Anpassung von Apfelbäumen an neue Klimazonen ein Thema von zunehmender Bedeutung, das innovative Strategien und ständige Anpassungen der landwirtschaftlichen Praktiken erfordert.

Temperaturschwankungen, veränderte Niederschlagsmuster und zunehmende Extremwetterereignisse stellen Apfelplantagen vor große Herausforderungen. Um auf diese

Herausforderungen zu reagieren, konzentrieren sich Landwirte und Forscher auf verschiedene Bereiche der Anpassung. Ein Schwerpunkt liegt auf der Auswahl von Apfelbaumsorten, die besser an veränderte klimatische Bedingungen angepasst sind. Sorten, die gegen Trockenheit, Krankheiten und extreme Temperaturen resistent sind, werden bevorzugt. Beispielsweise können Apfelbaumsorten, die später blühen, Frühlingsfröste vermeiden, während solche mit erhöhter Hitzetoleranz heißere Sommer besser überstehen.

Auch die Verbesserung der Obstgartenbewirtschaftungstechniken spielt bei der Anpassung eine entscheidende Rolle. Um längere Dürreperioden auszugleichen, ist eine effiziente Bewässerung unerlässlich. Zunehmend werden Tropfbewässerungssysteme eingesetzt, die eine präzisere und sparsamere Wassernutzung ermöglichen. Ebenso trägt die Anwendung von Bio-Mulch dazu bei, die Bodenfeuchtigkeit zu bewahren und eine stabilere Temperatur rund um die Apfelbaumwurzeln aufrechtzuerhalten. Diese Techniken tragen dazu bei, den Wasser- und Hitzestress für Bäume zu reduzieren.

Darüber hinaus ist die Landbewirtschaftung eine Schlüsselkomponente der Anpassung. Die Verbesserung der Bodenstruktur durch Zugabe organischer Substanz und rotierende Zwischenfrüchte trägt dazu bei, die Wasserhaltekapazität zu erhöhen und die Erosion zu verringern. Diese Praktiken stärken die Widerstandsfähigkeit von Apfelbäumen gegenüber wechselnden klimatischen Bedingungen. Auch der Einsatz von Biokohle, einer durch Pyrolyse von Biomasse gewonnenen Bodenverbesserung, wird untersucht, um die Bodengesundheit und die Produktivität von Obstplantagen zu verbessern.

Schutzmaßnahmen gegen extreme Witterungseinflüsse wie Frostschutzsysteme und Hagelnetze werden immer häufiger eingesetzt. In Frankreich beispielsweise nutzen Apfelbauern Frostschutzkerzen und Sprinkleranlagen, um Blumen vor Spätfrösten zu schützen. Diese Maßnahmen tragen dazu bei, Ernteverluste aufgrund plötzlicher und schwerer Wetterereignisse zu reduzieren.

Darüber hinaus bieten technologische Fortschritte neue Lösungen für die Anpassung von Apfelbäumen. Sensoren und Klimaüberwachungstools ermöglichen die Überwachung der Wetterbedingungen und der Gesundheit von Obstplantagen in Echtzeit. Diese Daten erleichtern eine fundierte Entscheidungsfindung in Bezug auf Bewässerung, Düngung und

Krankheitsschutz. Darüber hinaus trägt der Einsatz von Drohnen zur Überwachung von Obstgärten und zur Anwendung präziser Behandlungen zu einer effizienteren und nachhaltigeren Bewirtschaftung bei.

Bei der Anpassung von Apfelbäumen an neue Klimazonen sollten sozioökonomische Aspekte nicht vernachlässigt werden. Landwirte müssen durch staatliche Maßnahmen unterstützt werden, die die Einführung nachhaltiger und widerstandsfähiger landwirtschaftlicher Praktiken fördern. Subventionen für Bewässerungstechnologien, Forschung zu resistenten Sorten und Schulungsprogramme im Obstgartenmanagement sind unerlässlich, um Landwirte zu effektiven Anpassungsstrategien zu ermutigen.

Daher ist die Anpassung von Apfelbäumen an neue Klimazonen ein komplexer Prozess, der einen mehrdimensionalen Ansatz erfordert. Die Auswahl geeigneter Sorten, verbesserte Techniken zur Obstgartenbewirtschaftung, der Einsatz fortschrittlicher Technologien und sozioökonomische Unterstützung sind entscheidende Elemente, um die Widerstandsfähigkeit von Apfelbäumen gegenüber klimatischen Herausforderungen sicherzustellen. Durch die Integration dieser verschiedenen Strategien können Apfelbauern trotz sich ändernder klimatischer Bedingungen weiterhin produktive und nachhaltige Obstgärten anbauen.

Kapitel 167: Wassermanagement in Apfelplantagen

Das Wassermanagement ist ein entscheidender Aspekt für eine nachhaltige Apfelproduktion in Obstplantagen. Wie alle Nutzpflanzen sind Apfelbäume für Wachstum, Blüte und Fruchtbildung auf Wasser angewiesen. Angesichts des Klimawandels und der zunehmenden Häufigkeit von Dürren wird die Einführung wirksamer und nachhaltiger Wassermanagementstrategien zwingend erforderlich.

Bewässerung ist eine der wichtigsten Methoden, um eine ausreichende Wasserversorgung der Apfelbäume sicherzustellen. Tropfbewässerungssysteme erfreuen sich aufgrund ihrer Effizienz besonderer Beliebtheit. Dieses System liefert kleine Mengen Wasser direkt an die Baumwurzeln und minimiert so Verluste durch Verdunstung und Abfluss. Darüber hinaus ermöglicht die

Tropfbewässerung eine gleichmäßige Wasserverteilung, sodass jeder Baum ausreichend Wasser für ein optimales Wachstum erhält.

Das Sammeln und Konservieren von Regenwasser ist eine weitere wichtige Strategie. Durch die Installation von Zisternen und Wasserrückhaltesystemen können Landwirte in Starkregenperioden Regenwasser auffangen und in Dürreperioden nutzen. Diese Methode verringert die Abhängigkeit von unterirdischen Wasserquellen und -reservoirs, die durch saisonale Schwankungen und Klimaveränderungen beeinträchtigt werden können.

Auch beim Gewässerschutz spielt die Bodenbewirtschaftung eine wichtige Rolle. Gut strukturierte Böden, die reich an organischer Substanz sind, halten das Wasser besser zurück und reduzieren so den Bedarf an häufiger Bewässerung. Die Zugabe von Kompost und anderen organischen Zusätzen verbessert die Wasserhaltekapazität des Bodens. Darüber hinaus trägt die Verwendung von Bio-Mulch rund um Apfelbäume dazu bei, die Bodenfeuchtigkeit zu bewahren, indem die Verdunstung reduziert und die Bodentemperatur reguliert wird.

Zu den Wassermanagementtechniken müssen auch geeignete Anbaupraktiken gehören. Beispielsweise optimiert der richtige Abstand der Bäume den Wasserverbrauch und verringert die Konkurrenz zwischen Bäumen um Wasserressourcen. Ebenso trägt ein regelmäßiger Baumschnitt dazu bei, ein ausgewogenes Blätterdach zu erhalten und so übermäßige Transpiration und Wasserbedarf zu reduzieren.

Der Einsatz fortschrittlicher Technologien wie Bodenfeuchtigkeitssensoren und Klimaüberwachungssysteme ermöglicht ein präziseres Bewässerungsmanagement. Bodenfeuchtigkeitssensoren liefern Echtzeitdaten über den Feuchtigkeitsgehalt im Wurzelbereich von Apfelbäumen, sodass Landwirte genau wissen, wann sie bewässern und wie viel Wasser sie verwenden müssen. Klimaüberwachungssysteme in Kombination mit Wettervorhersagemodellen helfen dabei, die Bewässerung auf der Grundlage der erwarteten Wetterbedingungen zu planen und so Wasserverschwendung zu vermeiden.

Schließlich ist die Bildung und Schulung der Landwirte für die wirksame Umsetzung von Wassermanagementpraktiken von entscheidender Bedeutung. Schulungsprogramme und

Workshops zum Wassermanagement vermitteln Landwirten das Wissen und die Fähigkeiten, nachhaltige Praktiken einzuführen und aufrechtzuerhalten. Der Austausch bewährter Praktiken und Innovationen im Wassermanagement unter Landwirten trägt auch zur kontinuierlichen Verbesserung der Wassermanagementmethoden in Apfelplantagen bei.

Kurz gesagt, das Wassermanagement in Apfelplantagen erfordert einen integrierten Ansatz, der moderne Technologien, nachhaltige landwirtschaftliche Praktiken und eine effiziente Bewirtschaftung natürlicher Ressourcen kombiniert. Durch die Optimierung des Wasserverbrauchs, die Schonung von Wasserressourcen und die Verbesserung der Widerstandsfähigkeit von Obstgärten gegenüber sich ändernden klimatischen Bedingungen können Apfelbauern eine nachhaltige, qualitativ hochwertige Produktion gewährleisten und gleichzeitig die Umwelt schützen. Konzertierte Anstrengungen zur Verbesserung des Wassermanagements sind für die Zukunft der Apfelproduktion und die Nachhaltigkeit landwirtschaftlicher Ökosysteme von entscheidender Bedeutung.

Kapitel 168: Die Zukunft der Apfelbäume in Trockengebieten

Der Anbau in Trockengebieten stellt viele Herausforderungen dar, insbesondere für wasserintensive Nutzpflanzen wie Apfelbäume. Dank technologischer Fortschritte und innovativer landwirtschaftlicher Praktiken ist es jedoch möglich, sich eine Zukunft vorzustellen, in der Apfelbäume auch in trockenen Umgebungen gedeihen.

Im Mittelpunkt dieser Vision stehen dürretolerante Apfelsorten. Forscher und Landwirte arbeiten gemeinsam an der Entwicklung und Züchtung von Sorten, die auch bei geringer Wasserverfügbarkeit überleben und Früchte tragen können. Diese Sorten verfügen über Merkmale wie tiefe, ausgedehnte Wurzelsysteme, die es ihnen ermöglichen, Wasser effizienter zu ziehen, und Blätter mit Mechanismen zur Reduzierung des Wasserverlusts durch Transpiration.

Der Einsatz innovativer Bewässerungssysteme ist auch für den Apfelanbau in Trockengebieten von entscheidender Bedeutung. Tropfbewässerungssysteme und Mikrobewässerungstechniken ermöglichen eine präzise und wirtschaftliche Wassernutzung, indem sie die erforderlichen

Wassermengen direkt an die Wurzeln liefern und so Verluste durch Verdunstung und Infiltration minimieren. Darüber hinaus ermöglicht der Einsatz von Bodenfeuchtigkeitssensoren und Wasserüberwachungstechnologien ein Echtzeitmanagement der Bewässerung und optimiert so die Effizienz der Wassernutzung.

Bodenbewirtschaftungspraktiken sind auch wichtig, um die Wasserspeicherung und -nutzung in Apfelplantagen in Trockengebieten zu maximieren. Durch die Zugabe organischer Stoffe wie Kompost zum Boden wird die Bodenstruktur verbessert und die Wasserhaltekapazität erhöht. Darüber hinaus tragen Mulchtechniken dazu bei, die Verdunstung von Bodenwasser zu reduzieren, eine stabilere Bodentemperatur aufrechtzuerhalten und das Wachstum von Unkraut zu verhindern, das mit Apfelbäumen um verfügbares Wasser konkurrieren kann.

Die Bewirtschaftung lokaler Ressourcen, beispielsweise die Regenwassernutzung und -konservierung, bietet einen weiteren vielversprechenden Weg. Durch die Installation von Regenwassernutzungssystemen können Landwirte in seltenen Regenperioden Wasser auffangen und speichern, um es später in Trockenperioden zu nutzen. Dies verringert die Abhängigkeit von Grundwasserquellen, die in Trockengebieten oft begrenzt sind und übernutzt werden.

Die Einführung von Agroforsttechniken könnte auch eine Rolle für die Zukunft von Apfelbäumen in Trockengebieten spielen. Durch die Integration von Schattenbäumen und anderen verträglichen Pflanzen in Apfelplantagen ist es möglich, ein für das Apfelbaumwachstum günstigeres Mikroklima zu schaffen. Diese schattenspendenden Bäume können dazu beitragen, die Umgebungstemperatur zu senken, die Wasserverdunstung zu verringern, die Artenvielfalt im Boden zu verbessern und so zu einem widerstandsfähigeren landwirtschaftlichen Ökosystem beizutragen.

Auch technologische Fortschritte, wie der Einsatz von Drohnen zur Überwachung von Obstgärten und zur präzisen Bewässerungsanwendung, können innovative Lösungen bieten. Mit Sensoren ausgestattete Drohnen können detaillierte Daten über den Zustand von Apfelbäumen liefern und so eine proaktive Steuerung des Wasserbedarfs und von Baumgesundheitsproblemen ermöglichen. Darüber hinaus können automatisierte

Wassermanagementsysteme, die auf Echtzeitdaten basieren, die Bewässerung an die Wetterbedingungen und die spezifischen Bedürfnisse der Bäume anpassen.

Bildung und Schulung der Landwirte sind für die erfolgreiche Umsetzung dieser Techniken und Innovationen von entscheidender Bedeutung. Schulungsprogramme sollten Informationen zu Wassermanagementpraktiken, zur Auswahl geeigneter Sorten und zum Einsatz moderner Technologien umfassen. Darüber hinaus können Initiativen zum Austausch von Wissen und bewährten Verfahren unter Landwirten die weitverbreitete Einführung dieser Techniken fördern.

Die Zukunft der Apfelbäume in Trockengebieten wird von der Fähigkeit der Landwirte und Forscher zur kontinuierlichen Zusammenarbeit und Innovation abhängen. Durch die Kombination der Auswahl geeigneter Sorten, einer effizienten Wassernutzung, Bodenbewirtschaftungspraktiken, fortschrittlicher Technologien und der Ausbildung der Landwirte ist es möglich, widerstandsfähige und nachhaltige Agrarsysteme zu schaffen. Apfelbäume haben trotz der Herausforderungen, die trockene Umgebungen mit sich bringen, das Potenzial, zu gedeihen und weiterhin wertvolle Früchte für die Menschen vor Ort zu liefern.

Kapitel 169: Apfelbäume und Begleitarten

Die Kombination von Apfelbäumen mit Begleitarten ist eine alte landwirtschaftliche Praxis, die in modernen Ansätzen der Agrarökologie und Agroforstwirtschaft an Popularität gewonnen hat. Der Anbau von Apfelbäumen neben anderen Pflanzen hat mehrere ökologische, agronomische und wirtschaftliche Vorteile und trägt zur Gesundheit und Produktivität von Obstgärten bei.

Begleitarten spielen, wenn sie mit Bedacht ausgewählt werden, eine wesentliche Rolle beim Schutz von Apfelbäumen vor Schädlingen. Beispielsweise kann das Pflanzen von Abwehrpflanzen wie Knoblauch, Zwiebeln oder Kapuzinerkresse in der Nähe von Apfelbäumen schädliche Insekten abschrecken. Diese Pflanzen geben flüchtige Verbindungen ab, die die chemischen Signale stören, mit denen Schädlinge Apfelbäume lokalisieren, und so die Häufigkeit von Angriffen verringern.

Darüber hinaus locken einige Begleitarten nützliche Insekten an, die als natürliche Feinde von Schädlingen fungieren. Blühende Pflanzen wie Lavendel, Borretsch und Phacelia locken Bienen, Schwebfliegen und Marienkäfer an, die nicht nur Apfelbäume bestäuben, sondern auch Populationen von Blattläusen und anderen Schädlingen bekämpfen. Durch die Erhöhung der Artenvielfalt in Obstgärten können Landwirte ihre Abhängigkeit von chemischen Pestiziden verringern und so eine nachhaltigere Landwirtschaft fördern.

Hülsenfrüchte wie Klee, Luzerne und Erbsen sind besonders nützliche Begleitarten für Apfelbäume. Diese Pflanzen haben die Fähigkeit, Luftstickstoff durch eine Symbiose mit in ihren Wurzeln vorhandenen Rhizobienbakterien zu binden. Der so fixierte Stickstoff wird nach und nach an den Boden abgegeben, reichert ihn an und stellt eine Quelle wichtiger Nährstoffe für Apfelbäume dar. Diese natürliche Düngung reduziert den Bedarf an chemischen Düngemitteln und verbessert die Bodenqualität und die Baumgesundheit.

Die Unkrautbekämpfung ist ein weiterer wichtiger Vorteil von Begleitarten. Bodendecker wie Weißklee oder Beinwell bilden eine dichte Matte, die das Wachstum konkurrierender Unkräuter verhindert. Dies trägt dazu bei, den Einsatz von Herbiziden zu reduzieren und ein gesünderes, ausgewogeneres Obstgartenumfeld zu gewährleisten. Darüber hinaus tragen Bodendecker dazu bei, die Bodenfeuchtigkeit zu bewahren, indem sie die Verdunstung reduzieren, was besonders in dürregefährdeten Regionen von Vorteil ist.

Die Integration von Begleitarten in Apfelplantagen hat auch Vorteile für die Bodenstruktur und die Gesundheit. Die Wurzeln von Begleitpflanzen, insbesondere von Hülsenfrüchten und Tiefwurzelpflanzen, verbessern die Bodenstruktur, indem sie Kanäle für die Wasserinfiltration und Belüftung schaffen. Dies fördert die Entwicklung eines gesunden Wurzelsystems von Apfelbäumen und verbessert das Wasserhaltevermögen des Bodens. Darüber hinaus reichert organisches Material aus der Zersetzung von Begleitpflanzen den Boden an, erhöht seine Fruchtbarkeit und seine Fähigkeit, das Wachstum von Apfelbäumen zu unterstützen.

Die Kombination von Apfelbäumen mit Begleitarten hat für Landwirte auch wirtschaftliche Vorteile. Durch die Diversifizierung der Nutzpflanzen im Obstgarten können Landwirte zusätzliche Produkte wie Kräuter, Gemüse oder Schnittblumen ernten und verkaufen und so ihr Einkommen steigern. Diese Diversifizierung verringert auch die wirtschaftlichen Risiken, die sich aus der Abhängigkeit von einer einzigen Kultur ergeben, und sorgt so für eine größere Widerstandsfähigkeit gegenüber Marktschwankungen und unvorhersehbaren Wetterbedingungen.

Agrarökologische Praktiken mit Begleitarten erfordern eine sorgfältige Planung und Verwaltung, um ihren Nutzen zu maximieren. Es ist wichtig, Begleitpflanzen zu wählen, die hinsichtlich Wasser-, Licht- und Nährstoffbedarf mit Apfelbäumen kompatibel sind. Darüber hinaus sollte die räumliche Anordnung von Begleitpflanzen und Apfelbäumen optimiert werden, um eine vorteilhafte Interaktion zu gewährleisten und unerwünschte Konkurrenz zu vermeiden.

Zusammenfassend stellt die Integration von Begleitarten in Apfelplantagen eine praktikable und vielversprechende Strategie zur Verbesserung der Baumgesundheit, zur Erhöhung der Artenvielfalt und zur Förderung einer nachhaltigen Landwirtschaft dar. Durch die Nutzung natürlicher Synergien zwischen Pflanzen können Landwirte widerstandsfähige und produktive landwirtschaftliche Ökosysteme schaffen und gleichzeitig ihre Auswirkungen auf die Umwelt reduzieren. Dieser ganzheitliche und integrierte Ansatz für die Obstgartenbewirtschaftung bietet ein Modell für Nachhaltigkeit und Wohlstand für zukünftige Generationen.

Kapitel 170: Die Assoziation von Apfelbäumen mit anderen Nutzpflanzen

Die Kombination von Apfelbäumen mit anderen Nutzpflanzen stellt einen innovativen und nachhaltigen landwirtschaftlichen Ansatz dar. Diese oft in Agroforstsysteme integrierte Methode bietet zahlreiche Vorteile sowohl für die Gesundheit der Apfelbäume als auch für das gesamte Ökosystem des Obstgartens.

Einer der Hauptgründe für die Kombination von Apfelbäumen mit anderen Nutzpflanzen ist die Schädlingsbekämpfung. Einige Pflanzen wie Lavendel, Minze oder Ringelblume haben abweisende Eigenschaften, die dabei helfen, schädliche Insekten von Apfelbäumen fernzuhalten. Darüber hinaus locken Pflanzen wie Borretsch und Klee nützliche Insekten wie Bienen und Marienkäfer an, die bei der Apfelbestäubung und der biologischen

Schädlingsbekämpfung helfen. Diese Strategie ermöglicht es, den Einsatz chemischer Pestizide zu reduzieren und so eine umweltfreundlichere Landwirtschaft zu fördern.

Ein weiterer bemerkenswerter Vorteil der Kombination von Kulturen ist die natürliche Düngung. Beispielsweise spielen Hülsenfrüchte eine entscheidende Rolle bei der Anreicherung des Bodens mit Stickstoff. Dank ihrer Fähigkeit, Luftstickstoff durch Symbiose mit bestimmten Bakterien zu binden, verbessern diese Pflanzen die Bodenfruchtbarkeit und versorgen Apfelbäume so mit essentiellen Nährstoffen. Dadurch wird die Abhängigkeit von chemischen Düngemitteln verringert und die Bodengesundheit langfristig verbessert.

Auch Zwischenfrüchte wie Weißklee und Beinwell sind in Kombination mit Apfelbäumen von Vorteil. Diese Pflanzen tragen dazu bei, die Bodenfeuchtigkeit zu bewahren, die Erosion zu reduzieren und das Wachstum von Unkraut zu begrenzen, indem sie eine dichte Pflanzendecke bilden. Durch die Verbesserung der Bodenstruktur und die Förderung einer besseren Wasserretention tragen Zwischenfrüchte zur Widerstandsfähigkeit von Obstgärten gegenüber Dürreperioden bei.

Auch die Kombination von Apfelbäumen mit Nahrungspflanzen oder aromatischen Pflanzen kann die Einkommensquellen der Landwirte diversifizieren. Beispielsweise kann das Pflanzen von Gemüse wie Karotten, Radieschen oder Bohnen zwischen Apfelbaumreihen für zusätzliche Erträge sorgen und so die Rentabilität des Obstgartens steigern. Ebenso sorgt der Anbau aromatischer Kräuter wie Basilikum, Thymian oder Koriander nicht nur für Mehrwertprodukte, sondern verbessert auch die Artenvielfalt des Obstgartens.

Im Hinblick auf den Wasserhaushalt spielen Begleitpflanzen eine wichtige Rolle. Tropfbewässerungssysteme können so optimiert werden, dass sie sowohl Apfelbäume als auch die dazugehörigen Nutzpflanzen versorgen und so eine effiziente Wassernutzung gewährleisten. Darüber hinaus reduzieren bestimmte Pflanzen, wie zum Beispiel Bodendecker, die Wasserverdunstung und ermöglichen so eine bessere Feuchtigkeitsspeicherung bei Apfelbäumen.

Die Einrichtung von Agroforstsystemen, in denen Apfelbäume in Verbindung mit Mehrzweckbäumen angebaut werden, veranschaulicht eine weitere Dimension dieses Ansatzes. Beispielsweise kann die Integration von Apfelbäumen mit stickstoffbindenden Bäumen wie Akazien oder Johannisbrotbäumen die Bodenfruchtbarkeit verbessern und zusätzliche Vorteile wie Brennholz oder Futterproduktion bieten. Diese Systeme maximieren die Nutzung natürlicher Ressourcen und schaffen ausgewogenere und produktivere landwirtschaftliche Ökosysteme.

Zu den Herausforderungen beim Mischanbau von Apfelbäumen mit anderen Nutzpflanzen gehören die Bewältigung des Wettbewerbs um Ressourcen und die Kompatibilität der Wachstumszyklen. Es ist wichtig, Arten zu wählen, die nicht übermäßig mit Apfelbäumen um Wasser, Licht und Nährstoffe konkurrieren. Um Konflikte zu vermeiden und Synergien zu maximieren, ist eine sorgfältige Planung und sorgfältige Bewirtschaftung der damit verbundenen Kulturen erforderlich.

Kurz gesagt bietet die Kombination von Apfelbäumen mit anderen Nutzpflanzen eine Vielzahl von Vorteilen, die vom natürlichen Schutz vor Schädlingen über die Verbesserung der Bodenfruchtbarkeit bis hin zur Diversifizierung der Einkommensquellen reichen. Dieser ganzheitliche Ansatz, der Biodiversität und Nachhaltigkeit integriert, stellt ein vielversprechendes Modell für die Zukunft der Landwirtschaft dar. Mischobstgärten, in denen Apfelbäume harmonisch mit verschiedenen Begleitpflanzen koexistieren, verkörpern die Vision einer widerstandsfähigen, produktiven und umweltbewussten Landwirtschaft.

Kapitel 171: Erhaltung alter Apfelsorten

Der Erhalt alter Apfelbaumsorten ist ein wesentliches Unterfangen für die Landwirtschaft, die Artenvielfalt und das kulturelle Erbe. Diese oft als Erbesorten bezeichneten Sorten stellen einen einzigartigen genetischen Reichtum und eine lebendige Verbindung zu den landwirtschaftlichen Praktiken der Vergangenheit dar. Die Rettung dieser uralten Apfelbäume bietet viele Vorteile, von der Widerstandsfähigkeit der Landwirtschaft bis zur Erhaltung der Kultur.

Alte Apfelbaumsorten verfügen über eine genetische Vielfalt, die sie besonders wertvoll macht. Im Gegensatz zu modernen Sorten, die häufig aufgrund spezifischer Merkmale wie hohem Ertrag oder einheitlicher Fruchtqualität gezüchtet werden, weisen alte Sorten ein breites Spektrum vorteilhafter Eigenschaften auf. Einige dieser Sorten sind von Natur aus resistent gegen bestimmte Krankheiten und Schädlinge, sodass weniger Pestizide eingesetzt werden müssen. Andere sind toleranter gegenüber extremen Wetterschwankungen, was in Zeiten des Klimawandels von entscheidender Bedeutung ist.

Diese genetische Vielfalt ist eine Quelle der Widerstandsfähigkeit für die Landwirtschaft. Durch die Integration dieser Sorten in Obstgärten können Landwirte robustere Systeme schaffen, die verschiedenen Umweltbelastungen standhalten. Einige alte Apfelbaumsorten können beispielsweise Trockenheit oder schlechten Böden besser standhalten und bieten so nachhaltige Lösungen für Regionen mit schwierigen Wachstumsbedingungen.

Auch der Erhalt alter Apfelbaumsorten trägt zur Artenvielfalt bei. Traditionelle Obstgärten, in denen diese Sorten angebaut werden, beherbergen oft eine große Vielfalt an Pflanzen, Insekten und anderen Organismen. Diese Artenvielfalt fördert ausgewogene und gesunde Ökosysteme, in denen Interaktionen zwischen verschiedenen Arten zur natürlichen Regulierung von Schädlingen und Bestäubung beitragen. Durch die Pflege und Wiederherstellung dieser Obstgärten schützen wir nicht nur die Apfelbäume selbst, sondern auch alle von ihnen abhängigen Ökosysteme.

Auf kultureller Ebene stellen alte Apfelbaumsorten ein lebendiges Erbe dar. Jede Sorte hat eine einzigartige Geschichte, die oft mit lokalen landwirtschaftlichen Praktiken und kulinarischen Traditionen verbunden ist. Die Früchte dieser Apfelbäume können unterschiedliche Aromen, Texturen und kulinarische Qualitäten aufweisen, die in modernen kommerziellen Sorten nicht zu finden sind. Durch die Erhaltung dieser Sorten pflegen wir eine Verbindung zur Vergangenheit und bereichern das regionale gastronomische Erbe.

Erhaltungsbemühungen erfordern einen konzertierten Ansatz, an dem Landwirte, Forscher, Naturschützer und lokale Gemeinschaften beteiligt sind. Die Einrichtung von Erhaltungsobstgärten, in denen alte Sorten angebaut und geschützt werden, ist eine wirksame Strategie. Diese Obstgärten dienen nicht nur als genetische Reserven, sondern auch als

Bildungsstätten, an denen Besucher die Bedeutung der genetischen Vielfalt und des Pflanzenschutzes kennenlernen können.

Eine entscheidende Rolle spielen auch partizipative Naturschutzprogramme, bei denen Landwirte und Hausgärtner alte Sorten anbauen und pflegen. Durch den Austausch von Wissen und Anbautechniken stellen diese Programme das Überleben und die Verbreitung dieser Sorten in mehreren Regionen sicher. Auch Apfelmessen und Gemeinschaftsveranstaltungen können dazu beitragen, das Bewusstsein für die Bedeutung dieser Sorten zu schärfen und ihre Einführung zu fördern.

Auch die wissenschaftliche Forschung trägt zum Erhalt alter Apfelbaumsorten bei. Botaniker und Genetiker arbeiten daran, die genetische Vielfalt dieser Sorten zu charakterisieren und zu dokumentieren und die spezifischen Merkmale zu identifizieren, die sie einzigartig machen. Diese Informationen sind für die Auswahl und Reproduktion von Sorten, die für aktuelle und zukünftige Wachstumsbedingungen am besten geeignet sind, von entscheidender Bedeutung.

Öffentliche Maßnahmen und Subventionen spielen eine wichtige Rolle bei der Unterstützung von Naturschutzinitiativen. Regierungen und internationale Organisationen können Mittel für die Schaffung von Naturschutzplantagen, genetische Forschung und Sensibilisierungsprogramme bereitstellen. Durch die Einbindung des Schutzes alter Apfelsorten in agrar- und umweltpolitische Rahmenbedingungen können diese wesentlichen Anstrengungen langfristig unterstützt werden.

Zusammenfassend lässt sich sagen, dass die Erhaltung alter Apfelsorten eine mehrdimensionale Aufgabe ist, die den Schutz der biologischen Vielfalt, die Widerstandsfähigkeit der Landwirtschaft und die Erhaltung des kulturellen Erbes vereint. Durch konzertierte Bemühungen verschiedener Interessengruppen kann sichergestellt werden, dass diese wertvollen Sorten weiterhin gedeihen und unsere Welt für zukünftige Generationen bereichern. Die Rettung dieser uralten Apfelbäume ist nicht nur eine Hommage an unser landwirtschaftliches Erbe, sondern auch ein wesentlicher Schritt in eine nachhaltigere und vielfältigere Zukunft.

Kapitel 172: Apfelbäume und Populärkultur

Apfelbäume haben ihre lebendige Präsenz in die tiefsten Fasern der Populärkultur eingeprägt und enge Verbindungen zu unseren Überzeugungen, unseren Geschichten und unseren Traditionen geknüpft. Ihr ikonisches Bild ruft ein Gefühl von Vertrautheit und Geborgenheit hervor und durchdringt verschiedene Aspekte unserer modernen Gesellschaft.

In der Welt der Mythologie und Religion gelten Apfelbäume als kraftvolle Symbole für Wissen und Versuchung. Vom Garten Eden, wo der Apfel zur verbotenen Frucht wurde, bis zum Baum der Hesperiden, der goldene Äpfel als Symbol der Unsterblichkeit trägt, sind diese Obstbäume in die Geschichten eingeflochten, die unseren Glauben und unsere Moral geprägt haben.

Die Literatur bot auch einen fruchtbaren Nährboden für das Gedeihen von Apfelbäumen. In den Gedichten von William Wordsworth oder den Werken von John Steinbeck sind diese Obstbäume oft stille, aber bedeutende Protagonisten, die Vorstellungen von Nostalgie, persönlichem Wachstum und Erneuerung hervorrufen.

Die visuelle Kunst ist nicht zu übertreffen und fängt die Majestät und Ruhe der Apfelplantagen im Laufe der Jahrhunderte ein. Von Claude Monets impressionistischen Gemälden bis hin zu zeitgenössischen Fotografien blühender Obstgärten erinnern diese Bilder an die schlichte, zeitlose Schönheit von Apfelbäumen in ihrem natürlichen Lebensraum.

Volkstraditionen und Bräuche werden auch durch die Anwesenheit von Apfelbäumen geprägt. Von Erntefesten bis hin zu Wassailing-Ritualen werden diese Obstbäume in Zeremonien gefeiert und geehrt, die an unsere tiefe Verbundenheit mit dem Land und seinen Früchten erinnern.

Auch im Bereich der Musik finden Apfelbäume ihre Stimme. Von Volksliedern bis hin zu Pop-Hits – die Texte erinnern oft an Apfelplantagen als Symbole für Glück, Liebe und persönliches Wachstum.

Über ihre Symbolik hinaus haben Apfelbäume durch die Nahrung, die wir zu uns nehmen, einen spürbaren Einfluss auf unser tägliches Leben. Von knackigen Äpfeln bis hin zu herzhaften Kuchen – diese Früchte sind ein Fest für die Sinne und eine Nahrungsquelle.

Kurz gesagt, Apfelbäume sind viel mehr als nur Obstbäume. Sie sind Hüter unserer Vergangenheit, Hüter unserer Traditionen und Hüter unserer kollektiven Vorstellungskraft. Ihre Präsenz in der Populärkultur ist eine ständige Erinnerung an unsere tiefe Verbindung zur Natur und den Zyklen des Lebens.

Kapitel 173: Apfelbäume auf Jahrmärkten und Märkten

Messen und Märkte sind Orte, an denen der Reichtum der Natur auf die Begeisterung der Verbraucher trifft. Unter den ausgestellten Produkten nehmen Apfelbäume eine besondere Rolle ein, sie symbolisieren die Saisonalität, Frische und Vielfalt der Früchte. Ihre farbenfrohe und lebendige Präsenz verleiht der lebendigen Atmosphäre dieser Veranstaltungen eine einzigartige Dimension.

Auf Messen und Märkten sind Apfelbäume weit mehr als nur Verkaufsprodukte; Sie sind Attraktionen für sich. Ihre mit reifen Früchten beladenen Zweige ziehen die Blicke auf sich, wecken die Sinne der Besucher und laden sie ein, näher zu kommen und den Reichtum der Ernte zu entdecken. Die vielfältigen Sorten, vom süßen Golden Delicious bis zum würzigen Granny Smith, bieten eine Reihe von Geschmacksrichtungen und Texturen, die auch die anspruchsvollsten Gaumen zufriedenstellen.

Neben ihrem ästhetischen Reiz verkörpern Apfelbäume auf Messen und Märkten auch eine direkte Verbindung zum Land und zum Bauern. Indem Verbraucher die Apfelbäume persönlich sehen, werden sie Zeuge der harten Arbeit und Leidenschaft, die für den Anbau dieser saftigen Früchte erforderlich sind. Diese greifbare Verbindung stärkt die Bindung zwischen Produzenten und Verbrauchern und fördert eine tiefere Wertschätzung für lokale Lebensmittel und Landwirtschaft.

Messen und Märkte bieten zudem eine einzigartige Gelegenheit, die Öffentlichkeit auf die Vielfalt der Apfelsorten aufmerksam zu machen. Durch die Präsentation weniger verbreiteter oder altbewährter Sorten können Erzeuger Verbraucher über den genetischen Reichtum von Apfelbäumen informieren und sie dazu ermutigen, neue Geschmacksrichtungen und Aromen zu entdecken. Diese Erkundung der Vielfalt von Äpfeln fördert eine differenziertere Wertschätzung dieser ikonischen Früchte.

Darüber hinaus sind Messen und Märkte ideale Orte, um nachhaltige und umweltfreundliche landwirtschaftliche Praktiken zu fördern. Durch die Hervorhebung von Produkten, die biologisch angebaut werden oder die die Natur respektieren, können Apfelproduzenten das öffentliche Bewusstsein für Umweltprobleme schärfen und eine verantwortungsvollere Lebensmittelauswahl fördern. Dieses Bewusstsein trägt zum kollektiven Bewusstsein für die Bedeutung der Unterstützung einer umweltfreundlichen Landwirtschaft bei.

Schließlich beschränken sich Apfelbäume auf Messen und Märkten nicht nur auf den Verkauf von frischem Obst. Sie können auch attraktive Dekorationselemente sein und dem umgebenden Raum einen Hauch natürlicher Schönheit verleihen. Ob in Form von Jungpflanzen zum Umpflanzen zu Hause oder in Topfapfelbäumen zur temporären Dekoration – diese Obstbäume verleihen jeder Veranstaltung eine warme und einladende Atmosphäre.

Insgesamt verkörpern Apfelbäume auf Messen und Märkten die Begegnung von Natur, Gemeinschaft und Kultur. Ihre lebendige und farbenfrohe Präsenz schafft eine lebendige und festliche Atmosphäre, in der Verbraucher sich mit der Erde verbinden und die Vielfalt der Früchte feiern können. Diese Veranstaltungen sind viel mehr als nur Verkaufschancen; Sie sind Ausdruck unserer tiefen Verbundenheit mit der Natur und unserer Wertschätzung ihrer Wunder.

Kapitel 174: Apfelbäume und traditionelle Feste

Apfelbäume sind eng mit vielen traditionellen Festen auf der ganzen Welt verbunden und nehmen bei Feiern und Ritualen oft einen hohen Stellenwert ein. Ihre Anwesenheit bei diesen

Veranstaltungen spiegelt nicht nur ihre Bedeutung für Landwirtschaft und Kultur wider, sondern auch ihre Symbolik, die tief in den lokalen Traditionen verwurzelt ist.

In vielen Kulturen werden Apfelbäume mit saisonalen Festen in Verbindung gebracht, die wichtige Zeiten im Landwirtschaftsjahr markieren. Beispielsweise werden Äpfel in vielen Teilen Europas und Nordamerikas bei Erntefesten im Herbst gefeiert. Diese Feste, wie das Apfelfest oder das Apfelweinfest, unterstreichen die Großzügigkeit der Natur und die harte Arbeit der Bauern.

Apfelbäume stehen auch im Mittelpunkt vieler religiöser und volkstümlicher Feste. In manchen Kulturen werden blühende Apfelbäume bei Frühlingsfesten als Symbol der Erneuerung und Fruchtbarkeit verehrt. Das japanische Hanami-Fest feiert beispielsweise die Blüte der Kirschbäume, aber auch der Apfelbäume, wo Menschen zusammenkommen, um die vergängliche Schönheit der Blumen zu bewundern.

Äpfel, die Früchte von Apfelbäumen, spielen bei Ritualen und Spielen traditioneller Feste oft eine zentrale Rolle. Spiele wie Apfelfischen oder Apfelspringen sind lustige und festliche Aktivitäten, die ein wesentlicher Bestandteil vieler Feierlichkeiten sind, insbesondere Halloween-Partys und lokale Jahrmärkte.

Apfelbäume und Äpfel werden bei bestimmten traditionellen Festen auch bei Wahrsagungs- und Glücksritualen verwendet. In der keltischen Kultur beispielsweise wurden Äpfel oft in Wahrsagungsritualen verwendet, um die Zukunft vorherzusagen oder Liebe und Wohlstand anzulocken. Solche Rituale zeugen vom uralten Glauben an die magische und symbolische Kraft der Apfelbäume.

Zusätzlich zu ihrer Rolle bei Feiern und Ritualen sind Apfelbäume häufig in der Dekoration festlicher Räume präsent. Ihre mit bunten Früchten beladenen Zweige verleihen jeder Veranstaltung einen Hauch natürlicher Schönheit, während ihre goldenen Blätter für eine warme und einladende Atmosphäre sorgen.

Zusammenfassend lässt sich sagen, dass Apfelbäume bei traditionellen Festen einen besonderen Platz einnehmen, da sie die Großzügigkeit der Natur, Fruchtbarkeit und Erneuerung verkörpern. Ihre lebendige und symbolische Präsenz bereichert Feste und stellt eine greifbare Verbindung zur Erde und ihren saisonalen Zyklen her. Diese traditionellen Feste sind nicht nur Gelegenheiten, die Ernte und Fruchtbarkeit zu feiern, sondern auch Gelegenheiten, sich wieder mit unseren kulturellen Wurzeln zu verbinden und die Schönheit und Fülle der Natur zu feiern.

Kapitel 175: Apfelbäume und lokale Produkte

Apfelbäume nehmen unter den lokalen Produkten einen herausragenden Platz ein und stellen in vielen Teilen der Welt eine reichliche Quelle für frisches Obst und Obstprodukte dar. Ihr Beitrag zur lokalen Wirtschaft, zur ökologischen Nachhaltigkeit und zur öffentlichen Gesundheit macht sie zu wichtigen Akteuren bei der Förderung lokaler Produkte.

Als lokale Kulturpflanze bieten Apfelbäume eine Vielfalt an frischen Früchten, die direkt auf lokalen Märkten vermarktet werden können. Frische Äpfel, die reif geerntet werden, behalten ihren natürlichen Geschmack und ihre essentiellen Nährstoffe und bieten Verbrauchern Produkte von höchster Qualität. Die Nähe zwischen Obstgärten und Märkten verkürzt die Transportzeit und gewährleistet so die Frische und Qualität der Früchte für die Kunden vor Ort.

Auch Produkte aus Apfelbäumen wie Apfelsaft, Apfelwein und Marmelade sind wesentliche Bestandteile des lokalen Angebots. Diese verarbeiteten Produkte steigern den Wert des Apfelanbaus und bieten den Verbrauchern eine größere Auswahl. Darüber hinaus trägt die lokale Obstverarbeitung zur Schaffung von Arbeitsplätzen und zur Wiederbelebung der lokalen Wirtschaft bei.

Durch die Förderung lokaler Produkte spielen Apfelbäume eine entscheidende Rolle bei der Erhaltung der traditionellen Landwirtschaft und dem Schutz der Umwelt. Durch die Förderung von Kurzschlüssen und die Verringerung der Abhängigkeit von Importen tragen Apfelbäume dazu bei, die mit dem Transport von Lebensmitteln verbundenen Treibhausgasemissionen zu reduzieren. Darüber hinaus fördert der Anbau von Apfelbäumen mit nachhaltigen Methoden wie ökologischem oder integriertem Landbau die Artenvielfalt und schützt die lokalen natürlichen Ressourcen.

Auch heimische Produkte von Apfelbäumen spielen eine wichtige Rolle bei der Förderung einer gesunden und ausgewogenen Ernährung. Frische Äpfel sind reich an Ballaststoffen, Vitaminen und Antioxidantien und daher eine nahrhafte Wahl für Verbraucher. Darüber hinaus bieten Produkte aus Apfelbäumen, wenn sie aus lokalen, hochwertigen Zutaten hergestellt werden, eine gesunde und schmackhafte Alternative zu industriell verarbeiteten Produkten.

Schließlich stärken Apfelbäume und die von ihnen erzeugten lokalen Produkte die Bindungen zur Gemeinschaft, indem sie die Zusammenarbeit zwischen lokalen Landwirten, Verarbeitern und Verbrauchern fördern. Bauernmärkte und landwirtschaftliche Veranstaltungen bieten einzigartige Möglichkeiten, die Menschen zu treffen, die die von uns konsumierten Lebensmittel anbauen, und stärken so die Vertrauens- und Nähebeziehungen zwischen den verschiedenen Akteuren in der Lebensmittelkette.

Kurz gesagt: Apfelbäume und die lokalen Produkte, die sie erzeugen, spielen eine wesentliche Rolle bei der Förderung einer dynamischen, nachhaltigen und gesunden lokalen Wirtschaft. Ihr Beitrag zur Nahrungsmittelvielfalt, zum Umweltschutz und zur Stärkung der gemeinschaftlichen Bindungen macht sie zu wesentlichen Elementen bei der Förderung lokaler Produkte.

Kapitel 176: Apple Marketing: Strategien und Herausforderungen

Die Vermarktung von Äpfeln ist ein komplexes Geschäft, das eine Reihe von Strategien und Herausforderungen für Erzeuger, Verarbeiter und Händler mit sich bringt. Um am Markt erfolgreich zu sein, ist es entscheidend, Markttrends zu verstehen, innovative Marketingtechniken anzuwenden und die auftretenden Herausforderungen anzugehen.

Eine Schlüsselstrategie bei der Vermarktung von Äpfeln besteht darin, Markttrends und Verbraucherpräferenzen zu verstehen. Die Verbraucher von heute sind sich zunehmend ihrer Gesundheit und der Umweltauswirkungen ihrer Lebensmittelauswahl bewusst. Apfelbauern können von diesen Trends profitieren, indem sie die ernährungsphysiologischen Vorteile von Äpfeln und ihre umweltfreundliche Produktion hervorheben.

Eine weitere wirksame Strategie besteht darin, Apfelprodukte zu diversifizieren, um verschiedene Marktsegmente abzudecken. Neben frischen Äpfeln können Produzenten ihre Ernte auch in Apfelsaft, Apfelwein, Kompotte, Marmeladen und andere Produkte verarbeiten und so ihr Angebot erweitern und eine breitere Kundschaft ansprechen.

Bei der Vermarktung von Äpfeln müssen auch bestimmte Herausforderungen bewältigt werden, insbesondere im Hinblick auf den Wettbewerb auf dem Markt. Apfelbauern stehen im Wettbewerb mit ausländischen Importen, die oft niedrigere Preise bieten können. Um wettbewerbsfähig zu bleiben, müssen lokale Produzenten sich auf die Qualität, Frische und Nachhaltigkeit ihrer Produkte konzentrieren und dabei ihre lokale Produktion und umweltfreundliche landwirtschaftliche Praktiken hervorheben.

Eine weitere große Herausforderung ist die Bestandsverwaltung und Konservierung von Äpfeln. Äpfel sind verderbliche Früchte, die eine ordnungsgemäße Handhabung und Lagerung erfordern, um ihre Frische und Qualität zu bewahren. Um Verluste zu vermeiden und eine konstante Versorgung des Marktes sicherzustellen, müssen die Produzenten in eine angemessene Lagerinfrastruktur und Konservierungstechniken investieren.

Darüber hinaus kann die Apfelvermarktung durch externe Faktoren wie Wetterbedingungen, Schwankungen der Inputpreise und Handelspolitik beeinflusst werden. Hersteller müssen bereit sein, sich auf diese Veränderungen einzustellen und ihre Marketingstrategie entsprechend anzupassen, um ihre Wettbewerbsfähigkeit auf dem Markt aufrechtzuerhalten.

Daher ist Apfelmarketing ein komplexer Prozess, der ein tiefgreifendes Verständnis der Markttrends, Produktdiversifizierung und ein effektives Management von Herausforderungen erfordert. Durch die Einführung innovativer Strategien und die entschlossene Bewältigung von Herausforderungen können Apfelbauern auf dem Markt erfolgreich sein und zum Wachstum und zur Nachhaltigkeit der Branche beitragen.

Kapitel 177: Apfelbäume und Transformationstechniken

Apfelbäume bieten eine Fülle an saftigen Früchten, ihr Wert beschränkt sich jedoch nicht nur auf frische Äpfel. Durch verschiedene Verarbeitungstechniken können Äpfel in eine Vielzahl köstlicher und vielseitiger Produkte umgewandelt werden, wodurch ihre Verwendung und Marktattraktivität erweitert werden.

Eine der gebräuchlichsten Verarbeitungstechniken für Äpfel ist die Herstellung von Apfelsaft. Bei diesem Verfahren werden die Äpfel gepresst, um den Saft zu extrahieren, der dann pasteurisiert wird, um seine Konservierung zu gewährleisten. Frischer Apfelsaft wird wegen seines natürlichen Geschmacks und seines reichen Nährstoffgehalts geschätzt und ist daher bei gesundheitsbewussten Verbrauchern eine beliebte Wahl.

Apfelwein ist ein weiteres beliebtes Getränk aus Äpfeln. Im Gegensatz zu Apfelsaft wird Apfelwein fermentiert, was ihm einen ausgeprägten Geschmack und einen unterschiedlichen Alkoholgehalt verleiht. Apfelwein kann gekühlt genossen oder als Zutat in einer Vielzahl von Cocktails und gekochten Gerichten verwendet werden und verleiht ihm eine einzigartige Geschmacksnote.

Äpfel können auch zu Kompott, Marmelade und Gelee verarbeitet werden, die wegen ihrer Süße und Textur geschätzt werden. Diese Produkte können pur verzehrt, aufs Brot gestrichen oder als Belag für eine Vielzahl von Desserts und Süßspeisen verwendet werden. Ihre Vielseitigkeit macht sie zu unverzichtbaren Bestandteilen jeder Küche.

Dehydrierung ist eine weitere gängige Verarbeitungstechnik für Äpfel. Durch das Trocknen von Apfelscheiben entstehen knusprige, leckere Apfelchips, ideal für Snacks oder Salatgarnituren. Getrocknete Äpfel können auch rehydriert und in verschiedenen süßen und herzhaften Rezepten verwendet werden.

Schließlich können Äpfel zu Apfelessig verarbeitet werden, einer vielseitigen Zutat, die in der Küche und in der traditionellen Medizin verwendet wird. Apfelessig wird wegen seiner säuernden und konservierenden Eigenschaften sowie wegen seines einzigartigen Geschmacks und seines Reichtums an Antioxidantien geschätzt.

Kurz gesagt, die Apfelverarbeitungstechniken bieten eine Vielzahl von Möglichkeiten, das Beste aus diesen köstlichen Früchten herauszuholen. Ob in Form von Saft, Apfelwein, Kompott oder Essig – Apfelprodukte verleihen unserer täglichen Ernährung Geschmack, Nährstoffe und Vielseitigkeit.

Kapitel 178: Apfelbäume und die Fruchtsaftindustrie

Zu den Säulen der Fruchtsaftindustrie zählen Apfelbäume, wesentliche Quellen für dieses erfrischende und nahrhafte Getränk. Diese Obstbäume spielen eine wichtige Rolle bei der Herstellung von Apfelsaft, einem Getränk, das auf der ganzen Welt wegen seines natürlichen Geschmacks und seiner gesundheitlichen Vorteile beliebt ist.

Der erste Schritt bei der Apfelsaftherstellung ist die Ernte der Äpfel. Apfelplantagen bieten eine große Vielfalt an Apfelsorten, die jeweils zum charakteristischen Geschmack und der charakteristischen Textur des Safts beitragen. Von süßen Äpfeln wie Fuji bis zu säuerlichen Äpfeln wie Granny Smith leistet jede Sorte ihren eigenen Beitrag zum Ganzen.

Nach der Ernte werden die Äpfel gewaschen und sortiert, um Verunreinigungen und beschädigte Früchte zu entfernen. Anschließend werden sie gepresst, um den Saft zu extrahieren, der dann gefiltert wird, um feste Partikel zu entfernen. Der gefilterte Saft wird dann pasteurisiert, um seine Konservierung und Lebensmittelsicherheit zu gewährleisten, bevor er zur Verteilung in Flaschen oder Kartons verpackt wird.

Die Apfelsaftindustrie bietet eine große Produktvielfalt, um den Vorlieben der Verbraucher gerecht zu werden. Von 100 % reinem Apfelsaft bis hin zu exotischen Fruchtmischungen, Bio-Säften und Säften ohne Zuckerzusatz ist die Auswahl vielfältig. Diese Vielfalt spiegelt die wachsende Nachfrage der Verbraucher nach gesunden und natürlichen Produkten wider.

Apfelbäume spielen eine entscheidende Rolle für die Nachhaltigkeit der Fruchtsaftindustrie. Als mehrjährige Nutzpflanzen stellen Apfelplantagen Jahr für Jahr eine zuverlässige Rohstoffquelle dar und verringern so die Abhängigkeit von einjährigen Nutzpflanzen. Darüber hinaus können Apfelbäume durch umweltfreundliche Anbaumethoden wie ökologischen Landbau und Agroforstwirtschaft nachhaltig angebaut werden.

Darüber hinaus trägt die Apfelsaftindustrie zur lokalen Wirtschaft bei, indem sie Arbeitsplätze in Obstplantagen, Verarbeitungsbetrieben und Vertriebsunternehmen schafft. Apfelsafthersteller bieten auch Möglichkeiten für lokale Landwirte und stärken die Beziehungen zwischen der Industrie und den Bauerngemeinschaften.

Apfelbäume sind daher wichtige Akteure in der Fruchtsaftindustrie, da sie eine zuverlässige Rohstoffquelle darstellen und zur Vielfalt und Nachhaltigkeit dieser Branche beitragen. Dank ihres kontinuierlichen Beitrags werden Apfelbäume weiterhin eine Schlüsselrolle bei der Herstellung dieses weltweit geschätzten Getränks spielen.

Kapitel 179: Apfelbäume und Essigherstellung

Apfelbäume, die für ihre saftigen und süßen Früchte bekannt sind, spielen auch eine wichtige Rolle bei der Herstellung von Apfelessig. Dieser wegen seines ausgeprägten Geschmacks und seiner gesundheitlichen Vorteile geschätzte Essig wird aus fermentiertem Apfelsaft hergestellt und bietet eine alternative und schmackhafte Verwendung für diese Obstbäume.

Die Herstellung von Apfelessig beginnt mit der Fermentierung von Apfelsaft. Nach dem Pressen geben Äpfel ihren Saft ab, der dann den natürlichen Hefen in der Umgebung ausgesetzt wird. Diese Hefen vergären den im Apfelsaft enthaltenen Zucker und wandeln so den Saft in Alkohol um.

Nach der Fermentation entsteht Apfelsaft zu Apfelwein, einem leicht alkoholischen Getränk, das als Basis für Apfelessig dient. Der Apfelwein wird dann Essigsäurebakterien ausgesetzt, die den Alkohol in Essigsäure, den Hauptbestandteil von Essig, umwandeln. Dieser Essigsäuregärungsprozess kann je nach Gärungsbedingungen mehrere Wochen bis mehrere Monate dauern.

Sobald der Apfelwein in Apfelessig umgewandelt wurde, wird er gefiltert und pasteurisiert, um seine Konservierung und Lebensmittelsicherheit zu gewährleisten. Der fertige Apfelessig wird dann zur Verteilung in Flaschen oder Gläser abgefüllt.

Apfelessig ist wegen seines ausgeprägten Geschmacks und seines reichen Nährstoffgehalts beliebt. Es wird oft als Gewürz in Salaten, Marinaden und Salatdressings verwendet und verleiht einer Vielzahl von Gerichten einen würzigen Geschmack und einen Hauch von Komplexität. Darüber hinaus wird Apfelessig auch für medizinische Zwecke verwendet, unter anderem aufgrund seiner antibakteriellen, antioxidativen und entzündungshemmenden Eigenschaften.

Apfelbäume spielen eine entscheidende Rolle bei der Herstellung von Apfelessig, da sie eine zuverlässige Rohstoffquelle darstellen. Apfelplantagen bieten eine große Vielfalt an Apfelsorten, von denen jede ihren eigenen Beitrag zum Geschmack und zur Qualität des fertigen Essigs leistet. Darüber hinaus können Apfelbäume durch umweltfreundliche Anbaumethoden wie ökologischen Landbau und Agroforstwirtschaft nachhaltig angebaut werden.

Apfelbäume spielen eine wesentliche Rolle bei der Herstellung von Apfelessig, da sie eine zuverlässige Rohstoffquelle darstellen und zum Reichtum und zur Vielfalt dieses weltweit beliebten Produkts beitragen. Durch ihren kontinuierlichen Beitrag werden Apfelbäume weiterhin eine Schlüsselrolle bei der Herstellung dieses einzigartigen und vielseitigen Essigs spielen.

Kapitel 180: Apfelbäume und die Herstellung von Kompott und Püree

Apfelbäume, Symbole für Fruchtbarkeit und Überfluss, sind das Herzstück der Herstellung von Apfelmus und Apfelmus, zwei köstlichen Zubereitungen, die auf der ganzen Welt genossen werden. Diese Produkte bieten eine schmackhafte und vielseitige Alternative zum Verzehr frischer Äpfel und bewahren gleichzeitig den natürlichen Geschmack und die ernährungsphysiologischen Vorteile dieser saftigen Früchte.

Die Herstellung von Apfelmus und Püree beginnt mit der Auswahl der Äpfel. Apfelplantagen bieten eine Vielzahl von Apfelsorten, von denen jede ihren eigenen Geschmack und ihre eigene Textur in die endgültige Zubereitung einbringt. Von süßen Äpfeln wie Gala bis zu säuerlichen Äpfeln wie Granny Smith trägt jede Sorte zur Komplexität und Reichhaltigkeit von Kompott und Püree bei.

Nach der Auswahl werden die Äpfel gewaschen, geschält und in Stücke geschnitten, bevor sie gekocht werden. Durch das Kochen von Äpfeln wird der natürliche Zucker freigesetzt, wodurch ein süßes und duftendes Kompott entsteht. Für Apfelpüree werden gekochte Äpfel zu einer glatten, gleichmäßigen Konsistenz püriert und bilden eine cremige Basis für eine Vielzahl von Gerichten und Desserts.

Nach dem Kochen können Apfelmus und Püree nach individuellen Vorlieben gewürzt werden. Zucker, Zimt, Zitrone und andere Gewürze können hinzugefügt werden, um den Geschmack zu verstärken und einzigartige Variationen dieser klassischen Zubereitungen zu schaffen.

Apfelmus wird oft pur gegessen, als Beilage zu süßen oder herzhaften Gerichten oder als Belag für verschiedene Desserts, Pfannkuchen und Waffeln. Apfelpüree hingegen wird als Zutat in einer Vielzahl von Rezepten verwendet, darunter Kuchen, Muffins, Saucen und Suppen, und verleiht diesen Gerichten eine saftige Textur und natürliche Süße.

Apfelbäume spielen eine entscheidende Rolle bei der Herstellung von Apfelmus und -püree, da sie eine zuverlässige Rohstoffquelle darstellen. Apfelplantagen bieten eine Fülle hochwertiger Früchte, die sorgfältig angebaut und reif geerntet werden, um einen optimalen Geschmack zu gewährleisten. Darüber hinaus können Apfelbäume durch umweltfreundliche landwirtschaftliche Methoden nachhaltig angebaut werden, wodurch die Bodengesundheit und die Artenvielfalt im Obstgarten erhalten bleiben.

Daher spielen Apfelbäume eine wesentliche Rolle bei der Herstellung von Apfelmus und -püree, da sie eine zuverlässige Rohstoffquelle darstellen und zum Reichtum und zur Vielfalt dieser weltweit geschätzten Zubereitungen beitragen. Mit ihrem kontinuierlichen Beitrag werden Apfelbäume weiterhin eine Schlüsselrolle bei der Herstellung dieser köstlichen und vielseitigen Apfelzubereitungen spielen.

Kapitel 181: Apfelbäume und innovative Produkte

Apfelbäume, Sinnbilder für Fruchtbarkeit und Wohlstand, inspirieren weiterhin Innovationen bei Lebensmitteln. Dank ihrer Vielseitigkeit und Fülle dienen diese Obstbäume als Grundlage für eine wachsende Palette innovativer Produkte, die den Horizont der Küche und Gastronomie erweitern.

Eine der bemerkenswertesten Innovationen ist die Verwendung von Apfelbäumen zur Herstellung gesunder und praktischer Snacks. Von knusprigen Apfelchips bis hin zu Energieriegeln auf Apfelmusbasis bieten diese Produkte eine nahrhafte Alternative zu herkömmlichen Snacks und fangen gleichzeitig den natürlichen Geschmack und die Süße frischer Äpfel ein.

Auch bei Getränken inspirieren Apfelbäume Innovationen. Von prickelndem Apfelsaft bis hin zu fermentierten Apfelweingetränken bieten diese Produkte eine Vielzahl einzigartiger Geschmacksrichtungen und Texturen, die Fans erfrischender und leckerer Getränke ansprechen. Darüber hinaus verleihen mit Äpfeln angereicherte Cocktails und Spirituosen den Bar- und Restaurantmenüs einen Hauch von Kreativität.

Innovative Apfelprodukte beschränken sich nicht nur auf Lebensmittel und Getränke. Apfelbäume werden auch zur Herstellung einer Reihe von Körperpflege- und Gesundheitsprodukten verwendet. Von Gesichtsmasken auf Apfelbasis bis hin zu

Nahrungsergänzungsmitteln auf Apfelextraktbasis nutzen diese Produkte die ernährungsphysiologischen und antioxidativen Vorteile von Äpfeln, um Gesundheit und Wohlbefinden zu fördern.

Darüber hinaus inspirieren Apfelbäume zu Innovationen im Bereich nachhaltiger Verpackungen. Von biologisch abbaubaren Lebensmittelverpackungen aus Apfelfasern bis hin zu wiederverwendbaren Verpackungsmaterialien aus recyceltem Apfelholz bieten diese Lösungen eine umweltfreundliche Alternative zu herkömmlichen Verpackungen und tragen dazu bei, den ökologischen Fußabdruck der Lebensmittelindustrie zu reduzieren.

Apfelbäume werden auch zur Herstellung innovativer Produkte für die Inneneinrichtung und das Kunsthandwerk verwendet. Von Apfelduftkerzen bis hin zu kunstvoll aus Apfelholz geschnitzten Töpferwaren fangen diese Produkte den warmen, rustikalen Geist von Apfelplantagen ein und verleihen jedem Raum einen Hauch von Eleganz und Charme.

Apfelbäume inspirieren weiterhin zu Innovationen durch ein vielfältiges Sortiment an Lebensmitteln, Getränken, Körperpflege- und Dekorationsprodukten. Ihre Vielseitigkeit, Fülle und reiche Geschichte machen sie zu einer endlosen Inspirationsquelle für Unternehmer, Köche und Kunsthandwerker auf der ganzen Welt. Durch ihren kontinuierlichen Beitrag werden Apfelbäume weiterhin Kreativität und Innovation in einer Vielzahl von Bereichen vorantreiben und unser Leben und unsere täglichen Erfahrungen bereichern.

Kapitel 182: Apfelbäume und Kurzschluss

Apfelbäume spielen eine entscheidende Rolle bei der Förderung kurzer Lieferketten und bieten den lokalen Verbrauchern eine zuverlässige Quelle für frisches Obst und Folgeprodukte direkt aus den Obstgärten. Dieser Vertriebsansatz bringt Produzenten und Verbraucher zusammen, fördert ökologische Nachhaltigkeit, Lebensmittelqualität und stärkt die Bindungen zur Gemeinschaft.

Kurzschlüsse verkürzen die Distanzen, die Lebensmittel zurücklegen, und minimieren so den mit dem Transport verbundenen CO2-Fußabdruck. Durch die Verkürzung der Lieferkette tragen Apfelbäume dazu bei, die Treibhausgasemissionen und die Abhängigkeit von fossilen Brennstoffen zu verringern und fördern so die ökologische Nachhaltigkeit und den Kampf gegen den Klimawandel.

Darüber hinaus ermöglichen kurze Wege den Verbrauchern einen direkten Zugang zu frischen und saisonalen Produkten. Die Apfelbäume bieten eine Auswahl an frischen Äpfeln, die vor Ort angebaut und reif geerntet werden, um einen optimalen Geschmack zu gewährleisten. Verbraucher finden außerdem eine Reihe von Produkten, die aus Apfelbäumen gewonnen werden, wie Apfelsaft, Kompott und Apfelessig, die mit Sorgfalt und Fachwissen auf lokalen Bauernhöfen hergestellt werden.

Durch die Förderung von Kurzschlüssen stärken Apfelbäume die Bindung zwischen Erzeugern und Verbrauchern. Bauernmärkte und Direktverkaufsstände bieten einzigartige Möglichkeiten, die Menschen zu treffen, die die von uns verzehrten Lebensmittel anbauen, und fördern so Vertrauen, Respekt und gegenseitiges Verständnis zwischen den verschiedenen Akteuren in der Lebensmittelkette.

Darüber hinaus unterstützen Kurzschlüsse die lokale Wirtschaft, indem sie Chancen für lokale Landwirte schaffen. Apfelbäume stellen eine stabile und zuverlässige Einnahmequelle für Landwirte dar und stimulieren das Wirtschaftswachstum und die ländliche Entwicklung in landwirtschaftlichen Gemeinden.

Apfelbäume spielen eine wichtige Rolle bei der Förderung kurzer Lieferketten und bieten den lokalen Verbrauchern eine zuverlässige Quelle für frisches Obst und Folgeprodukte direkt aus den Obstgärten. Dieser Vertriebsansatz fördert die ökologische Nachhaltigkeit, die Lebensmittelqualität und die Stärkung der gemeinschaftlichen Bindungen und trägt so zur Schaffung eines gerechteren, gerechteren und widerstandsfähigeren Lebensmittelsystems bei.

Kapitel 183: Apfelbäume und Ernährungsautonomie

Apfelbäume spielen eine wichtige Rolle bei der Förderung der Selbstversorgung mit Nahrungsmitteln und bieten eine nachhaltige und reichliche Quelle für frisches Obst und Obstprodukte. Durch den Anbau von Apfelbäumen und die Integration ihrer Früchte in die tägliche Ernährung können Gemeinden ihre Widerstandsfähigkeit gegenüber Ernährungsproblemen stärken und ihre Ernährungssicherheit langfristig verbessern.

Apfelplantagen bieten das ganze Jahr über eine zuverlässige Quelle für frisches Obst. Durch den Anbau verschiedener Apfelsorten, die an unterschiedliche Klimazonen und Jahreszeiten angepasst sind, können Gemeinden eine konstante Versorgung mit nährstoff-, vitamin- und mineralstoffreichen Früchten sicherstellen. Äpfel können roh verzehrt, zu Saft, Kompott oder Püree verarbeitet werden und bieten so vielfältige Möglichkeiten, den individuellen Ernährungsbedürfnissen und Vorlieben gerecht zu werden.

Neben frischen Früchten bieten Apfelbäume eine Reihe von Nebenprodukten, die gelagert und für die spätere Verwendung konserviert werden können. Apfelsaft, Kompott und Apfelessig sind Beispiele für Produkte, die aus lokal geernteten Äpfeln hergestellt und das ganze Jahr über als Nährstoff- und Geschmacksquelle verwendet werden können. Durch die lokale Produktion dieser Produkte reduzieren Gemeinden ihre Abhängigkeit von Importen und stärken ihre Widerstandsfähigkeit gegenüber externen Störungen in den Lieferketten.

Darüber hinaus können Apfelbäume durch umweltfreundliche landwirtschaftliche Methoden nachhaltig angebaut werden. Durch die Förderung der Artenvielfalt, den Erhalt natürlicher Lebensräume und die Minimierung des Einsatzes von Pestiziden und chemischen Düngemitteln tragen Apfelplantagen zum Erhalt des lokalen Ökosystems und zum Schutz der menschlichen Gesundheit und der Umwelt bei.

Durch die Integration von Apfelbäumen in lokale Lebensmittelsysteme können Gemeinden die ökologische Nachhaltigkeit fördern, die lokale Wirtschaft stärken und die Gesundheit und das Wohlbefinden des Einzelnen verbessern. Durch den Anbau von Apfelbäumen und die Aufwertung ihrer Früchte können Gemeinden konkrete Schritte unternehmen, um die Selbstversorgung mit Nahrungsmitteln zu fördern und eine nachhaltigere und widerstandsfähigere Zukunft für alle aufzubauen.

Kapitel 184: Apfelbäume und lokales Kunsthandwerk

Bei Apfelbäumen geht es nicht nur darum, köstliche Früchte hervorzubringen; Sie sind auch eine Inspirationsquelle für das lokale Kunsthandwerk. In vielen Regionen werden aus den Ästen und dem Holz von Apfelbäumen vielfältige einzigartige und ästhetische Kunsthandwerke hergestellt, die dazu beitragen, lokale Traditionen zu bewahren und das Talent der Kunsthandwerker zu fördern.

Apfelholz wird häufig zur Herstellung von Möbeln und Dekorationsgegenständen verwendet. Handwerker verarbeiten Apfelholz, um robuste und elegante Möbel wie Tische, Stühle und Regale herzustellen, die jedem Interieur einen Hauch von Rustikalität und Charme verleihen. Darüber hinaus wird Apfelholz oft geschnitzt und geformt, um dekorative Gegenstände wie Schalen, Vasen und Skulpturen herzustellen, die die natürliche Schönheit des Holzes hervorheben.

Apfelbaumzweige werden auch im Kunsthandwerk zur Herstellung verschiedener Gebrauchs- und Dekorationsgegenstände verwendet. Kunsthandwerker weben die Zweige zu Körben, Körben und Zeitschriftenständern und bieten so praktische und stilvolle Aufbewahrungslösungen für zu Hause. Darüber hinaus werden Apfelbaumzweige oft beschnitten und geschnitzt, um dekorative Gegenstände wie Kerzenhalter, Pflanzenständer und Wandbehänge herzustellen, die jedem Raum einen Hauch von Natur verleihen.

Neben Holz und Zweigen bieten Apfelbäume eine Vielzahl natürlicher Materialien, die im lokalen Kunsthandwerk verwendet werden können. Apfelblätter können gepresst und getrocknet werden, um Papierkunstwerke wie Grußkarten und Tagebücher herzustellen, die die Schönheit und Zartheit natürlicher Muster zur Geltung bringen. Darüber hinaus können Apfelkerne zu Schmuck und Accessoires verarbeitet werden und bieten so eine einzigartige Möglichkeit, einen Teil der Natur bei sich zu tragen.

Durch die Integration von Apfelbäumen in das lokale Handwerk können Gemeinden lokale Traditionen bewahren, die ökologische Nachhaltigkeit fördern und die lokale Wirtschaft unterstützen. Durch die Förderung natürlicher Materialien und die Hervorhebung des Talents lokaler Handwerker werden Apfelbäume zu einer Inspirationsquelle für die Schaffung einzigartiger und authentischer Objekte, die die Fantasie anregen und die Schönheit der Natur hervorrufen.

Kapitel 185: Apfelbäume und regionales Erbe

Apfelbäume nehmen im regionalen Erbe vieler Gemeinden auf der ganzen Welt einen besonderen Platz ein. Ihre Präsenz in ländlichen Landschaften, ihre malerischen Obstgärten und ihre reiche Geschichte machen Apfelbäume zu ikonischen Symbolen der lokalen Identität und des regionalen Erbes.

In vielen Regionen sind Apfelplantagen ikonische Elemente der ländlichen Landschaft. Ihre geordneten Reihen fruchtbeladener Stämme und Zweige schaffen ein malerisches und zeitloses Bild, das an landwirtschaftliche Tradition und tiefe Verbundenheit mit dem Land erinnert. Diese Obstgärten sind oft beliebte Touristenattraktionen und locken Besucher an, die die natürliche Schönheit der Bäume bewundern, die im Frühling blühen und im Herbst ernten.

Apfelbäume sind auch wichtige Elemente der regionalen Geschichte. In vielen Regionen reicht der Anbau von Apfelbäumen Jahrhunderte, ja Jahrtausende zurück. Ihre Früchte haben Generationen von Menschen ernährt und eine entscheidende Rolle für die Wirtschaft und den Lebensunterhalt der lokalen Gemeinschaften gespielt. Historische Apfelplantagen mit ihren alten Apfelsorten und traditionellen Anbautechniken sind lebendige Zeugen dieser reichen landwirtschaftlichen Geschichte.

Neben ihrer historischen Bedeutung sind Apfelbäume in vielen Regionen auch kulturelle und soziale Symbole. Ihre Früchte werden oft mit lokalen Festen, Gemeinschaftsveranstaltungen und saisonalen Traditionen in Verbindung gebracht. Die Apfelernte beispielsweise wird oft mit Partys, Paraden und Familienaktivitäten gefeiert, die die Bindungen zwischen den Gemeindemitgliedern stärken und regionale Bräuche aufrechterhalten.

Apfelbäume tragen auch zur regionalen gastronomischen Vielfalt bei. Ihre einzigartigen Apfelsorten werden in der lokalen Küche häufig für die Zubereitung verschiedener süßer und herzhafter Gerichte verwendet. Vom traditionellen Apfelkuchen bis hin zu regionalen Gerichten wie Glühwein und Apfelküchlein verleihen Apfelbäume der regionalen Küche eine unverwechselbare Note und sind ein wesentlicher Bestandteil ihrer kulinarischen Identität.

Apfelbäume sind wesentliche Elemente des regionalen Erbes und stellen nicht nur eine wertvolle natürliche Ressource dar, sondern auch ein Symbol der lokalen Identität, Geschichte und Kultur. Ihre Präsenz in ländlichen Landschaften, ihre Rolle in der lokalen Wirtschaft und ihr Beitrag zur regionalen gastronomischen Vielfalt machen Apfelbäume zu unschätzbaren Elementen des regionalen Erbes, die es zu bewahren und für kommende Generationen zu feiern gilt.

Kapitel 186: Apfelbäume und kulturelle Identität

Apfelbäume sind mehr als nur Obstbäume; Sie sind Symbole, die tief in der kulturellen Identität vieler Gemeinschaften auf der ganzen Welt verwurzelt sind. Ihre Präsenz in Landschaften, ihre köstlichen Früchte und ihre Rolle in lokalen Traditionen machen Apfelbäume zu wesentlichen Elementen der kulturellen Identität der Regionen, in denen sie gedeihen.

Apfelbäume prägen Landschaften und tragen zur visuellen Identität der Regionen bei, in denen sie angebaut werden. Ihre sorgfältig gepflegten Obstgärten mit ihren geordneten Baumreihen, die im Frühling blühen und im Herbst mit Früchten beladen sind, schaffen malerische Ausblicke, die an natürliche Schönheit und landwirtschaftliche Tradition erinnern. Diese ikonischen Landschaften werden oft zu Symbolen der Region und repräsentieren ihren einzigartigen Charakter und ihre tiefe Verbundenheit mit dem Land.

Auch die Früchte der Apfelbäume spielen mit ihrer Vielfalt an Farben, Aromen und Texturen eine wichtige Rolle in der lokalen Kultur und Küche. Regionale Apfelsorten werden häufig in traditionellen Rezepten und typischen Gerichten der Region verwendet. Vom klassischen Apfelkuchen bis hin zu lokalen Spezialitäten wie Glühwein und Apfelküchlein – Apfelbäume bereichern die regionale Küche und tragen zu ihrer unverwechselbaren kulinarischen Identität bei.

Neben ihrer optischen und gastronomischen Bedeutung sind Apfelbäume auch in lokalen Traditionen und Bräuchen verwurzelt. Die Apfelernte beispielsweise wird oft mit Festen, Gemeinschaftsveranstaltungen und Familienaktivitäten gefeiert, die die Bindungen zwischen den Gemeindemitgliedern stärken und die landwirtschaftlichen Praktiken der Vorfahren fortführen. Ebenso sind historische Apfelplantagen mit ihren alten Apfelsorten und traditionellen Anbaumethoden lebendige Zeugen der lokalen Geschichte und Kultur.

Apfelbäume spielen in vielen Kulturen auch eine symbolische Rolle und stehen für Werte wie Fruchtbarkeit, Überfluss und Wohlstand. Ihre Früchte, die mit Vorstellungen von Gesundheit und Wohlbefinden in Verbindung gebracht werden, werden häufig in Heiltraditionen und im Volksglauben über Gesundheit und Langlebigkeit verwendet.

Apfelbäume sind wesentliche Elemente der kulturellen Identität der Regionen, in denen sie gedeihen. Ihre Präsenz in Landschaften, ihre Rolle in der lokalen Küche und den Traditionen sowie ihre symbolische Bedeutung machen Apfelbäume zu starken Symbolen regionaler kultureller Identität, die für zukünftige Generationen erhalten und gefeiert werden müssen.

Kapitel 187: Apfelbäume und Gourmet-Tourismus

Apfelbäume spielen eine wichtige Rolle im gastronomischen Tourismus und bieten den Besuchern ein einzigartiges Sinneserlebnis inmitten malerischer Obstgärten und ländlicher Regionen. Als Symbole für Fruchtbarkeit und Wohlstand ziehen Apfelbäume Reisende an, die auf der Suche nach authentischen kulinarischen Entdeckungen und regionalen gastronomischen Traditionen sind.

Apfelplantagen sind beliebte Ziele für Liebhaber des kulinarischen Tourismus und bieten Besuchern die Möglichkeit, den Prozess des Apfelanbaus von der Blüte bis zur Ernte mitzuerleben. Bei geführten Obstgartentouren können Besucher mehr über verschiedene Apfelsorten, Anbautechniken und nachhaltige Anbaumethoden der örtlichen Bauern erfahren.

Zusätzlich zum Apfelanbau werden in den Obstgärten häufig Obst- und Gemüseverkostungen angeboten, bei denen Besucher eine Vielzahl frischer Äpfel und Apfelprodukte wie Apfelsaft, Kompott und Apfelwein probieren können. Diese Verkostungen bieten eine einzigartige Gelegenheit, die einzigartigen Aromen der lokalen Äpfel zu entdecken und die gastronomische Vielfalt der Region zu schätzen.

Apfelbäume sind auch während der Erntezeit beliebte Attraktionen, wenn die Obstgärten in vollem Gange sind und die Bäume mit reifen Früchten beladen sind. Apfelerntefeste ziehen oft viele Besucher an und bieten eine Reihe von Familienaktivitäten wie Apfelpflücken, Planwagenfahrten und Kochvorführungen im Freien.

Zusätzlich zu Apfelplantagen bieten ländliche Gebiete oft eine Vielzahl von Unterkünften und Restaurants für Feinschmeckertouristen. Landgasthöfe, B&Bs und Bauerngasthöfe bieten Besuchern die Möglichkeit, in authentischer und malerischer Umgebung zu übernachten und dabei regionale Küche zu genießen, die mit lokalen Produkten, einschließlich der köstlichen Äpfel der Region, zubereitet wird.

Apfelbäume spielen eine wichtige Rolle im gastronomischen Tourismus und bieten den Besuchern ein einzigartiges Sinneserlebnis inmitten malerischer Obstgärten und ländlicher Regionen. Durch ihren Beitrag zur lokalen Kultur, regionalen Küche und gastronomischen Traditionen bereichern Apfelbäume das touristische Erlebnis und tragen zur Förderung eines nachhaltigen und authentischen Tourismus in den Regionen bei, in denen sie gedeihen.

Kapitel 188: Apfelbäume in Sinneserlebnissen

Apfelbäume bieten eine faszinierende Vielfalt an Sinneserlebnissen, die die Sinne wecken und die Seele nähren. Vom Anblick blühender Obstgärten über den berauschenden Duft reifer Äpfel bis hin zum süßen Geschmack frisch gepflückter Früchte laden Apfelbäume dazu ein, in eine Welt voller reicher und vielfältiger Sinneseindrücke einzutauchen.

Der Anblick blühender Apfelplantagen ist ein bezauberndes visuelles Erlebnis. Im Frühling sind die Bäume mit zarten weißen oder rosa Blüten geschmückt, die in der grünen Landschaft eine wahre Farbenexplosion auslösen. Die geordneten Reihen blühender Bäume schaffen ein herrliches Schauspiel, das ein Gefühl von Erneuerung und natürlicher Schönheit hervorruft.

Der Duft reifer Äpfel ist ein unvergessliches Geruchserlebnis. Wenn die Früchte reif werden, verströmen sie einen süßen, köstlichen Duft, der die Luft erfüllt und die Sinne weckt. Der betörende Duft frischer Äpfel lädt dazu ein, näher zu kommen und sich von der natürlichen Süße und sensorischen Fülle mitreißen zu lassen.

Das Berühren frischer Äpfel ist ein angenehmes haptisches Erlebnis. Die glatten, festen Früchte bieten eine angenehme Textur bei Berührung, während ihr Gewicht in der Hand ein Gefühl der Fülle und Zufriedenheit hervorruft. Durch das Streicheln der frisch gepflückten Äpfel kann der Mensch die Qualität und Frische der Früchte spüren und sich auf greifbare Weise mit der Natur verbinden.

Der Geschmack frischer Äpfel ist ein köstliches Geschmackserlebnis. Beim Beißen in einen saftigen, süßen Apfel explodieren die reichhaltigen, ausgewogenen Aromen im Mund und bieten eine Symphonie aus Süße, Säure und Frische. Jede Apfelsorte bietet ein einzigartiges Geschmackserlebnis, das von milden und süßen Aromen bis hin zu herben und würzigen Nuancen reicht.

Somit bieten Apfelbäume eine Vielzahl an Sinneserlebnissen, die die Sinne wecken und das Leben bereichern. Vom Anblick blühender Obstgärten über den Duft reifer Äpfel bis hin zum Hauch von frischem Obst und dem köstlichen Geschmack frisch gepflückter Äpfel ziehen Apfelbäume den Menschen in seinen Bann und laden ihn ein, eine Welt voller reicher und vielfältiger Sinneseindrücke zu erkunden.

Kapitel 189: Apfelbäume und Wohlbefinden

Apfelbäume haben eine enge Verbindung zum menschlichen Wohlbefinden und bieten eine Vielzahl von Vorteilen für die körperliche, geistige und emotionale Gesundheit. Vom einfachen Blick auf friedliche Obstgärten bis zum Verkosten frischer Früchte spielen Apfelbäume auf vielen Ebenen eine wichtige Rolle bei der Förderung des Wohlbefindens.

Das Vorhandensein von Apfelbäumen in Landschaften schafft eine beruhigende Atmosphäre, die Entspannung und Seelenfrieden fördert. Ein Spaziergang durch einen Apfelgarten ist eine willkommene Abwechslung vom Stress des Alltags und ermöglicht es dem Einzelnen, sich wieder mit der Natur zu verbinden und ein Gefühl der inneren Ruhe zu finden.

Der Kontakt mit der Natur ist bekannt für seine vielen Vorteile für die geistige und emotionale Gesundheit. Der Aufenthalt in einer Apfelplantage kann Stress, Ängste und Depressionen reduzieren und gleichzeitig das allgemeine Wohlbefinden fördern. Die natürliche Schönheit blühender Bäume und reifer Früchte schafft ein immersives Erlebnis, das die Stimmung hebt und die Sinne anregt.

Neben ihrer beruhigenden Wirkung haben Apfelbäume auch positive Auswirkungen auf die körperliche Gesundheit. Äpfel sind reich an essentiellen Nährstoffen wie Vitaminen, Mineralien und Ballaststoffen, die die Gesundheit des Verdauungssystems unterstützen, das Immunsystem stärken und eine gesunde Haut fördern. Der regelmäßige Verzehr frischer Äpfel kann dazu beitragen, chronischen Krankheiten wie Herzerkrankungen, Diabetes und Krebs vorzubeugen.

Darüber hinaus bietet das Apfelpflücken in Obstgärten die Möglichkeit zu moderater körperlicher Betätigung, die die Herz-Kreislauf-Gesundheit und das körperliche Wohlbefinden fördert. Zwischen Baumreihen spazieren zu gehen, zu den höchsten Früchten zu klettern und Körbe voller Äpfel zu tragen sind Aktivitäten, die Körper und Geist anregen und gleichzeitig ein angenehmes und lohnendes Erlebnis bieten.

Apfelbäume sind eng mit dem menschlichen Wohlbefinden verbunden und bieten zahlreiche Vorteile für die körperliche, geistige und emotionale Gesundheit. Ihre Präsenz in Landschaften schafft eine beruhigende Atmosphäre, die Entspannung und Seelenfrieden fördert, während ihre nahrhaften Früchte die allgemeine Gesundheit und das Wohlbefinden unterstützen. Durch den Aufenthalt in Apfelplantagen können Einzelpersonen einen Zufluchtsort der Ruhe und Erholung mitten in der Natur finden.

Kapitel 190: Apfelbäume und Familienlandwirtschaft

Apfelbäume nehmen in landwirtschaftlichen Familienbetrieben einen privilegierten Platz ein und spielen eine entscheidende Rolle für den Lebensunterhalt und die wirtschaftliche Entwicklung ländlicher Gemeinden auf der ganzen Welt. Als vielseitige Obstpflanze bieten Apfelbäume den Bauernfamilien eine verlässliche Einnahmequelle sowie eine nährstoffreiche und abwechslungsreiche Ernährung für ihre Mitglieder.

Für viele Bauernfamilien sind Apfelplantagen eine wesentliche Einnahmequelle. Der Apfelanbau bietet saisonale Beschäftigungsmöglichkeiten für Familienmitglieder sowie lokale Saisonarbeiter und trägt so dazu bei, die lokale Wirtschaft anzukurbeln und die Abwanderung in städtische Gebiete zu reduzieren. Darüber hinaus bietet die Vermarktung von Äpfeln und deren Folgeprodukten Familienbauern die Möglichkeit, das ganze Jahr über zusätzliche Einnahmen zu erzielen.

Neben ihrer wirtschaftlichen Bedeutung spielen Apfelbäume eine entscheidende Rolle für die Ernährungssicherheit von Bauernfamilien. Frische Obstgärten stellen eine nahrhafte und vielfältige Nahrungsquelle für den Familienkonsum dar und tragen so zur Verbesserung der Gesundheit und des Wohlbefindens der Familienmitglieder bei. Darüber hinaus können Äpfel zu vielfältigen Nebenprodukten wie Saft, Kompott und Marmelade verarbeitet werden, was Möglichkeiten bietet, Ernteüberschüsse zu konservieren und zusätzliche Einnahmen zu generieren.

Apfelbäume sind auch wichtige Elemente der ökologischen Nachhaltigkeit in der Familienlandwirtschaft. Als mehrjährige Obstpflanze tragen Apfelplantagen dazu bei, die Artenvielfalt zu bewahren, Böden vor Erosion zu schützen und die Abhängigkeit von chemischen Einträgen zu verringern. Darüber hinaus tragen nachhaltige Anbaumethoden wie integrierte Schädlingsbekämpfung und Wassereinsparung dazu bei, den ökologischen Fußabdruck der Apfelproduktion zu verringern.

Daher sind Apfelbäume eine tragende Säule der landwirtschaftlichen Familienbetriebe, da sie eine zuverlässige Einkommensquelle, eine nährstoffreiche und abwechslungsreiche Ernährung sowie einen Beitrag zur ökologischen Nachhaltigkeit bieten. Durch den Anbau von Apfelbäumen können Bauernfamilien ihren Lebensunterhalt sichern, die ländliche Wirtschaftsentwicklung fördern und zur globalen Ernährungssicherheit beitragen.

Kapitel 191: Die Weitergabe des Apfelbaumwissens

Die Weitergabe des Apfelwissens ist ein wertvolles Erbe, das in landwirtschaftlichen Gemeinschaften von Generation zu Generation weitergegeben wird. Dieses uralte Wissen umfasst eine Vielzahl von Kenntnissen, Fähigkeiten und Traditionen im Zusammenhang mit dem Anbau, der Ernte und der Verarbeitung von Äpfeln sowie der Erhaltung von Obstgärten und der nachhaltigen Bewirtschaftung natürlicher Ressourcen.

Im Mittelpunkt der Apfelbaum-Wissensvermittlung steht das praktische Lernen, bei dem Wissen informell von älteren an jüngere Generationen weitergegeben wird. Familienmitglieder auf dem Bauernhof vermitteln den Jugendlichen Techniken zum Apfelanbau, Baumlebenszyklen, Methoden zur Krankheits- und Schädlingsbekämpfung sowie Strategien zur Obstgartenbewirtschaftung, um eine reiche und qualitativ hochwertige Ernte sicherzustellen.

Zusätzlich zum praktischen Lernen geht die Wissensvermittlung über Apfelbäume oft mit der mündlichen Weitergabe von Geschichten, Legenden und Anekdoten einher, die mit Apfelbäumen und ihrer Kultur verbunden sind. Diese Geschichten vermitteln kulturelle Werte, Lebenslehren und einen tiefen Respekt vor der Natur und stärken so die Bindung zwischen den Generationen und fördern das Zugehörigkeitsgefühl zu einer gemeinsamen Tradition.

Die Weitergabe des Apfelwissens beschränkt sich nicht nur auf den Baumanbau; Dazu gehört auch die Verarbeitung von Früchten zu einer Vielzahl köstlicher und nahrhafter Produkte. Rezepte für Marmeladen, Kompotte, Säfte, Apfelwein und Apfelkuchen werden von Generation zu Generation weitergegeben und bewahren so die einzigartigen Aromen und kulinarischen Traditionen, die mit Äpfeln und ihrem Anbau verbunden sind.

Schließlich umfasst die Vermittlung von Apfelwissen auch die Erhaltung alter und lokaler Apfelsorten sowie nachhaltige landwirtschaftliche Praktiken, die an die spezifischen Umweltbedingungen der jeweiligen Region angepasst sind. Kenntnisse über Sortenauswahl, Veredelung, Schnitt und Fremdbestäubung sind von entscheidender Bedeutung, um die genetische Vielfalt von Obstgärten zu erhalten und ihre Widerstandsfähigkeit gegenüber klimatischen und ökologischen Herausforderungen sicherzustellen.

Kurz gesagt, die Weitergabe von Apfelwissen ist ein kontinuierlicher und dynamischer Prozess, der die Agrarkultur und die Nachhaltigkeit ländlicher Gemeinden fördert. Durch diese generationsübergreifende Weitergabe von Wissen bereichern Apfelbäume weiterhin das Leben der Menschen und nähren Körper und Geist im Laufe der Jahrhunderte.

Kapitel 192: Apfelbäume und digitale Innovationen

Apfelbäume, jahrhundertealte Symbole für Fruchtbarkeit und Überfluss, sind heute Teil des Zeitalters der digitalen Innovation, in dem technologische Fortschritte die Art und Weise, wie diese Obstbäume angebaut, gepflegt und bewirtschaftet werden, revolutionieren.

Eine der bemerkenswertesten digitalen Innovationen im Apfelanbau ist der Einsatz von Drohnen zur Überwachung von Obstplantagen. Diese mit hochauflösenden Kameras ausgestatteten Fluggeräte können über Obstgärten schweben und detaillierte Bilder von Bäumen aufnehmen, sodass Landwirte Bereiche mit vegetativem Stress, Krankheiten oder potenziellen Schädlingen schnell identifizieren können. Diese Technologie ermöglicht eine präzise und zielgerichtete Bewirtschaftung von Obstgärten, wodurch die Produktionskosten gesenkt und die Erträge verbessert werden.

IoT-Sensoren (Internet of Things) sind eine weitere digitale Innovation, die die Art und Weise, wie Apfelbäume angebaut werden, revolutioniert. Diese Sensoren können direkt an Bäumen installiert werden, um Parameter wie Bodenfeuchtigkeit, Lufttemperatur, Luftdruck und sogar Fruchtqualität in Echtzeit zu überwachen. Die von diesen Sensoren gesammelten Daten werden an Cloud-Plattformen übertragen, wo sie analysiert werden, um den Landwirten wertvolle

Informationen zu liefern, die es ihnen ermöglichen, fundierte Entscheidungen bezüglich Bewässerung, Düngung und Pflanzenschutz zu treffen.

Mobile Anwendungen sind auch für Apfelbauern zu unverzichtbaren Werkzeugen geworden. Diese Apps bieten eine Reihe von Funktionen, von der Verwaltung täglicher Aufgaben über die Überwachung der Wetterbedingungen bis hin zur Planung von Ernten. Landwirte können auch auf Online-Datenbanken mit Informationen zu Apfelsorten, empfohlenen Anbaupraktiken und den besten Strategien zur Krankheits- und Schädlingsbekämpfung zugreifen.

Schließlich sind Computermodellierung und Simulation leistungsstarke Werkzeuge, die Landwirten helfen, strategische Entscheidungen für ihre Obstgärten zu treffen. Mithilfe von Modellierungssoftware können Landwirte verschiedene Managementszenarien simulieren, beispielsweise die Auswirkungen der Einführung neuer Apfelsorten, die Auswirkungen des Klimawandels auf Erträge oder die Optimierung von Schädlingsbekämpfungsmaßnahmen. Mithilfe dieser Simulationen können Landwirte potenzielle Herausforderungen vorhersehen und wirksame Anpassungsstrategien entwickeln, um die langfristige Nachhaltigkeit ihrer Obstgärten sicherzustellen.

Digitale Innovationen revolutionieren die Art und Weise, wie Apfelbäume angebaut und bewirtschaftet werden, und bieten Landwirten fortschrittliche Werkzeuge, um die Produktion zu optimieren, Risiken zu reduzieren und die langfristige Nachhaltigkeit ihrer Betriebe sicherzustellen. Dank dieser innovativen Technologien gedeihen Apfelbäume in einer zunehmend digitalisierten Welt weiterhin und bieten ihre köstlichen Früchte und ihre natürliche Schönheit auch heutigen und zukünftigen Generationen.

Kapitel 193: Apfelbäume und Lebensmittel-Blockchain

Die Lebensmittel-Blockchain entwickelt sich zu einer revolutionären Technologie, die verspricht, die Art und Weise, wie Lebensmittel auf der ganzen Welt produziert, verteilt und konsumiert werden, radikal zu verändern. In diesem Zusammenhang finden Apfelbäume ihren Platz in dieser technologischen Revolution und bieten eine bessere Rückverfolgbarkeit und mehr Transparenz in der gesamten Lebensmittelversorgungskette.

Die Lebensmittel-Blockchain nutzt eine dezentrale und sichere Datenbank, um jeden Schritt des Lebensmittelproduktionsprozesses vom Bauernhof bis zum Tisch des Verbrauchers aufzuzeichnen und zu verfolgen. Für Apfelbäume bedeutet dies, dass jeder Schritt des Apfelanbaus, der Ernte, der Verarbeitung und des Vertriebs transparent und unveränderlich auf der Blockchain aufgezeichnet werden kann.

Auf der Produktionsebene ermöglicht die Lebensmittel-Blockchain Landwirten, die in ihren Obstgärten verwendeten kulturellen Praktiken, einschließlich Methoden zur Krankheits- und Schädlingsbekämpfung, verwendeter Chemikalien und Erntedaten, genau zu dokumentieren. Diese Informationen können dann über QR-Codes oder mobile Apps mit den Verbrauchern geteilt werden, sodass diese die genaue Herkunft ihrer Äpfel und die verwendeten landwirtschaftlichen Praktiken kennen.

Während des Verarbeitungsprozesses sorgt die Lebensmittel-Blockchain für eine vollständige Rückverfolgbarkeit der Äpfel, vom Erhalt der Früchte bis zur Verarbeitung in fertige Produkte wie Apfelsaft, Kompott oder Kuchen. Jeder Schritt des Prozesses wird in der Blockchain aufgezeichnet, um den Verbrauchern maximale Lebensmittelqualität und -sicherheit zu gewährleisten.

Wenn es um den Vertrieb geht, erleichtert die Lebensmittel-Blockchain die Rückverfolgung der Transportwege von Äpfeln von den Obstplantagen zu den Geschäften und Märkten, wo sie verkauft werden. Dadurch können Verbraucher genau wissen, woher ihre Äpfel kommen und wie sie während ihrer Reise behandelt wurden, und so Vertrauen in die Qualität und Frische der Produkte aufbauen.

Auf Einzelhandelsebene schließlich bietet die Lebensmittel-Blockchain den Verbrauchern transparenten Zugang zu detaillierten Informationen über die von ihnen gekauften Äpfel, einschließlich ihrer Herkunft, Sorte und Nährwerteigenschaften. Dies ermöglicht es ihnen, fundierte und verantwortungsvolle Lebensmittelentscheidungen zu treffen und gleichzeitig Landwirte zu unterstützen, die nachhaltige Praktiken umsetzen.

Zusammenfassend lässt sich sagen, dass die Lebensmittel-Blockchain der Agrarindustrie aufregende neue Möglichkeiten eröffnet und Apfelbauern eine Plattform bietet, um die Rückverfolgbarkeit, Transparenz und das Vertrauen in der gesamten Lebensmittelversorgungskette zu erhöhen. Mit dieser innovativen Technologie spielen Apfelbäume weiterhin eine entscheidende Rolle bei der Bereitstellung sicherer, gesunder und nachhaltiger Lebensmittel für Verbraucher auf der ganzen Welt.

Kapitel 194: Rückverfolgbarkeit von Apple-Produkten

Die Rückverfolgbarkeit von Apfelprodukten ist zu einem wichtigen Anliegen in der Lebensmittelindustrie geworden, wo Verbraucher zunehmend Transparenz über die Herkunft und den Produktionsprozess der von ihnen verzehrten Lebensmittel fordern. In diesem Zusammenhang müssen aus Apfelbäumen gewonnene Produkte wie frische Äpfel, Apfelsaft, Apfelmus und Apfelbackwaren einer strengen Rückverfolgbarkeit unterliegen, um ihre Qualität und Sicherheit zu gewährleisten.

Die Rückverfolgbarkeit von Apfelprodukten beginnt bereits in der Produktionsphase, wo die Landwirte alle Phasen des Apfelanbaus sorgfältig protokollieren, einschließlich der angewandten landwirtschaftlichen Praktiken, der Pflanz- und Erntedaten sowie der angewandten Behandlungen wie Düngung und die Bekämpfung von Krankheiten und Schädlingen. Diese Informationen sind für die Gewährleistung der Qualität und Sicherheit der Endprodukte von entscheidender Bedeutung und müssen genau und vollständig dokumentiert werden.

Nach der Ernte durchlaufen die Äpfel den Verarbeitungsprozess, in dem sie zu verschiedenen Nebenprodukten wie Apfelsaft, Kompott und Apfelkuchen verarbeitet werden. Jeder Verarbeitungsschritt wird erfasst und dokumentiert, vom Erhalt der Früchte bis zur endgültigen Verpackung. Dadurch wird sichergestellt, dass aus Apfelbäumen gewonnene Produkte unter optimalen hygienischen Bedingungen hergestellt werden und höchsten Qualitätsstandards entsprechen.

Während des Vertriebs und Einzelhandels erleichtert die Rückverfolgbarkeit von Apfelprodukten die Rückverfolgung des Weges der Produkte von ihrem Produktionsort bis zu den Verkaufsstellen, an denen sie den Verbrauchern angeboten werden. Mithilfe von Barcodes, RFID-Etiketten (Radio Frequency Identification) und mobilen Apps können Verbraucher Produkte scannen und sofort auf detaillierte Informationen zu deren Herkunft, Zusammensetzung und Qualität zugreifen.

Schließlich ist die Rückverfolgbarkeit von Apfelprodukten auch wichtig, um die Lebensmittelsicherheit zu gewährleisten und im Falle eines Produktrückrufs schnell reagieren zu können. Im Falle einer Kontamination oder eines Sicherheitsproblems können Unternehmen die Herkunft von Produkten schnell zurückverfolgen und betroffene Chargen identifizieren, wodurch fehlerhafte Produkte vom Markt genommen werden können und die Gesundheit der Verbraucher geschützt wird.

Daher ist die Rückverfolgbarkeit von Apfelprodukten ein entscheidendes Element der Lebensmittelindustrie und gewährleistet Qualität, Sicherheit und Transparenz in der gesamten Lieferkette. Durch genaue Dokumentation und fortschrittliche Tracking-Systeme erfüllen Apple-Produkte weiterhin die höchsten Qualitäts- und Sicherheitsstandards und sorgen so für das Vertrauen und die Zufriedenheit von Verbrauchern auf der ganzen Welt.

Kapitel 195: Apfelbäume und Online-Business-Plattformen

In der modernen Einzelhandelslandschaft erhalten Apfelbäume dank Online-Handelsplattformen eine neue Dimension. Diese Plattformen bieten eine einzigartige Gelegenheit, Apfelbauern mit einem breiten Verbraucherpublikum zu verbinden und so einen dynamischen virtuellen Markt für Apfelprodukte zu schaffen.

E-Commerce-Plattformen ermöglichen es Apfelbauern, ihre Produkte einem globalen Publikum zu präsentieren, was für mehr Sichtbarkeit und neue Verkaufschancen sorgt. Verbraucher können ein vielfältiges Sortiment an Produkten aus Apfelbäumen wie frische Äpfel, Apfelsaft, Apfelmus und Apfelbackwaren durchstöbern und bequem von zu Hause aus bestellen.

Darüber hinaus bieten E-Commerce-Plattformen Apfelbauern mehr Flexibilität bei der Verwaltung ihres Lagerbestands, der Anpassung ihrer Preise und der Werbung für ihre Produkte. Mit fortschrittlichen Bestandsverwaltungstools und integrierten Marketingfunktionen können Produzenten ihre Online-Präsenz optimieren und den Umsatz das ganze Jahr über maximieren.

E-Commerce-Plattformen erleichtern auch den Aufbau direkter Beziehungen zwischen Apfelbauern und Verbrauchern und schaffen so Vertrauen und Markentreue. Verbraucher können direkt mit Herstellern interagieren, Fragen zu Produkten stellen, Kommentare und Bewertungen teilen und sogar an Treue- und Prämienprogrammen teilnehmen.

Schließlich stellen E-Commerce-Plattformen Apfelbauern fortschrittliche Analysetools zur Verfügung, mit denen sie die Leistung ihrer Produkte verfolgen, Verbraucherpräferenzen verstehen und fundierte Geschäftsentscheidungen treffen können. Diese wertvollen Daten ermöglichen es Produzenten, ihren Zielmarkt besser zu verstehen, aufkommende Trends zu erkennen und langfristige Wachstumsstrategien zu entwickeln.

E-Commerce-Plattformen eröffnen Apfelbauern aufregende neue Möglichkeiten und ermöglichen es ihnen, ein globales Publikum zu erreichen, Verbraucherbeziehungen zu stärken und das Geschäftswachstum voranzutreiben. Mit der rasanten Entwicklung des E-Commerce gedeihen Apfelbauern in einer zunehmend vernetzten Welt weiterhin und bieten ihre köstlichen Produkte weiterhin einem vielfältigen und globalen Kundenstamm an.

Kapitel 196: Apfelbäume und Marketingstrategien

In einer Welt zunehmend härteren Wettbewerbs müssen Apfelunternehmen innovative Marketingstrategien anwenden, um sich vom Markt abzuheben und die Aufmerksamkeit der Verbraucher zu erregen. Diese Marketingstrategien müssen an die sich ändernden Bedürfnisse und Vorlieben der Verbraucher angepasst werden und gleichzeitig die einzigartigen Eigenschaften von Apfelprodukten hervorheben.

Eine der effektivsten Marketingstrategien für Apfelbäume besteht darin, ihr natürliches und ökologisches Aussehen hervorzuheben. Verbraucher achten zunehmend auf die Herkunft der von ihnen verzehrten Lebensmittel und suchen nach Produkten aus nachhaltigen und umweltfreundlichen Quellen. Apfelbäume als traditionelle Obstpflanze verkörpern diese Werte und können ihr Image als natürliches und ökologisches Produkt nutzen, um Verbraucher anzulocken, die sich Sorgen um ihre Gesundheit und die Umwelt machen.

Eine weitere effektive Marketingstrategie für Apfelbäume besteht darin, ihre kulinarische Vielseitigkeit hervorzuheben. Äpfel können in den unterschiedlichsten Rezepten verwendet werden, von frischen Salaten und süßen Desserts bis hin zu herzhaften Gerichten und erfrischenden Getränken. Die Hervorhebung dieser kulinarischen Vielseitigkeit in Marketingkampagnen kann dazu beitragen, die Attraktivität von Apfelbaumprodukten zu steigern und ein breiteres Verbraucherpublikum zu erreichen.

Apple-Unternehmen können auch die neuesten Gesundheits- und Wellnesstrends in ihre Marketingstrategien integrieren. Äpfel sind von Natur aus reich an Ballaststoffen, Vitaminen und Antioxidantien, was sie zu einer gesunden und nahrhaften Lebensmittelwahl macht. Durch die Hervorhebung der gesundheitlichen Vorteile von Äpfeln in Marketingkampagnen kann die Aufmerksamkeit gesundheitsbewusster Verbraucher geweckt und ihr regelmäßiger Verzehr von Apfelprodukten gefördert werden.

Schließlich können Apple-Unternehmen Social-Media-Plattformen nutzen, um ihre Online-Präsenz zu stärken und mit Verbrauchern zu interagieren. Soziale Medien bieten eine ideale Plattform zum Austausch von Rezepten, Kochtipps, Erzeugergeschichten und Informationen über lokale Apfelbaumveranstaltungen. Durch die authentische und ansprechende Interaktion mit Verbrauchern in den sozialen Medien kann Apple Trees eine treue Kundengemeinschaft aufbauen und ihr Markenimage stärken.

Zusammenfassend lässt sich sagen, dass Marketingstrategien eine entscheidende Rolle für den Markterfolg von Apfelbäumen spielen. Durch die Hervorhebung ihres natürlichen und umweltfreundlichen Aussehens, ihrer kulinarischen Vielseitigkeit, ihrer gesundheitlichen Vorteile und der Nutzung sozialer Medien zur Interaktion mit Verbrauchern können

Apfelbäume die Aufmerksamkeit der Verbraucher auf sich ziehen und die Nachfrage nach ihren köstlichen Nebenprodukten ankurbeln.

Kapitel 197: Apfelbäume und digitale Influencer

In der Welt des modernen Marketings haben digitale Influencer einen herausragenden Platz als einflussreiche Kommunikationsträger erlangt. Ihre Fähigkeit, ein großes, engagiertes Publikum zu erreichen, macht sie für viele Branchen, einschließlich der Apfelindustrie, wertvoll. Digitale Influencer können eine wichtige Rolle bei der Werbung für Apfelprodukte spielen und gezielte Verbraucher über Social-Media-Plattformen erreichen.

Auf Food und Wellness spezialisierte digitale Influencer können ideale Partner für Apfelbäume sein. Ihr Fachwissen bei der Erstellung ansprechender und informativer Inhalte kann genutzt werden, um Apfelbaumprodukte in einem positiven Licht zu präsentieren. Ob durch Rezeptvideos, Produktrezensionen oder Gesundheitsempfehlungen – digitale Influencer können dazu beitragen, das Bewusstsein zu schärfen und Apfelbaumprodukte bei einem begeisterten Publikum bekannt zu machen.

Darüber hinaus können lokale digitale Influencer eine entscheidende Rolle bei der regionalen Förderung von Apfelbäumen spielen. Durch die Hervorhebung lokaler Erzeuger, regionaler Apfelsorten und Gemeinschaftsveranstaltungen rund um den Apfelbaum können diese Influencer die Verbindung zwischen Apfelerzeugern und ihrem lokalen Markt stärken. Ihre Fähigkeit, Online-Communitys zu mobilisieren und einzubinden, kann dazu beitragen, die Nachfrage nach Apfelprodukten vor Ort anzukurbeln.

Partnerschaften mit digitalen Influencern bieten Apfelbäumen auch die Möglichkeit, spezifische und vielfältige Zielgruppen zu erreichen. Durch die Zusammenarbeit mit Fitness- und Wellness-Influencern kann Apple Trees beispielsweise gesundheitsbewusste Verbraucher ansprechen und die ernährungsphysiologischen Vorteile von Apfelbaumprodukten fördern. Ebenso kann Apple Trees durch die Zusammenarbeit mit Influencern aus dem kulinarischen und gastronomischen Bereich die kulinarische Vielseitigkeit von Äpfeln demonstrieren und zu neuen, kreativen Möglichkeiten inspirieren, sie beim Kochen zu verwenden.

Schließlich bieten Partnerschaften mit digitalen Influencern Apfelbäumen eine erhöhte Sichtbarkeit auf Social-Media-Plattformen. Durch Beiträge und Kooperationen mit Influencern können authentische und ansprechende Inhalte generiert werden, die die Aufmerksamkeit der Verbraucher erregen und ihr Interesse an Apfelprodukten wecken. Darüber hinaus können positive Empfehlungen von Influencern die Glaubwürdigkeit und das Vertrauen der Verbraucher in die Produkte von Apple Trees stärken und so dazu beitragen, den Umsatz anzukurbeln und die Markenbekanntheit zu steigern.

Digitale Influencer bieten Apple-Unternehmen eine einzigartige Gelegenheit, ihre Produkte zu bewerben und über Social-Media-Plattformen ein vielfältiges Publikum zu erreichen. Durch die Zusammenarbeit mit Lebensmittel-, Wellness-, kulinarischen und regionalen Influencern können Apfelbauern die Macht des digitalen Einflusses nutzen, um ihre Online-Präsenz zu stärken, ihr Publikum zu vergrößern und die Nachfrage nach ihren köstlichen Produkten zu steigern.

Kapitel 198: Die Rolle von Apfelbäumen im ökologischen Wandel

Im aktuellen Kontext der Umweltkrise ist der Übergang zu nachhaltigeren und umweltfreundlicheren Praktiken zu einer globalen Priorität geworden. Bei diesem ökologischen Wandel spielen Apfelbäume als Schlüsselelemente einer nachhaltigen Landwirtschaft und des Erhalts der Artenvielfalt eine bedeutende Rolle.

Erstens tragen Apfelbäume zur Reduzierung der Treibhausgasemissionen bei, indem sie atmosphärisches Kohlendioxid einfangen und Kohlenstoff in ihren Pflanzengeweben speichern. Als langlebige Obstbäume stellen Apfelbäume natürliche Kohlenstoffsenken dar, die dazu beitragen, die Auswirkungen des Klimawandels abzumildern, indem sie eine erhebliche Menge CO2 aus der Atmosphäre absorbieren.

Darüber hinaus können Apfelplantagen mit nachhaltigen Anbaumethoden zum Erhalt der Artenvielfalt beitragen, indem sie wertvollen Lebensraum für eine Vielzahl von Pflanzen- und Tierarten bieten. Hecken, Sträucher und Unterholzbereiche in Obstgärten bieten Zuflucht für nützliche Insekten, Vögel und andere Organismen, die eine entscheidende Rolle bei der Bestäubung, Schädlingsregulierung und Bodenfruchtbarkeit spielen.

Nachhaltige landwirtschaftliche Praktiken im Apfelanbau wie integrierter Pflanzenschutz, Fruchtwechsel und Gewässerschutz tragen ebenfalls zur Schonung natürlicher Ressourcen und zur Reduzierung der Umweltbelastung bei. Durch die Minimierung des Einsatzes von Chemikalien und die Förderung umweltfreundlicher landwirtschaftlicher Praktiken können Apfelbauern dazu beitragen, die Luft-, Wasser- und Bodenqualität zu erhalten und gleichzeitig die Gesundheit der lokalen Ökosysteme zu schützen.

Darüber hinaus können Apfelbäume auch eine wichtige Rolle bei der Förderung nachhaltiger Lebensstile und der Sensibilisierung der Öffentlichkeit für Umweltthemen spielen. Apfelplantagen bieten Erholungs- und Bildungsräume, in denen Verbraucher etwas über nachhaltige Anbaumethoden lernen, an Ernte- und Verarbeitungsaktivitäten teilnehmen und eine tiefere Wertschätzung für die Natur und lokale Lebensmittel entwickeln können.

Somit nehmen Apfelbäume einen privilegierten Platz im ökologischen Wandel ein, indem sie zur Reduzierung der Kohlenstoffemissionen, zum Erhalt der Artenvielfalt, zum Schutz natürlicher Ressourcen und zum öffentlichen Bewusstsein für Umweltfragen beitragen. Durch die Einführung nachhaltiger landwirtschaftlicher Praktiken und die Förderung umweltfreundlicher Lebensstile können Apfelbäume eine entscheidende Rolle beim Aufbau einer nachhaltigeren und ausgewogeneren Zukunft für künftige Generationen spielen.

Kapitel 199: Die glänzende Zukunft der Apfelbäume

Mit Blick auf die Zukunft ist klar, dass Apfelbäume weiterhin eine zentrale und lebenswichtige Rolle in unserer Gesellschaft und Umwelt spielen werden. Ihre Bedeutung geht weit über die bloße Bereitstellung köstlicher Früchte hinaus. Apfelbäume sind Symbole für Fruchtbarkeit, Nachhaltigkeit und Verbundenheit mit der Natur, und ihre Präsenz in unserem Leben wird in den kommenden Jahren nur noch an Bedeutung gewinnen.

Aus ökologischer Sicht sind Apfelbäume wertvolle Verbündete im Kampf gegen den Klimawandel und für den Erhalt der Artenvielfalt. Ihre Fähigkeit, Kohlenstoff zu speichern, Lebensraum für eine Vielzahl von Arten zu bieten und nachhaltige landwirtschaftliche Praktiken zu fördern, macht sie zu wesentlichen Akteuren beim Übergang zu einer grüneren und nachhaltigeren Zukunft.

Wirtschaftlich gesehen bieten Apfelbäume lukrative Möglichkeiten für Erzeuger, Landwirte und Lebensmittelunternehmen. Ihre kulinarische Vielseitigkeit, ihr ästhetischer Reiz und ihre Fähigkeit, die Fantasie der Verbraucher anzuregen, machen Apfelprodukte zu einer beliebten Wahl auf lokalen und internationalen Märkten.

Darüber hinaus sind Apfelbäume Träger von Kultur und Tradition. Ihre Präsenz in ländlichen und städtischen Landschaften sowie in Kunst, Literatur und Mythologie zeugt von ihrer Bedeutung für unser kollektives Erbe. Apfelbäume sind stille Zeugen der Geschichte und Hüter unserer kulturellen Identität.

Schließlich haben Apfelbäume die Kraft, Gemeinschaften zusammenzubringen und soziale Bindungen zu stärken. Apfelplantagen bieten Freizeit- und gesellige Orte, an denen Menschen sich treffen, entspannen und wieder mit der Natur und den Jahreszeiten in Kontakt kommen können. Apfelveranstaltungen wie Apfelfeste und Obstmärkte sind Anlässe zum Feiern und Teilen, die unser Leben bereichern und unser soziales Gefüge stärken.

Insgesamt sieht die Zukunft für Apfelbäume rosig aus. Ihre Fähigkeit, Menschen zu nähren, zu heilen, zu inspirieren und zu verbinden, wird auch in den kommenden Jahren weiterhin gedeihen und gedeihen. Auf unserem Weg in eine nachhaltigere und harmonischere Zukunft werden uns Apfelbäume auf dieser Reise begleiten und künftigen Generationen ihre Schönheit, Fülle und Weisheit schenken.

Damit ist diese ausführliche Erkundung der faszinierenden Welt der Apfelbäume durch das Prisma der globalen Enzyklopädie abgeschlossen. Von üppigen Obstgärten bis hin zu geschäftigen Märkten, von traditionellen Anbautechniken bis hin zu digitalen Innovationen –

wir haben ein umfassendes Panorama der vielen Facetten dieser ikonischen Obstbäume abgedeckt.

Auf diesen Seiten haben wir den kulturellen, ökologischen und wirtschaftlichen Reichtum entdeckt, den Apfelbäume in unser Leben bringen, sowie ihr Potenzial, eine nachhaltigere und harmonischere Zukunft für unseren Planeten und seine Bewohner zu gestalten.

Möge diese Enzyklopädie als Leitfaden und Inspiration für alle dienen, die sich für Apfelbäume interessieren, egal ob sie Produzenten, Forscher, Naturliebhaber oder einfach nur neugierig sind, mehr über diese Juwelen der Natur zu erfahren. Möge das hier geteilte Wissen dazu beitragen, unser Verständnis und unsere Wertschätzung für Apfelbäume zu erweitern und uns gleichzeitig dazu ermutigen, tiefere Verbindungen zur Natur um uns herum zu pflegen.

www.ingramcontent.com/pod-product-compliance
Lightning Source LLC
Chambersburg PA
CBHW032210220526
45472CB00018B/654